图解数据结构

使用Java

吴灿铭
胡昭民　编著

清华大学出版社
北京

北京市版权局著作权合同登记号：图字 01-2019-3589
本书为荣钦科技股份有限公司授权出版发行的中文简体字版本。

内 容 简 介

本书是一本综合讲述数据结构及其算法的入门书，内容浅显易懂、逻辑严谨，力求适用性兼顾教师教学和学生自学。

全书从基本的数据结构概念开始讲解，以新版的 Java 语言详细诠释数组结构、队列、堆栈、链表、树结构、图结构、排序和查找等数据结构的基础知识，书中收录了精华的算法及范例程序的实现过程，辅以丰富的图示解析。全书的范例程序均采用“Eclipse”Java IDE 集成开发工具进行编译、执行、测试及调试。此外，本书各章末尾都安排了配合教学内容和选自各类考试的习题，并在附录中提供了解答，可供读者测试学习效果。

本书图文并茂，叙述简洁、清晰，范例丰富、可操作性强，针对具有一定编程能力又想提高编程“深度”的非信息专业类人员或学生，是一本数据结构普及型的教科书或自学参考书。

图书在版编目（CIP）数据

图解数据结构：使用 Java/吴灿铭，胡昭民编著. —2 版. —北京：清华大学出版社，2020. 1(2022.8 重印)
ISBN 978-7-302-54581-1

Ⅰ.①图… Ⅱ.①吴… ②胡… Ⅲ.①数据结构－图解②JAVA 语言－程序设计 Ⅳ.①TP311.12-64②TP312.8

中国版本图书馆 CIP 数据核字（2019）第 290350 号

责任编辑：夏毓彦
封面设计：王　翔
责任校对：闫秀华
责任印制：宋　林
出版发行：清华大学出版社
网　　址：http://www.tup.com.cn，http://www.wqbook.com
地　　址：北京清华大学学研大厦 A 座　　**邮　　编**：100084
社 总 机：010-83470000　　**邮　　购**：010-62786544
投稿与读者服务：010-62776969，c-service@tup.tsinghua.edu.cn
质 量 反 馈：010-62772015，zhiliang@tup.tsinghua.edu.cn

印 装 者：三河市铭诚印务有限公司
经　　销：全国新华书店
开　　本：190mm×260mm　　印　　张：25.5　　字　　数：653 千字
版　　次：2015 年 7 月第 1 版　　2020 年 2 月第 2 版　　印　　次：2022 年 8 月第 5 次印刷
定　　价：89.00 元

产品编号：081951-02

改编说明

这是一本尽可能以图解的方式综合讲述数据结构及其算法的入门书。全书力求语言简洁、清晰、严谨且易于学习和掌握。本书的目标不是追求大而全的数据结构和所有相关的算法，而是选择经典的算法来配合介绍常用的数据结构。

本书教授的对象主要是专科院校的学生，或非信息类专业的读者及中学生。因为信息专业类学习用的“数据结构与算法”内容更为艰深，本书不适合作为这类专业教科书使用，而更加适合普及型的教科书或自学读物。

为了便于学校的教学或者读者自学，作者在描述数据结构原理和算法时文字清晰而严谨，为每个算法及其数据结构提供了演算的详细图解。另外，为了适合教学中让学生上机实践或者自学者上机“操练”，本书为每个经典的算法都提供了 Java 程序设计语言编写的完整范例程序（包含了完整的源代码），每个范例程序都经过了测试和调试，这些范例程序都可以直接在标准的 Java 环境中运行，目的就是让本书的学习者以这些范例程序作为参照，迅速掌握数据结构和算法的要点。本书所有范例程序下载可扫描下面的二维码：

若下载有问题，请电子邮件联系 booksaga@126.com，邮件标题为“求代码，图解数据结构：使用 Java（第 2 版）”。

学习本书需要有面向对象程序设计语言的基础，如果读者没有学习过任何面向对象的程序设计语言，那么建议读者还是先学习一下 Java 程序设计语言再来学习本书。如果读者已经掌握了 C++，C#，Python 等任何一种面向对象的程序设计语言，那么即便没有学习过 Java 语言，则只需找一本“Java 程序设计语言快速入门”方面的参考书快速浏览一下，即可开始本书的学习。

资深架构师 赵军

2019 年 10 月

前　言

数据结构一直是计算机科学领域非常重要的基础课程，它除了是各大专院校信息工程、信息管理、通信工程、应用数学、金融工程（计算金融）、计算机科学等信息类相关科系的必修科目外，近年来包括电机、电子甚至一些商学院管理科系也将数据结构列入选修课程。同时，一些信息类相关科系的研究生入学考试、专业等级考试等，数据结构都列入必考科目。由此可见，无论从考试的角度，或是研究信息科学理论知识的角度，数据结构确实是有志从事信息类工作的专业人员不得不重视的一门基础课程。

要学好数据结构的关键在于能否找到一本易于阅读，并将数据结构中各种重要理论、算法等进行详实地诠释及举例的图书。市面上以 Java 程序设计语言来实现数据结构及其算法的图书相对比较缺乏，本书是一本讲述如何将数据结构概念以 Java 程序设计语言来实现的著作。为了方便学习，书中的范例程序都是完整的，可以避免片断学习造成的困扰，如此安排，就是希望帮助学习者更加顺畅地阅读，同时也方便了老师的教学和对程序代码的解说。另外，本书也在下载文件提供了完整的范例程序代码，省去了用户必须自行键入的时间，方便练习和教学之用。

本书的特色在于将较为复杂的理论以图文并茂的方式来表达。为了避免在教学和阅读上的不顺畅感，书中的算法尽量不以伪代码进行说明，而是以 Java 程序设计语言来完整展现。另外，为了评估读者各章的学习成果，在书中安排了大量的习题，这些题目包含考试的例题，希望读者可以更加灵活地应用各种知识。

这次改版的重点是加入了许多算法的介绍，包括：分治法、递归法、贪心法、动态规划法、迭代法、枚举法、回溯法等。针对不断有 Java 最新 JDK 的发布，本书附录提供了有关 Java 10 开发环境下载、安装和设置的简介。本书范例程序的集成开发环境采用的是“Eclipse”软件，它是一套开源（Open Source）的 Java IDE 工具，Eclipse 集成了编译、执行、测试及调试功能。

一本好的理论书除了内容的专业性外，更需要有清晰易懂的结构安排。在仔细阅读本书之后，相信读者能体会笔者的用心，也希望读者能对这门基础学科的知识和理论有更完整的认识。

作者敬笔

目　录

第 1 章

数据结构与算法

计算机（Computer），或者被人们称为电脑，是一种具备了数据计算与信息处理功能的电子设备。它可以接受人类所设计的指令或程序设计语言，经过运算处理后，输出所期待的结果。

对于一个有志于从事信息技术专业领域的人员来说，数据结构（Data Structure）是一门和计算机硬件与软件息息相关的学科，称得上是从计算机问世以来经久不衰的热门学科。这门学科研究的重点在计算机程序设计领域，即研究如何将计算机中相关数据或信息的组合，以某种方式组织起来进行有效加工和处理，其中包含了算法（Algorithm）、数据存储的结构、排序、查找、树结构（简称树）、图结构（简称图）以及哈希函数，等等。

1.1 数据结构的定义

我们可以将数据结构看成是在数据处理过程中一种分析、组织数据的方法与逻辑，它考虑到了数据间的特性与相互关系。简单来说，数据结构的定义就是一种程序设计优化的方法论，它不仅讨论到存储的数据，同时也考虑到彼此之间的关系与运算，使之达到加快程序执行速度与减少内存占用空间等作用。计算机的两大特点如图 1-1 所示。

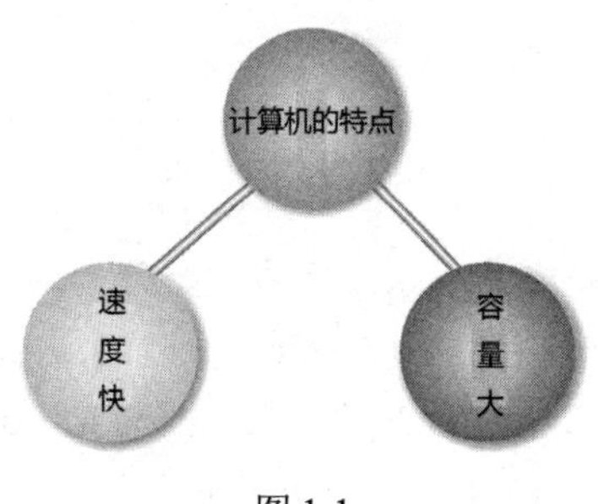

图 1-1

在现代社会中，计算机与信息是息息相关的，因为计算机具有处理速度快与存储容量大两大特点，在数据处理的角色上更为举足轻重。数据结构无疑就是数据进入计算机内处理的一套完整逻辑，就像程序设计师必须选择一种数据结构来进行数据的新增、修改、删除、存储等操作。如果在选择数据结构时做了错误的决定，那么程序执行起来的速度将可能变得非常低效，如果选错了数据类型，那后果更是不堪设想。

因此当我们要求计算机为我们解决问题时，必须以计算机所能接受的模式来确认问题，而安排适当的算法去处理数据，就是数据结构要讨论的重点。总之，数据结构就是数据与算法（Algorithm）的研究与讨论。

1.1.1 数据与信息

谈到数据结构，首先必须了解何谓数据（Data）与信息（Information）。从字面上来看，所谓数据（Data），指的就是一种未经处理的原始文字（Word）、数字（Number）、符号（Symbol）或图形（Graph）等，它所表达出来的只是一种没有评估价值的基本元素或项目。例如姓名或我们常看到的课表、通讯簿等都可泛称是一种“数据”（Data）。

当数据经过处理（Process），例如以特定的方式系统地整理、归纳甚至进行分析后，就成为“信息”（Information）。而这样处理的过程就称为“数据处理”（Data Processing），如图 1-2 所示。从严谨的角度来形容“数据处理”，就是用人力或机器设备，对数据进行系统的整理，如记录、排序、合并、整合、计算、统计等，以使原始的数据符合需求，而成为有用的信息。计算机的数据处理过程见图 1-2 所示。

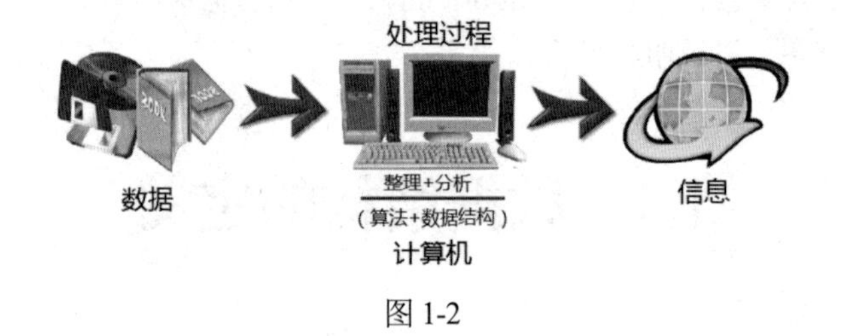

图 1-2

不过大家可能会有疑问：“那么数据和信息的角色是否绝对一成不变？”。这倒也不一定，同一份文件可能在某种情况下为数据，而在另一种情况下则为信息。例如，美伊战争的某场战役死伤人数报告，对我们而言，当然只是一份不痛不痒的“数据”，不过对于英美联军指挥官而言，这份报告可就是弥足珍贵的“信息”。

1.1.2 数据的特性

通常按照计算机中所存储和使用的对象，可将数据分为两大类：一类为数值数据（Numeric Data），如 0, 1, 2, 3,…,9 所组成，可用运算符（Operator）来进行运算的数据；另一类为字符数据（Alphanumeric Data），如 A, B, C…+,*等非数值数据（Non-Numeric Data）。不过，如果按照数据在计算机程序设计语言中的存在层次来分，则可以分为以下三种类型：

- 基本数据类型（Primitive Data Type）

不能以其他类型来定义的数据类型，或称为标量数据类型（Scalar Data Type），几乎所有的程序设计语言都会为标量数据类型提供一组基本数据类型，例如 Java 语言中的基本数据类型，就包括了整数（int）、浮点（float）、字符（char）等。

- 结构数据类型（Structured Data Type）

结构数据类型也称为虚拟数据类型（Virtual Data Type），是一种比基本数据类型更高一级的数据类型，例如字符串（string）、数组（array）、指针（pointer）、列表（list）、文件（file）等。

- 抽象数据类型（Abstract Data Type：ADT）

可以将一种数据类型看成是一种值的集合，以及在这些值上所进行的运算及其所代表的属性所成的集合。“抽象数据类型”（Abstract Data Type，ADT）比结构数据类型更高级，是指一个数学模型以及定义在此数学模型上的一组数学运算或操作。也就是说，ADT 在计算机中是表示一种“信息隐藏”（Information Hiding）的程序设计思想以及信息之间的某一种特定的关系模式。例如堆栈（Stack）就是一种典型数据抽象类型，它具有后进先出（Last In，First Out）的数据操作方式。

1.2　算　　法

随着信息与网络科技的高速发展，在目前这个物联网（Internet of Things，IOT）与云运算（Cloud Computing）的时代，程序设计能力已经被看成是国力的象征，有条件的中小学校都将程序设计（或称为“编程”）列入学生的信息课的学习内容，在大专院校里程序设计则不再只是信息技术相关科系的“专利”了。程序设计已经是接受全民义务制教育的学生们所应该具备的基本能力，只有将“创意”经由“设计过程”与计算机相结合，才能让新一代人才轻松应对这个快速变迁的云计算时代，如图 1-3 所示。

图 1-3

没有最好的程序设计语言，只有是否适合的程序设计语言。程序设计语言本来就只是工具，从来都不是算法的重点，我们知道一个程序能否快速而高效地完成预定的任务，算法才是其中关键的因素。所以我们可以这么认为："数据结构加上算法等于可执行的程序"，如图 1-4 所示。

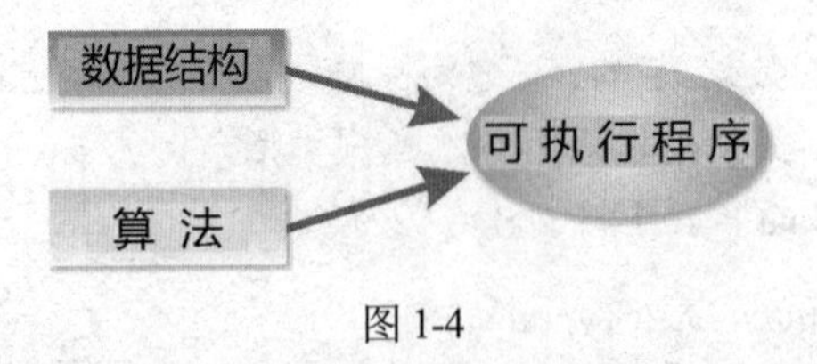

图 1-4

提 示

"云"其实就是泛指"网络"，因为工程师在网络结构示意图中通常习惯用"云朵状"图来代表不同的网络。云运算是指将网络中运算能力提供出来作为一种服务，只要用户可以通过网络登录远程服务器进行操作，就能使用这种运算资源。

物联网（Internet of Things，IOT）是近年来信息产业中一个非常热门的话题，各种配备了传感器的物品，例如 RFID、环境传感器、全球定位系统（GPS）等，与因特网结合起来，并通过网络技术让各种实体对象、自动化设备彼此沟通和交换信息，也就是通过网络把所有东西都连接在一起。

1.2.1 到处都是算法

算法（algorithm）是计算机科学中程序设计领域的核心理论之一。每个人每天都会用到一些算法，算法也是人类使用计算机解决问题的技巧之一，但是算法并不是仅仅用于计算机领域上，包括在数学、物理甚至是每天的生活中都应用广泛。在日常生活中就有许多工作都可以使用算法来描述，例如员工的工作报告、宠物的饲养过程、厨师准备美食的食谱、学生的课程表等，如今我们几乎每天都要使用的各种搜索引擎都必须借助不断更新的算法来运行，搜索引擎的应用，如图 1-5 所示。

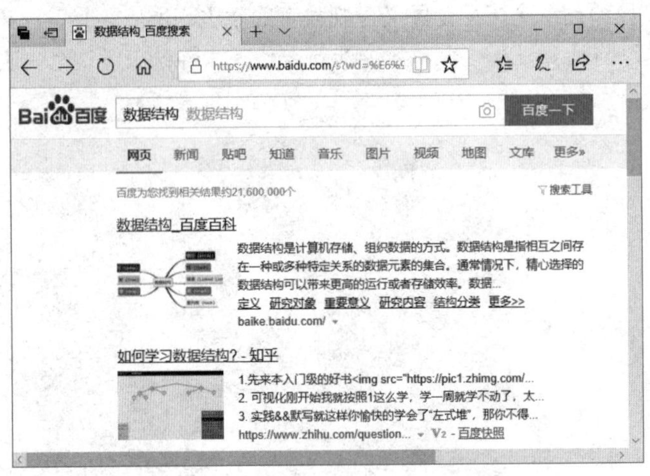

图 1-5

特别是在算法与大数据的结合下，这门学科演化出"千奇百怪"的应用，例如当我们拨打某个银行信用卡客户服务中心的电话时，很可能就先经过后台算法的过滤，帮我们找出一名最"合我们胃口"的客服人员来与我们交谈。在互联网时代，通过大数据分析，网店还可以进一步了解产品购买和需求的人群是哪些一类人，甚至一些知名 IT 企业在面试过程中也会测验新进人员对于算法的了解程度，如图 1-6 所示。

图 1-6

提　示

大数据（又称为海量数据，Big Data），由 IBM 公司于 2010 年提出，是指在一定时效（Velocity）内进行大量（Volume）、多样性（Variety）、低价值密度（Value）、真实性（Veracity）数据的获得、分析、处理、保存等操作。主要特性包含 5 个方面：Volume（大量）、Velocity（时效性）、Variety（多样性）、Value（低价值密度）、Veracity（真实性）。由于数据的来源有非常多的途径，大数据的格式也越来越复杂，大数据解决了商业智能无法处理的非结构化与半结构化数据。

1.2.2　算法的定义

在韦氏辞典中算法定义为："在有限步骤内解决数学问题的程序"。如果运用在计算机领域中，我们也可以把算法定义成："为了解决某项工作或某个问题，所需要有限数量的机械性或重复性指令与计算步骤"。

接下来我们还要说明描述算法所必须符合的五个条件，参考表 1-1 和图 1-7 所示。

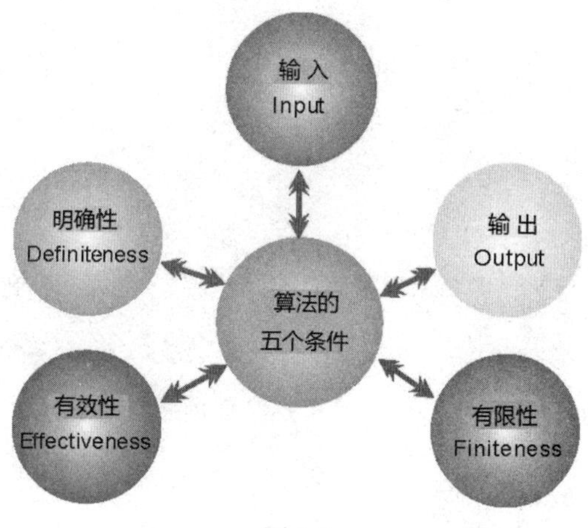

图 1-7

表 1-1　算法必须符合的五个条件

算法的特性	内容与说明
输入（Input）	0 个或多个输入数据，这些输入必须有清楚的描述或定义
输出（Output）	至少会有一个输出结果，不能没有输出结果
明确性（Definiteness）	每一个指令或步骤必须是简洁明确的
有限性（Finiteness）	在有限步骤后一定会结束，不会产生无限循环
有效性（Effectiveness）	步骤清楚且可行，能让用户用纸笔计算而求出答案

我们认识了算法的定义与条件后，接着要来思考：该用什么方法来表达算法最为适当呢？其实算法的主要目的在于让人们了解所执行的工作之流程与步骤，只要能清楚地体现算法的五个条件即可。常用的算法如下：

- 常用的算法一般可以用中文、英文、数字等文字来描述，即用语言来描述算法的具体步骤，例如，下图是一位学生小华早上去上学并买早餐的简单文字算法，如图 1-8 所示。

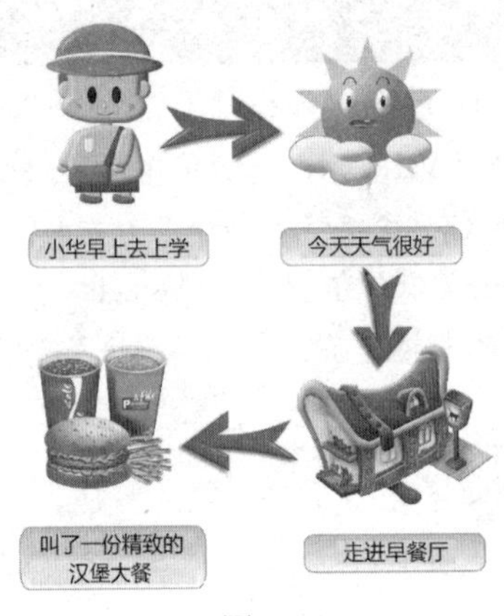

图 1-8

- 伪语言（Pseudo-Language）是接近高级程序设计语言，也是一种不能直接放进计算机中执行的语言。一般都需要一种特定的预处理器（Preprocessor），或者要用人工编写转换成真正的计算机语言，经常使用的有 SPARKS、PASCAL-LIKE 等语言。以下是用 SPARKS 写成的链表反转的算法：

```
Procedure Invert(x)
   P←x;Q←Nil;
   WHILE P≠NIL do
       r←q;q←p;
       p←LINK(p);
       LINK(q) ←r;
   END
   x←q;
END
```

- 表格或图形：如数组、树形图、矩阵图等。图形描述算法如图 1-9 所示。

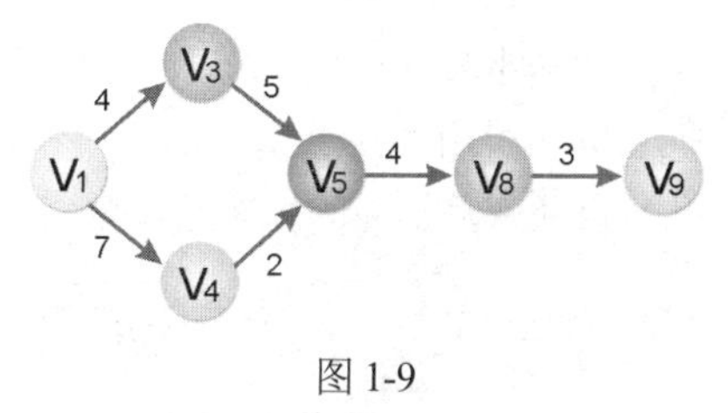

图 1-9

● 流程图：流程图（Flow Diagram）是一种通用的图形符号表示法。例如请你输入一个数值，并判断是奇数还是偶数。流程图描述算法如图 1-10 所示。

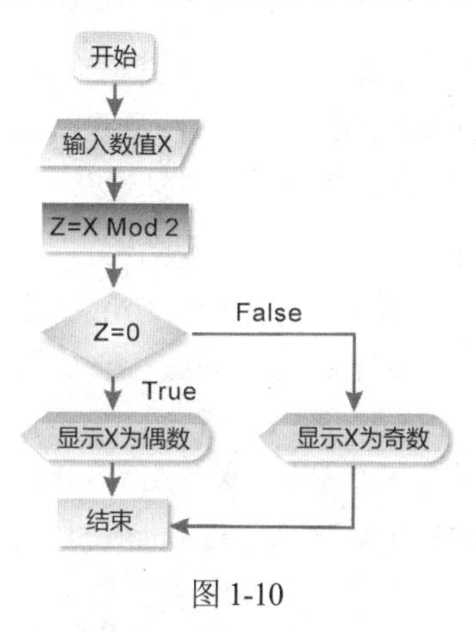

图 1-10

● 程序设计语言：目前算法也能够直接以可读性高的高级语言来表示，例如 Visual C#、Java、Python、Visual Basic、C、C++，在本书中将以 Java 语言来实现数据结构及其算法。

提　示

算法和过程（Procedure）有何不同？与流程图又有什么关系？

算法和过程是有所区别的，因为过程不一定要满足有限性的要求，例如操作系统或机器上运行的过程。除非宕机，否则永远在等待循环中（Waiting Loop），这也违反了算法五大条件中的“有限性”。另外，只要是算法，都能够使用流程图来表示，但是由于过程流程图可包含无限循环，所以无法使用算法来表达。

1.3　算法效能分析

对一个程序（或算法）效能的评估，经常是从时间与空间两种因素来进行考虑。时间方面是指程序的运行时间，称为“时间复杂度”（Time Complexity）。空间方面则是此程序在计算机内存所占的空间大小，称为“空间复杂度”（Space Complexity）。

1. 空间复杂度

所谓“空间复杂度”是一种以概量方式来衡量所需要的内存空间。而这些所需要的内存空间，通常可以分为“固定空间内存”（包括基本程序代码、常数、变量等）与“变动空间内存”（随程序或进行时而改变大小的使用空间，例如引用类型变量）。由于计算机硬件发展的日新月异及涉及所使用计算机的不同，所以纯粹从程序（或算法）的效率角度来看，应该以算法的运行时间为主要评估与分析的依据。

2. 时间复杂度

程序设计师可以就某个算法的执行步骤计数来衡量运行时间，但是同样是两行指令：

```
a=a+1 与 a=a+0.3/0.7*10005
```

由于涉及变量存储类型与表达式的复杂度，因此真正绝对精确的运行时间一定不相同。不过话说回来，如此大费周章地去考虑程序的运行时间往往寸步难行，而且毫无意义。这时可以利用一种“概量”的概念来衡量运行时间，我们称为“时间复杂度”（Time Complexity），其详细定义如下：

- 在一个完全理想状态下的计算机中，我们定义 T(n)来表示程序执行所要花费的时间，其中 n 代表数据输入量。当然程序的运行时间（Worse Case Executing Time）或最大运行时间是时间复杂度的衡量标准，一般以 Big-oh 表示。
- 由于分析算法的时间复杂度必须考虑它的成长比率（Rate of Growth）往往是一种函数，而时间复杂度本身也是一种“渐近表示”（Asymptotic Notation）。

1.3.1 Big-oh

O(f(n))可视为某算法在计算机中所需运行时间不会超过某一常数倍数的 f(n)，也就是说当某算法的运行时间 T(n)的时间复杂度（Time Complexity）为 O(f(n))（读成 big-oh of f(n)或 order is f(n)）。

意思是存在两个常数 c 与 n_0，若 $n>=n_0$，则 $T(n)<=cf(n)$，f(n)又称为运行时间的成长率（Rate of Growth）。请看以下范例，以了解时间复杂度的意义。

【范例 1.3.1】

假如运行时间 $T(n)=3n^3+2n^2+5n$，求时间复杂度。

答： 首先得找出常数 c 与 n_0，我们可以找到当 $n_0=0$，c=10 时，则当 $n \geq n_0$ 时，$3n^3+2n^2+5n \leq 10n^3$，因此得知时间复杂度为 $O(n^3)$。

【范例 1.3.2】

请证明 $\sum_{1 \leq i \leq n} i = O(n^2)$

答：

$$\sum_{1 \leq i \leq n} i = 1+2+3+\ldots+n = \frac{n(n+1)}{2} = \frac{n^2+n}{2}$$

又可以找到常数 $n_0=0$、c=1，当 $n \geq n_0$，$\frac{n^2+n}{2} \leq n^2$，因此得知时间复杂度为 $O(n^2)$。

【范例 1.3.3】

求下列 x←x+1 的执行次数。

（1）

```
    …
    x←x+1
    …
```

（2）

```
    for i←1 to n do
        …
        x←x+1
        …
    end
```

（3）

```
    for i←1 to n do
        …
        for j←1 to m do
            …
            x←x+1
            …
        end
        …
    end
```

答：（1）1 次（2）n 次（3）n*m 次。

【范例 1.3.4】

求下列算法中 x←x+1 的执行次数及时间复杂度。

```
for i←1 to n do
    j←i
    for k←j+1 to n do
        x←x+1
    end
end
```

答：有关 x←x+1 这行指令的执行次数，因为 j←i，且 k←j+1 所以可用以下数学式来表示，所以其执行次数为：

$$\sum_{i=1}^{n}\sum_{k+i+1}^{n}1=\sum_{i=1}^{n}(n-i)=\sum_{i=1}^{n}n-\sum_{i=1}^{n}i=n^2-\frac{n(n-1)}{2}=\frac{n(n-1)}{2}$$（次），而时间复杂度为 $O(n^2)$。

【范例 1.3.5】

请确定以下程序片段的运行时间：

```
k=100000
while k<>5 do
    k=k DIV 10
end
```

答： 因为 k=k DIV 10，所以一直到 k=0 时，都不会出现 k=5 的情况，整个循环为无限循环，运行时间为无限长。

- 常见 Big-oh

事实上，时间复杂度只是执行次数的一个概略的量度层级，并非真实的执行次数。而 Big-oh 则是一种用来表示最坏运行时间的表现方式，它也是最常用于在描述时间复杂度的渐近式表示法。常见的 Big-oh 有下列几种，参见表 1-2 所示。常见的最坏运行时间曲线如图 1-11 所示。

表 1-2 常见的 Big-oh 特色与说明

Big-oh	特色与说明
O(1)	称为常数时间（Constant Time），表示算法的运行时间是一个常数倍数
O(n)	称为线性时间（Linear Time），表示执行的时间会随着数据集合的大小而线性增长
$O(\log_2 n)$	称为次线性时间（Sub-linear Time），成长速度比线性时间还慢，而比常数时间还快
$O(n^2)$	称为平方时间（Quadratic Time），算法的运行时间会成二次方的增长
$O(n^3)$	称为立方时间（Cubic Time），算法的运行时间会成三次方的增长
(2^n)	称为指数时间（Exponential Time），算法的运行时间会成 2 的 n 次方增长。例如解决 Nonpolynomial Problem 问题算法的时间复杂度即为 $O(2^n)$
$O(n\log_2 n)$	称为线性乘对数时间，介于线性和二次方增长的中间模式

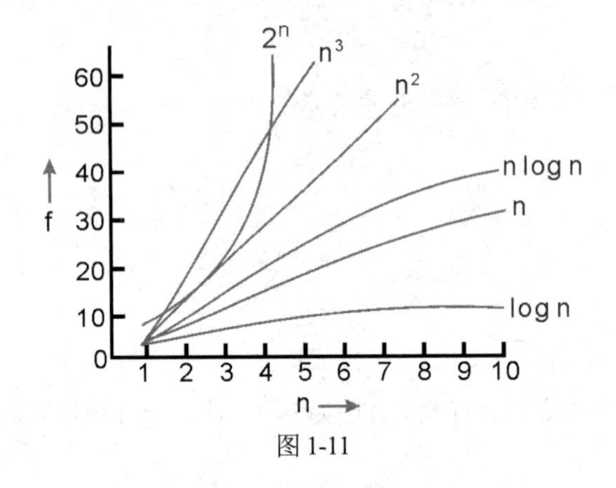

图 1-11

n≥16 时，时间复杂度的优劣比较关系如下：

$O(1)<O(\log_2 n)<O(n)<O(n\log_2 n)<O(n^2)<O(n^3)<O(2^n)$

【范例 1.3.6】

确定下列的时间复杂度（f(n)表示执行次数）。

（a） $f(n)=n^2logn+logn$

（b） $f(n)=8loglogn$

（c） $f(n)=logn^2$

（d） $f(n)=4loglogn$

（e） $f(n)=n/100+1000/n^2$

（f） $f(n)=n!$

答：

（a） $f(n)=(n^2+1)logn=O(n^2logn)$

（b） $f(n)=8loglogn=O(loglogn)$

（c） $f(n)=logn^2=2logn=O(logn)$

（d） $f(n)=4loglogn=O(loglogn)$

（e） $f(n)=n/100+1000/n^2\leqslant n/100$(当 $n\geqslant 1000$ 时)$=O(n)$

（f） $f(n)=n!=1*2*3*4*5\ldots*n<=n*n*n*\ldots n*n\leqslant n^n$($n\geqslant 1$ 时)$=O(n^n)$

1.3.2　Ω(Omega)

Ω 也是一种时间复杂度的渐近表示法，如果说 Big-oh 是运行时间量度的最坏情况，那么 Ω 就是运行时间量度的最好情况。以下是 Ω 的定义：

对 f(n)=Ω(g(n))（读作 big-omega of g(n)），意思是存在常数 c 和 n_0，对所有的 n 值而言，$n\geqslant n_0$ 时，$f(n)\geqslant cg(n)$ 均成立。例如 f(n)=5n+6，存在 c=5，n_0=1，对所有 n≥1 时，5n+5≥5n，因此对于 f(n)=Ω(n)而言，n 就是成长的最大函数。

【范例 1.3.7】

$f(n)=6n^2+3n+2$，请使用 Ω 来表示 f(n)的时间复杂度。

答： $f(n)= 6n^2+3n+2$，存在 c=6 ，$n_0\geqslant 1$，对所有的 $n\geqslant n_0$，使得 $6n^2+3n+2\geqslant 6n^2$，所以 $f(n)= \Omega(n^2)$。

1.3.3　θ(Theta)

θ 是一种比 Big-O 与 Ω 更精确的时间复杂度渐近表示法。其定义如下：

f(n)=θ(g(n))（读作 big-theta of g(n)），意思是存在常数 c_1、c_2、n_0，对所有的 $n\geqslant n_0$ 时，$c_1g(n)\leqslant f(n)\leqslant c_2g(n)$ 均成立。换句话说，当 f(n) = θ(g(n))时，就表示 g(n)可代表 f(n)的上限与下限。

以 $f(n)=n^2+2n$ 为例，当 $n\geqslant 0$ 时，$n^2+2n\leqslant 3n^2$，可得 $f(n)=O(n^2)$。同理，$n\geqslant 0$ 时，$n^2+2n\geqslant n^2$，可得 $f(n)=\Omega(n^2)$。所以 $f(n)=n^2+2n=\theta(n^2)$。

1.4　常见算法介绍

善用算法，当然是培养程序设计逻辑很重要的步骤，许多实际的问题都可用多个可行的算法来解决，但是要从中找出最佳的解决算法却是一项挑战。本节中将为大家介绍一些近年来相当知名的算法，能帮助大家更加了解不同算法的概念与技巧，以便日后更有能力分析各种算法的优劣。

1.4.1 分治法

分治法（Divide and Conquer，也称为“分而治之法”）是一种很重要的算法，我们可以应用分治法来逐一拆解复杂的问题，核心思想就是将一个难以直接解决的大问题依照相同的概念，分割成两个或更多的子问题，以便各个击破，即“分而治之”。其实，任何一个可以用程序求解的问题所需的计算时间都与其规模有关，问题的规模越小，越容易直接求解。分割问题也是遇到大问题的解决方式，可以使子问题规模不断缩小，直到这些子问题足够简单到可以解决，最后再将各子问题的解合并得到原问题的最终解答。这个算法应用相当广泛，如快速排序法（Quick Sort）、递归算法（Recursion）、大整数乘法。

下面我们就以一个实际的例子来说明。如果有 8 幅很难画的图，我们可以分成 2 组各四幅画来完成，如果还是觉得太复杂，继续再分成四组，每组各两幅画来完成，采用相同模式反复分割问题，这就是最简单的分治法的核心思想。分治法算法的例子如图 1-12 所示。

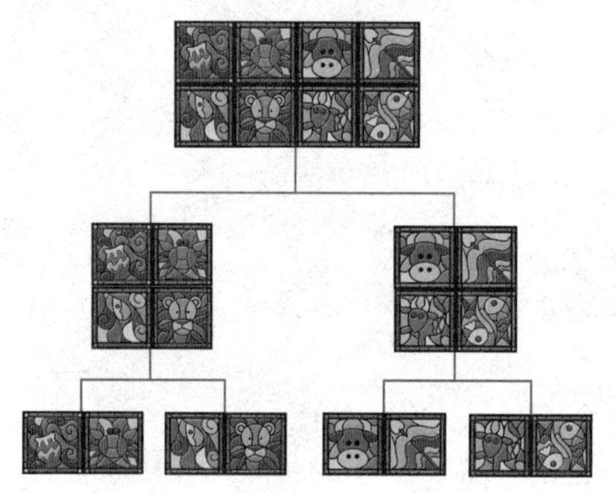

图 1-12

分治法也可以应用在数字的分类与排序上，如果要以人工的方式将散落在地上的打印稿，按从第 1 页整理并排序到第 100 页。我们可以有两种做法：一种方法是逐一捡起打印稿，并逐一按页码顺序插入到正确的位置。但是这样的方法有一种缺点，就是排序和整理的过程较为繁杂，而且较为花时间；第二种方法，我们可以应用分治法的原理，先行将页码 1 到页码 10 放在一起，页码 11 到页码 20 放在一起，以此类推，将页码 91 到页码 100 放在一起，也就是说，将原先的 100 页分类为 10 个页码区间，然后我们再分别对 10 堆页码进行整理，最后再从页码小到大的分组合并起来，轻易恢复到原先的稿件顺序，通过分治法可以让原先复杂的问题，变成规则更简单、数量更少、速度更快且更容易轻易解决的小问题。

1.4.2 递归法

递归是一种很特殊的算法，分治法和递归法很像一对孪生兄弟，都是将一个复杂的算法问题进行分解，让规模越来越小，最终使子问题容易求解。递归在早期人工智能所用的语言中，如 Lisp、

Prolog 几乎是整个语言运行的核心，现在许多程序设计语言，包括 C#、C、C++、Java、Python 等，都具备递归功能。简单来说，对程序设计人员的实现而言，“函数”（或称为子程序）不单纯只是能够被其他函数调用（或引用）的程序单元，在某些程序设计语言中还提供了自己调用自己的功能，这两种调用的功能就是所谓的“递归”。

从程序语言的角度来说，谈到递归的正式定义，我们可以这样形容，假如一个函数或子程序，是由自身所定义或调用的，就称为递归（Recursion），它至少要定义两个条件，包括一个可以反复执行的递归过程，与一个跳出执行过程的出口。

提　示

“尾递归”（Tail Recursion）就是函数或子程序的最后一条语句为递归调用，因为每次调用后，再回到前一次调用的第一条语句就是 return 语句，所以不需要再进行任何运算工作了。

此外，根据递归调用对象的不同，可以把递归分为以下两种：

- 直接递归（Direct Recursion）：指在递归函数中允许直接调用该函数自身，就称为直接递归，如下例所示：

```
int Fun(...)
{
  .
  .
  if(...)
    Fun(...)
  .
  .
}
```

- 间接递归（Indirect Recursion）：指在递归函数中如果调用其他递归函数，再从其他递归函数调用回原来的递归函数，我们把这种类型的递归称为间接递归，如下例所示。

```
int Fun1(...)          int Fun2(...)
{                      {
  .                      .
  .                      .
  if(...)                if(...)
    Fun2(...)              Fun1(...)
  .                      .
  .                      .
}                      }
```

阶乘函数是数学上很有名的函数，对递归法而言，也可以看成是很典型的范例，我们一般以符号“！”来代表阶乘。如 4 阶乘可写为 4!，n!则表示：

```
n!=n×(n-1)*(n-2)……*1
```

我们可以逐步分解它的运算过程，以观察出它的规律性：

```
5! = (5 * 4!)
= 5 * (4 * 3!)
= 5 * 4 * (3 * 2!)
```

```
= 5 * 4 * 3 * (2 * 1)
= 5 * 4 * (3 * 2)
= 5 * (4 * 6)
= (5 * 24)
= 120
```

Java 的 n!递归函数算法可以写成如下：

```
public static int fac(int n)
  {
    if(n==0) //递归终止的条件
      return 1;
    else
      return n*fac(n-1); //递归调用
  }
```

【范例程序：ch01_01.java】

请用 Java 语言，用递归算法来设计一个计算 n！阶乘的程序。

```
01 //递归程序的使用
02 public class ch01_01  //创建类
03 {
04    public static void main(String args[])
05    {
06       System.out.println("5!="+fac(5));
07    }
08    public static int fac(int n)
09    {
10       if(n==0) //递归终止的条件
11          return 1;
12       else
13          return n*fac(n-1); //递归调用
14    }
15 }
```

【执行结果】参见图 1-13。

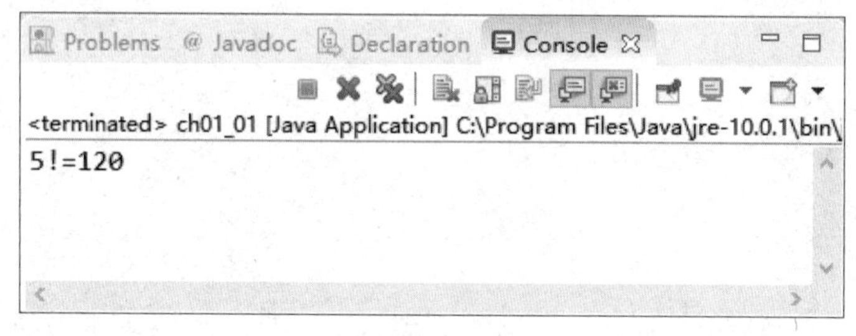

图 1-13

以上的介绍是用阶乘函数的范例来说明递归的运行方式，在系统中具体实现递归时，则要用到堆栈的数据结构，所谓堆栈（Stack）就是一组相同数据类型的集合，所有的操作均在这个结构的顶端进行，具有“后进先出”（Last In First Out，LIFO）的特性。有关堆栈的详细功能说明与实现，请参考第 4 章有关堆栈的内容。

我们再来看著名的斐波拉契数列（Fibonacci Polynomial）的求解，首先看看斐波拉契数列的基本定义：

$$F_n=\begin{cases}0 & n=0\\ 1 & n=1\\ F_{n-1}+F_{n-2} & n=2,3,4,5,6\ldots\ldots\text{（n 为正整）}\end{cases}$$

简单来说，这个数列的第 0 项是 0、第 1 项是 1，之后的各项的值是由其前面两项的值相加的结果（即后面的每项值都是其前两项值之和）。根据斐波拉契数列的定义，可以尝试把它设计成递归形式：

```
public static int Fibonacci(int n)
  {
    if (n==0)       // 第 0 项为 0
      return (0) ;
    else if (n==1) // 第 1 项为 1
      return (1) ;
    else
      return( Fibonacci(n-1)+Fibonacci(n-2));
    // 递归调用函数：第 n 项为 n-1 与 n-2 项之和
  }
```

【范例程序：ch01_02.java】

请用 Java 语言来设计一个计算第 n 项斐波拉契数列的递归程序。

```
01 // 堆栈的应用——斐波拉契数列
02 import java.io.*;
03 class ch01_02
04 {
05   public static void main(String args[]) throws IOException
06   {
07     int num;
08     String str;
09     BufferedReader buf;
10     buf=new BufferedReader(new InputStreamReader(System.in));
11     System.out.print("使用递归计算斐波拉契数列\n");
12     System.out.print("请输入一个整数:");
13     str=buf.readLine();
14     num=Integer.parseInt(str);
15     if (num<0)
16       System.out.print("输入的数字必须大于 0\n");
17     else
18       System.out.print("Fibonacci("+num+")="+Fibonacci(num)+"\n") ;
19   }
20   public static int Fibonacci(int n)
21   {
22     if (n==0)       // 第 0 项为 0
23       return (0) ;
24     else if (n==1) // 第 1 项为 1
25       return (1) ;
26     else
27       return( Fibonacci(n-1)+Fibonacci(n-2));
28     // 递归调用函数：第 N 项为 n-1 与 n-2 项之和
29   }
```

```
30 }
```

【执行结果】参见图 1-14。

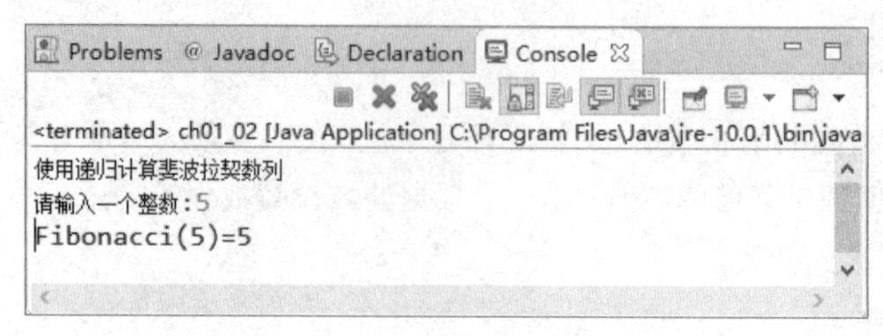

图 1-14

1.4.3 贪心法

贪心法（Greed Method）又称为贪婪算法，方法是从某一起点开始，在每一个解决问题步骤中使用贪心原则，即采取在当前状态下最有利或最优化的选择，不断地改进该解答，持续在每一步骤中选择最佳的方法，并且逐步逼近给定的目标，当达到某一步骤不能再继续前进时，算法就停止，就是尽可能快地求得更好的解。

贪心法的思想虽然是把求解的问题分成若干个子问题，不过不能保证求得的最后解是最佳的。贪心法容易过早做决定，只能求满足某些约束条件下可行解的范围，当然，对于有些问题却可以得到最佳解。贪心法经常用于求解图的最小生成树（MST）、最短路径与哈夫曼编码等。

我们来看一个简单的例子（后面的货币系统不是现实的情况，只为了举例），如图 1-15 所示，假设我们今天去便利商店买了几听可乐，要价 24 元，我们付给售货员 100 元，且我们希望找的钱不要太碎，即人民币的总数量最少，该如何找钱呢？假如目前的人民币有 50 元、10 元、5 元、1 元四种，从贪心法的策略来说，应找的钱总数是 76 元，所以一开始选择 50 元的人民币一张，接下来就是 10 元的人民币两张，最后是 5 元的人民币和 1 元的人民币各一张，总共四张人民币，这个结果也确实是最佳的方案。

图 1-15

贪心法很也适合用于旅游某些景点的判断，假如我们要从图 1-14 中的顶点 5 走到顶点 3，最短的路径该怎么走才好呢？以贪心法来说，当然是先走到顶点 1 最近，接着选择走到顶点 2，最后从顶点 2 走到顶点 5，这样的距离是 28，在图 1-16 中我们会发现直接从顶点 5 走到顶点 3 才是最短的距离，也就是在这种情况下，是没办法以贪心法规则来找到最佳的解答。

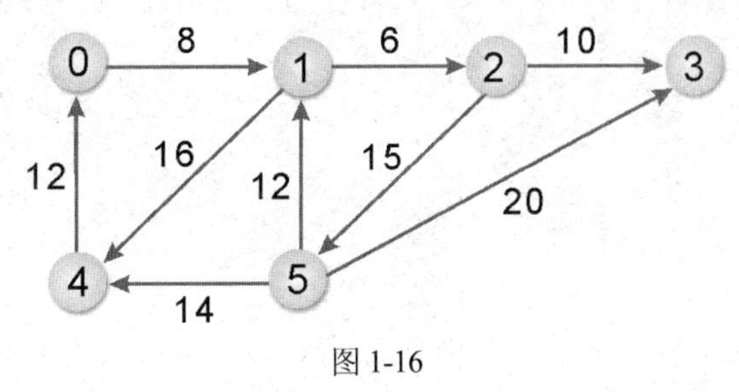

图 1-16

1.4.4　动态规划法

动态规划法（Dynamic Programming Algorithm，DPA）类似于分治法，在 20 世纪 50 年代初由美国数学家 R. E. Bellman 所发明，用于研究多阶段决策过程的优化过程与求得一个问题的最佳解。动态规划法主要的做法是：如果一个问题答案与子问题相关的话，就能将大问题拆解成各个小问题，其中与分治法最大不同的地方是可以让每一个子问题的答案被存储起来，以供下次求解时直接取用。这样的做法不但能减少再次计算的时间，并可将这些解组合成大问题的解答，故而使用动态规划可以解决重复计算的问题。

例如前面斐波拉契数列是用类似分治法的递归法，如果改用动态规划法，那么已计算过的数据就不必重复计算了，也不会再往下递归，因而实现了提高性能的目的，例如我们想求斐波拉契数列的第 4 项数 Fib(4)，它的递归过程可以用图 1-17 表示出来递归执行路径图。

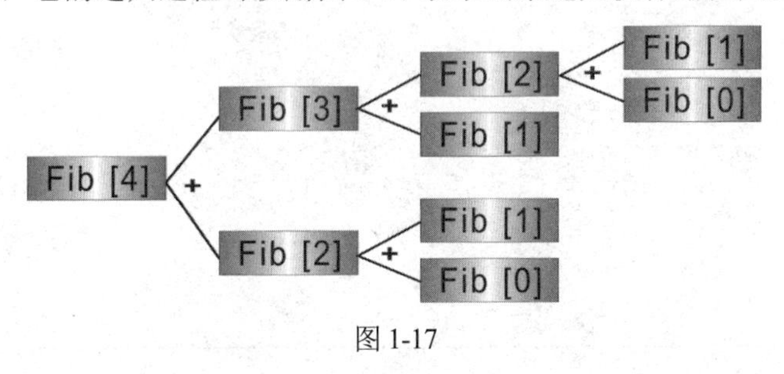

图 1-17

从上面的执行路径图中我们可以得知递归调用了 9 次，而执行加法运算 4 次，Fib(1)与 Fib(0)共执行了 3 次，重复计算影响了执行性能，我们根据动态规划法的思想，将算法可以修改如下：

```
public static int output[] =new int[1000]; //Fibonacci 的暂存区

public static int fib(int n)
{
  int result;
  result=output[n];
    if (result==0)
    {
      if(n==0)
        return 0;
      if(n==1)
        return 1;
      else
```

```
        return (fib(n-1)+fib(n-2));
    }
    output[n]=result;
    return result;
}
```

1.4.5 迭代法

迭代法（Iterative Method）是指无法使用公式一次求解，而需要使用迭代，例如用循环去重复执行程序代码的某些部分来得到答案。

【范例程序：ch01_03.java】

请使用 for 循环来设计一个计算 1!~n!阶乘的递归程序。

```
01 import java.io.*;
02 class ch01_03
03 {
04
05    public static void main(String args[]) throws IOException
06    {
07       int sum=1;
08
09       java.util.Scanner input_obj=new java.util.Scanner(System.in);
10       System.out.print("请从键盘输入n= ");
11       int n =input_obj.nextInt();
12
13       //以for循环计算 n!
14       for(int i=1;i<n+1;i++){
15          for (int j=i;j>0;j--)
16              sum=sum*j;    // sum=sum*j
17          System.out.println(i+"!="+sum);
18          sum=1;
19       }
20    }
21 }
```

【执行结果】参见图 1-18。

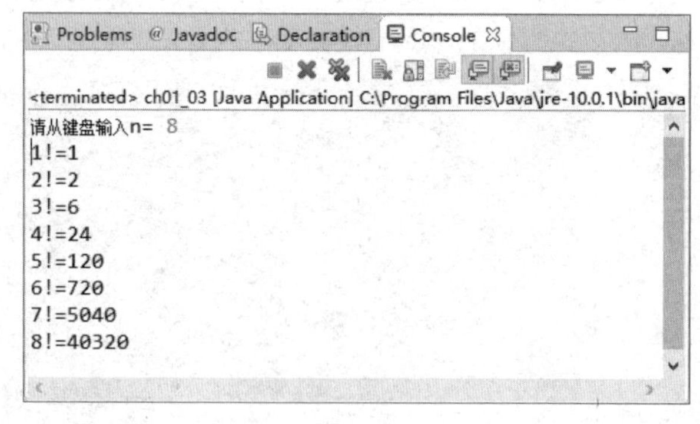

图 1-18

上述的例子是一种固定执行次数的迭代法，当遇到一个问题，无法一次以公式求解，又不能确定要执行多少次。这个时候，就可以使用 while 循环。

while 循环必须加入控制变量的起始值以及递增或递减表达式，编写循环过程时必须检查离开循环体的条件是否存在，如果条件不存在，则会让循环体一直执行而无法停止，导致“无限循环”。循环结构通常需要具备三个条件：

（1）变量初始值。

（2）循环条件判别式。

（3）调整变量增减值。

例如下面的程序：

```
i=1;
while (i < 10) {
  //循环条件判别式
  System.out.println(i);
  i += 1;   //调整变量增减值
}
```

当 i 小于 10 时会执行 while 循环体内的语句，所以 i 会加 1，直到 i 等于 10，条件判别式为 False 时，就会跳离循环了。

1.4.6　枚举法

枚举法，又称为穷举法，枚举法是一种常见的数学方法，是我们在日常中用到最多的一种算法，它的核心思想就是：列举所有的可能。根据问题要求，逐一列举问题的解答，或者为了便于解决问题，把问题分为不重复、不遗漏的两种情况，逐一列举各种情况，并加以解决，最终达到解决整个问题的目的。枚举法这种分析问题、解决问题的方法，得到的结果总是正确的，枚举算法的缺点就是速度太慢。

例如，我们想将 A 与 B 两个字符串连接起来，也就是将 B 字符串接到 A 字符串的后面，就是将 B 字符串的每一个字符，从第一个字符开始逐步连接到 A 字符串的最后一个字符，如图 1-19 所示。

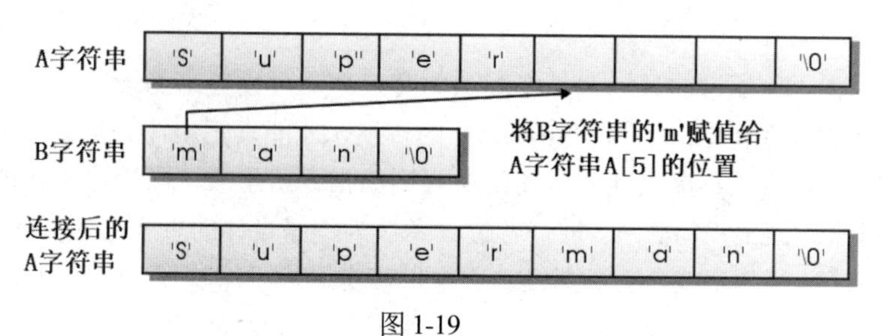

图 1-19

再来看一个例子，当数 1000 依次减去 1，2，3……直到哪一个数时，相减的结果开始为负数，这是很纯粹的枚举法应用，只要按序减去 1，2，3，4，5，6，8……？

$1000-1-2-3-4-5-6\ldots-? < 0$

用 Java 语言写成的算法如下：

```
x=1;
num=1000;
while (num>=0) { //while 循环
  num-=x;
  x=x+1;
}
System.out.println(x-1);
```

简单来说，枚举法的核心概念就是将要分析的项目在不遗漏的情况下逐一列举出来，再从所列举的项目中去找到自己所需要的目标对象。

我们再举一个例子来加深大家的印象，如果我们希望列出 1~500 之间所有 5 的倍数（整数），用枚举法就是 1 开始到 500 逐一列出所有的整数，并一边枚举，一边检查该枚举的数字是否为 5 的倍数，如果不是，则不加以理会，如果是，则加以输出。如果以 Java 语言来编写其算法，如下所示：

```
for (int num=1; num<501; num++)
  if (num % 5 ==0 )
    System.out.println(num+"是 5 的倍数");
```

提　示

回溯法（Backtracking）也算是枚举法中的一种，对于某些问题而言，回溯法是一种可以找出所有（或一部分）解的一般性算法，同时避免枚举不正确的数值。一旦发现不正确的数值，就不再递归到下一层，而是回溯到上一层，以节省时间，是一种走不通就退回再走的方式。它的特点主要是在搜索过程中查找问题的解，当发现不满足求解条件时，就回溯（即返回），尝试别的路径，避免无效搜索。例如老鼠走迷宫就是一种回溯法（Backtracking）的应用。

1.5　程序设计简介

在数据结构中，所探讨的目标就是将算法朝有效率、可读性高的程序设计方向努力。简单地说，数据结构与算法必须通过程序（Program）的转换，才能真正由计算机系统来执行。

所谓程序，是由合乎程序设计语言的语法规则的指令所组成，而程序设计的目的就是通过程序的编写与执行来达到用户的需求。或许各位读者认为程序设计的主要目的只是要“执行”出正确的结果，而忽略了执行效率或者日后的维护成本，其实这是不清楚程序设计真正意义的表现。

1.5.1　程序开发流程

至于程序设计时必须利用何种程序设计语言，通常可根据主客观环境的需要确定，并无特别规定。一般评判程序设计语言好坏的四项原则如下：

- 可读性（Readability）高：阅读与理解都相当容易。
- 平均成本低：成本考虑不局限于编码的成本，还包括执行、编译、维护、学习、调试与日后更新等成本。
- 可靠度高：所编写出来的程序代码稳定性高，不容易产生边际错误（Side Effect）。
- 可编写性高：对于针对需求所编写的程序相对容易。

对于程序设计领域的学习方向而言，无疑就是以有效率、可读性高的程序设计成果为目标。一个程序的产生过程，则可分为以下五个设计步骤（见图 1-20）。

步骤01 需求认识（Requirements）：了解程序所要解决的问题是什么，有哪些输入及输出等。

步骤02 设计规划（Design and Plan）：根据需求选择适合的数据结构，并以明确无误的表示方式写一个算法以解决问题。

步骤03 分析讨论（Analysis and Discussion）：思考其他可能适合的算法及数据结构，最后再选出最适当的目标。

步骤04 编写程序（Coding）：把分析的结论写成初步的程序代码。

步骤05 测试检验（Verification）：最后必须确认程序的输出是否符合需求，这个步骤分步地执行程序并进行许多的相关测试。

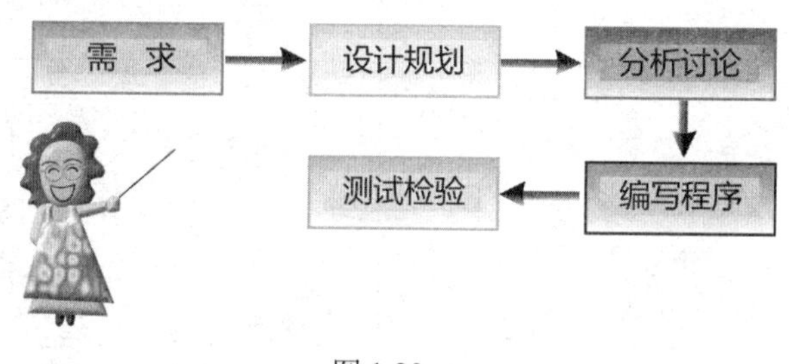

图 1-20

1.5.2　结构化程序设计

在传统程序设计的方法中，主要以“由下而上”与“由上而下”方法为主。所谓“由下而上”是指程序员将整个程序需求中最容易的部分先编写，再逐步扩大来完成整个程序。

而“由上而下”则是将整个程序需求从上而下、由大到小逐步分解成较小的单元，或称为“模块”（Module），这样使得程序员针对各模块分别开发，不但可减轻设计者负担、可读性较高，也便于日后维护。而结构化程序设计的核心精神，就是“由上而下设计”与“模块化设计”。例如在 Pascal 语言中，这些模块称为“过程”（Procedure），C 语言中称为“函数”（Function）。

通常“结构化程序设计”具有以下 3 种控制流程，对于一个结构化程序，不管其结构如何复杂，都可利用以下的基本控制流程来加以表达（参考表 1-3）。

表 1-3　结构化程序设计的 3 种控制流程

流程结构名称	概念示意图
“顺序结构” 逐步编写程序语句	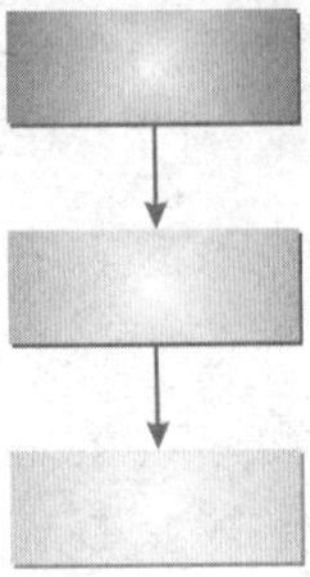
“选择结构” 根据某些条件进行逻辑判断	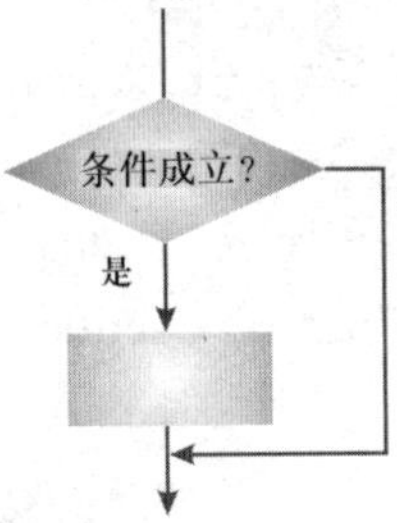 条件成立？ 是 否
“重复结构” 根据某些条件决定是否重复执行某些程序语句	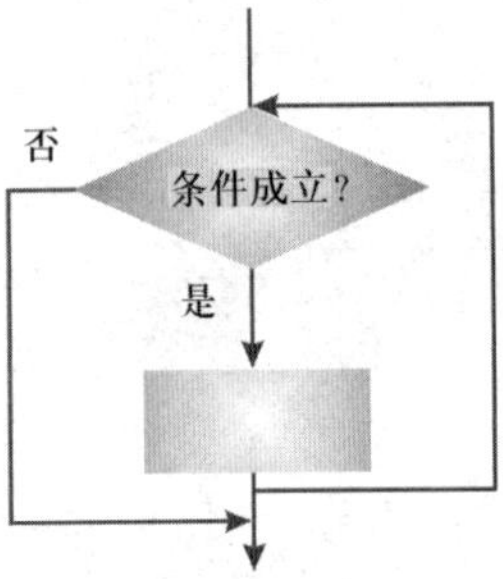 条件成立？ 是 否

1.5.3　面向对象程序设计

“面向对象程序设计”（Object-Oriented Programming，OOP）的主要设计思想就是将存在于日常生活中随处可见的对象（Object）概念，应用在软件开发模式（Software Development Model）。OOP 让我们在程序设计时，能以一种更生活化、可读性更高的设计思路来进行程序的开发和设计，并且所开发出来的程序也更容易扩充、修改及维护。

在现实生活中充满了形形色色的物体，每个物体都可视为一种对象。我们可以通过对象的外部行为（Behavior）运作及内部状态（State）模式，来进行详细的描述。行为代表此对象对外所显示出来的运作方法，状态则代表对象内部各种特征的目前状况，对象的内部状态和外部行为如图 1-21 所示。

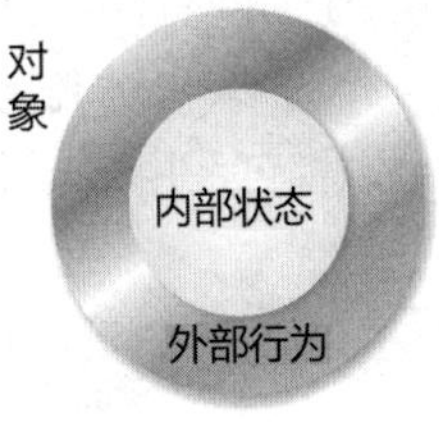

对象
内部状态
外部行为

图 1-21

例如我们今天想要自己组装一台计算机，而目前我们人在外地，因为配件不足，找遍当了地所有的计算机配件公司，仍找不到我们所需要的配件，假如我们必须到北京的中关村来需要所需要的配件。也就是说，一切的工作必须一步一步按照自己的计划分别到不同的公司去查找我们所需的配件。试想，即使节省了不少成本，却为时间成本付出相当大的代价。

但是，如果换一个角度来说，假使我们不必去理会配件货源如何获得，完全交给计算机公司全权负责，那么事情便会简单许多。我们只需填好一份配置的清单，该计算机公司便会收集好所有的配件，然后寄往我们所指定的地方，至于该计算机公司如何找到的货源，便不是我们所要关心的事了。我们要强调的概念便在此，只要确立每一个配件公司是一个独立的个体，该独立个体有其特定的功能，而各项工作的完成，仅需在这些各个独立的个体之间进行消息（Message）交换即可。

面向对象设计的概念就是认定每一个对象是一个独立的个体，而每个独立个体有其特定的功能，对我们而言，无须去理解这些特定功能如何实现这个目标的具体过程，只需要将需求告诉这个独立个体，如果这个个体能独立完成，便直接将此任务交给它即可。面向对象程序设计的重点是强调程序的可读性（Readability）、重复使用性（Reusability）与扩展性（Extension）。面向对象设计还具备三种特性，参见图 1-22 所示。

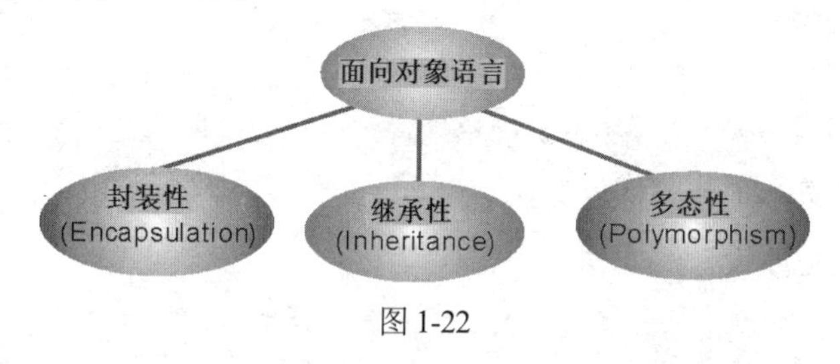

图 1-22

1. 封装

封装（Encapsulation）就是利用“类”来实现“抽象数据类型”（ADT）。类是一种用来具体描述对象状态与行为的数据类型，也可以看成是一个模型或蓝图，按照这个模型或蓝图所产生的实例（Instance），就被称为对象。类和对象的关系如图 1-23 所示。

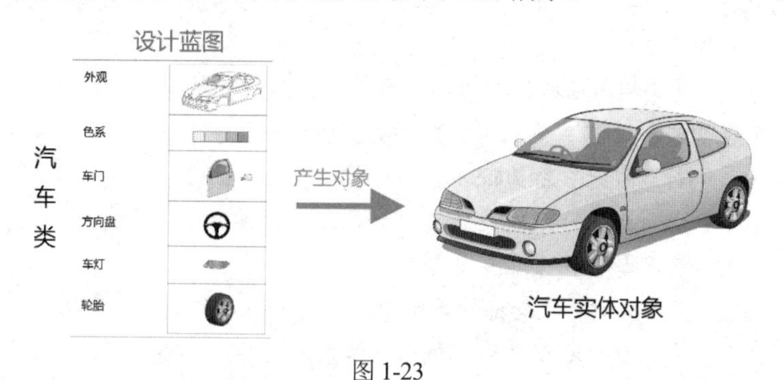

图 1-23

所谓“抽象”，就是将代表事物特征的数据隐藏起来，并定义一些方法来作为操作这些数据的接口，让用户只能接触到这些方法，而无法直接使用数据，也符合了信息隐藏的意义，而这种自定义的数据类型就称为“抽象数据类型”。而传统程序设计的概念，就必须掌握所有的来龙去脉，针对时效性而言，传统程序设计便要大打折扣。

2. 继承

继承性是面向对象程序设计语言中最强大的功能之一，因为它允许程序代码的重复使用（Code

Reusability），同时可以表达了树结构中父代与子代的遗传现象。“继承”（Inheritance）类似现实生活中的遗传，允许我们去定义一个新的类来继承现有的类（Class），进而使用或修改继承而来的方法（Method），并可在子类中加入新的数据成员与函数成员。在继承关系中，可以把它单纯视为一种复制（Copy）的操作。换句话说，当程序开发人员以继承机制声明新增的类时，它会先将所引用的父类中的所有成员，完整地写入新增的类中。类继承关系示意图如图 1-24 所示。

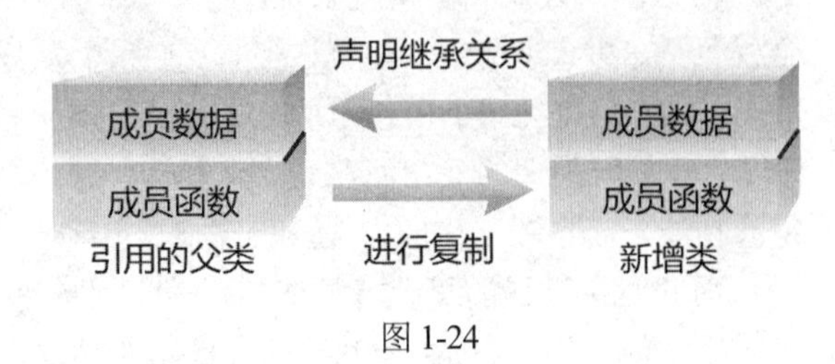

图 1-24

3. 多态

多态（Polymorphism）也是面向对象设计的重要特性，也称为“同名异式”，可让软件在开发和维护时，达到充分的延伸性。多态（Polymorphism），按照英文单词字面的解释，就是一样东西同时具有多种不同的类型。在面向对象程序设计语言中，多态的定义简单来说就是利用类的继承结构，先建立一个基类的对象。用户可通过对象的继承声明，将此对象向下继承为派生类对象，进而控制所有派生类的“同名异式”成员方法。简单地说，多态最直接的定义就是让具有继承关系的不同类别对象，可以调用相同名称的成员函数，并产生不同的反应结果。

4. 其他面向对象程序设计的术语

- 对象（Object）：可以是抽象的概念或是一个具体的东西，包括了“数据”（Data）及其所相应的“操作”或“运算”（Operation），或称为方法（Method），它具有状态（State）、行为（Behavior）与标识（Identity）。每一个对象（Object）均有其相应的属性（Attribute）及属性值（Attribute Value）。例如，有一个对象称为学生，“开学”是一条信息，可传送给这个对象。而学生有学号、姓名、出生年月日、住址、电话等属性，当前的属性值便是其状态。学生对象的操作或运算行为则有注册、选修、转系、毕业等，学号则是学生对象的唯一识别编号（对象标识，OID）。
- 类（Class）：是具有相同结构及行为的对象集合，是许多对象共同特征的描述或对象的抽象化。例如，小明与小华都属于人这个类，他们都有出生年月日、血型、身高、体重等类的属性。类中的一个对象有时就称为该类的一个实例（Instance）。
- 属性（Attribute）：是用来描述对象的基本特征及其所属的性质，例如，一个人的属性可能会包括姓名、住址、年龄、出生年月日等。
- 方法（Method）：是面向对象数据库系统中对象的动作与行为，我们在此以人为例，不同的职业，其工作内容也就会有所不同，例如，学生的主要工作为学习，而老师的主要工作则为教书。

课后习题

1. 请问以下 Java 程序中是否相当严谨地表达出算法的含义？

```
count=0;
while(count< >3)
```

2. 请问下列程序中的循环部分，实际执行的次数与时间复杂度。

```
    for i=1 to n
      for j=i to n
        for k =j to n
        { end of k Loop }
      { end of j Loop }
    { end of i Loop }
```

3. 试证明 $f(n)=a_m n^m+...+a_1 n+a_0$，则 $f(n)=O(n^m)$。
4. 求下列程序中，函数 F(i,j,k)的执行次数：

```
for k=1 to n
  for i=0 to k-1
    for j=0 to k-1
      if i<>j then F(i,j,k)
    end
  end
end
```

5. 请问以下程序的 Big-O 是多少？

```
Total=0;
for(i=1; i<=n ; i++)
  total=total+i*i;
```

6. 试述非多项式问题的意义。

7. 解释下列名词：

（1）O(n)(Big-Oh of n)

（2）抽象数据型（Abstract Data Type）

8. 试述结构化程序设计与面向对象程序设计的特性是什么？
9. 请编写一个算法来求函数 f(n)，f(n)的定义如下：

$$f(n):\begin{cases} n^n & 如果\ n\geq 1 \\ 0 & 其他 \end{cases}$$

10. 算法必须符合哪五项条件？
11. 请问评估程序设计语言好坏的要素是什么？
12. 试简述分治法的核心思想。
13. 递归至少要定义哪两种条件？
14. 试简述贪心法的主要核心概念。
15. 简述动态规划法与分治法的差异。
16. 什么是迭代法，请简述说明。
17. 枚举法的核心概念是什么？试简述说明。
18. 回溯法的核心概念是什么？试简述说明。

第 2 章

数组结构

“线性表”（Linear List）是数学应用在计算机科学中一种相当简单与基本的数据结构。简单地说，线性表是 n 个元素的有限序列（n≥0），像是 26 个英文字母的字母表：A，B，C，D，E，…；Z，就是一个线性表，线性表中的数据元素为字母符号，或是 10 个阿拉伯数字的列表 0，1，2，3，4，5，6，7，8，9。线性表的应用在计算机科学领域中是相当广泛的，例如本章中将要介绍的数组结构（Array）就是一种典型线性表的应用。

2.1 线性表简介

线性表的关系（Relation）可以看成是一种有序对的集合，目的在于表示线性表中的任意两相邻元素之间的关系。其中 a_{i-1} 称为 a_i 的先行元素，a_i 是 a_{i-1} 的后继元素。简单的表示线性表，我们可以写成$(a_1,a_2,a_3,\ldots,a_{n-1},a_n)$。以下我们尝试以更清楚和口语化的说明来重新定义“线性表”（Linear List）的定义：

- 有序表可以是空集合，或者可写成（$a_1, a_2, a_3,\ldots, a_{n-1}, a_n$）。
- 存在唯一的第一个元素 a_1 与存在唯一的最后一个元素 a_n。
- 除了第一个元素 a_1 外，每一个元素都有唯一的先行者（Predecessor），例如 a_i 的先行者为 a_{i-1}。
- 除了最后一个元素 a_n 外，每一个元素都有唯一的后继者（Successor），例如 a_{i+1} 是 a_i 的后继者。

线性表中的每一元素与相邻元素间还会存在某种关系，例如以下 8 种常见的运算方式：

- 计算线性表的长度 n。
- 取出线性表中的第 i 项元素来加以修正，1≤i≤n。
- 插入一个新元素到第 i 项，1≤i≤n，并使得原来的第 i，i+1，…，n 项，后移变成 i+1，i+2，…，n+1 项。

- 删除第 i 项的元素，1≤i≤n，并使得第 i+1，i+2，…，n 项前移，变成第 i，i+1，…，n-1 项。
- 从右到左或从左到右读取线性表中各个元素的值。
- 在第 i 项存入新值，并取代旧值，1≤i≤n。
- 复制线性表。
- 合并线性表。

线性表也可应用在计算机中的数据存储结构，基本上按照内存存储的方式，可分为以下两种：

（1）静态数据结构（Static Data Structure），又称为“密集表”（Dense List），它使用连续分配的内存空间（Contiguous Allocation）来存储有序表中的数据。静态数据结构是在编译时就给相关的变量分配好内存空间。在建立静态数据结构的初期，必须事先声明最大可能要占用的固定内存空间，因此容易造成内存的浪费，例如数组类型就是一种典型的静态数据结构。优点是设计时相当简单，而且读取与修改表中任意一个元素的时间都是固定的。缺点则是删除或加入数据时，需要移动大量的数据。

（2）动态数据结构（Dynamic Data Structure），又称为“链表”（Linked List），它使用不连续的内存空间存储具有线性表特性的数据。优点是数据的插入或删除都相当方便，不需要移动大量数据。另外，动态数据结构的内存分配是在程序执行时才进行分配的，所以不需事先声明，这样能充分节省内存。缺点是在设计数据结构时较为麻烦，另外在查找数据时，也无法像静态数据一般可以随机读取，必须按顺序找到该数据为止。

【范例 2.1.1】

密集表（Dense List）在某些应用上相当方便，请问：

（1）什么情况下不适用？

（2）如果原有 n 项数据，请计算插入一项新数据平均需要移动几项数据？

答：

（1）密集表中同时加入或删除多项数据时，会造成数据的大量移动，这种情况非常不方便，如数组结构。

（2）因为任何可能插入位置的概率都一样为 1/n，所以平均移动数据的项数为：

$$E=1*\frac{1}{n}+2*\frac{1}{n}+3*\frac{1}{n}+\ldots\ldots+n*\frac{1}{n}=\frac{1}{n}*\frac{n*(n+1)}{2}=\frac{n+1}{2}\text{项}$$

2.2 认识数组

“数组”（Array）结构其实就是一排紧密相邻的可数内存，并提供了一个能够直接访问单一数据内容的计算方法。我们其实可以想象一下自家的信箱，每个信箱都有住址，其中路名就是名称，而信箱号码就是索引（注：在数组中也称为“下标”），如图 2-1 所示。邮递员可以按照信件上的住址，把信件直接投递到指定的信箱中，这就好比程序设计语言中数组的名称是表示一块紧密相邻内存的起始位置，而数组的索引（或下标）功能则用来表示从此内存起始位置的第几个区块。

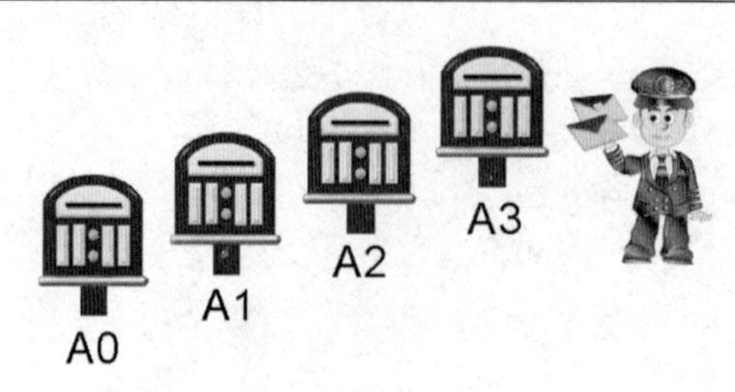

图 2-1

在不同的程序设计语言中，数组结构类型的声明也有所差异，不过通常必须包含下列 5 种属性：

（1）起始地址：表示数组名（或数组第一个元素）所在内存中的起始地址。
（2）维度（Dimension）：代表此数组为几维数组，如一维数组、二维数组、三维数组等。
（3）索引上下限：指元素在此数组中，内存所存储位置的上标与下标。
（4）数组元素个数：是索引上限与索引下限的差+1。
（5）数组类型：声明此数组的类型，它决定数组元素在内存所占容量的大小。

实际上，任何程序设计语言中的数组表示法（Representation of Arrays），只要具备数组上述五种属性以及计算机内存足够的情况下，就容许 n 维数组的存在。通常数组的使用可以分为一维数组、二维数组与多维数组等，其基本的工作原理都相同。其实，多维数组也必须在一维的物理内存中来表示，因为内存地址是按线性顺序递增的。通常情况下，按照不同的程序设计语言，又可区分为两种方式：

（1）以行为主（Row-major）：一行一行按序存储，例如 C/C++、Java、PASCAL 程序设计语言的数组存储方式。
（2）以列为主（Column-major）：一列一列按序存储，例如 Fortran 语言的数组存储方式。

接下来我们将逐步介绍各种不同维数数组的详细定义，至于数组相关的声明与内存分配的方式，在本节中都会陆续为大家说明。

2.2.1 一维数组

在 Java 语言中，一维数组的声明方式如下：

```
数据类型[] 数组名=new 数据类型[元素个数];
```

- 数据类型：表示该数组存放的数据形态，可以是基本的数据类型（如 int、float、char 等），或扩展的数据类型，如 C/C++结构类型（struct）、Java 的类（class）等。
- 数组名：命名规则与变量相同。
- 元素个数：表示数组可存放的数据个数，为一个正整数的常数，且数组的索引值是从 0 开始。

当 Java 数组声明时会在内存中分配一段暂存空间，Java 语言中数组的存储如图 2-2 所示。

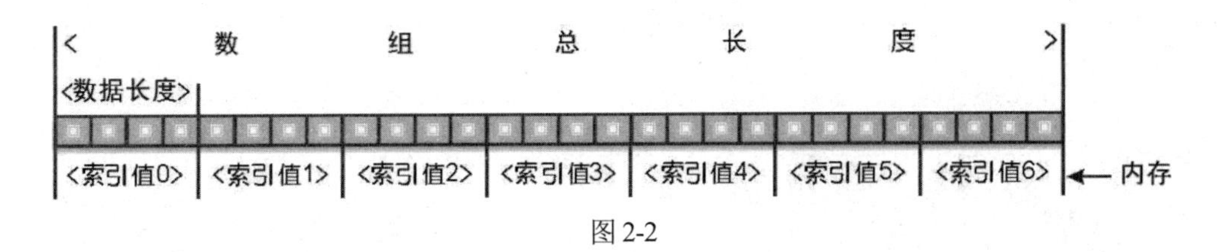

图 2-2

空间的大小以声明的数据类型及数组数量为依据，例如声明 int 类型，数组数量为 10，则数组占内存容量为 4*10=40（Byte）。

【范例 2.2.1】

假设 A 为一个具有 1000 个元素的数组，每个元素为 4 个字节的实数，若 A[500]的位置为 1000_{16}，请问 A[1000]的地址是多少？

答：本题很简单，主要是地址以 16 进制数来表示。

$\rightarrow loc(A[1000]) = loc(A[500]) + (1000 - 500) \times 4 = 4096(1000_{16}) + 2000 = 6096$

【范例 2.2.2】

有一个 PASCAL 数组 A:ARRAY[6..99] of REAL（假设 REAL 元素占用的内存空间大小为 4），如果已知数组 A 的起始地址为 500，则元素 A[30]的地址是多少？

答：$Loc(A[30]) = Loc(A[6]) + (30-6) \times 4 = 500 + 96 = 596$

【范例 2.2.3】

请使用一维数组查找并存储范围为 1 到 MAX 内的所有质数，所谓质数（prime number）是指不能被 1 和它本身以外的其他整数所整除的整数。

【范例程序：ch02_01.java】

```
01  // 一维数组的应用:求质数
02  class ch02_01
03  {
04    public static void main(String args[])
05    {
06       final int MAX=300;
07       //false 为质数,true 为非质数
08       //声明后若没有给定初值,其默认值为 false
09       boolean prime[]=new boolean[MAX];
10       prime[0]=true;//0 为非质数
11       prime[1]=true;//1 为非质数
12       int num=2,i;
13       //将 1~MAX 中不是质数的逐一过滤掉,以此方式找到所有质数
14       while(num<MAX)
15       {
16          if(!prime[num])
17          {
18             for(i=num+num;i<MAX;i+=num)
19             {
20                if(prime[i]) continue;
21                prime[i]=true;//设定为 true,代表此数为非质数
22             }
23          }
```

```
24            num++;
25         }
26         //打印 1~MAX 间的所有质数
27         System.out.println("1 到"+MAX+"间的所有质数:");
28         for(i=2,num=0;i<MAX;i++)
29         {
30            if(!prime[i])
31            {
32              System.out.print(i+"\t");
33              num++;
34            }
35         }
36         System.out.println("\n 质数总数= "+num+"个");
37      }
38   }
```

【执行结果】参见图 2-3。

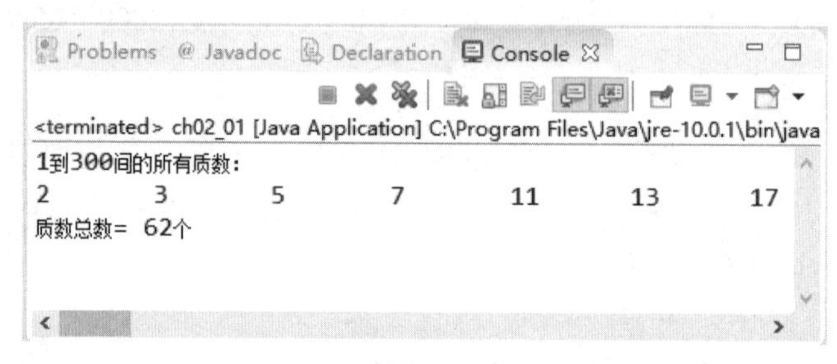

图 2-3

注 意

因为本书排版页面宽度的问题，只截取了缩小了的执行结果窗口，所以下面的截图找不到所有 62 个质数，而实际执行结果可以在放大的执行结果窗口看到全部找到的 62 个质数。

2.2.2 二维数组

二维数组（Two-dimension Array）可视为一维数组的扩展，都是用于处理数据类型相同的数据，差别只在于维数的声明。例如，一个含有 m*n 个元素的二维数组 A (1:m, 1:n)，m 代表行数，n 代表列数。例如，A[4][4]数组中各个元素在直观平面上的排列方式如图 2-4 所示。

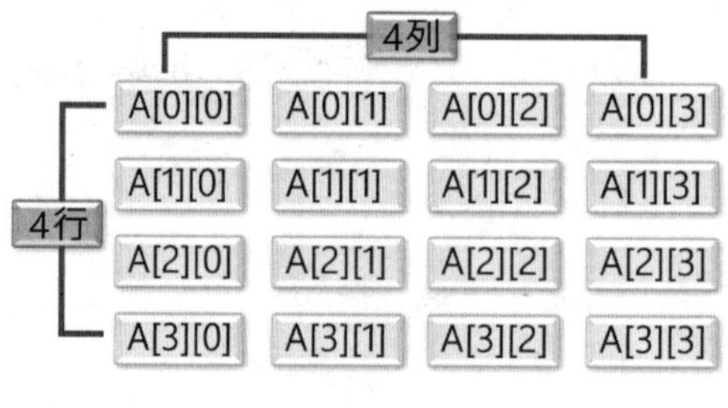

图 2-4

当然在实际的计算机内存中是无法以矩阵方式存储的，必须以线性方式，视为一维数组的扩展来处理。通常按照不同的语言，又可区分为两种方式。

（1）以行为主（Row-major）：存储顺序为 A(1,1)、A(1,2)…A(1,n)、A(2,1)、A(2,2)…A(m−1,n)、A(m,n)。假设 α 为数组 A 在内存中的起始地址，d 为单位空间，那么数组元素 A(i,j)与内存地址有下列关系：

$$Loc(a_{ij}) = \alpha + n*(i-1)*d + (j-1)*d$$

（2）以列为主（Column-major）：存储顺序为 A(1,1)、A(2,1)、A(3,1)…A(m,1)、A(1,2)、A(2,2)…A(m,n)。假设 α 为数组 A 在内存中的起始地址，d 为单位空间，那么数组元素 A(i,j)与内存地址有下列关系：

$$Loc(a_{ij}) = \alpha + (i-1)*d + m*(j-1)*d$$

了解以上的公式后，我们在此举例来为大家进行说明。如果声明数组 A(1:2,1:4)，则表示法如图 2-5 所示。

	第1列	第2列	第3列	第4列
第1行	A(1,1)	A(1,2)	A(1,3)	A(1,4)
第2行	A(2,1)	A(2,2)	A(2,3)	A(2,4)

图 2-5

以下是这个 2×4 数组在内存中的实际排列方式，如图 2-6 所示。

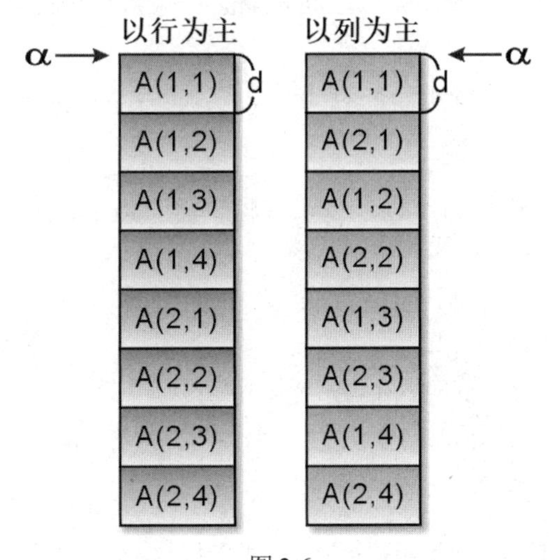

图 2-6

以上计算数组元素地址的方法，都是以 A(m,n)或写成 A(1:m,1:n)的方式来表示，这两种方式称为简单表示法，且 m 与 n 的起始值一定都是 1，这里要介绍另一种“注标表示法”。也就是我们可以把数组 A 声明成 $A(l_1:u_1,l_2:u_2)$，且对任意 A(i,j)，有 $u_1 \geq i \geq l_1$，$u_2 \geq j \geq l_2$。此数组共有 (u_1-l_1+1)行和(u_2-l_2+1)列。那么地址计算公式和上面以简单表示法的地址计算公式有些不同。假设 α 仍为起始地址，而且 $m=(u_1-l_1+1)$，$n=(u_2-l_2+1)$。则可导出下列公式：

（1）以行为主（Row-major）：

$$Loc(a_{ij}) = \alpha + ((i-l_1+1)-1) \times n \times d + ((j-l_2+1)-1) \times d$$
$$= \alpha + (i-l_1) \times n \times d + (j-l_2) \times d$$

（2）以列为主（Column-major）：

$$Loc(a_{ij}) = \alpha + ((i-l_1+1)-1) \times d + ((j-l_2+1)-1) \times m \times d$$
$$= \alpha + (i-l_1) \times d + (j-l_2) \times m \times d$$

在 Java 语言中，二维数组的声明方式如下：

```
数据类型[ ] [ ] 变量名称=new 数据类型[第一维长度][第二维长度];
```

例如声明：

```
int [][] a= new int[2][3];
```

此数组共有 2 行 3 列的元素，即每行有 3 个元素，也就是数组元素分别是 a[0][0]，a[0][1]，a[0][2]，…，a[1][2]，在存取二维数组中的数据时，使用的索引值仍然是由 0 开始计算。

【范例 2.2.4】

现有一个二维数组 A，有 3×5 个元素，数组的起始地址 A(1, 1)是 100，以行为主（Row-major）存储，每个元素占 2 个字节的内存空间，请问 A(2, 3)的地址是多少？

答：直接代入公式，Loc(A(2, 3)) = 100 + (2−1)×5×2 + (3−1)×2 = 114。

【范例 2.2.5】

二维数组 A[1:5, 1:6]，如果以列为主（Column-major）存储，则 A(4, 5)排在这个数组的第几个位置？(α=0，d=1)

答：Loc(A(4, 5)) = 0 + (4−1)*5*1 + (5−1)*1 = 19 的下一个，因此 A(4, 5) 在第 20 个位置。

【范例 2.2.6】

A(−3:5, −4:2) 的起始地址 A(−3, −4) = 1200，以行为主（Row-major）存储，每个元素占 1 个字节的内存空间，请问 Loc(A(1, 1))=?

答：假设 A 数组以行为主存储，

且 α = Loc(A(−3, −4)) = 1200

m = 5 − (−3) + 1 = 9 (行)，n = 2 − (−4) + 1 = 7(列)

则 A(1, 1) = 1200 + 1*7*(1 − (−3)) + 1×(1 − (−4)) = 1233

【范例 2.2.7】

请设计一个 Java 程序，使用二维数组来存储产生的随机数。随机数生成时还需要记录随机数重复的次数，请使用二维数组的索引值特性及 while 循环机制进行反向检查，以找出重复次数最多的 6 个随机数。

【范例程序：ch02_02.java】

```
01  // 多维数组的应用
02  import java.util.*;
03  public class ch02_02
04  {
05     public static void main(String[] args)
06     {
```

```
07         //变量声明
08         int intCreate=1000000;//产生随机数的次数
09         int intRand;          //产生的随机数号码
10         int[][] intArray=new int[2][42];//存放随机数的数组
11         //将产生的随机数存放到数组中
12         while(intCreate-->0)
13         {
14            intRand=(int)(Math.random()*42);
15            intArray[0][intRand]++;
16            intArray[1][intRand]++;
17         }
18         //对 intArray[0]数组进行排序
19         Arrays.sort(intArray[0]);
20         //找出重复次数最多的 6 个随机数
21         for(int i=41;i>(41-6);i--)
22         {
23            //逐一检查次数相同者
24            for(int j=41;j>=0;j--)
25            {
26               //当次数匹配时打印输出
27               if(intArray[0][i]==intArray[1][j])
28               {
29                  System.out.println("随机数"+(j+1)+"出现"+intArray[0][i]+"次
     ");
30                  intArray[1][j]=0; //将找到的随机数对应的重复次数归零
31                  break;            //中断内循环，继续外循环
32               }
33            }
34         }
35      }
36   }
```

【执行结果】参见图 2-7。

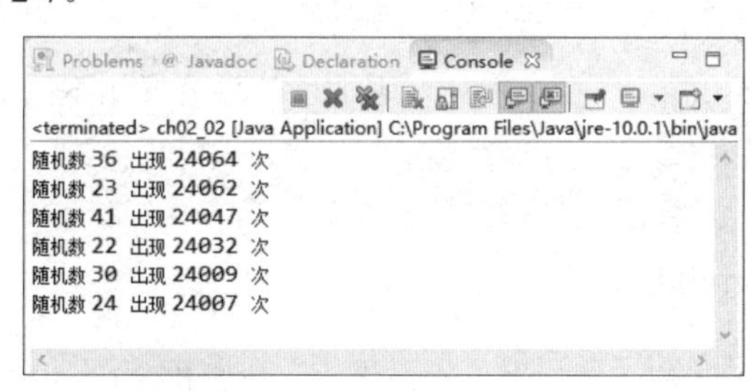

图 2-7

2.2.3　三维数组

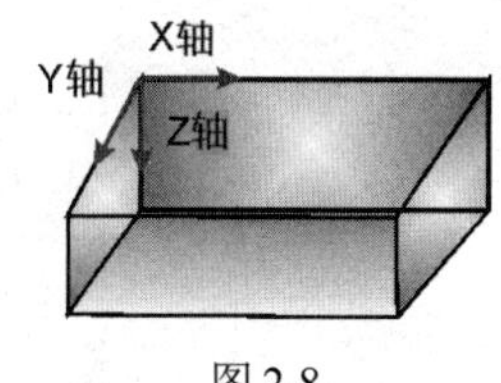

图 2-8

现在让我们来看看三维数组（Three-dimension Array），基本上三维数组的表示法和二维数组一样，都可视为是一维数组的延伸，如果数组为三维数组时，可以看作是一个立方体，如图 2-8 所示。

三维数组若以线性的方式来处理，一样可分为“以行为主”和“以列为主”两种方式。如果数组 A 声明为 $A(1:u_1, 1:u_2, 1:u_3)$，表示 A 为一个含有 $u_1*u_2*u_3$ 元素的三维数组。我们可以把 A(i, j, k)

元素想象成空间上的立方体图（见图 2-9）。

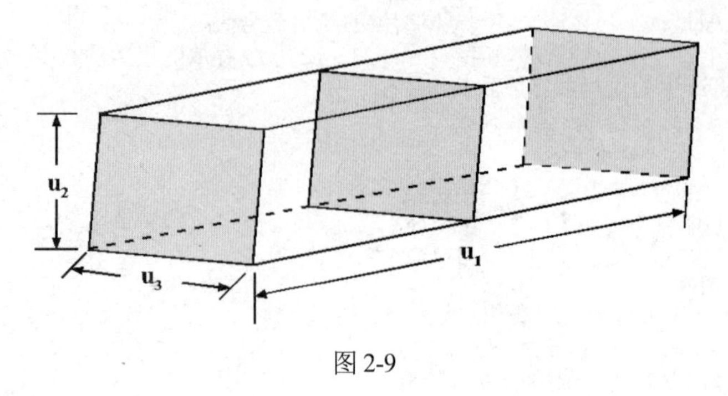

图 2-9

1. 以行为主（Row-major）

我们可以将数组 A 视为 u_1 个 u_2*u_3 的二维数组，再将每个二维数组视为有 u_2 个一维数组，而这每一个一维数组又可包含 u_3 的元素。另外，每个元素占用 d 个单位的内存空间，且 α 为数组的起始地址。以行为主的三维数组的存储位置示意图如图 2-10 所示。

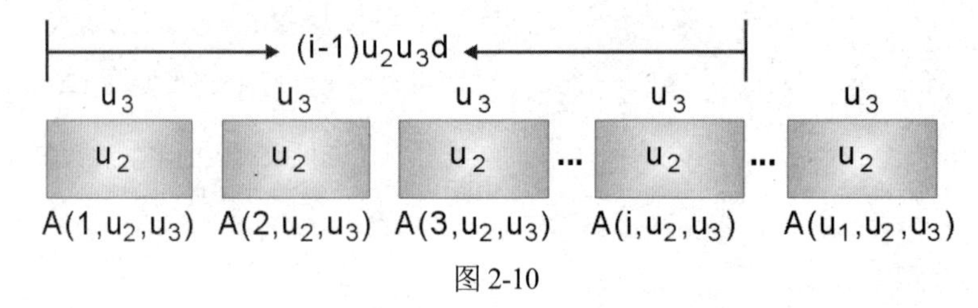

图 2-10

要写出转换公式时，只要知道我们最终是要把 A(i, j, k)看看它是在直线排列的第几个，所以很简单地可以得到以下地址计算公式：

```
Loc(A(i, j, k)) = α + (i-1)u₂u₃d + (j-1)u₃d + (k-1)d
```

若数组 A 声明为 $A(l_1:u_1, l_2:u_2, l_3:u_3)$ 模式，则地址计算公式如下：

```
a = u₁- l₁ + 1, b = u₂- l₂ + 1, c = u₃- l₃ + 1;
Loc(A(i,j,k)) = α + (i-l₁)bcd + (j-l₂)cd + (k-l₃)d
```

2. 以列为主（Column-major）

将数组 A 视为 u_3 个 u_2*u_1 的二维数组，再将每个二维数组视为有 u_2 个一维数组，每一数组含有 u_1 个元素。每个元素占有 d 个单位的内存空间，且 α 为起始地址。以列为主的三维数组的存储位置示意图如图 2-11 所示。

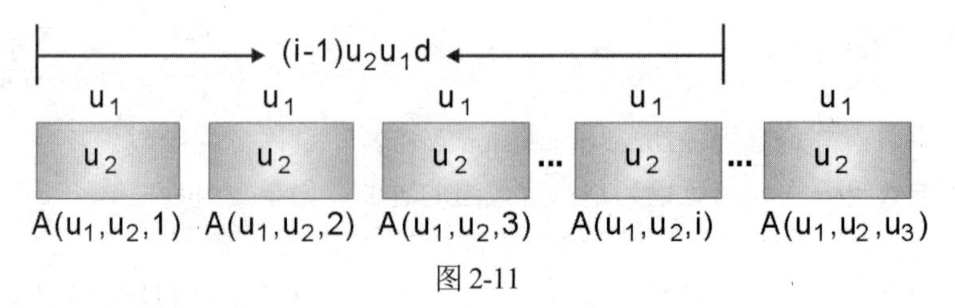

图 2-11

可以得到下列的地址计算公式：

```
Loc( A(i, j, k)) = α + (k-1)u₂u₁d + (j-1)u₁d + (i-1)d
```

若数组声明为 $A(l_1:u_1, l_2:u_2, l_3:u_3)$ 模式，则地址计算公式如下：

```
A = u₁- l₁ + 1, b = u₂ - l₂ + 1, c = u₃ - l₃ + 1;
Loc(A(i, j, k)) = α + (k-l₃)abd + (j-l₂)ad + (i-l₁)d
```

例如在 Java 语言中三维数组声明方式如下：

```
数据类型 [ ] [ ] [ ] 变量名称=new 数据类型[第一维长度][第二维长度] [第三维长度];
```

数组 No[2][2][2]共有 8 个元素，三维数组可以使用立体图形表示如图 2-12 所示。

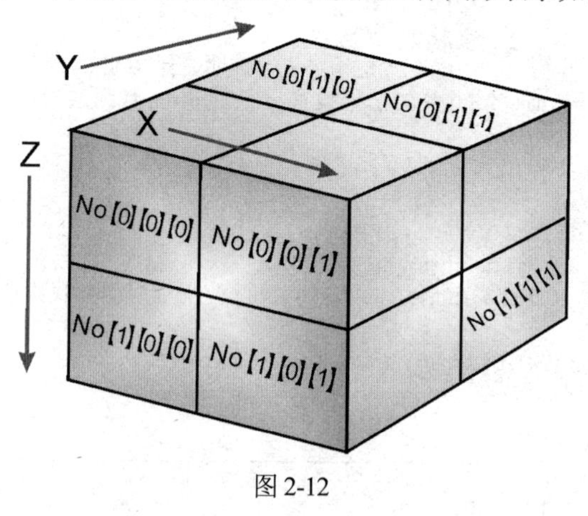

图 2-12

【范例 2.2.8】

假设有数组是以行为主存储的程序设计语言，声明 A(1:3, 1:4, 1:5)三维数组，且 Loc(A(1, 1, 1)) = 100，请求出 Loc(A(1, 2, 3)) = ？

答：直接代入公式：

$$Loc(A(1, 2, 3)) = 100 + (1-1)*4*5*1 + (2-1)*5*1 + (3-1)*1 = 107$$

【范例 2.2.9】

A(6, 4, 2)是以行为主存储的数组，若 $\alpha = 300$，且 $d = 1$，求 A(4, 4, 1)的地址。

答：这题是以行为主（Row-Major），我们直接代入公式即可：

$$Loc(A(4, 4, 1)) = 300 + (4-1)*4*2*1 + (4-1)*2*1 + (1-1)*1= 300 + 24 + 6 = 330$$

【范例 2.2.10】

假设一个三维数组元素内容如下：

```
int num[][][]={{{33,45,67},
                {23,71,56},
                {55,38,66}},
               {{21,9,15 },
                {38,69,18},
                {90,101,89}}}
```

请设计一个 Java 程序，利用三重嵌套循环来找出此 2×3×3 三维数组中所存储数值中的最小值。

【范例程序：ch02_03.java】

```
01   // 找出三维数组中所存储数值中的最小值
02   import java.io.*;
03   class ch02_03
04   {
05      public static void main(String[] args)
06      {
07         int num[][][]={{{33,45,67},
08                         {23,71,56},
09                         {55,38,66}},
10                         {{21,9,15 },
11                         {38,69,18},
12                         {90,101,89}}};//声明三维数组
13         int min=num[0][0][0];//设置min为num数组的第一个元素
14
15         for(int i=0;i<2;i++)
16            for(int j=0;j<3;j++)
17               for(int k=0;k<3;k++)
18                  if(min>=num[i][j][k])
19                     min=num[i][j][k]; //使用三层循环找出最小值
20
21         System.out.println("最小值= "+min+'\n');
22      }
23   }
```

【执行结果】参见图 2-13。

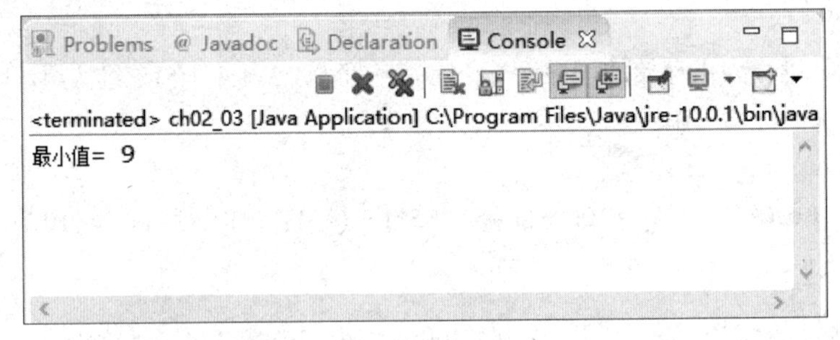

图 2-13

2.2.4 n 维数组

有了一维、二维、三维数组，当然也可能有四维、五维或更多维数的数组。不过因为受限于计算机内存，通常程序设计语言中的数组声明都会有维数的限制。在此，我们把三维以上的数组归纳为 n 维数组。例如在 Java 语言中 n 维数组声明方式如下：

```
数据类型 [][][]....[] 变量名称=new 数据类型[第一维长度][第二维长度]…[第 n 维长度];
```

假设数组 A 声明为 $A(1:u_1, 1:u_2, 1:u_3,\ldots, 1:u_n)$，则可将数组视为有 u_1 个 n–1 维数组，每个 n–1 维数组中有 u_2 个 n–2 维数组，每个 n–2 维数组中，有 u_3 个 n–3 维数组……有 u_{n-1} 个一维数组，在每个一维数组中有 u_n 个元素。

如果 α 为起始地址，$\alpha = Loc(A(1, 1, 1, 1, \ldots, 1))$，d 为单位空间，则数组 A 元素中的内存分

配公式有如下两种方式：

（1）以行为主（Row-major）：

$$
\begin{aligned}
Loc(A(i_1, i_2, i_3,\ldots, i_n)) = \alpha &+ (i_1-1)u_2u_3u_4\ldots\ldots u_nd \\
&+ (i_2-1)u_3u_4\ldots\ldots u_nd \\
&+ (i_3-1)u_4u_5\ldots\ldots u_nd \\
&+ (i_4-1)u_5u_6\ldots\ldots u_nd \\
&+ (i_5-1)u_6u_7\ldots\ldots u_nd \\
&\ldots \\
&+ (i_{n-1}-1)u_nd \\
&+ (i_n-1)d
\end{aligned}
$$

（2）以列为主（Column-major）：

$$
\begin{aligned}
Loc(A(i_1, i_2, i_3,\ldots, i_n)) = \alpha &+ (i_n-1)u_{n-1}u_{n-2}\ldots u_1d \\
&+ (i_{n-1}-1)u_{n-2}\ldots u_1d \\
&\ldots \\
&+ (i_2-1)u_1d \\
&+ (i_1-1)d
\end{aligned}
$$

【范例 2.2.11】

在 4-维数组 A[1:4, 1:6, 1:5, 1:3]中，且 $\alpha = 200$，$d = 1$。并已知是以列为主排列（Column-major），求 A[3, 1, 3, 1]的地址。

答： 由于本题中原本就是数组的简单表示法，所以不需要转换，直接代入计算公式：

$$Loc(A[3, 1, 3, 1])= 200 + (1-1)\times5\times6\times4 + (3-1)\times6\times4 + (1-1)\times4 + 3 - 1= 250$$

2.3 矩　阵

从数学的角度来看，对于 m×n 矩阵（Matrix）的形式，可以用计算机中 A(m, n) 的二维数组来描述，如图 2-14 的矩阵 A，大家是否立即想到了一个声明为 A(1:3, 1:3) 的二维数组。

$$A=\begin{bmatrix} a_{11} & a_{12} & a_{13} \\ a_{21} & a_{22} & a_{23} \\ a_{31} & a_{32} & a_{33} \end{bmatrix}_{3\times3}$$

图 2-14

许多矩阵的运算与应用都可以使用计算机中的二维数组来解决，本节中我们将会讨论两个矩阵的相加、相乘，或是某些稀疏矩阵（Sparse Matrix）、转置矩阵（A^t）、上三角形矩阵（Upper Triangular Matrix）与下三角形矩阵（Lower Triangular Matrix）等。

科技新知

“深度学习”（Deep Learning，DL）是目前人工智能得以快速发展的原因之一，源自于人工神经网络（Artificial Neural Network）模型，并且结合了神经网络架构与大量的运算资源，目的在于让机器建立与模拟人脑进行学习的神经网络，以解读大数据中的图像、声音和文字等多种信息。由于神经网络是将权重存储在矩阵中，矩阵可以是多维，以便考虑各种参数的组合，当然就会牵涉到“矩阵”的大量运算。以往由于硬件的限制，使得这类运算的速度缓慢，不具有实用性。自从拥有超多核心的 GPU（Graphics Processing Unit，GPU）问世之后——GPU 含有数千个微型且更高效率的运算单元，可以有效进行并行计算（Parallel Computing），因而大幅地提高了运算性能，加上 GPU 内部本来就是以向量和矩阵运算为基础的，大量的矩阵运算可以分配给为数众多的内核同步进行处理，使得人工智能领域正式进入实用阶段，必将成为未来各个学科不可或缺的技术之一。

2.3.1 矩阵相加

矩阵的相加运算较为简单，前提是相加的两个矩阵对应的行数与列数都必须相等，而相加后矩阵的行数与列数也是相同的。例如 $A_{mxn} + B_{mxn} = C_{mxn}$。下面我们来实际看一个矩阵相加的例子，如图 2-15 所示。

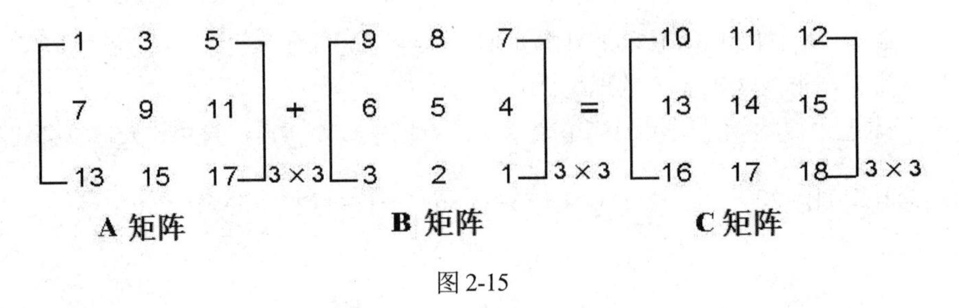

图 2-15

【范例 2.3.1】

请设计一个 Java 程序来声明 3 个二维数组来实现图 2-15 所示的 2 个矩阵相加的过程，并显示这两个矩阵相加后的结果。

【范例程序：ch02_04.java】

```
01    // 程序目的：两个矩阵相加的运算
02
03    import java.io.*;
04    public   class ch02_04
05    {
06      public static void MatrixAdd(int arrA[][],int arrB[][],int arrC[][],int
      dimX,int dimY)
07      {
08        int row,col;
09        if(dimX<=0||dimY<=0)
10        {
11          System.out.println("矩阵维数必须大于 0");
12          return;
```

```
13        }
14        for(row=1;row<=dimX;row++)
15        {
16          for(col=1;col<=dimY;col++)
17          {
18              arrC[(row-1)][(col-1)] = arrA[(row-1)][(col-1)] +
      arrB[(row-1)][(col-1)];
19          }
20        }
21      }
22      public static void main(String args[]) throws IOException
23      {
24        int i;
25        int j;
26        final int ROWS = 3;
27        final int COLS =3;
28        int [][] A= {{1,3,5},
29                     {7,9,11},
30                     {13,15,17}};
31        int [][] B= {{9,8,7},
32                    {6,5,4},
33                    {3,2,1}};
34        int [][] C= new int[ROWS][COLS];
35        System.out.println("[矩阵 A 的各个元素]");  //输出矩阵 A 的内容
36        for(i=0;i<3;i++)
37        {
38          for(j=0;j<3;j++)
39          System.out.print(A[i][j]+" \t");
40          System.out.println();
41        }
42        System.out.println("[矩阵 B 的各个元素]");  //输出矩阵 B 的内容
43        for(i=0;i<3;i++)
44        {
45          for(j=0;j<3;j++)
46            System.out.print(B[i][j]+" \t");
47          System.out.println();
48        }
49        MatrixAdd(A,B,C,3,3);
50        System.out.println("[显示矩阵 A 和矩阵 B 相加的结果]");//输出 A+B 的结果
51        for(i=0;i<3;i++)
52        {
53          for(j=0;j<3;j++)
54          System.out.print(C[i][j]+" \t");
55          System.out.println();
56        }
57      }
58    }
```

【执行结果】参见图 2-16。

```
Problems  @ Javadoc  Declaration  Console
<terminated> ch02_04 [Java Application] C:\Program Files\Java\jre-10.0.1\bin\java
[矩阵A的各个元素]
1	3	5
7	9	11
13	15	17
[矩阵B的各个元素]
9	8	7
6	5	4
3	2	1
[显示矩阵A和矩阵B相加的结果]
10	11	12
13	14	15
16	17	18
```

图 2-16

2.3.2 矩阵相乘

两个矩阵 A 与 B 的相乘受到某些条件的限制。首先，必须符合 A 为一个 m×n 的矩阵，B 为一个 n×p 的矩阵，对 A×B 之后的结果为一个 m×p 的矩阵 C，如图 2-17 所示。

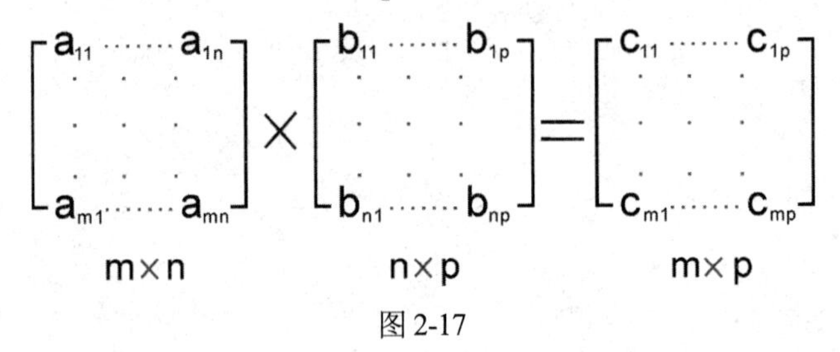

图 2-17

$C_{11} = a_{11} * b_{11} + a_{12} * b_{21} + \ldots\ldots + a_{1n} * b_{n1}$

…

$C_{1p} = a_{11} * b_{1p} + a_{12} * b_{2p} + \ldots\ldots + a_{1n} * b_{np}$

…

$C_{mp} = a_{m1} * b_{1p} + a_{m2} * b_{2p} + \ldots\ldots + a_{mn} * b_{np}$

【范例 2.3.2】

请设计一个 Java 程序来实现两个可自行输入矩阵维数的矩阵相乘过程，并显示输出相乘后的结果。

【范例程序：ch02_05.java】

```
01    // 运算两个矩阵相乘的结果
02
03    import java.io.*;
04    public   class ch02_05
05    {
06      public static void main(String args[]) throws IOException
07      {
08        int M,N,P;
```

```
09       int i,j;
10       String strM;
11       String strN;
12       String strP;
13       String tempstr;
14       BufferedReader keyin=new BufferedReader(new InputStreamReader
     (System.in));
15       System.out.println("请输入矩阵A的维数(M,N): ");
16       System.out.print("请先输入矩阵A的M值: ");
17       strM=keyin.readLine();
18       M=Integer.parseInt(strM);
19       System.out.print("接着输入矩阵A的N值: ");
20       strN=keyin.readLine();
21       N=Integer.parseInt(strN);
22       int A[][]=new int[M][N];
23       System.out.println("[请输入矩阵A的各个元素]");
24       System.out.println("注意！每输入一个值都需要按下Enter键确认输入");
25       for(i=0;i<M;i++)
26         for(j=0;j<N;j++)
27         {
28           System.out.print("a"+i+j+"=");
29           tempstr=keyin.readLine();
30           A[i][j]=Integer.parseInt(tempstr);
31         }
32       System.out.println("请输入矩阵B的维数(N,P): ");
33       System.out.print("请先输入矩阵B的N值: ");
34       strN=keyin.readLine();
35       N=Integer.parseInt(strN);
36       System.out.print("接着输入矩阵B的P值: ");
37       strP=keyin.readLine();
38       P=Integer.parseInt(strP);
39       int B[][]=new int[N][P];
40       System.out.println("[请输入矩阵B的各个元素]");
41       System.out.println("注意！每输入一个值都需要按下Enter键确认输入");
42       for(i=0;i<N;i++)
43         for(j=0;j<P;j++)
44         {
45           System.out.print("b"+i+j+"=");
46           tempstr=keyin.readLine();
47           B[i][j]=Integer.parseInt(tempstr);
48         }
49       int C[][]=new int[M][P];
50       MatrixMultiply(A,B,C,M,N,P);
51       System.out.println("[AxB的结果是]");
52       for(i=0;i<M;i++)
53       {
54         for(j=0;j<P;j++)
55         {
56           System.out.print(C[i][j]);
57           System.out.print('\t');
58         }
59         System.out.println();
60       }
61   }
62   public  static  void  MatrixMultiply(int  arrA[][],int  arrB[][],int
```

```
      arrC[][],int M,int N,int P)
 63   {
 64     int i,j,k,Temp;
 65     if(M<=0||N<=0||P<=0)
 66     {
 67       System.out.println("[错误：维数M,N,P必须大于0]");
 68       return;
 69     }
 70     for(i=0;i<M;i++)
 71       for(j=0;j<P;j++)
 72       {
 73         Temp = 0;
 74         for(k=0;k<N;k++)
 75           Temp = Temp + arrA[i][k]*arrB[k][j];
 76           arrC[i][j] = Temp;
 77       }
 78     }
 79 }
```

【执行结果】参见图 2-18。

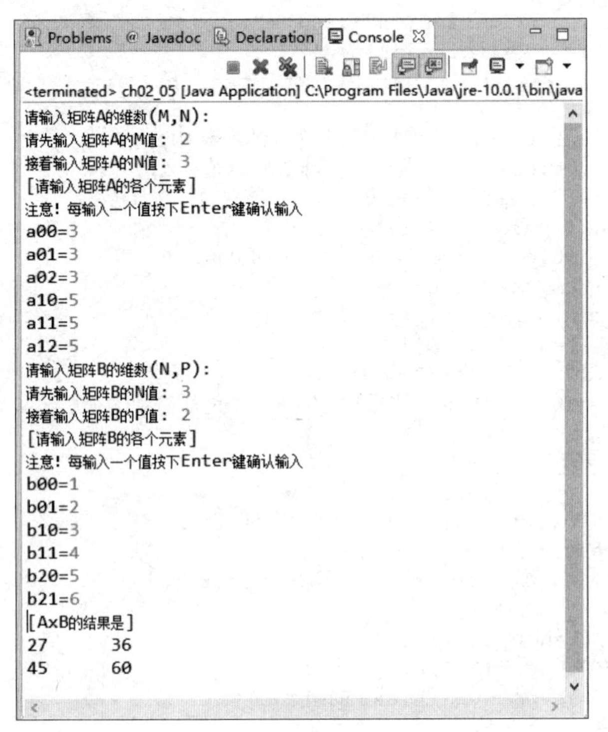

图 2-18

2.3.3 转置矩阵

“转置矩阵”（A^t）就是把原矩阵的行坐标元素与列坐标元素相互调换，假设 A^t 为 A 的转置矩阵，则有 $A^t[j,i]=A[i,j]$，如图 2-19 所示。

$$A=\begin{bmatrix}1 & 2 & 3\\4 & 5 & 6\\7 & 8 & 9\end{bmatrix}_{3\times 3} \qquad A^t=\begin{bmatrix}1 & 4 & 7\\2 & 5 & 8\\3 & 6 & 9\end{bmatrix}_{3\times 3}$$

图 2-19

【范例 2.3.3】

请设计一个 Java 程序，可任意输入 m 与 n 值，来实现一个 m×n 二维数组的转置矩阵。

【范例程序：ch02_06.java】

```
01   // 求出 MxN 矩阵的转置矩阵
02
03   import java.io.*;
04   public   class ch02_06
05   {
06     public static void main(String args[]) throws IOException
07     {
08       int M,N,row,col;
09       String strM;
10       String strN;
11       String tempstr;
12       BufferedReader keyin=new BufferedReader (new InputStreamReader
     (System.in));
13       System.out.println("[输入 MxN 矩阵的维度]");
14       System.out.print("请输入维度 M: ");
15       strM=keyin.readLine();
16       M=Integer.parseInt(strM);
17       System.out.print("请输入维度 N: ");
18       strN=keyin.readLine();
19       N=Integer.parseInt(strN);
20       int arrA[][]=new int[M][N];
21       int arrB[][]=new int[N][M];
22       System.out.println("[请输入矩阵内容]");
23       for(row=1;row<=M;row++)
24       {
25         for(col=1;col<=N;col++)
26         {
27           System.out.print("a"+row+col+"=");
28           tempstr=keyin.readLine();
29           arrA[row-1][col-1]=Integer.parseInt(tempstr);
30         }
31       }
32       System.out.println("[输入矩阵内容为]\n");
33       for(row=1;row<=M;row++)
34       {
35         for(col=1;col<=N;col++)
36         {
37           System.out.print(arrA[(row-1)][(col-1)]);
38           System.out.print('\t');
39         }
40         System.out.println();
41       }
```

```
42        //进行矩阵转置的操作
43        for(row=1;row<=N;row++)
44          for(col=1;col<=M;col++)
45            arrB[(row-1)][(col-1)]=arrA[(col-1)][(row-1)];
46
47        System.out.println("[转置矩阵内容为]");
48        for(row=1;row<=N;row++)
49        {
50          for(col=1;col<=M;col++)
51          {
52            System.out.print(arrB[(row-1)][(col-1)]);
53            System.out.print('\t');
54          }
55          System.out.println();
56        }
57      }
58    }
```

【执行结果】参见图 2-20。

```
Problems  @ Javadoc  Declaration  Console
<terminated> ch02_06 [Java Application] C:\Program Files\Java\jre-10.0.1\bin\java
请输入维度M: 4
请输入维度N: 3
[请输入矩阵内容]
a11=1
a12=2
a13=3
a21=4
a22=5
a23=6
a31=7
a32=8
a33=9
a41=10
a42=11
a43=12
[输入矩阵内容为]

1	2	3
4	5	6
7	8	9
10	11	12
[转置矩阵内容为]
1	4	7	10
2	5	8	11
3	6	9	12
```

图 2-20

2.3.4 稀疏矩阵

对于抽象数据类型而言，我们希望阐述的是在计算机中具备某种意义的特别概念（Concept），例如稀疏矩阵（Sparse Matrix）就是一个很好的例子。什么是稀疏矩阵呢？简单地说：“如果一个矩阵中的大部分元素为零的话，就被称为稀疏矩阵”。如图 2-21 所示的矩阵就是一种典型的稀疏矩阵。

$$\begin{bmatrix} 25 & 0 & 0 & 32 & 0 & -25 \\ 0 & 33 & 77 & 0 & 0 & 0 \\ 0 & 0 & 0 & 55 & 0 & 0 \\ 0 & 0 & 0 & 0 & 0 & 0 \\ 101 & 0 & 0 & 0 & 0 & 0 \\ 0 & 0 & 38 & 0 & 0 & 0 \end{bmatrix}_{6 \times 6}$$

图 2-21

对于稀疏矩阵而言，实际存储的数据项很少，如果在计算机中使用传统的二维数组方式来存储稀疏矩阵，就会十分浪费计算机的内存空间。特别是当矩阵很大时，例如存储一个 1000×1000 的稀疏矩阵所需的空间需求，而大部分的元素都是零的话，这样空间的利用率确实不经济。而提高内存空间利用率的方法就是利用三项式（3-tuple）的数据结构，我们把每一个非零项以（i, j, item-value）来表示，就是假如一个稀疏矩阵有 n 个非零项，那么可以利用一个 A(0:n, 1:3) 的二维数组来存储这些非零项，我们把这样存储的矩阵叫作压缩矩阵。

其中 A(0, 1) 存储这个稀疏矩阵的行数，A(0, 2) 存储这个稀疏矩阵的列数，而 A(0, 3) 则是此稀疏矩阵非零项的总数。另外，每一个非零项以 (i, j, item-value) 来表示。其中 i 为此矩阵非零项所在的行数，j 为此矩阵非零项所在的列数，item-value 则为此矩阵非零的值。以图 2-21 所示的 6×6 稀疏矩阵为例，可以用如图 2-22 所示的三项式表示稀疏矩阵的方式来表示。

	1	2	3
0	6	6	8
1	1	1	25
2	1	4	32
3	1	6	-25
4	2	2	33
5	2	3	77
6	3	4	55
7	5	1	101
8	6	3	38

图 2-22

①A(0, 1)=>表示此矩阵的行数

②A(0, 2)=>表示此矩阵的列数

③A(0, 3)=>表示此矩阵非零项的总数

【范例 2.3.4】

请设计一个 Java 程序来利用三项式（3-tuple）数据结构，并压缩 6×6 稀疏矩阵，以减少内存不必要的浪费。

【范例程序：ch02_07.java】

```
01  // 压缩稀疏矩阵并输出结果
02
03  import java.io.*;
04  public   class ch02_07
05  {
06    public static void main(String args[]) throws IOException
07    {
08      final int _ROWS =8;               //定义行数
09      final int _COLS =9;               //定义列数
10      final int _NOTZERO =8;            //定义稀疏矩阵中不为 0 的元素的个数
11      int i,j,tmpRW,tmpCL,tmpNZ;
12      int temp=1;
13      int Sparse[][]=new int[_ROWS][_COLS];  //声明稀疏矩阵
14      int Compress[][]=new int[_NOTZERO+1][3];          //声明压缩矩阵
15      for (i=0;i<_ROWS;i++)                        //将稀疏矩阵的所有元素设为 0
16        for (j=0;j<_COLS;j++)
17          Sparse[i][j]=0;
18      tmpNZ=_NOTZERO;
19      for (i=1;i<tmpNZ+1;i++)
20      {
21        tmpRW=(int)(Math.random()*100);
22        tmpRW = (tmpRW % _ROWS);
23        tmpCL=(int)(Math.random()*100);
24        tmpCL = (tmpCL % _COLS);
25        if(Sparse[tmpRW][tmpCL]!=0)
          //避免同一个元素设置两次数值而造成压缩矩阵中有 0
26          tmpNZ++;
27        Sparse[tmpRW][tmpCL]=i; //随机产生稀疏矩阵中非零的元素值
28      }
29      System.out.println("[稀疏矩阵的各个元素]"); //输出稀疏矩阵的各个元素
30      for (i=0;i<_ROWS;i++)
31      {
32        for (j=0;j<_COLS;j++)
33          System.out.print(Sparse[i][j]+" ");
34        System.out.println();
35      }
36      /*开始压缩稀疏矩阵*/
37      Compress[0][0] = _ROWS;
38      Compress[0][1] = _COLS;
39      Compress[0][2] = _NOTZERO;
40      for (i=0;i<_ROWS;i++)
41        for (j=0;j<_COLS;j++)
42          if (Sparse[i][j] != 0)
43          {
44            Compress[temp][0]=i;
45            Compress[temp][1]=j;
46            Compress[temp][2]=Sparse[i][j];
47            temp++;
48          }
49      System.out.println("[稀疏矩阵压缩后的内容]"); //输出压缩矩阵的各个元素
50      for (i=0;i<_NOTZERO+1;i++)
51      {
52        for (j=0;j<3;j++)
```

```
53          System.out.print(Compress[i][j]+" ");
54          System.out.println();
55        }
56      }
57    }
```

【执行结果】参见图 2-23。

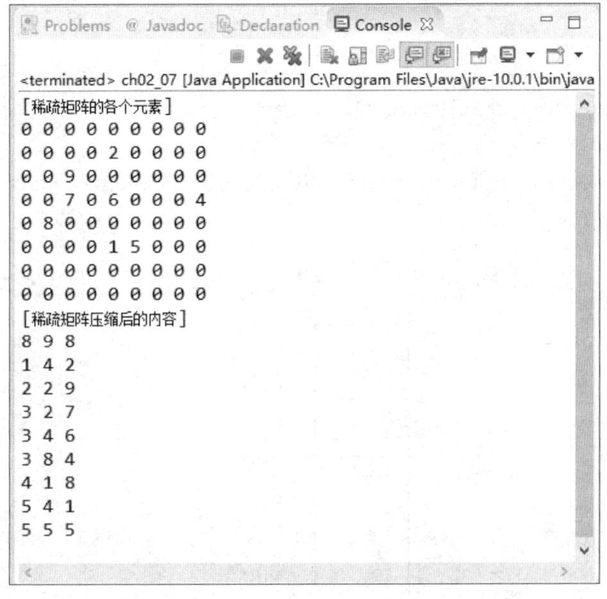

图 2-23

现在清楚了压缩稀疏矩阵的存储方法后，我们还要了解稀疏矩阵的相关运算，例如转置矩阵的问题就挺有趣。按照转置矩阵的基本定义，对于任何稀疏矩阵而言，它的转置矩阵仍然是一个稀疏矩阵。

如果直接将此稀疏矩阵进行转置，因为只需要使用两个 for 循环，所以时间复杂度可以视为 O(columns*rows)。如果说我们使用一个用三项式存储的压缩矩阵，它首先会确定在原稀疏阵中每一列的元素个数。根据这个原因，就可以事先确定转置矩阵中每一行的起始位置，接着再将原稀疏矩阵中的元素一个个地放到在转置矩阵中的正确位置。这样的做法可以将时间复杂度调整到 O(columns+rows)。

2.3.5 上三角形矩阵

上三角形矩阵（Upper Triangular Matrix）就是一种对角线以下元素都为 0 的 n×n 矩阵。其中又可分为右上三角形矩阵（Right Upper Triangular Matrix）与左上三角形矩阵（Left Upper Triangular Matrix）。由于上三角形矩阵仍有许多元素为 0，为了避免浪费内存空间，我们可以把三角形矩阵的二维模式，存储在一维数组中。现在分别进行介绍。

1. 右上三角形矩阵

即对 n×n 的矩阵 A，假如 i>j，那么 A(i, j) = 0，右上三角形矩阵如图 2-24 所示。

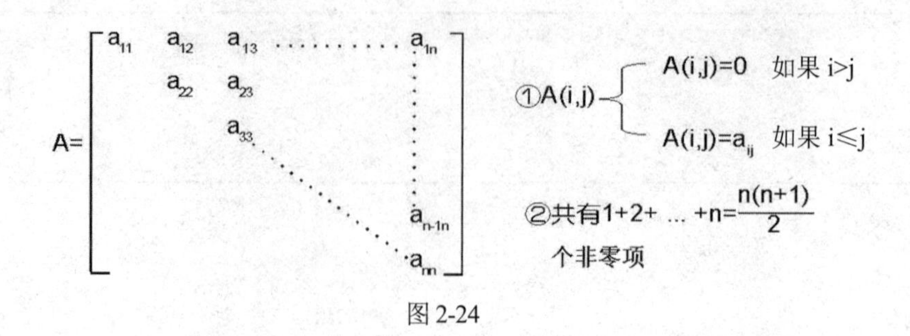

图 2-24

由于此二维矩阵的非零项可按序映射到一维矩阵，且需要一个一维数组 $B(1:\frac{n*(n+1)}{2})$来存储。映射方式也可分为以行为主（Row-major）和以列为主（Column-major）两种数组内存分配的方式。

（1）以行为主（Row-major）时，右上三角形矩阵映射到一维数组的情形，如图 2-25 所示。

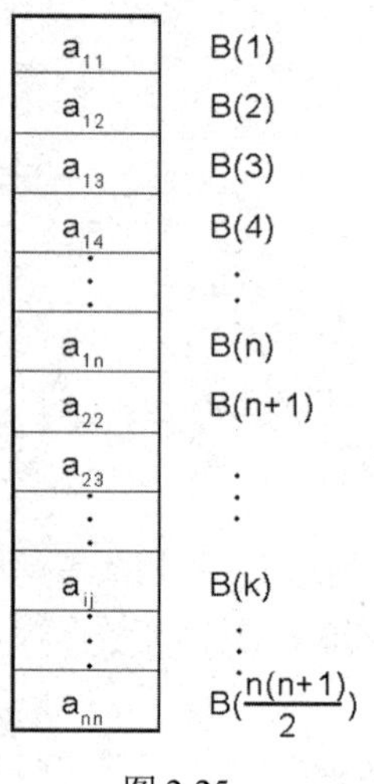

图 2-25

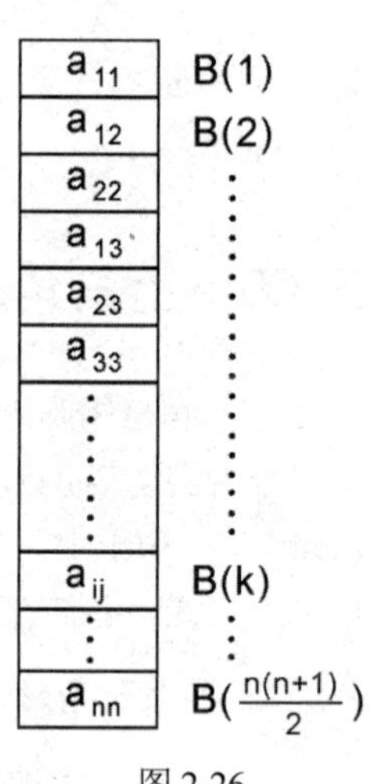

图 2-26

从图 2-25 可知，a_{ij} 在 B 数组中所对应的 k 值，也就是 a_{ij} 会存放在 B(k)中，k 的值等于第 1 行到第 i–1 行所有的元素个数减去第 1 行到第 i–1 行中所有值为零的元素个数加上 a_{ij} 所在的列数 j，即：

$$k=n*(i-1)-\frac{i*(i-1)}{2}+j$$

（2）以列为主（Column-major）时，右上三角形矩阵映射到一维数组的情形，如图 2-26 所示。

从图 2-26 可知 a_{ij} 在 B 数组中所对应的 k 值，也就是 a_{ij} 会存放在 B(k)中，k 的值等于第 1 列到第 j–1 列的所有非零元素的个数加上 a_{ij} 所在的行数 i，即，

$$k=\frac{j*(j-1)}{2}+i$$

【范例 2.3.5】

假如有一个 5×5 的右上三角形矩阵 A，以行为主映射到一维数组 B，请问 a_{23} 所对映 B(k)的 k 值是多少？

答：直接代入右上三角形矩阵公式：

$$k=\frac{j*(j-1)}{2}+i=\frac{3*(3-1)}{2}+2=5 \Rightarrow \text{对应到 } B(5)$$

【范例 2.3.6】

请练习设计一个 Java 程序，将右上三角形矩阵压缩为一维数组。

【范例程序：ch02_08.java】

```
01    // 数组的应用：上三角矩阵
02
03    class ch02_08
04    {
05       private int[] arr;
06       private int array_size;
07
08       public ch02_08(int[][] array)
09       {
10          array_size = array.length;
11          arr = new int[array_size*(1+array_size)/2];
12
13          int index = 0;
14          for(int i = 0; i < array_size; i++) {
15             for(int j = 0; j < array_size; j++) {
16                if(array[i][j] != 0)
17                   arr[index++] = array[i][j];
18             }
19          }
20       }
21       public int getValue(int i, int j) {
22          int index = array_size*i - i*(i+1)/2 + j;
23          return arr[index];
24       }
25
26       public static void main(String[] args)
27       {
28          int array[][]= {
29                      {7, 8, 12, 21, 9},
30                      {0, 5, 14,  17, 6},
31                      {0, 0, 7, 23, 24},
32                      {0, 0, 0,  32, 19},
33                      {0, 0, 0,  0,  8}};
34          ch02_08 Array_object = new ch02_08(array);
35          int i=0, j=0 ;
36          System.out.println("=====================================") ;
37          System.out.println("上三角形矩阵：");
38          for ( i = 0 ; i < Array_object.array_size ; i++ )
39          {
40             for ( j = 0 ; j < Array_object.array_size ; j++ )
```

```
41                  System.out.print("\t"+ array[i][j]);
42              System.out.println();
43          }
44          System.out.println("=======================") ;
45          System.out.println("以一维数组的方式来表示：");
46          System.out.print("\t"+"[");
47          for ( i = 0 ; i < Array_object.array_size ; i++ )
48          {
49              for ( j = i ; j < Array_object.array_size ; j++ )
50              System.out.print(" "+Array_object.getValue(i, j));
51          }
52          System.out.print(" ]");
53          System.out.println();
54      }
55  }
```

【执行结果】参见图 2-27。

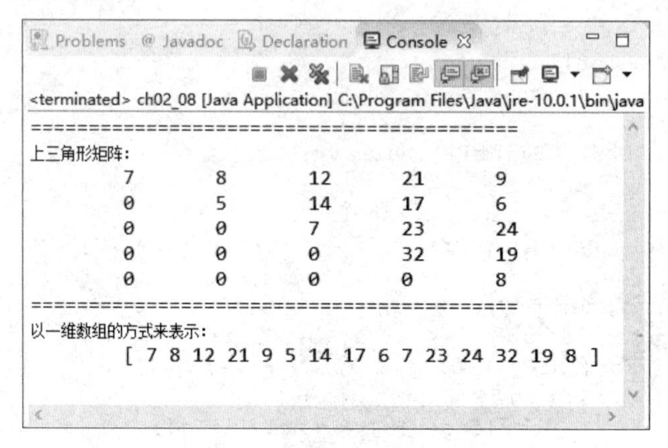

图 2-27

2. 左上三角形矩阵

即对 n×n 的矩阵 A，假如 i>n–j+1 时，A(i, j)=0，左上三角形矩阵如图 2-28 所示。

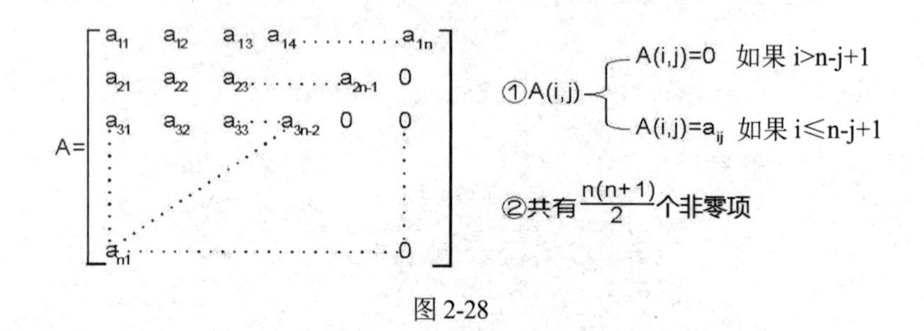

图 2-28

与右上三角形矩阵相同，对应方式也分为以行为主和以列为主两种数组内存分配方式。

（1）以行为主（Row-major）时左上三角形矩阵映射到一维数组的情形，如图 2-29 所示。

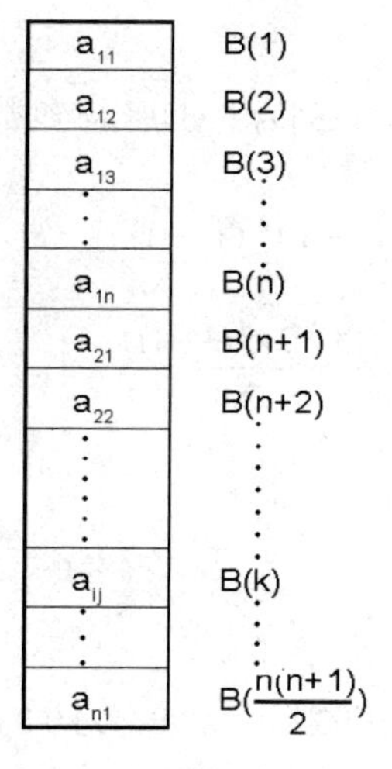

图 2-29

从图 2-29 可知 a_{ij} 在 B 数组中所对应的 k 值，也就是 a_{ij} 会存放在 B(k)中，则 k 的值会等于第 1 行到第 i–1 行所有元素的个数减去第 1 行到第 i–2 行中所有值为零的元素个数加上 a_{ij} 所在的列数 j，即

$$K = n*(i-1) - \frac{(i-2)*((i-2)+1)}{2} + j$$

$$= n*(i-1) - \frac{(i-2)*(i-1)}{2} + j$$

（2）以列为主（Column-major）时，左上三角形矩阵映射到一维数组的情形，如图 2-30 所示。

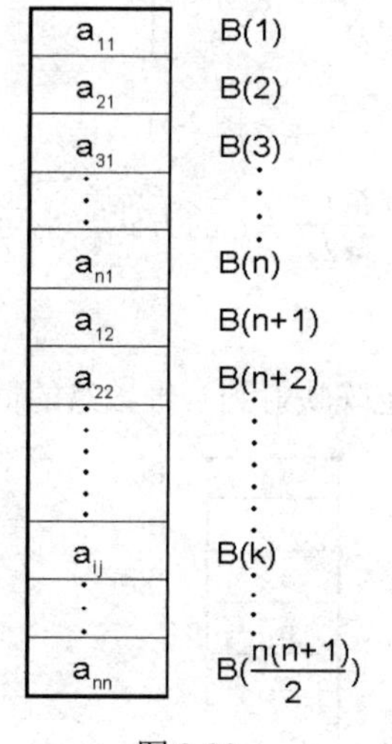

图 2-30

从图 2-30 可知 a_{ij} 在 B 数组中所对应的 k 值，也就是 a_{ij} 会存放在 B(k)中，则 k 的值会等于第 1 列到第 j–1 列的所有元素的个数减去第 1 列到第 j–2 列中所有值为零的元素个数加上 a_{ij} 所在的行数 i，即，

$$k = n*(j-1) - \frac{(j-2)*(j-1)}{2} + i$$

【范例 2.3.7】

假如有一个 5*5 的左上三角形矩阵，以列为主对映到一维数组 B，请问 a_{23} 所对应 b(k)的 k 值为何？

答： 由公式可得：

$$k = n*(j-1) + i - \frac{(j-2)*(j-1)}{2}$$
$$= 5*(3-1) + 2 - \frac{(3-2)*(3-1)}{2}$$
$$= 10 + 2 - 1 = 11$$

2.3.6 下三角形矩阵

与上三角形矩阵相反，就是一种对角线以上元素都为 0 的 n×n 矩阵。其中也可分为左下三角形矩阵（Left Lower Triangular Matrix）和右下三角形矩阵（Right Lower Triangular Matrix）。现分别介绍。

1. 左下三角形矩阵

即对 n×n 的矩阵 A，假如 i<j，那么 A(i, j) = 0，左下三角形矩阵如图 2-31 所示。

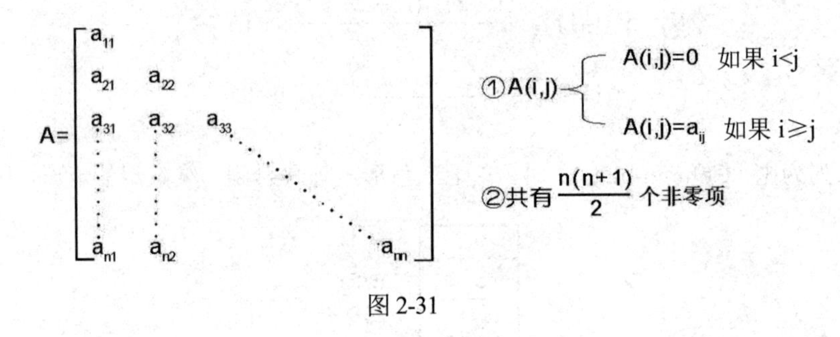

图 2-31

同样的，映射到一维数组 $B(1:\frac{n*(n+1)}{2})$ 的方式，也可分为以行为主和以列为主两种数组内存分配的方式。

（1）以行为主时，左下三角形矩阵映射到一维数组的情形，如图 2-32 所示。

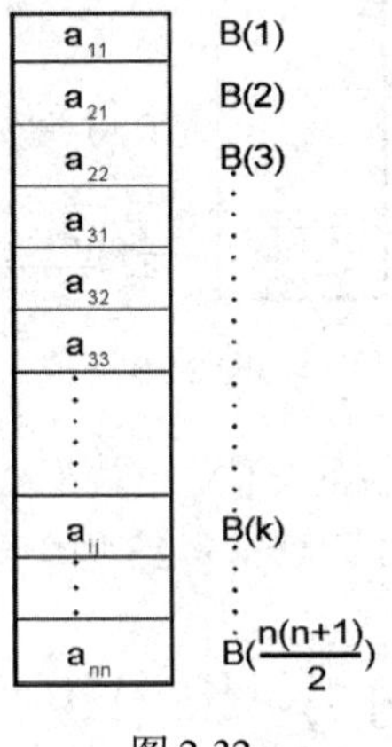

图 2-32

从图 2-32 可知 a_{ij} 在 B 数组中所对应的 k 值，也就是 a_{ij} 会存放在 B(k)中，k 的值等于第 1 行到第 i–1 行所有非零元素的个数加上 a_{ij} 所在的列数 j。

$$k = \frac{i*(i-1)}{2} + j$$

（2）以列为主时，左下三角形矩阵映射到一维数组的情形，如图 2-33 所示。

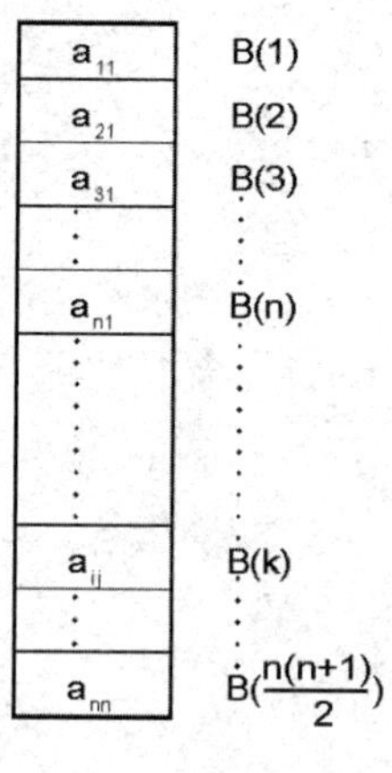

图 2-33

从图 2-33 可知 a_{ij} 在 B 数组中所对应的 k 值，也就是 a_{ij} 会存放在 B(k)中，k 的值等于第 1 列到第 j–1 列所有非零元素的个数减去第 1 列到第 j–1 列所有值为零的元素个数，再加上 a_{ij} 所在的行数 i。

$$k = n*(j-1) + i - \frac{(j-1)*[1+(j-1)]}{2}$$
$$= n*(j-1) + i - \frac{j*(j-1)}{2}$$

【范例 2.3.8】

有一个 6×6 的左下三角形矩阵，以列为主的方式映射到一维数组 B，求元素 a_{32} 所对应 B(k) 的 k 值是多少？

答：代入公式：

$$k = n*(j-1) + i - \frac{j*(j-1)}{2}$$
$$= 6*(2-1) + 3 - \frac{2*(2-1)}{2}$$
$$= 6 + 3 - 1 = 8$$

【范例 2.3.9】

请设计一个 Java 程序，将左下三角形矩阵压缩为一维数组。

【范例程序：ch02_09.java】

```
01  // 数组的应用：下三角矩阵
02  // ==========================================================
03
04  class ch02_09
05  {
06    private int[] arr;
07    private int array_size;
08    public ch02_09(int[][] array) {
09      array_size = array.length;
10      arr = new int[array_size*(1+array_size)/2];
11      int index = 0;
12      for(int i = 0; i < array_size; i++) {
13        for(int j = 0; j < array_size; j++) {
14          if(array[i][j] != 0)
15            arr[index++] = array[i][j];
16        }
17      }
18    }
19    public int getValue(int i, int j)
20    {
21      int index = array_size*i - i*(i+1)/2 + j;
22      return arr[index];
23    }
24    public static void main(String[] args)
25    {
26      int[][] array = {
27                        {76,  0,  0,  0,  0},
28                        {54, 51,  0,  0,  0},
29                        {23, 8, 26,  0,  0},
30                        {43, 35, 28, 18, 0},
31                        {12,  9,  14, 35, 46}};
32      ch02_09 Array_object = new ch02_09(array);
33      int i=0, j=0 ;
34      System.out.println("========================================") ;
35      System.out.println("下三角形矩阵：");
36      for ( i = 0 ; i < Array_object.array_size ; i++ )
37      {
38        for ( j = 0 ; j < Array_object.array_size ; j++ )
39        System.out.print("\t"+ array[i][j]);
40        System.out.println();
41      }
42      System.out.println("========================================") ;
43      System.out.println("以一维数组的方式来表示：");
44      System.out.print("\t"+"[");
45      for ( i = 0 ; i < Array_object.array_size ; i++ )
46      {
47        for ( j = i ; j < Array_object.array_size ; j++ )
48          System.out.print(" "+Array_object.getValue(i, j));
49      }
50      System.out.print(" ]");
51      System.out.println();
52    }
53  }
```

【执行结果】参见图 2-34。

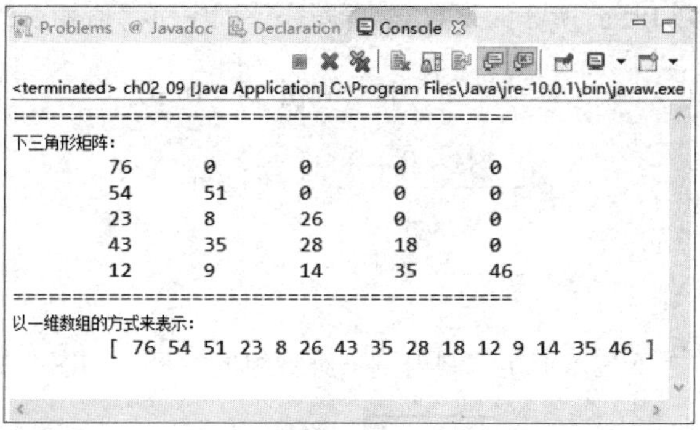

Problems
Javadoc
Declaration
Console
<terminated> ch02_09 [Java Application] C:\Program Files\Java\jre-10.0.1\bin\javaw.exe
==
下三角形矩阵:
76 0 0 0 0
54 51 0 0 0
23 8 26 0 0
43 35 28 18 0
12 9 14 35 46
==
以一维数组的方式来表示:
[76 54 51 23 8 26 43 35 28 18 12 9 14 35 46]

图 2-34

2. 右下三角形矩阵

右下三角形矩阵即对 n×n 的矩阵 A，假如 i<n−j+1，那么 A(i, j)=0，如图 2-35 所示。

A=
0 0 0 a_{1n}
0 a_{2n-1} a_{2n}
a_{3n-1} a_{3n}
a_{n1} a_{nn-1} a_{nn}
① A(i,j)
A(i,j)=0，如果 i<n-j+1
A(i,j)=a_{ij}，如果 i≥n-j+1
②共有 $\frac{n(n+1)}{2}$ 个非零项

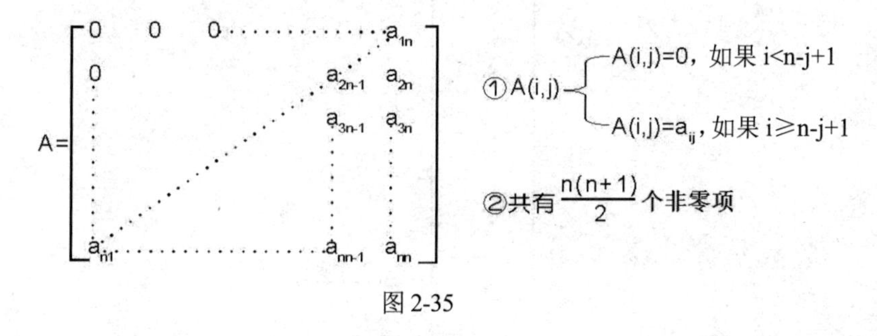

图 2-35

同样地，映射到一维数组 B(1: $\frac{n*(n+1)}{2}$) 的方式，也可分为以行为主和以列为主两种数组内存分配的方式。

（1）以行为主时，右下三角形矩阵映射到一维数组的情形，如图 2-36 所示。

a_{1n}
a_{2n-1}
a_{2n}
a_{3n-2}
a_{ij}
a_{nn}
B(1)
B(2)
B(3)
B(k)
B($\frac{n(n+1)}{2}$)

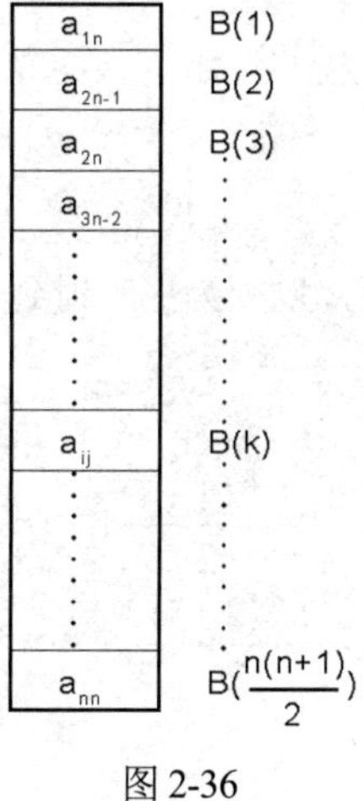

图 2-36

从图 2-36 可知 a_{ij} 在 B 数组中所对应的 k 值，也就是 a_{ij} 会存放在 B(k)中，k 的值等于第 1 行到第 i–1 行非零元素的个数加上 a_{ij} 所在的列数 j，再减去该列中所有值为零的个数：

$$k = \frac{(i-1)}{2} * [1+(i-1)] + j - (n-i)$$
$$= \frac{[i*(i-1)+2*i]}{2} + j - n$$
$$= \frac{i*(i+1)}{2} + j - n$$

（2）以列为主时，右下三角形矩阵映射到一维数组的情形，如图 2-37 所示。

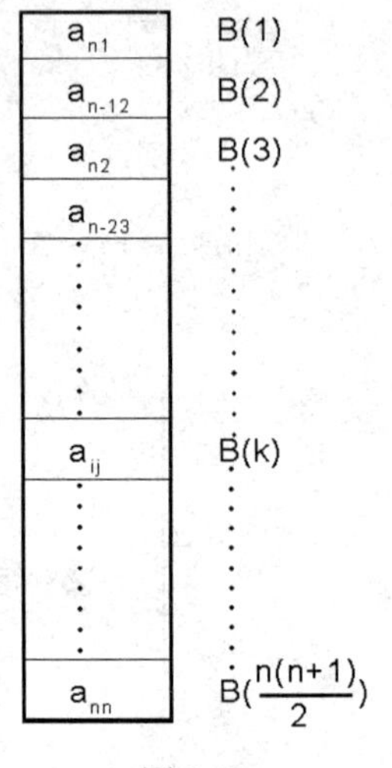

图 2-37

从图 2-37 可知 a_{ij} 在 B 数组中所对应的 k 值，也就是 a_{ij} 会存放在 B(k)中，k 的值等于第 1 列到第 j–1 列非零元素的个数加上 a_{ij} 所在的第 i 行减去该行中所有值为零的元素个数：

$$k = \frac{[(j-1)*[1+(j-1)]}{2} + i - (n-j)$$
$$= \frac{j*(j+1)}{2} + i - n$$

【范例 2.3.10】

假设有一个 4×4 的右下三角形矩阵，以列为主映射到一维数组 B，求元素 a_{32} 所对应 B(k)的 k 值是多少？

答：代入公式：

$$k = \frac{j*(j+1)}{2} + i - n$$
$$= \frac{2*(2+1)}{2} + 3 - 4$$
$$= 2$$

2.3.7　带状矩阵

所谓带状矩阵（Band Matrix），是一种在应用上较为特殊且稀少的矩阵，就是在上三角形矩阵中，右上方的元素都为零，在下三角形矩阵中，左下方的元素也为零，即除了第一行与第 n 行有两个元素外，其余每行都具有三个元素，使得中间主轴附近的值形成类似带状的矩阵。如图 2-38 所示。

$$\begin{bmatrix} a_{11} & a_{21} & 0 & 0 & 0 \\ a_{12} & a_{22} & a_{32} & 0 & 0 \\ 0 & a_{23} & a_{33} & a_{43} & 0 \\ 0 & 0 & a_{34} & a_{44} & a_{54} \\ 0 & 0 & 0 & a_{45} & a_{55} \end{bmatrix}_{5\times 5} \qquad a_{ij}=0，如果 |i-j| > |$$

图 2-38

由于本身也是稀疏矩阵，在存储上也只将非零项存储到一维数组中，映射关系同样可分为以行为主和以列为主两种。例如，对以行为主的存储方式而言，一个 n×n 带状矩阵，除了第 1 行和第 n 行为 2 个元素，其余均为三个元素，因此非零项的总数最多为 3n–2 个，而 a_{ij} 所映射到的 B(k)，其 k 值的计算为：

$$\begin{aligned} k &= 2 + 3 + \ldots + 3 + j-i + 2 \\ &= 2 + 3i-6 + j-i + 2 \\ &= 2i + j-2 \end{aligned}$$

2.4　数组与多项式

多项式是数学中相当重要的表达方式，如果使用计算机来处理多项式的各种相关运算，通常可以用数组（Array）或链表（Linked List）来存储多项式。本节中，我们先来讨论多项式以数组结构表示的相关应用。

认识多项式

假如一个多项式 $P(x) = a_n x^n + a_{n-1} x^{n-1} + \ldots + a_1 x + a_0$，这个多项式就被称 P(x)为一个 n 次多项式。一个多项式如果使用数组结构存储在计算机中的话，表示法有以下两种：

（1）使用一个 n+2 长度的一维数组来存放，数组的第一个位置存储最大指数 n 项的系数，其他位置按照指数 n 递减，按序存储对应项的系数：

```
P = (n, an, an-1, …, a1, a0)
```

存储在 A(1:n+2)，例如 $P(x) = 2x^5 + 3x^4 + 5x^2 + 4x + 1$，可转换为成 A 数组来表示，例如：

```
A=[5, 2, 3, 0, 5, 4, 1]
```

使用这种表示法的优点就是在计算机中运用时，对于多项式各种运算（如加法与乘法）的设计比较方便。不过，如果多项式的系数为多半为零，例如 $x^{100}+1$，就太浪费内存空间了。

（2）只存储多项式中非零项。如果有 m 项非零项，则使用 2m+1 长的数组来存储每一个非零项的指数和系数，但数组的第一个元素则为此多项式非零项的个数。

例如 $P(x) = 2x^5 + 3x^4 + 5x^2 + 4x + 1$，可表示成 A(1:2m+1)数组，例如：

```
A=[5, 2, 5, 3, 4, 5, 2, 4, 1, 1, 0]
```

这种方法的优点是可以节省不必要的内存空间，减少浪费，但缺点则是在多项式各种算法的设计时较为复杂。

【范例 2.4.1】

以下用本节所介绍的第一种多项式表示法来设计一个 Java 程序，并进行两个多项式 $A(x) = 3x^4 + 7x^3 + 6x + 2$ 和 $B(x) = x^4 + 5x^3 + 2x^2 + 9$ 的加法运算。

【范例程序：ch02_10.java】

```
01  // 将两个最高次方相等的多项式相加后输出结果
02
03  import java.io.*;
04  public   class ch02_10
05  {
06    final static int ITEMS=6;
07    public static void main(String args[]) throws IOException
08    {
09      int [] PolyA={4,3,7,0,6,2};              //声明多项式A
10      int [] PolyB={4,1,5,2,0,9};              //声明多项式B
11      System.out.print("多项式A=> ");
12      PrintPoly(PolyA,ITEMS);                   //打印输出多项式A
13      System.out.print("多项式B=> ");
14      PrintPoly(PolyB,ITEMS);                   //打印输出多项式B
15      System.out.print("A+B => ");
16      PolySum(PolyA,PolyB);                    //多项式A+多项式B
17    }
18    public static void PrintPoly(int Poly[],int items)
19    {
20      int i,MaxExp;
21      MaxExp=Poly[0];
22      for(i=1;i<=Poly[0]+1;i++)
23      {
24        MaxExp--;
25        if(Poly[i]!=0)                         //如果该项式为0就跳过
26        {
27          if((MaxExp+1)!=0)
28            System.out.print(Poly[i]+"X^"+(MaxExp+1));
29          else
30            System.out.print(Poly[i]);
```

```
31          if(MaxExp>=0)
32            System.out.print('+');
33        }
34      }
35      System.out.println();
36    }
37    public static void PolySum(int Poly1[],int Poly2[])
38    {
39      int i;
40      int result[]= new int [ITEMS];
41      result[0] = Poly1[0];
42      for(i=1;i<=Poly1[0]+1;i++)
43        result[i]=Poly1[i]+Poly2[i]; //等幂次的系数相加
44      PrintPoly(result,ITEMS);
45    }
46  }
```

【执行结果】参见图2-39。

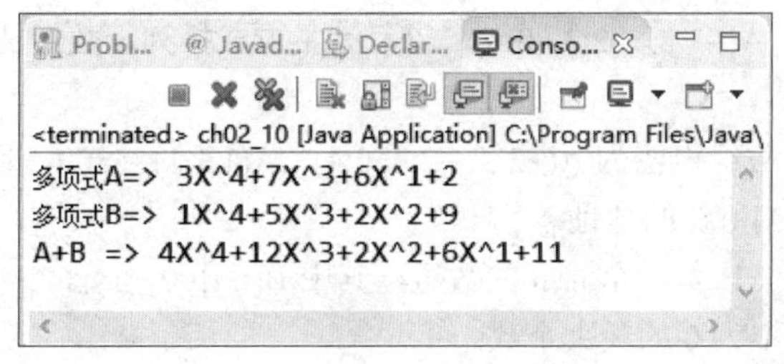

图2-39

课后习题

1. 试举出8种线性表常见的运算方式。

2. 如果Loc(A(1,1))=2，Loc(A(2,3))=18，Loc(A(3,2))=28，试求Loc(A(4,5))=?

3. 若A(3, 3)在位置121，A(6, 4)在位置159，则A(4, 5)的位置在哪里？（单位空间d = 1）

4. A(−3:5, −4:2)数组的起始地址A(−3,−4) = 100，以行存储为主，请问Loc(A(1,1)) = ？

5. 请说明稀疏矩阵的定义，并举例。

6. 假设数组 A[−1:3, 2:4, 1:4, −2:1] 是以行为主排列，起始地址a = 200，每个数组元素内存空间为5，请问A [−1, 2, 1, −2]、A [3, 4, 4, 1]、A [3, 2, 1, 0]的位置。

7. 求下图稀疏矩阵的压缩数组表示法。

$$\begin{bmatrix} 0 & 0 & 0 & 0 & 3 \\ 1 & 0 & 0 & 0 & 0 \\ 0 & 0 & 0 & 4 & 0 \\ 6 & 0 & 0 & 0 & 7 \\ 0 & 5 & 0 & 0 & 0 \end{bmatrix}$$

8. 什么是带状矩阵？请举例说明。

9. 解释下列名词：

（1）转置矩阵　　　　（2）稀疏矩阵

（3）左下三角形矩阵　　（4）有序表

10. 数组结构类型通常包含哪几个属性？

11. 数组是以 PASCAL 语言来声明的，每个数组元素占用 4 个单位的内存空间。若起始地址是 255，在下列声明中，所列元素存储位置分别是多少？

（1）VarA=array[−55…1, 1…55]，求 A[1,12]的地址。

（2）VarA=array[5…20, −10…40]，求 A[5,−5]的地址。

12. 假设我们以 FORTRAN 语言来声明浮点数的数组 A[8][10]，且每个数组元素占用 4 个单位的内存空间，如果 A[0][0] 的起始地址是 200，那么元素 A[5][6] 的地址是多少？

13. 假设有一个三维数组声明为 A(1:3,1:4,1:5)，A(1,1,1)=300，且 d=1，试问以列为主的排列方式下，求出 A(2,2,3)的所在地址。

14. 有一个三维数组 A(−3:2, −2:3, 0:4)，以行为主方式排列，数组的起始地址是 1118，试求 Loc(A(1,3,3)) =？（d=1）

15. 假设有一个三维数组声明为 A(−3:2, −2:3, 0:4)，A(1,1,1) = 300，且 d = 2，试问以列为主的排列方式下，求出 A(2,2,3)所在的地址。

16. 一个下三角数组，B 是一个 n×n 的数组，其中 B[i, j]=0，i<j。

（1）求 B 数组中不为 0 的最大个数。

（2）如何将 B 数组以最经济的方式存储在内存中。

（3）写出在（2）的存储方式中，如何求得 B[i, j]，i≥j。

17. 请使用多项式的两种数组表示法来存储 $P(x) = 8x^5 + 7x^4 + 5x^2 + 12$。

18. 如何使用数组来表示与存储多项式 $P(x, y) = 9x^5 + 4x^4y^3 + 14x^2y^2 + 13xy^2 + 15$？试说明。

第3章

链　表

链表（Linked List）是由许多相同数据类型的数据项，按特定顺序排列而成的线性表。但链表的特性是其各个数据项在计算机内存中的位置是不连续且随机（Random）存放的，其优点是数据的插入或删除都相当方便，有新数据加入就向系统申请一块内存空间，而数据被删除后，就可以把这块内存空间还给系统，加入和删除都不需要移动大量的数据。其缺点就是设计数据结构时较为麻烦，另外在查找数据时，也无法像静态数据（如数组）那样可随机读取数据，必须按序查找到该数据为止。

日常生活中有许多链表的抽象运用，例如，可以把“单向链表”想象成火车，有多少人就挂多少节的车厢，当假日人多时，需要较多车厢时就可多挂些车厢，人少时就把车厢数量减少，十分具有弹性，如图 3-1 所示。像游乐场中的摩天轮就是一种“环形链表”的应用，可以根据需要增加坐厢的数量。

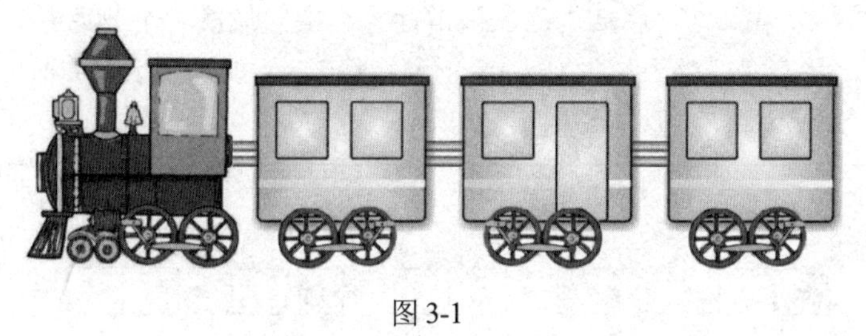

图 3-1

3.1　动态分配内存

链表与数组的最大不同点，就是它的各个元素或者数据项的存储不必是在连续的内存中（即不必分配连续存储的空间给它们），只要考虑到它们在逻辑上的顺序即可。虽然数组结构也可以用来仿真链表的结构，但在进行增删或移动元素时相当不便，而且事先必须声明固定的数组空间，太多太少都各有利弊，缺乏弹性。因此，使用动态分配内存的模式，最适合于链表数据结构的设计。

“动态分配内存”（Dynamic Allocation）的基本精神就是：让内存的使用更具有弹性，即可在程序执行期间，根据用户的设置与需求，适当给变量分配所需要的内存空间。虽然动态分配内存方式比静态分配内存方式的具有更好的弹性，不过动态分配内存方式也有些不利之处。表 3-1 列出静态内存分配和动态分配内存两种方式的相关比较。

表 3-1 静态内存分配和动态分配内存分配比较表

相关比较表	动态配置	静态分配
内存分配	运行阶段	编译阶段
内存释放	程序结束前必须释放分配的内存空间，否则造成内存“泄漏”（Memory Leak）	不需释放，程序结束时自动归还给系统
程序运行性能	较低（因为所需内存要到程序执行时才能分配）	较高（程序编译阶段即已确定所需分配的内存容量）
指针遗失	若指向动态分配空间的指针在未释放该地址空间之前，又指向了别的内存空间时，则原本所指向的内存空间将无法被释放，而造成内存“泄漏”	没有此问题

3.2 单向链表

在动态分配内存空间时，最常使用的就是“单向链表”（Single Linked List）。一个单向链表节点基本上是由两个元素，即数据字段和指针所组成，而指针将会指向下一个元素在内存中的地置。单向链表的节点如图 3-2 所示。

1	数据字段
2	指针

图 3-2

在“单向链表”中第一个节点是“链表头指针”，指向最后一个节点的指针设为 null，表示它是“链表尾”，不指向任何地方。例如列表 A={a, b, c, d, x}，其单向链表的数据结构如图 3-3 所示。

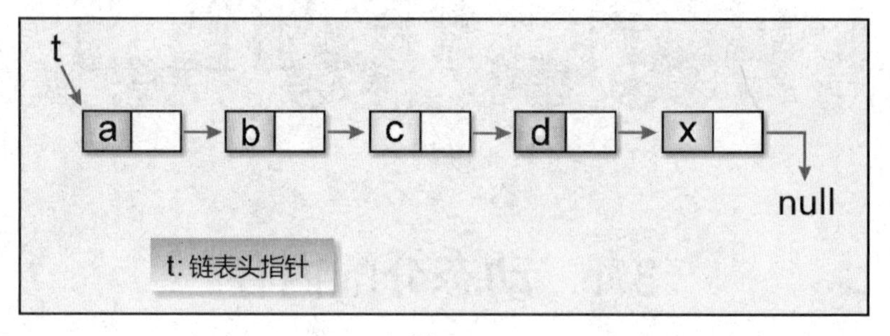

图 3-3

由于单向链表中所有节点都知道节点本身的下一个节点在哪里，但是对于前一个节点却没有办法知道，所以在单向链表的各种操作中，“链表头指针”就显得相当重要，只要存在链表头指针，就可以遍历整个链表、进行加入和删除节点等操作。注意，除非必要，否则不可移动链表头指针。

通常在其他程序设计语言中，如 C 或 C++语言，是以指针（Pointer）类型来处理链表类型的数据结构。由于在 Java 程序设计语言中没有指针类型，因此可以把链表声明为类。在其他程序设计语言中，当分配的内存已不再使用时，就必须释放该内存空间。不过，由于 Java 语言的内存管理有垃圾回收机制，所以不存在内存垃圾不能及时收集的问题。

例如，在 Java 语言中要模拟链表中的节点，必须声明如下的 Node 类：

```
class Node
{
    int data;
    Node next;
    public Node(int data) //节点声明的构造函数
    {
        this.data=data;
        this.next=null;
    }
}
```

接着可以声明链表 LinkedList 类，该类定义两个 Node 类型的节点指针，分别指向链表的第一节点和最后一个节点，如下所示：

```
class LinkedList
{
    private Node first;
    private Node last;
    //定义类的方法
    ........................
    ........................
}
```

如果链表中的节点不只记录单一数值，例如每一个节点除了有指向下一个节点的指针字段外，还包括学生的姓名（name）、学号（no）、成绩（score），则其链表如图 3-4 所示。

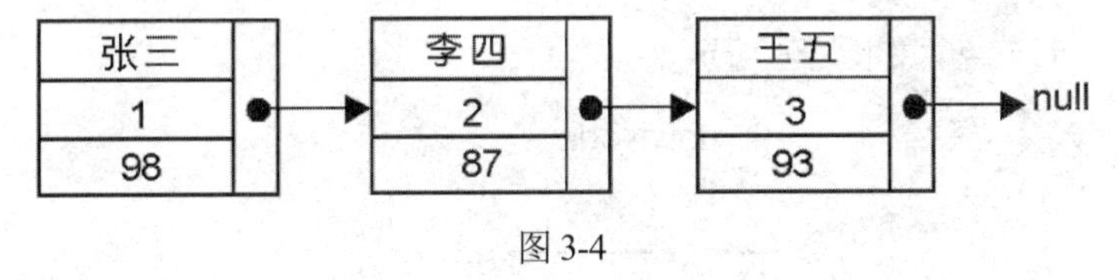

图 3-4

在 Java 中要模拟链表中的此类节点，其 Node 类的语法可以声明如下：

```
class Node
{
    String  name;
    int     no;
    int     score;
    Node    next;
    public Node(String name,int no,int score)
    {
        this.name=name;
        this.no=no;
        this.score=score;
        this.next=null;
    }
```

```
}
```

3.2.1 建立单向链表

现在试着使用 Java 语言的链表处理以下学生的成绩问题。学生成绩处理会有以下字段。

学号	姓名	成绩
01	黄小华	85
02	方小源	95
03	林大晖	68
04	孙阿毛	72
05	王小明	79

首先我们必须声明节点的数据类型，让每一个节点包含一个数据，并且包含指向下一个数据的指针，使所有数据能被串在一起而形成一个列表结构，建立好的单向链表示例如图 3-5 所示。

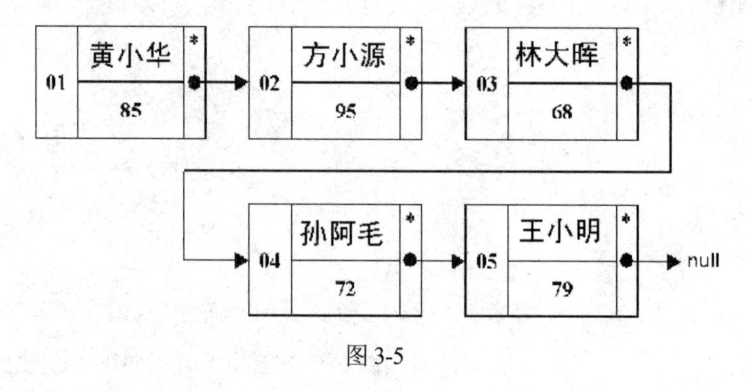

图 3-5

以下我们将详细说明图 3-5 所示的单向链表的步骤：

步骤01 建立新节点，如图 3-6 所示。

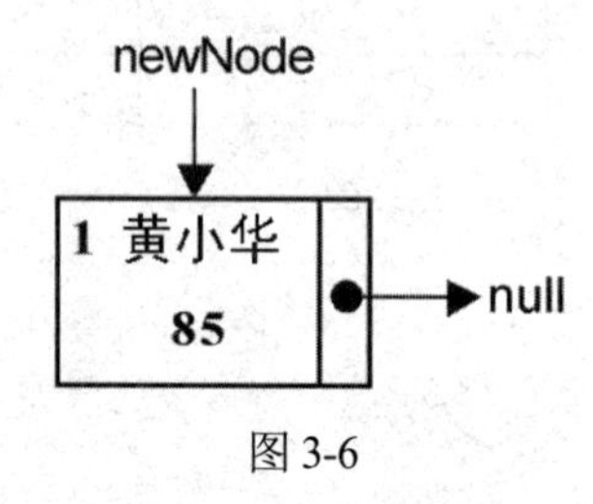

图 3-6

步骤02 将链表的 first 及 last 指针字段指向 newNode，如图 3-7 所示。

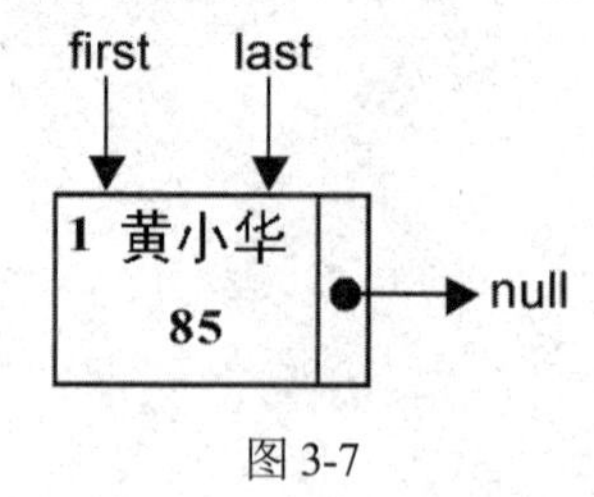

图 3-7

步骤03 建立另一个新节点，如图 3-8 所示。

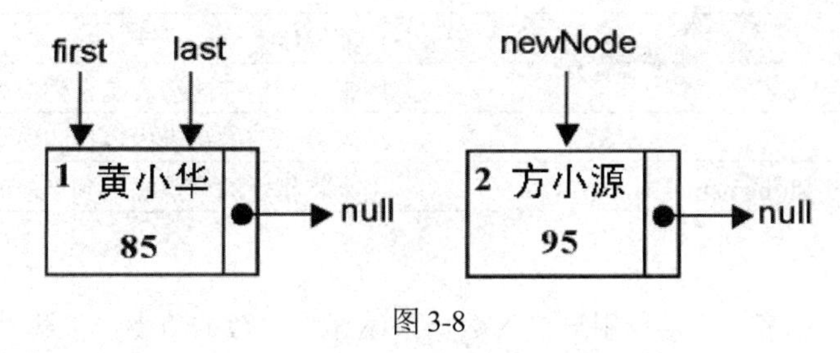

图 3-8

步骤04 将两个节点串起来，如图 3-9 所示。

将两个节点串起来。

```
last.next=newNode;
last=newNode;
```

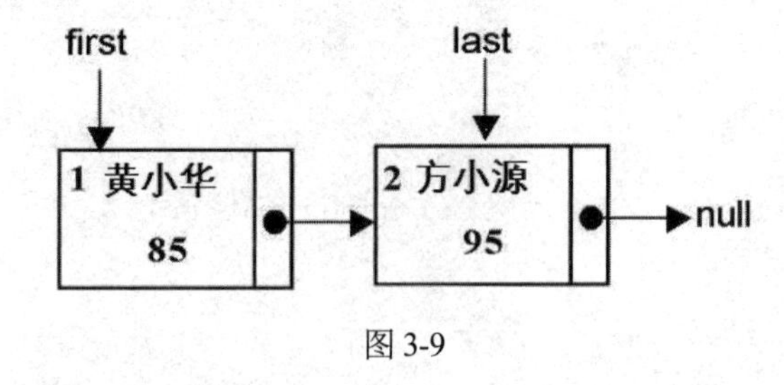

图 3-9

步骤05 按序完成如图 3-10 所示的链表结构。

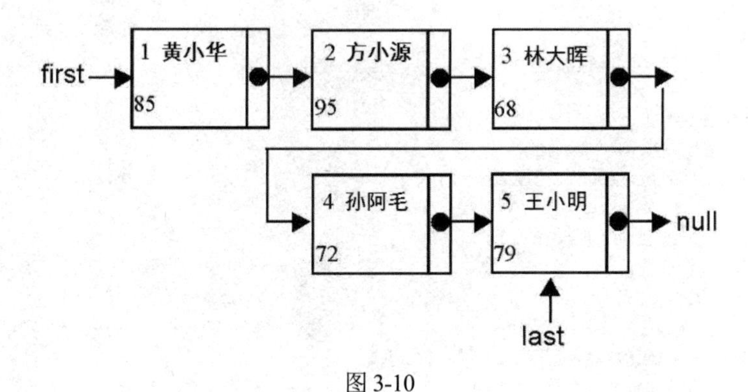

图 3-10

由于列表中所有节点都知道节点本身的下一个节点所在的位置，但是对于前一个节点却是没有办法知道，所以“列表头”就显得相当重要。

无论如何，只要有列表头存在，就可以对整个列表进行遍历、加入及删除节点等操作。而之前建立的节点若没有串起来就会形成无人管理的节点，并一直占用内存空间。因此在建立列表时必须有一列表指针指向列表头，并且除非必要否则不可移动列表头指针。

下面来创建 LinkedList.java 程序。在此程序中声明了 Node 类及 LinkedList 类，在 LinkedList 类中，除了定义两个 Node 类节点指针，分别指向链表的第一个节点和最后一个节点外，还在该类中声明了三个方法，如表 3-2 所示。

表 3-2 LinkedList 类的三个方法

方法名称	功能说明
public boolean isEmpty()	用来判断当前的链表是否为空列表
public void print()	用来将当前的链表内容打印出来
public void insert(int data, String names, int np)	用来将指定的节点插入到当前的链表

【范例 3.1.1】

请设计一个 Java 程序，可以让用户输入数据来添加学生数据节点，以建立一个单向链表。一共输入 5 位学生的成绩来建立好单向链表，然后遍历这个单向链表的每一个节点来打印输出学生的成绩。单向链表的遍历（Traverse）就是访问链表中的每个节点。

【范例程序：LinkedList.java】

```
01  class Node
02  {
03    int data;
04    int np;
05    String names;
06    Node next;
07    public Node(int data,String names,int np)
08    {
09      this.np=np;
10      this.names=names;
11      this.data=data;
12      this.next=null;
13    }
14  }
15  public class LinkedList
16  {
17    private Node first;
18    private Node last;
19    public boolean isEmpty()
20    {
21      return first==null;
22    }
23    public void print()
24    {
25      Node current=first;
26      while(current!=null)
27      {
28        System.out.println("["+current.data+" "+current.names+"
    "+current.np+"]");
29        current=current.next;
30      }
31      System.out.println();
32    }
33    public void insert(int data,String names,int np)
34    {
35      Node newNode=new Node(data,names,np);
36      if(this.isEmpty())
37      {
38        first=newNode;
```

```
39          last=newNode;
40        }
41        else
42        {
43          last.next=newNode;
44          last=newNode;
45        }
46      }
47    }
```

接着一共输入 5 位学生的成绩来建立好单向链表，然后遍历这个单向链表的每一个节点来打印输出学生的成绩：

【范例程序：ch03_01.java】

```
01    // 建立五位学生成绩的单向链表
02    // 再遍历这个单向链表的每一个节点来打印输出学生的成绩
03
04    import java.io.*;
05
06    public class ch03_01
07    {
08      public static void main(String args[]) throws IOException
09      {
10        BufferedReader buf;
11        buf=new BufferedReader(new InputStreamReader(System.in));
12        int num;
13        String name;
14        int score;
15
16        System.out.println("请输入 5 位学生的数据：");
17        LinkedList list=new LinkedList();
18        for (int i=1;i<6;i++)
19        {
20          System.out.print("请输入学号：");
21          num=Integer.parseInt(buf.readLine());
22          System.out.print("请输入姓名：");
23          name=buf.readLine();
24          System.out.print("请输入成绩：");
25          score=Integer.parseInt(buf.readLine());
26          list.insert(num,name,score);
27          System.out.println("-------------");
28        }
29        System.out.println(" 学生成绩 ");
30        System.out.println(" 学号姓名成绩 ===========");
31        list.print();
32      }
33    }
```

【执行结果】参见图 3-11。

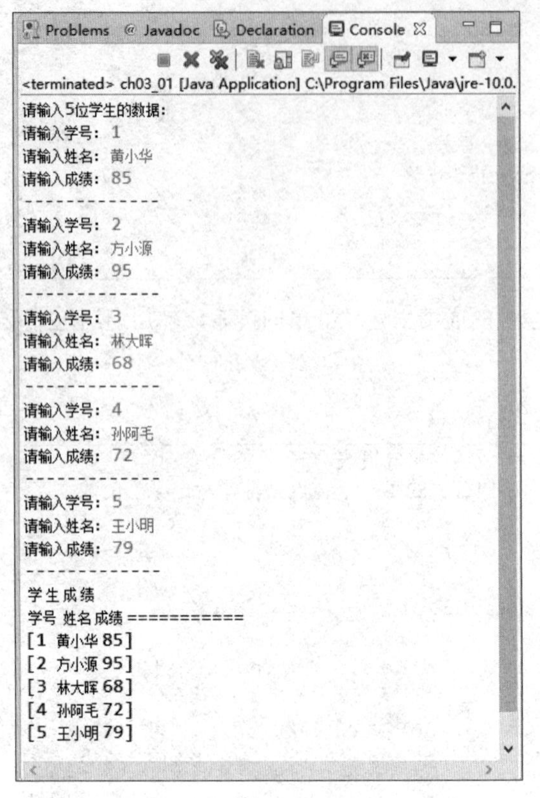

图 3-11

3.2.2 单向链表节点的删除

在单向链表类型的数据结构中，若要在链表中删除一个节点，依据所删除节点的位置会有三种不同的情形：

- 删除链表的第一个节点：只要把链表头指针指向第二个节点即可，如图 3-12 所示。

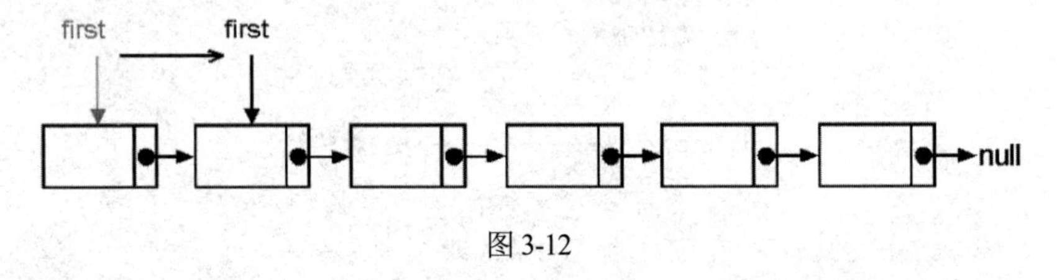

图 3-12

```
if(first.data==delNode.data)
    first=first.next;
```

- 删除链表内的中间节点：只要将删除节点的前一个节点的指针，指向欲删除节点的下一个节点即可，如图 3-13 所示，并参考如下程序代码：

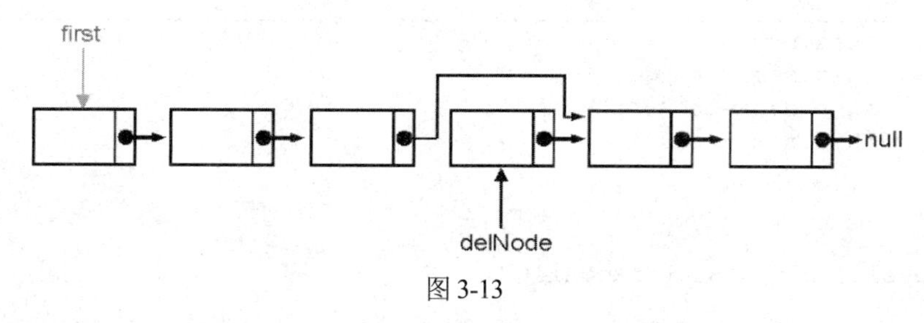

图 3-13

```
newNode=first;
tmp=first;
while(newNode.data!=delNode.data)
{
    tmp=newNode;
    newNode=newNode.next;
}
tmp.next=delNode.next;
```

- 删除链表后的最后一个节点：只要将指向最后一个节点的指针，直接指向 null 即可。如图 3-14 所示，并参考如下程序代码：

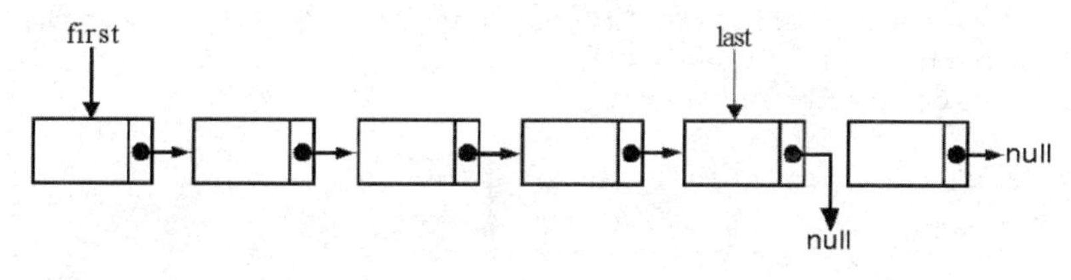

图 3-14

```
if(last.data==delNode.data)
{
    newNode=first;
    while(newNode.next!=last) newNode=newNode.next;
    newNode.next=last.next;
    last=newNode;
}
```

【范例 3.1.2】

请设计一个 Java 程序，来实现建立一组学生成绩的单向链表程序，包含了学号、姓名与成绩三种数据。只要输入想要删除的成绩，就可以遍历此列表，并清除该位学生的节点。要结束输入时，请输入“-1”，则此时会列出此列表未删除的所有学生数据。

【范例程序：StuLinkedList.java】

```
01  class Node
02  {
03    int data;
04    int np;
05    String names;
06    Node next;
07
08    public Node(int data,String names,int np)
09    {
```

```
10        this.np=np;
11        this.names=names;
12        this.data=data;
13        this.next=null;
14      }
15    }
16
17    public class StuLinkedList
18    {
19      public Node first;
20      public Node last;
21      public boolean isEmpty()
22      {
23        return first==null;
24      }
25
26      public void print()
27      {
28        Node current=first;
29        while(current!=null)
30        {
31          System.out.println("["+current.data+" "+current.names+"
     "+current.np+"]");
32          current=current.next;
33        }
34        System.out.println();
35      }
36
37      public void insert(int data,String names,int np)
38      {
39        Node newNode=new Node(data,names,np);
40        if(this.isEmpty())
41        {
42          first=newNode;
43          last=newNode;
44        }
45        else
46        {
47          last.next=newNode;
48          last=newNode;
49        }
50      }
51
52      public void delete(Node delNode)
53      {
54        Node newNode;
55        Node tmp;
56        if(first.data==delNode.data)
57        {
58          first=first.next;
59        }
60        else if(last.data==delNode.data)
61        {
62          System.out.println("I am here\n");
63          newNode=first;
```

```
64          while(newNode.next!=last) newNode=newNode.next;
65          newNode.next=last.next;
66          last=newNode;
67        }
68        else
69        {
70          newNode=first;
71          tmp=first;
72          while(newNode.data!=delNode.data)
73          {
74            tmp=newNode;
75            newNode=newNode.next;
76          }
77          tmp.next=delNode.next;
78        }
79      }
80    }
```

【范例程序：ch03_02.java】

```
01    // 使用链表来建立、删除和打印学生成绩
02    // ==============================================================
03
04    import java.util.*;
05    import java.io.*;
06    public class ch03_02
07    {
08      public static void main(String args[]) throws IOException
09      {
10        BufferedReader buf;
11        Random rand=new Random();
12        buf=new BufferedReader(new InputStreamReader(System.in));
13        StuLinkedList list =new StuLinkedList();
14        int i,j,findword=0,data[][]=new int[12][10];
15        String name[]=new String[]{"Allen","Scott","Marry","Jon","Mark",
      "Ricky","Lisa","Jasica","Hanson","Amy","Bob","Jack"};
16        System.out.println("学号         成绩         学号         成绩         学
      号         成绩         学号         成绩\n ");
17        for (i=0;i<12;i++)
18        {
19          data[i][0]=i+1;
20          data[i][1]=(Math.abs(rand.nextInt(50)))+50;
21          list.insert(data[i][0],name[i],data[i][1]);
22        }
23        for (i=0;i<3;i++)
24        {
25          for(j=0;j<4;j++)
26            System.out.print("["+data[j*3+i][0]+"]["+data[j*3+i][1]+"]
      ");
27          System.out.println();
28        }
29
30        while(true)
31        {
32          System.out.print("请输入要删除成绩的学生学号，结束输入-1： ");
```

```
33        findword=Integer.parseInt(buf.readLine());
34        if(findword==-1)
35          break;
36        else
37        {
38          Node current=new Node(list.first.data, list.first.names,
   list.first.np);
39          current.next=list.first.next;
40          while(current.data!=findword) current=current.next;
41          list.delete(current);
42        }
43        System.out.println("删除成绩后的链表，请注意！要删除的成绩其学生的
   学号必须在此链表中。\n");
44        list.print();
45      }
46    }
47  }
```

【执行结果】参见图 3-15。

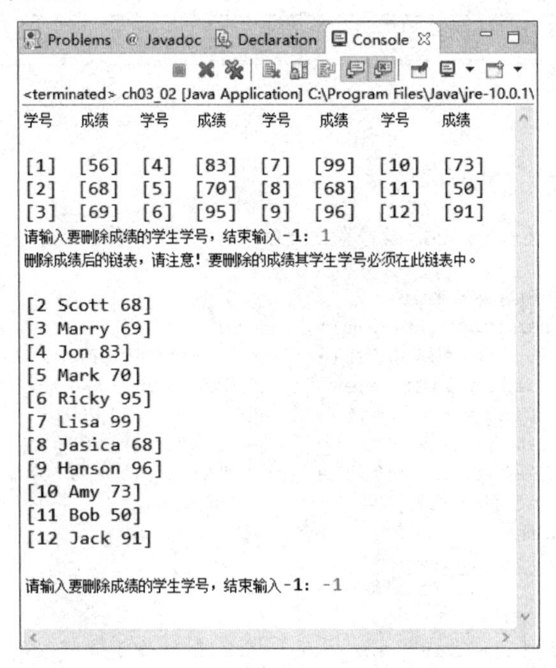

图 3-15

3.2.3 单向链表插入新节点

在单向链表中插入新节点，如同一列火车中加入新的车厢，有三种情况：加到第 1 个节点之前、加到最后一个节点之后以及加到此链表中间任一位置。接下来，我们利用图解方式说明如下：

- 新节点插入第一个节点之前，即成为此链表的首节点：只需把新节点的指针指向链表原来的第一个节点，再把链表头指针指向新节点即可，如图 3-16 所示。

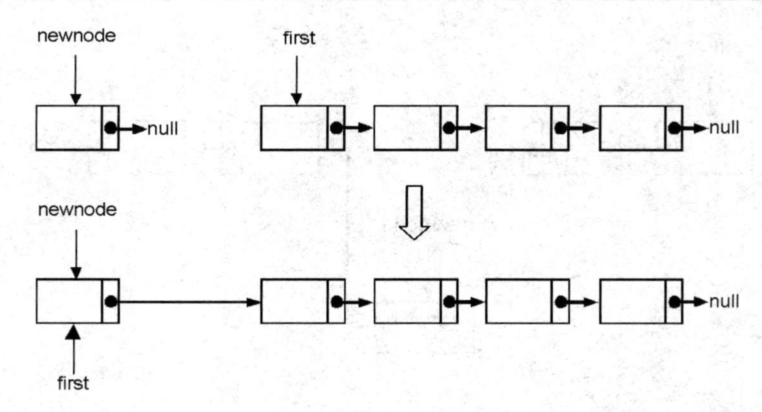

图 3-16

- 新节点插入最后一个节点之后：只需把链表的最后一个节点的指针指向新节点，新节点的指针再指向 null 即可，如图 3-17 所示。

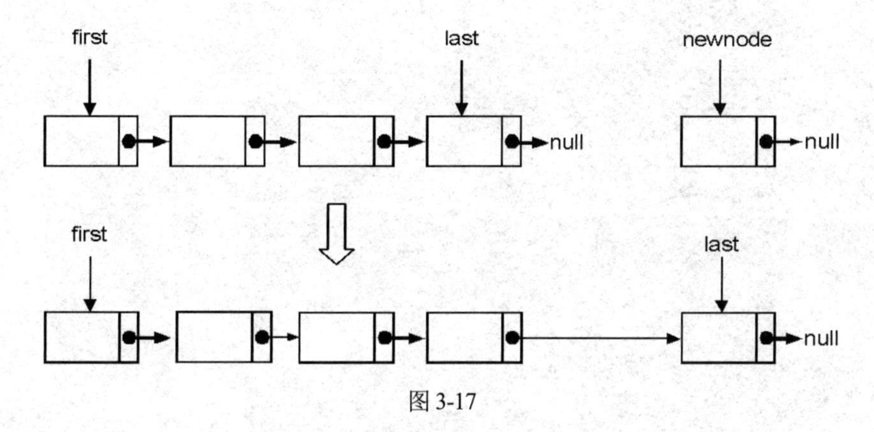

图 3-17

- 将新节点插入链表中间的位置：例如插入的节点是在 X 与 Y 之间，只要将 X 节点的指针指向新节点，新节点的指针指向 Y 节点即可，如图 3-18 所示。

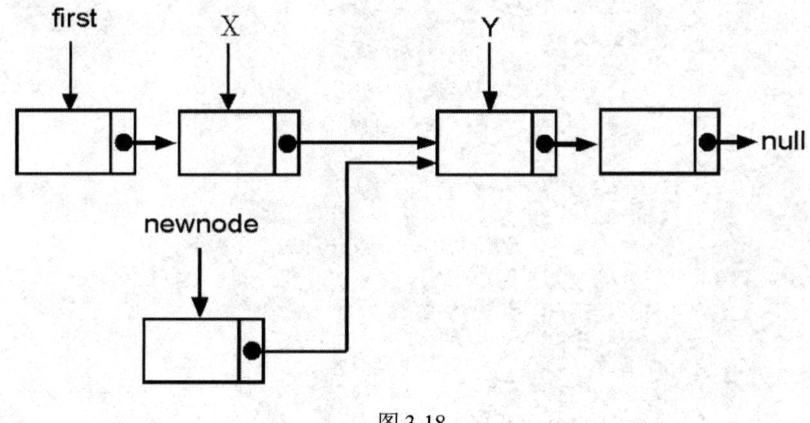

图 3-18

接着把插入点指针指向的新节点，如图 3-19 所示。

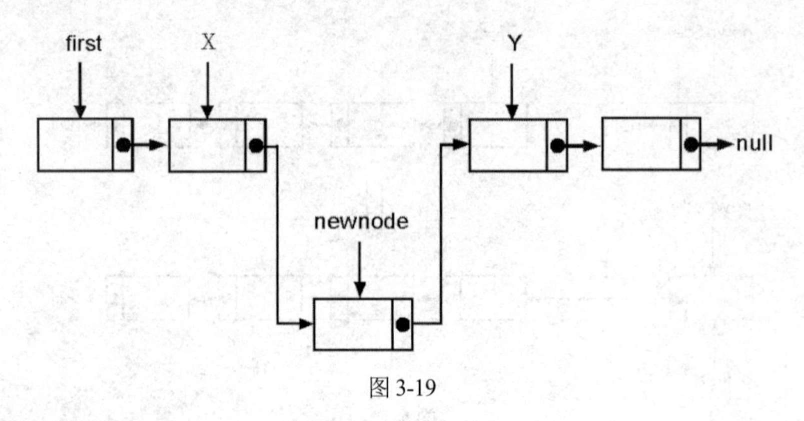

图 3-19

以下是用 Java 语言实现的链表插入节点的算法：

```
/*插入节点*/
    public void insert(Node ptr)
    {
        Node tmp;
        Node newNode;
        if(this.isEmpty())
        {
            first=ptr;
            last=ptr;
        }
        else
        {
            if(ptr.next==first)         /*插入到第一个节点*/
            {
                ptr.next =first;
                first=ptr;
            }
            else
            {
                if(ptr.next==null) /*插入到最后一个节点*/
                {
                    last.next=ptr;
                    last=ptr;
                }
                else          /*插入到中间节点*/
                {
                    newNode=first;
                    tmp=first;
                    while(ptr.next!=newNode.next)
                    {
                        tmp=newNode;
                        newNode=newNode.next;
                    }
                    tmp.next=ptr;
                    ptr.next=newNode;
                }
            }
        }
    }
```

【范例 3.1.3】

请设计一个 Java 程序，来实现单向链表添加节点的过程，并且允许可以在链表头部、链表末尾和链表中间三种不同位置插入新节点。

【范例程序：CH03_03.java】

```
01  //实现单向链表插入新节点的功能
02  import java.io.*;
03
04  class Node
05  {
06    int data;
07    Node next;
08    public Node(int data)
09    {
10      this.data=data;
11      this.next=null;
12    }
13  }
14  class LinkedList
15  {
16    public Node first;
17    public Node last;
18    public boolean isEmpty()
19    {
20      return first==null;
21    }
22    public void print()
23    {
24      Node current=first;
25      while(current!=null)
26      {
27        System.out.print("["+current.data+"]");
28        current=current.next;
29      }
30      System.out.println();
31    }
32  //串接两个链表
33    public LinkedList Concatenate(LinkedList head1,LinkedList head2)
34    {
35      LinkedList ptr;
36      ptr = head1;
37      while(ptr.last.next != null)
38        ptr.last = ptr.last.next;
39      ptr.last.next = head2.first;
40      return head1;
41    }
42  //插入节点
43    public void insert(Node ptr)
44    {
45      Node tmp;
46      Node newNode;
47      if(this.isEmpty())
48      {
```

```
49          first=ptr;
50          last=ptr;
51        }
52        else
53        {
54          if(ptr.next==first)//插入到第一个节点
55          {
56            ptr.next =first;
57            first=ptr;
58          }
59          else
60          {
61            if(ptr.next==null)//插入到最后一个节点
62            {
63              last.next=ptr;
64              last=ptr;
65            }
66            else//插入到中间节点
67            {
68              newNode=first;
69              tmp=first;
70              while(ptr.next!=newNode.next)
71              {
72                tmp=newNode;
73                newNode=newNode.next;
74              }
75              tmp.next=ptr;
76              ptr.next=newNode;
77            }
78          }
79        }
80      }
81    }
82
83  public class ch03_03
84  {
85    public static void main(String args[]) throws IOException
86    {
87      LinkedList list1=new LinkedList();
88      LinkedList list2=new LinkedList();
89      Node node1=new Node(5);
90      Node node2=new Node(6);
91      list1.insert(node1);
92      list1.insert(node2);
93      Node node3=new Node(7);
94      Node node4=new Node(8);
95      list2.insert(node3);
96      list2.insert(node4);
97      list1.Concatenate(list1,list2);
98      list1.print();
99    }
100 }
```

【执行结果】参见图 3-20。

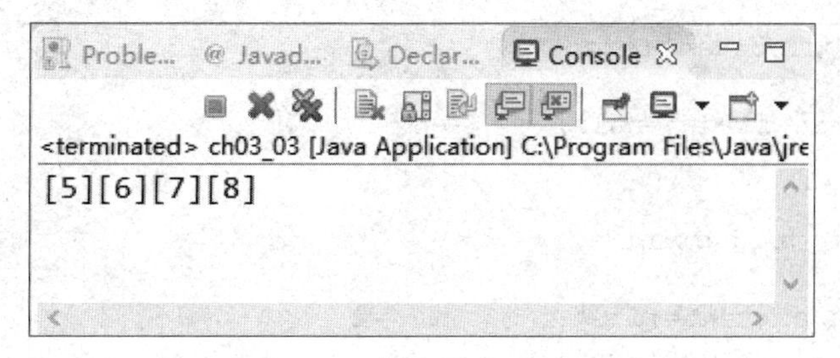

图 3-20

3.2.4 单向链表的反转

了解了单向链表节点的删除和插入之后，大家会发现在这种具有方向性的链表结构中增删节点是相当容易的一件事。而要从头到尾输出整个单向链表也不难，但是如果要反转过来输出单向链表就需要某些技巧了。我们知道在单向链表中的节点特性是知道下一个节点的位置，可是却无从得知它的上一个节点的位置。如果要将单向链表反转，则必须使用三个指针变量，如图 3-21 所示。

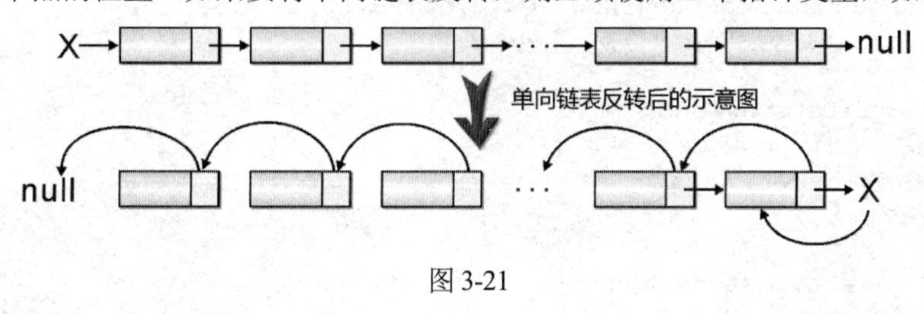

图 3-21

下面就以 Java 语言来设计将前面的学生成绩程序中的学生成绩按照学号反转打印出来。在这个程序中我们会用到在"StuLinkedList.java"程序中定义的类，下面就是这两个程序的完整程序代码。

【范例程序：StuLinkedList.java】

```
01   class Node
02   {
03     int data;
04     int np;
05     String names;
06     Node next;
07
08     public Node(int data,String names,int np)
09     {
10       this.np=np;
11       this.names=names;
12       this.data=data;
13       this.next=null;
14     }
15   }
16
17   public class StuLinkedList
18   {
19     public Node first;
20     public Node last;
```

```
21    public boolean isEmpty()
22    {
23      return first==null;
24    }
25
26    public void print()
27    {
28      Node current=first;
29      while(current!=null)
30      {
31        System.out.println("["+current.data+" "+current.names+"
   "+current.np+"]");
32        current=current.next;
33      }
34      System.out.println();
35    }
36
37    public void insert(int data,String names,int np)
38    {
39      Node newNode=new Node(data,names,np);
40      if(this.isEmpty())
41      {
42        first=newNode;
43        last=newNode;
44      }
45      else
46      {
47        last.next=newNode;
48        last=newNode;
49      }
50    }
51
52    public void delete(Node delNode)
53    {
54      Node newNode;
55      Node tmp;
56      if(first.data==delNode.data)
57      {
58        first=first.next;
59      }
60      else if(last.data==delNode.data)
61      {
62        System.out.println("I am here\n");
63        newNode=first;
64        while(newNode.next!=last) newNode=newNode.next;
65        newNode.next=last.next;
66        last=newNode;
67      }
68      else
69      {
70        newNode=first;
71        tmp=first;
72        while(newNode.data!=delNode.data)
73        {
74          tmp=newNode;
```

```
75          newNode=newNode.next;
76        }
77        tmp.next=delNode.next;
78      }
79    }
80  }
```

【范例程序：ch03_04.java】

```
01  // 单向链表的反转功能
02  import java.util.*;
03  import java.io.*;
04  
05  class ReverseStuLinkedList extends StuLinkedList
06  {
07    public void reverse_print()
08    {
09      Node current=first;
10      Node before=null;
11      System.out.println("反转后的链表数据:");
12      while(current!=null)
13      {
14        last=before;
15        before=current;
16        current=current.next;
17        before.next=last;
18      }
19      current=before;
20      while(current!=null)
21      {
22        System.out.println("["+current.data+" "+current.names+" "
    +current.np+"]");
23        current=current.next;
24      }
25      System.out.println();
26    }
27  }
28  
29  
30  public class ch03_04
31  {
32    public static void main(String args[]) throws IOException
33    {
34      Random rand=new Random();
35      ReverseStuLinkedList list =new ReverseStuLinkedList();
36      int i,j,data[][]=new int[12][10];
37      String name[]=new String[] {"Allen","Scott","Marry","Jon",
          "Mark","Ricky","Lisa","Jasica","Hanson","Amy","Bob","Jack"};
38      System.out.println("学号成绩学号成绩学号成绩学号成绩\n ");
39      for (i=0;i<12;i++)
40      {
41        data[i][0]=i+1;
42        data[i][1]=(Math.abs(rand.nextInt(50)))+50;
43        list.insert(data[i][0],name[i],data[i][1]);
44      }
```

```
45        for (i=0;i<3;i++)
46        {
47          for(j=0;j<4;j++)
48            System.out.print("["+data[j*3+i][0]+"]["+data[j*3+i]
     [1]+"]");
49          System.out.println();
50        }
51        list.reverse_print();
52      }
53    }
```

【执行结果】参见图 3-22。

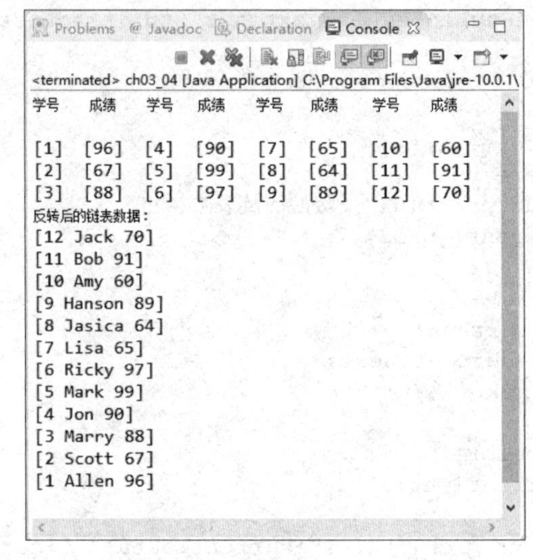

图 3-22

3.2.5 单向链表的功能

对于两个或以上链表的连接（Concatenation，也称为级联），其实现法很容易，只要将链表的首尾相连即可。单向链表的连接如图 3-23 所示。

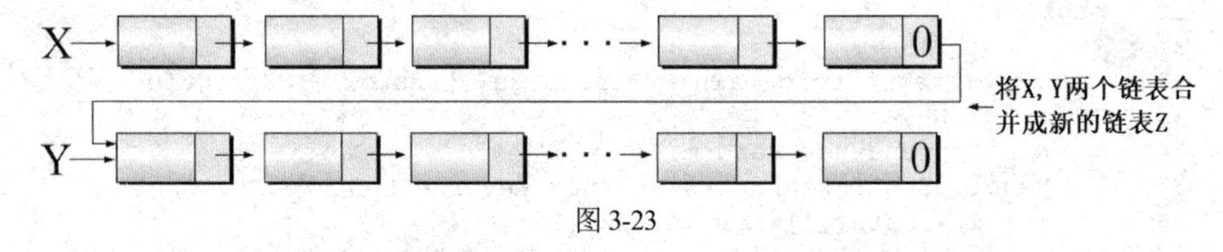

图 3-23

用 Java 语言实现的单向链表连接算法如下所示：

```
class Node
{
    int data;
    Node next;
    public Node(int data)
    {
        this.data=data;
```

```
            this.next=null;
        }
    }
    public class LinkeList
    {
        public Node first;
        public Node last;
        public boolean isEmpty()
        {
            return first==null;
        }
        public void print()
        {
            Node current=first;
            while(current!=null)
            {
                System.out.print("["+current.data+"]");
                current=current.next;
            }
            System.out.println();
        }
    }
    /*连接两个链表*/

        public LinkeList Concatenate(LinkeList head1,LinkeList head2)
        {
            LinkeList ptr;
            ptr = head1;
            while(ptr.last.next != null)
                ptr.last = ptr.last.next;
            ptr.last.next = head2.first;
            return head1;
        }
    }
```

3.2.6 多项式链表表式法

假如一个多项式 $P(x)=a_nx^n+a_{n-1}x^{n-1}+\ldots+a_1x+a_0$，则称 P(x)为一个 n 次多项式。而一个多项式如果使用数组结构存储在计算机中，则有以下两种表示法。

第一种是使用一个 n+2 长度的一维数组来存储，数组的第一个位置存放最大指数 n，其他位置按照指数 n 的递减，按序存储相对应的系数，例如 $P(x)=12x^5+23x^4+5x^2+4x+1$，可用 A 数组来表示，例如（注意数组第一项为最高指数幂次）：

```
A={5, 12,23,0,5,4,1}
```

使用这种方法对于某些多项式而言，太浪费空间，如 $X^{10000}+1$，需要长度为 10002 的数组来存储，如 A={10000, 1,0,0,…,0,1}。

第二种方法是只存储多项式中非零项。如果有 m 个非零项目，则使用 2m+1 长的数组来存储每一个非零项的指数及系数即可，例如多项式 $P=8X^5+6X^4+3X^2+8$，可得 P={4,8,5,6,4,3,2,8,0}，注意数组第一项为非零项的个数。

【范例 3.1.4】

请写出以下两个多项式的任一数组表示法。

```
A(X)=X^100+6X^10+1
B(X)=X^5+9X^3+X^2+1
```

答： 对于 A(X)可以采用存储非零项次的表示法，也就是使用 2m+1 长度的数组，m 表示非零项目的数目，因此 A 数组的内容为：

A={3,1,100,6,10,1,0}

另外，B(X)多项式的非零项较多，因此可使用 n+2 长度的一维数组，n 表示最高幂次（即最高指数值）：

B={5,1,0,9,1,0,1}

一般说来，使用数组表示法经常会出现以下的困扰：

- 多项式内容变动时，对数组结构的影响相当大，算法处理不易。
- 由于数组是静态数据结构，所以事先必须查找一块连续的并且够大的内存空间，容易造成内存空间的浪费。

这时如果使用单向链表来表示多项式，就可以克服以上的问题。多项式的链表表示法主要是存储非零项，并且每一项均符合以下数据结构，如图 3-24 所示。

COEF	EXP	LINK

COEF：表示该变量的系数

EXP ：表示该变量的指数

LINK：表示指向下一个节点的指针

图 3-24

例如，假设多项式有 n 个非零项，且 $P(x)=a_{n-1}x^{en-1}+a_{n-2}x^{en-2}+\ldots+a_0$，则可表示如图 3-25 所示的链表。

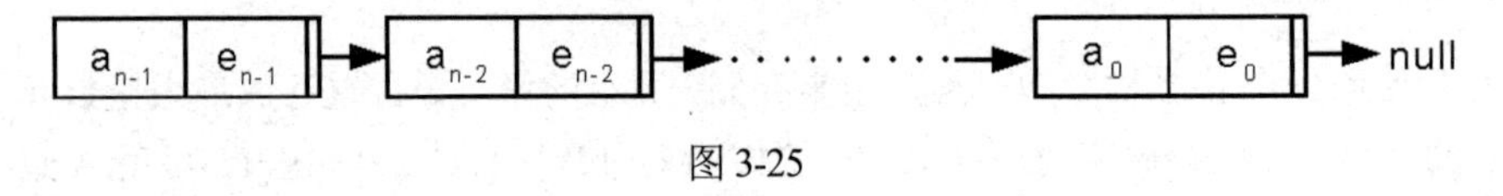

图 3-25

例如 $A(x)=3X^2+6X-2$ 即可用如图 3-26 所示的链表来表示。

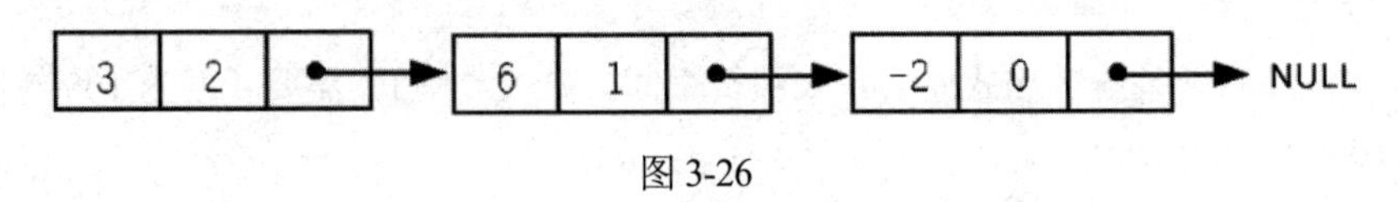

图 3-26

多项式以单向链表方式表示的作用，主要是用于多项式的四则运算，例如多项式的加法或减法运算。如图 3-27 所示的两个多项式 A(X)、B(X)，求两式相加的结果 C(X)。

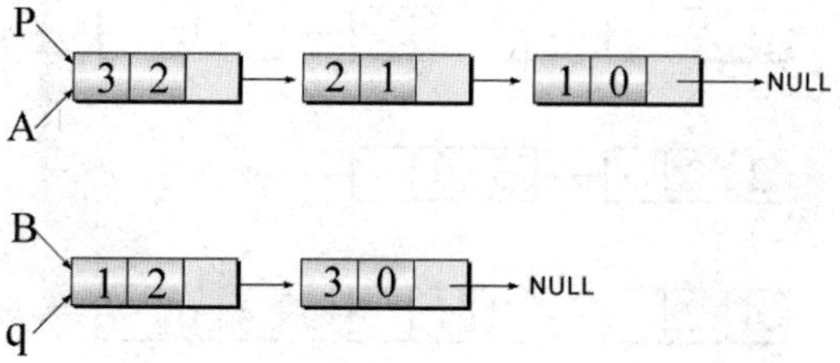

$A=3X^2+2x+1$

$B=X^2+3$

图 3-27

基本上，对于两个多项式相加，从左往右逐一比较项次，比较幂次大小，当发现指数幂次大者，则将此节点加到 C(X)，指数幂次相同者相加，若结果非零也将此节点加到 C(X)，直到两个多项式的每一项都比较完毕为止。我们以下列步骤来进行说明：

步骤01 Exp(p)=Exp(q)，计算结果参考图 3-28 中的 C 链表。

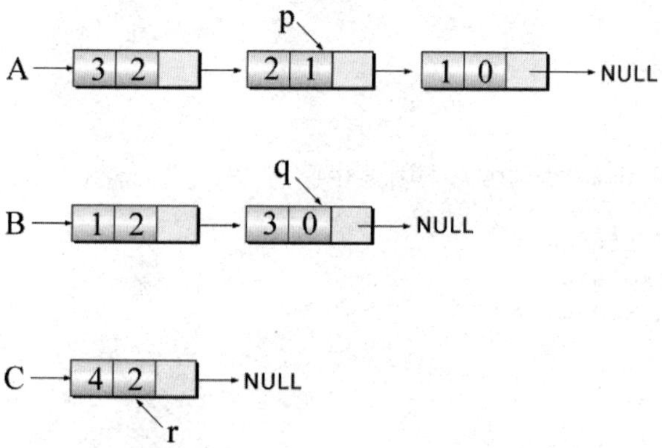

图 3-28

步骤02 Exp(p)>Exp(q)，计算结果参考图 3-29 中的 C 链表。

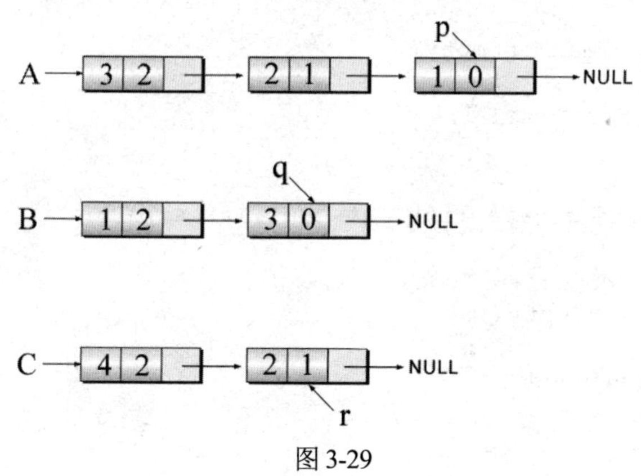

图 3-29

步骤03 Exp(p)=Exp(q)，计算结果参考图 3-30 中的 C 链表。

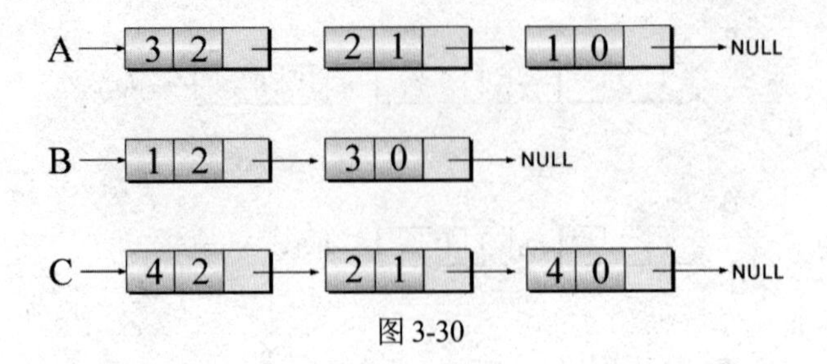

图 3-30

【范例 3.1.5】

请设计一个 Java 程序，以单向链表来实现两个多项式相加的过程。

【范例程序：ch03_05.java】

```
01  // 多项式相加
02
03  import java.util.*;
04  import java.io.*;
05
06  class Node
07  {
08    int coef;
09    int exp;
10    Node next;
11    public Node(int coef,int exp)
12    {
13      this.coef=coef;
14      this.exp=exp;
15      this.next=null;
16    }
17  }
18
19  class PolyLinkedList
20  {
21    public Node first;
22    public Node last;
23
24    public boolean isEmpty()
25    {
26      return first==null;
27    }
28
29    public void create_link(int coef,int exp)
30    {
31      Node newNode=new Node(coef,exp);
32      if(this.isEmpty())
33      {
34        first=newNode;
35        last=newNode;
36      }
37      else
38      {
39        last.next=newNode;
40        last=newNode;
```

```
41          }
42        }
43
44        public void print_link()
45        {
46          Node current=first;
47          while(current!=null)
48          {
49            if(current.exp==1 && current.coef!=0) // X^1 时不显示指数
50              System.out.print(current.coef+"X + ");
51            else
52              if(current.exp!=0 && current.coef!=0)
53                System.out.print(current.coef+"X^"+current.exp+" + ");
54              else
55                if(current.coef!=0)            // X^0 时不显示变量
56                  System.out.print(current.coef);
57              current=current.next;
58          }
59          System.out.println();
60        }
61
62        public PolyLinkedList sum_link(PolyLinkedList b)
63        {
64          int sum[]=new int[10];
65          int i=0,maxnumber;
66          PolyLinkedList tempLinkedList=new PolyLinkedList();
67          PolyLinkedList a=new PolyLinkedList();
68          int tempexp[]=new int[10];
69          Node ptr;
70          a=this;
71          ptr=b.first;
72          while(a.first!=null)                    //判断多项式 1
73          {
74            b.first=ptr;                        // 重复比较 A 和 B 的指数
75            while(b.first!=null)
76            {
77              if(a.first.exp==b.first.exp)          //指数相等，系数相加
78              {
79                sum[i]=a.first.coef+b.first.coef;
80                tempexp[i]=a.first.exp;
81                a.first=a.first.next;
82                b.first=b.first.next;
83                i++;
84              }
85              else
86                if(b.first.exp > a.first.exp)   //B 指数较大，系数给 C
87                {
88                  sum[i]=b.first.coef;
89                  tempexp[i]=b.first.exp;
90                  b.first=b.first.next;
91                  i++;
92                }
93                else
94                  if(a.first.exp > b.first.exp)//A 指数较大，系数给 C
95                    sum[i]=a.first.coef;
```

```
96            tempexp[i]=a.first.exp;
97          a.first=a.first.next;
98          i++;
99        }
100     } // end of inner while loop
101   }  // end of outer while loop
102   maxnumber=i-1;
103   for (int j=0;j<maxnumber+1;j++) tempLinkedList.create
104   link(sum[j],maxnumber-j);
105   return tempLinkedList;
106  } // end of sum_link
107 } // end of class PolyLinkedList
108
109 public class ch03_05
110 {
111   public static void main(String args[]) throws IOException
112   {
113     PolyLinkedList a=new PolyLinkedList();
114     PolyLinkedList b=new PolyLinkedList();
115     PolyLinkedList c=new PolyLinkedList();
116
117     int data1[]={8,54,7,0,1,3,0,4,2};         //多项式A的系数
118     int data2[]={-2,6,0,0,0,5,6,8,6,9};      //多项式B的系数
119     System.out.print("原始多项式为: \nA=");
120
121     for(int i=0;i<data1.length;i++)
122       a.create_link(data1[i],data1.length-i-1);
       //建立多项式A，系数从3递减

123     for(int i=0;i<data2.length;i++)
124       b.create_link(data2[i],data2.length-i-1);
        //建立多项式B，系数从3递减
125
126     a.print_link();                    //打印多项式A
127     System.out.print("B=");
128     b.print_link();                    //打印多项式B
129     System.out.print("多项式相加的结果为: \nC=");
130     c=a.sum_link(b);                   //C为A、B多项式相加的结果
131     c.print_link();                    //打印多项式C
132
133   }
134 }
```

【执行结果】参见图 3-31。

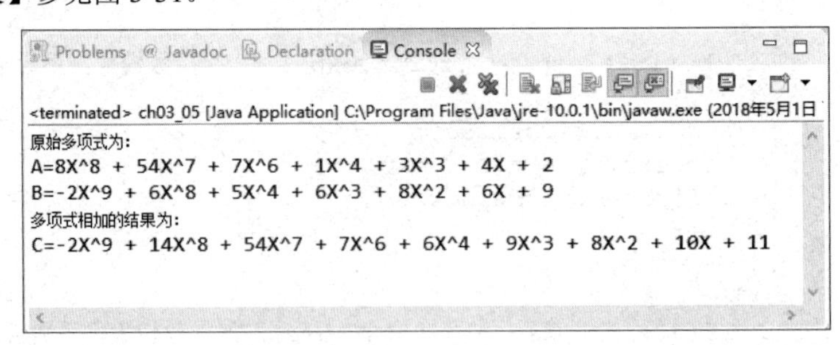

图 3-31

【范例 3.1.6】

请设计一个单向链表的数据结构来表示下面的多项式：

$$P(x,y,z)=x^{10}y^{3}z^{10}+2x^{8}y^{3}z^{2}+3x^{8}y^{2}z^{2}+x^{4}y^{4}z+6x^{3}y^{4}z+2yz$$

答：我们可建立一个单向链表的数据结构如图 3-32 所示。

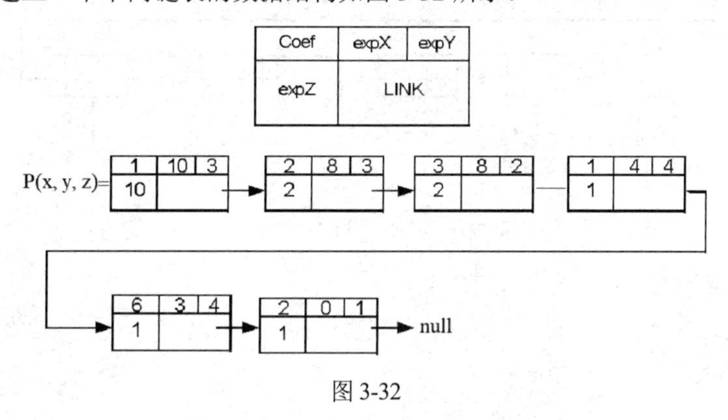

图 3-32

3.3 环形链表

在单向链表中，维持链表头指针是相当重要的事情，因为单向链表有方向性，所以如果链表头指针被破坏或遗失，则整个链表就会遗失，并且浪费了整个链表的内存空间。

如果我们把链表的最后一个节点指针指向链表头部，而不是指向 null，那么整个链表就成为一个单方向的环形结构。如此一来便不用担心链表头指针遗失的问题了，因为每一个节点都可以是链表头部，所以可以从任一个节点来遍历其他节点。环形链表通常应用于内存工作区与输入/输出缓冲区。环形链表如图 3-33 所示。

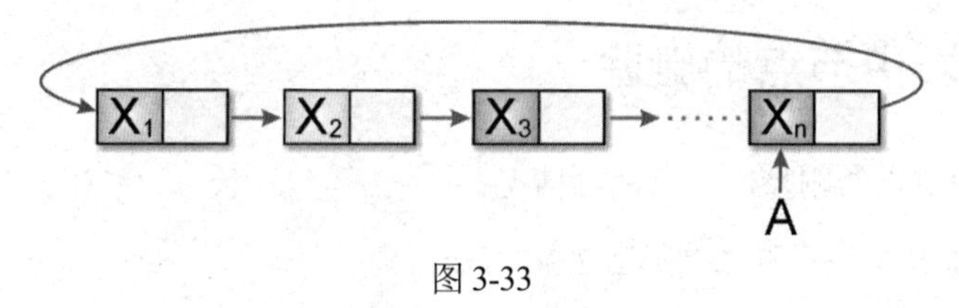

图 3-33

简单来说，环形链表（Circular Linked List）的特点是在链表中的任何一个节点，都可以达到此链表内的各个节点，环形链表建立的过程与单向链表相似，唯一的不同点就是必须要将最后一个节点指向第一个节点。事实上，环形链表的优点是可以从任何一个节点入手都可以遍历链表上所有其他的节点，而且遍历整个链表所需的时间是固定的，与链表长度的无关，缺点是需要多一个链接空间，而且插入一个节点需要改变两个链接。

3.3.1 环形链表新节点的插入

环形链表插入节点时，通常会出现两种情况：

- 直接将新节点插入到第一个节点前成为链表头部，如图 3-34 所示。

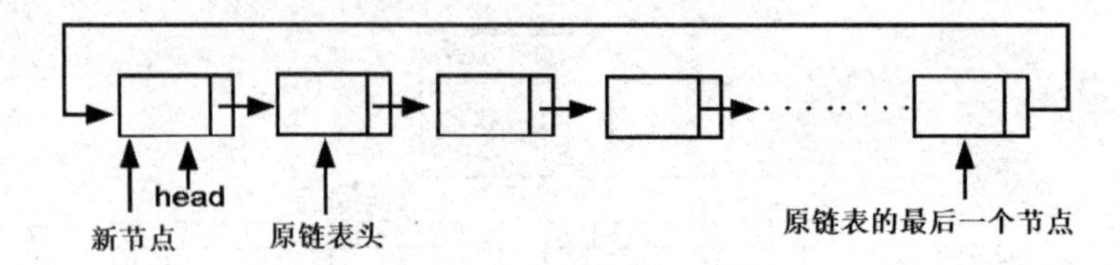

图 3-34

步骤01 将新节点的指针指向原链表头。
步骤02 找到原链表的最后一个节点，并将指针指向新节点。
步骤03 将链表头指向新节点。

- 将新节点 I 插在任意节点 X 之后的情况，如图 3-35 所示。

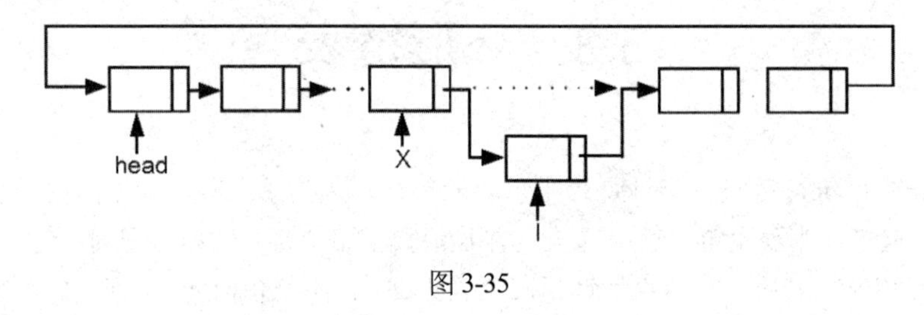

图 3-35

步骤01 将新节点 I 的指针指向 X 节点的下一个节点。
步骤02 将 X 节点的指针指向 I 节点。

3.3.2 环形链表中节点的删除

至于环状链表中节点的删除，也有两种情况：

- 删除环形链表的第一个节点，如图 3-36 所示。

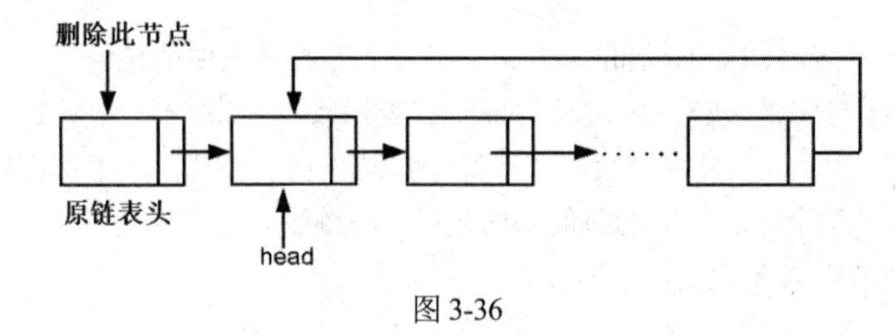

图 3-36

步骤01 将链表头 head 移到下一个节点。
步骤02 将最后一个节点的指针移到新的链表头。

- 删除环形链表的中间节点，如图 3-37 所示。

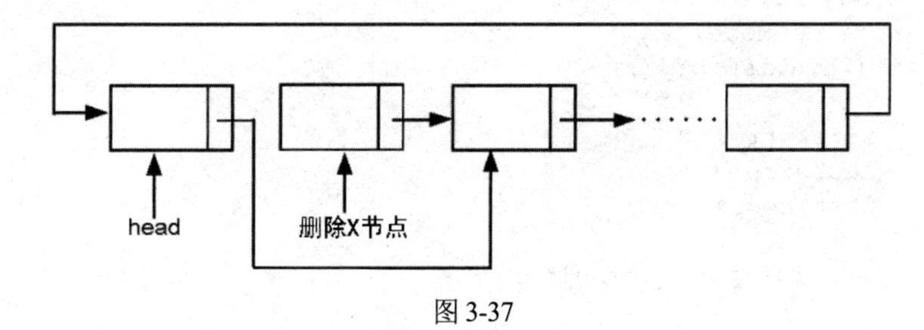

图 3-37

步骤01 请先找到所要删除节点 X 的前一个节点。

步骤02 将 X 节点的前一个节点的指针指向节点 X 的下一个节点。

以下是环形链表的插入与删除算法。

【范例程序：CircleLink.java】

```
01  /*CircleLink.java*/
02  import java.util.*;
03  import java.io.*;
04
05  class Node
06  {
07    int data;
08    Node next;
09    public Node(int data)
10    {
11      this.data=data;
12      this.next=null;
13    }
14  }
15  public class CircleLink
16  {
17    public Node first;
18    public Node last;
19    public boolean isEmpty()
20    {
21      return first==null;
22    }
23    public void print()
24    {
25      Node current=first;
26      while(current!=last)
27      {
28        System.out.print("["+current.data+"]");
29        current=current.next;
30      }
31      System.out.print("["+current.data+"]");
32      System.out.println();
33    }
34
35    /*插入节点*/
36    public void insert(Node trp)
```

```
37      {
38        Node tmp;
39        Node newNode;
40        if(this.isEmpty())
41        {
42          first=trp;
43          last=trp;
44          last.next=first;
45        }
46        else if(trp.next==null)
47        {
48          last.next=trp;
49          last=trp;
50          last.next=first;
51        }
52        else {
53          newNode=first;
54          tmp=first;
55          while(newNode.next!=trp.next)
56          {
57            if(tmp.next==first)
58              break;
59            tmp=newNode;
60            newNode=newNode.next;
61          }
62          tmp.next=trp;
63          trp.next=newNode;
64        }
65      }
66
67      /*删除节点*/
68      public void delete(Node delNode)
69      {
70        Node newNode;
71        Node tmp;
72        if(this.isEmpty())
73        {
74          System.out.print("[环形链表已经空了]\n");
75          return;
76        }
77        if(first.data==delNode.data)//要删除的节点是链表头部
78        {
79          first=first.next;
80          if (first==null) System.out.print("[环形链表已经空了]\n");
81          return;
82        }
83        else if(last.data==delNode.data)//要删除的节点是链表尾部
84        {
85          newNode=first;
86          while(newNode.next!=last) newNode=newNode.next;
87          newNode.next=last.next;
88          last=newNode;
89          last.next=first;
90        }
91        else
```

```
92        {
93          newNode=first;
94          tmp=first;
95          while(newNode.data!=delNode.data)
96          {
97            tmp=newNode;
98            newNode=newNode.next;
99          }
100         tmp.next=delNode.next;
101       }
102     }
103   }
```

3.3.3 环形链表的串联

相信大家对于单向链表的串联（或连接）功能已经很清楚，单向链表的串联只要改变一个指针就可以了，如图 3-38 所示。

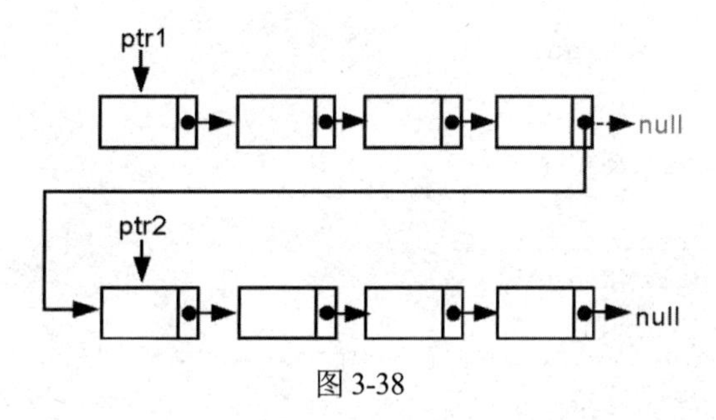

图 3-38

如果是两个环形链表要串联在一起的话该怎么做呢？其实并没有想象中那么复杂。因为环形链表没有头尾之分，所以无法直接把环形链表 1 的尾部指向环形链表 2 的头部。就因为不分头尾，所以不需要遍历链表去查找链表尾部，直接改变两个指针就可以把两个环形链表串联在一起了，如图 3-39 所示。

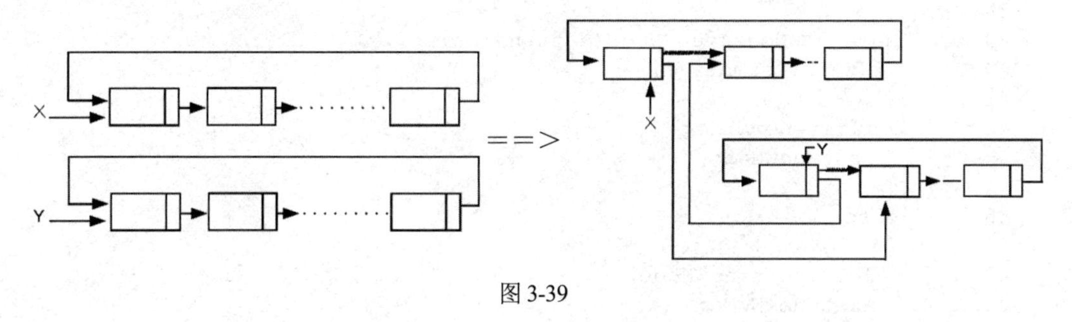

图 3-39

下面我们仍然以两位学生成绩处理的环形链表为例，来说明如何把环形链表串联成的新链表，最后再打印出新链表中学生的成绩与学号。

【范例程序：StuLinkedList.java】

```
01   class Node
02   {
```

```
03      int data;
04      int np;
05      String names;
06      Node next;
07
08      public Node(int data,String names,int np)
09      {
10        this.np=np;
11        this.names=names;
12        this.data=data;
13        this.next=null;
14      }
15    }
16
17    public class StuLinkedList
18    {
19      public Node first;
20      public Node last;
21      public boolean isEmpty()
22      {
23        return first==null;
24      }
25
26      public void print()
27      {
28        Node current=first;
29        while(current!=null)
30        {
31          System.out.println("["+current.data+" "+current.names+"
   "+current.np+"]");
32          current=current.next;
33        }
34        System.out.println();
35      }
36
37      public void insert(int data,String names,int np)
38      {
39        Node newNode=new Node(data,names,np);
40        if(this.isEmpty())
41        {
42          first=newNode;
43          last=newNode;
44        }
45        else
46        {
47          last.next=newNode;
48          last=newNode;
49        }
50      }
51
52      public void delete(Node delNode)
53      {
54        Node newNode;
55        Node tmp;
56        if(first.data==delNode.data)
```

```
57      {
58        first=first.next;
59      }
60      else if(last.data==delNode.data)
61      {
62        System.out.println("I am here\n");
63        newNode=first;
64        while(newNode.next!=last) newNode=newNode.next;
65        newNode.next=last.next;
66        last=newNode;
67      }
68      else
69      {
70        newNode=first;
71        tmp=first;
72        while(newNode.data!=delNode.data)
73        {
74          tmp=newNode;
75          newNode=newNode.next;
76        }
77        tmp.next=delNode.next;
78      }
79    }
80  }
```

【范例程序：ch03_06.java】

```
01  // 将两个学生成绩链表串联起来
02  // 然后打印出串联后链表的内容
03
04  import java.util.*;
05  import java.io.*;
06
07  class ConcatStuLinkedList extends StuLinkedList
08  {
09    public  StuLinkedList concat(StuLinkedList stulist)
10    {
11      this.last.next=stulist.first;
12      this.last=stulist.last;
13
14      return this;
15    }
16  }
17
18
19  public class ch03_06
20  {
21    public static void main(String args[]) throws IOException
22    {
23      Random rand=new Random();
24      ConcatStuLinkedList list1 =new ConcatStuLinkedList();
25      StuLinkedList list2=new StuLinkedList();
26      int i,j,data[][]=new int[12][10];
27      String  name1[]=new  String[]  {"Allen","Scott","Marry","Jon",
"Mark","Ricky","Michael","Tom"};
```

```
28        String  name2[]=new  String[]  {"Lisa","Jasica","Hanson","Amy",
      "Bob","Jack","John","Andy"};
29        System.out.println("学号成绩学号成绩学号成绩学号成绩\n ");
30        for (i=0;i<8;i++)
31        {
32          data[i][0]=i+1;
33          data[i][1]=(Math.abs(rand.nextInt(50)))+50;
34          list1.insert(data[i][0],name1[i],data[i][1]);
35        }
36        for (i=0;i<2;i++)
37        {
38          for(j=0;j<4;j++)
39          System.out.print("["+data[j+i*4][0]+"]["+data[j+i*4][1]+"]");
40          System.out.println();
41        }
42
43        for (i=0;i<8;i++)
44        {
45          data[i][0]=i+9;
46          data[i][1]=(Math.abs(rand.nextInt(50)))+50;
47          list2.insert(data[i][0],name2[i],data[i][1]);
48        }
49
50        for (i=0;i<2;i++)
51        {
52          for(j=0;j<4;j++)
53          System.out.print("["+data[j+i*4][0]+"]["+data[j+i*4][1]+"]");
54          System.out.println();
55        }
56
57        list1.concat(list2);
58        list1.print();
59      }
60    }
```

【执行结果】参见图 3-40。

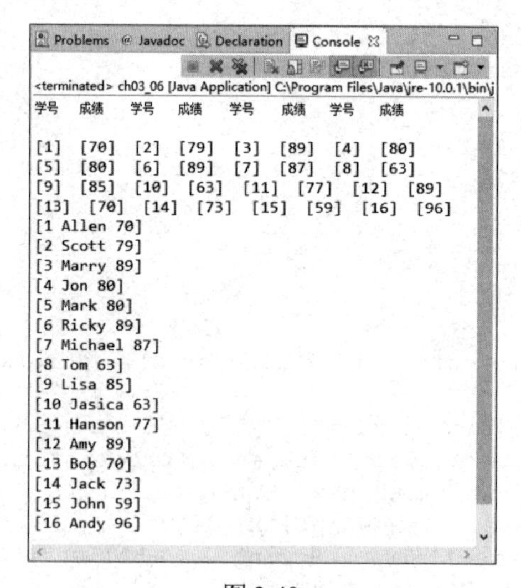

图 3-40

3.3.4 稀疏矩阵的环形链表表示法

在第 2 章中，我们曾经使用数组结构来表示稀疏矩阵（Sparse Matrix），虽然优点为节省时间，但是当非零项要增删时，会造成数组内大量数据的移动而且程序代码的编写也不容易。以图 3-41 所示的稀疏矩阵为例。

$$A=\begin{bmatrix} 0 & 0 & 0 \\ 12 & 0 & 0 \\ 0 & 0 & -2 \end{bmatrix}_{3*3}$$

图 3-41

如果用数组来表示，图 3-41 所示的稀疏矩阵则更改为如图 3-42 所示。

	1	2	3
A(0)	3	3	3
A(1)	2	1	12
A(2)	3	3	-2

图 3-42

其实，环形链表也可以用来表现稀疏矩阵，其最大的优点是：在变更矩阵内的数据时，不需大量移动数据。主要的技巧是用节点来表示非零项，由于矩阵是二维的，因此每个节点除了必须有 3 个数据字段：Row（行）、Col（列）和 Value（值或数据）外，还必须有两个指针变量：Right、Down，其中 right 指针可用来链接同一行的节点，而 Down 指针则用来链接同一列的节点。稀疏矩阵时链表节点的数据结构如图 3-43 所示。

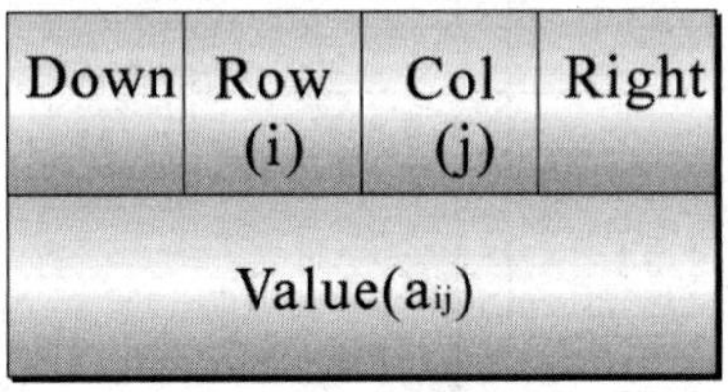

<table>
<tr><td>Down</td><td>Row
(i)</td><td>Col
(j)</td><td>Right</td></tr>
<tr><td colspan="4">Value(a_{ij})</td></tr>
</table>

图 3-43

- Value：表示此非零项的值。
- Row：以 i 表示非零项元素所在行数。
- Col：以 j 表示非零项元素所在列数。
- Down：为指向同一列中下一个非零项元素的指针。
- Right：为指向同一行中下一个非零项元素的指针。

下面以环形链表来表示如图 3-41 所示的稀疏矩阵，参见图 3-44。

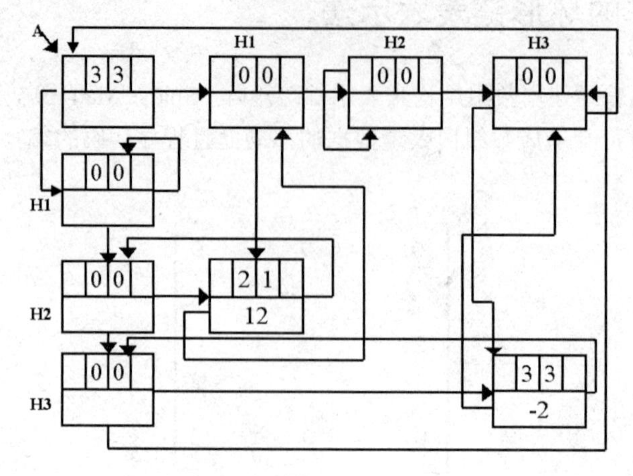

图 3-44

大家会发现，在此稀疏矩阵的数据结构中，每一行与每一列必须用一个环形链表附加一个链表头指针 A 来表示，这个链表的第一个节点内是存放此稀疏矩阵的行与列。最上方的 H1、H2、H3 为列首节点，最左边的 H1、H2、H3 为行首节点，其他的两个节点分别对应到数组中的非零项。此外，为了模拟二维的稀疏矩阵，每一个非零节点会返回行或列的首节点，从而形成环形链表。

【范例 3.2.1】

如图 3-45 所示的是 4×4 稀疏矩阵 A，请以环形链表来表示它。

答：参考如图 3-46 所示的答案。

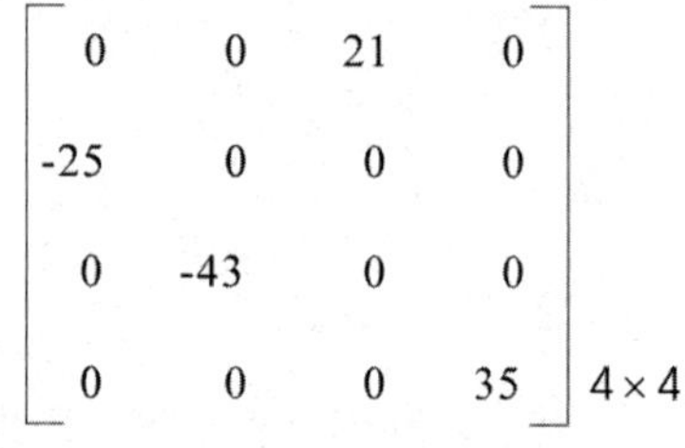

图 3-45

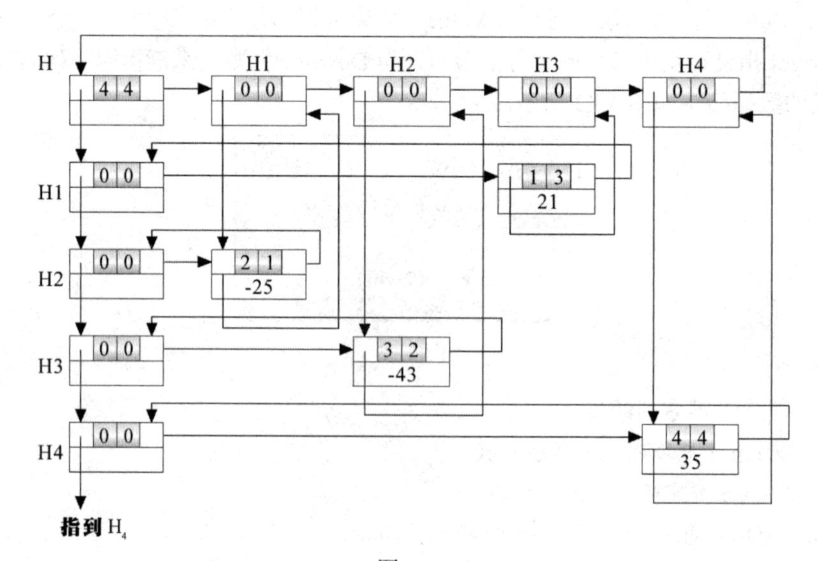

图 3-46

3.4 双向链表

单向链表和环形链表都是属于拥有方向性的链表，只能单向遍历，万一不幸其中有一个链接断裂，那么后面的链表数据便会遗失而无法复原了。因此，我们可以将两个方向不同的链表结合起来，除了存放数据的字段外，它有两个指针变量，其中一个指针指向后面的节点，另一个则指向前面的节点，这样的链表被称为双向链表（Double Linked List）。

由于每个节点都有两个指针，可以双向通行，因此能够轻松地找到前后节点，同时从链表中任意的节点也可以找到其他节点，而不需经过反转或对比节点等处理，执行速度较快。另外，如果任一节点的链接断裂，可经由反方向链表进行遍历，从而快速地重建完整的链表。

双向链表的最大优点是有两个指针分别指向节点前后两个节点，所以能够轻松地找到前后节点，同时从双向链表中任一节点也可以找到其他节点，而不需经过反转或对比节点等处理，执行速度较快。缺点是由于双向链表有两个链接，所以在加入或删除节点时都得花更多时间来调整指针，另外因为每个节点含有两个指针变量，所以较浪费空间。

双向链表的缺点是：由于双向链表有两个链接，所以在加入或删除节点时都得花更多时间来移动指针，较为浪费空间。

3.4.1 双向链表的定义

双向链表的数据结构，可以定义如下（参见图 3-47）。

图 3-47

（1）每个节点都具有三个字段，中间为数据字段。左右各有两个链接字段，分别为 LLink 和 RLink。其中 RLink 指向下一个节点，LLink 指向上一个节点。

（2）通常加上一个链表头，此链表节点不存放任何数据，其左链接字段指向链表的最后一个节点，而右链接指向第一个节点。

（3）假设 ptr 为一个指向此链表上任一节点的链接，则有：

```
ptr=RLink(LLink(ptr))=LLink(RLink(ptr))
```

如果使用 Java 语言来声明双向链表节点的数据结构，其声明的程序代码如下：

```
class Node
{
  int data;
  Node rnext;
  Node lnext;
  public Node(int data)
  {
    this.data=data;
```

```
    this.rnext=null;
    this.lnext=null;
  }
}
```

3.4.2 双向链表节点的插入

双向链表节点的插入有三种可能情况：

第一种，将新节点插入到双向链表的第一个节点前，如图 3-48 所示。

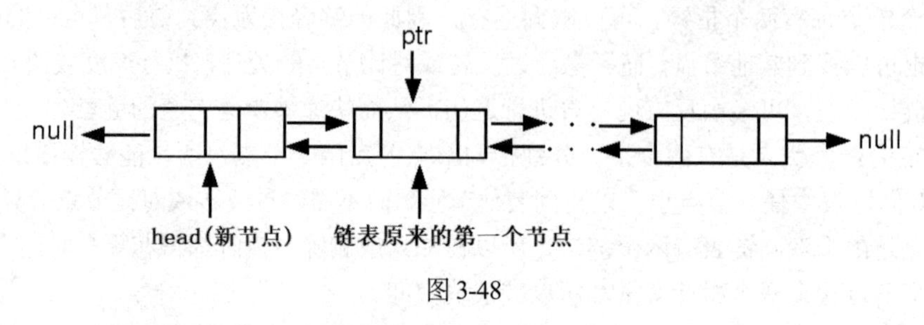

图 3-48

步骤01 将新节点的右链接（RLink）指向原链表的第一个节点。

步骤02 将原链表第一个节点的左链接（LLink）指向新节点。

步骤03 将原链表的表头指针 head 指向新节点，且新节点的左链接指向 null。

第二种，将新节点插入到双向链表的末尾，如图 3-49 所示。

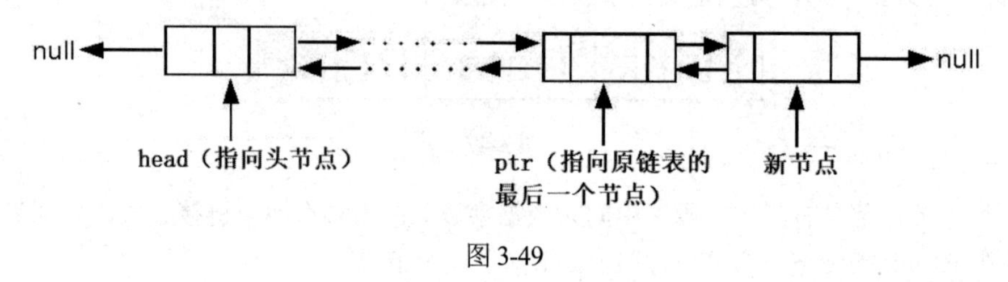

图 3-49

步骤01 将原链表的最后一个节点的右链接指向新节点。

步骤02 将新节点的左链接指向原链表的最后一个节点，并将新节点的右链接指向 null。

第三种，将新节点插入到双向链表中间的任一位置（ptr 指向的节点）之后，如图 3-50 所示。

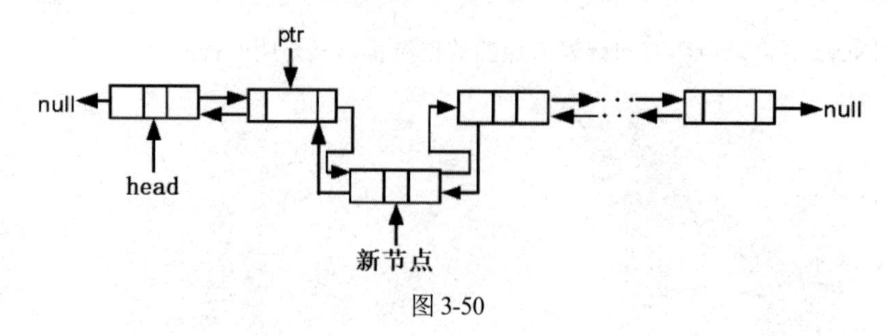

图 3-50

步骤01 将 ptr 节点的右链接指向新节点。
步骤02 将新节点的左链接指向 ptr 节点。
步骤03 将 ptr 节点的下一个节点的左链接指向新节点。
步骤04 将新节点的右链接指向 ptr 的下一个节点。

3.4.3 双向链表节点的删除

对于双向链表的节点删除，同样有三种情况：

第一种，删除双向链表的第一个节点，如图 3-51 所示。

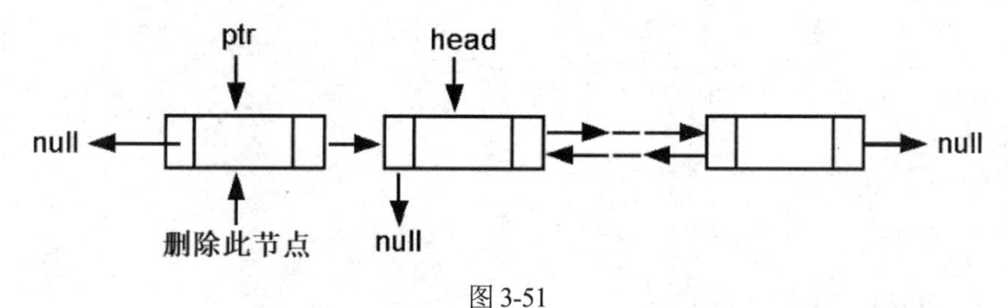

图 3-51

步骤01 将链表头指针 head 指向原链表的第二个节点。
步骤02 将新的链表头指针指向 null。

第二种，删除此链表的最后一个节点，如图 3-52 所示。

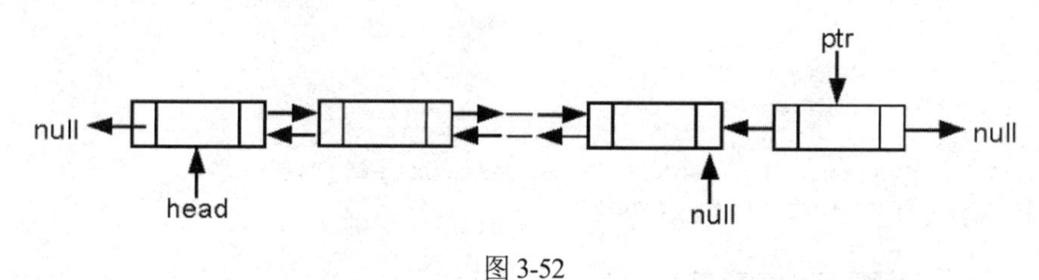

图 3-52

步骤01 将原链表最后一个节点之前一个节点的右链接指向 null 即可。

第三种，删除 ptr 指向的链表中间的节点，如图 3-53 所示。

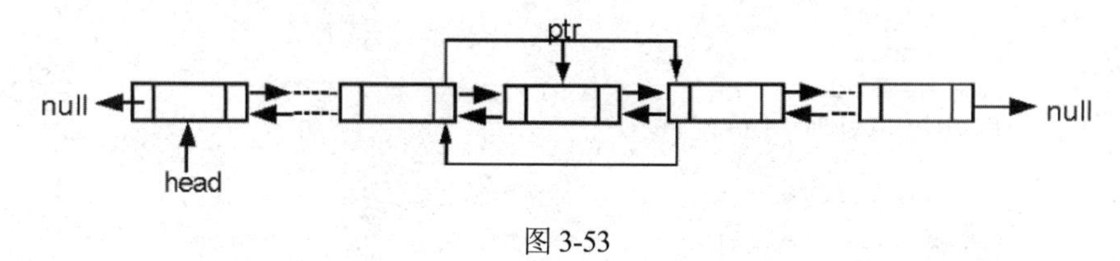

图 3-53

步骤01 将 ptr 节点的前一个节点右链接指向 ptr 节点的下一个节点。
步骤02 将 ptr 节点的下一个节点左链接指向 ptr 节点的上一个节点。

有关双向链表声明的数据结构、建立节点、插入节点及删除节点的 Java 程序的算法如下：

【范例程序：Doubly.java】

```
01   /*Doubly.java*/
02   import java.util.*;
03   import java.io.*;
04
05   class Node
06   {
07     int data;
08     Node rnext;
09     Node lnext;
10     public Node(int data)
11     {
12       this.data=data;
13       this.rnext=null;
14       this.lnext=null;
15     }
16   }
17
18
19   public class Doubly
20   {
21     public Node first;
22     public Node last;
23     public boolean isEmpty()
24     {
25       return first==null;
26     }
27     public void print()
28     {
29       Node current=first;
30       while(current!=null)
31       {
32         System.out.print("["+current.data+"]");
33         current=current.rnext;
34       }
35       System.out.println();
36     }
37
38     //插入节点
39     public void insert(Node newN)
40     {
41       Node tmp;
42       Node newNode;
43       if(this.isEmpty())
44       {
45         first=newN;
46         first.rnext=last;
47         last=newN;
48         last.lnext=first;
49       }
50       else
51       {
52         if(newN.lnext==null) //插入到链表头部的位置
53         {
```

```
54          first.lnext=newN;
55          newN.rnext=first;
56          first=newN;
57        }
58        else
59        {
60          if(newN.rnext==null) //插入到链表尾部的位置
61          {
62            last.rnext=newN;
63            newN.lnext=last;
64            last=newN;
65          }
66          else  //插入到链表中间节点的位置
67          {
68            newNode=first;
69            tmp=first;
70            while(newN.rnext!=newNode.rnext)
71            {
72              tmp=newNode;
73              newNode=newNode.rnext;
74            }
75            tmp.rnext=newN;
76            newN.rnext=newNode;
77            newNode.lnext=newN;
78            newN.lnext=tmp;
79          }
80        }
81      }
82    }
83
84    //删除节点
85    public void delete(Node delNode)
86    {
87      Node newNode;
88      Node tmp;
89      if(first==null)
90      {
91        System.out.print("[链表是空的]\n");
92        return;
93      }
94      if(delNode==null)
95      {
96        System.out.print("[错误:del 不是链表中的节点]\n");
97        return;
98      }
99      if(first.data==delNode.data) //要删除的节点在链表头部
100     {
101       first=first.rnext;
102       first.lnext=null;
103     }
104     else if(last.data==delNode.data) //要删除的节点在链表尾部
105     {
106       newNode=first;
107       while(newNode.rnext!=last)
108         newNode=newNode.rnext;
```

```
109         newNode.rnext=null;
110         last=newNode;
111       }
112       else
113       {
114         newNode=first;
115         tmp=first;
116         while(newNode.data!=delNode.data)
117         {
118           tmp=newNode;
119           newNode=newNode.rnext;
120         }
121         tmp.rnext=delNode.rnext;
122         tmp.lnext=delNode.lnext;
123       }
124     }
125
126   }
```

课后习题

1. 在 Java 语言中要模拟链表中的节点，该如何声明？

2. 如果链表中的节点不只记录单一数值，例如每一个节点除了有指向下一个节点的指针字段外，还包括记录一位学生的姓名、学号、成绩，请问在 Java 中要模拟链表中的此类节点，该如何声明？

3. 请以 Java 程序代码及图示来说明如何删除链表内的中间节点？

4. 请以 Java 语言实现单向链表插入节点的算法？

5. 稀疏矩阵可以用链表来表示，请用链表表示下列矩阵：

$$\begin{bmatrix} 0 & 0 & 11 & 0 \\ -12 & 0 & 0 & 0 \\ 0 & -4 & 0 & 0 \\ 0 & 0 & 0 & -5 \end{bmatrix}_{4X4}$$

6. 以链接方式表示一串数据有何好处？

7. 试说明使用循环链表的优缺点。

8. 在 n 个数据的链表中查找一个数据，若以平均所需要用的时间来考虑，其时间复杂度为多少？

9. 要删除环形链表的中间节点，该如何进行，请说明。

10. 假设一个链表的节点结构如下：

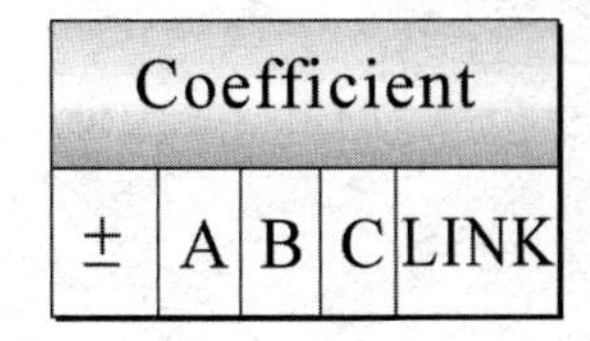

用来表示多项式 $X^AY^BZ^C$ 的各项。

（1）请绘出多项式 $X^6 - 6XY^5 + 5Y^6$ 的链表图。

（2）绘出多项式“0”的链表图。

（3）绘出多项式 $X^6 - 3X^5 - 4X^4 + 2X^3 + 3X + 5$ 的链表图。

11. 用数组法和链表法表示稀疏矩阵有何优缺点，如果用链表表示时，回收到 AVL 列表（可用内存空间列表），时间复杂度为多少？

12. 试比较双向链表与单向链表的优缺点。

第 4 章

堆　栈

堆栈（Stack）是一组相同数据类型的组合，所有的操作均在堆栈顶端进行，具“后进先出”（Last In First Out，LIFO）的特性。堆栈结构在计算机中的应用相当广泛，时常被用来解决计算机的问题，例如前面所谈到的递归调用、子程序的调用等。在日常生活中也随处可以看到堆栈的应用，例如大楼电梯、货架上的货品等，都类似于堆栈的数据结构原理。自助餐中餐盘存取就是一种堆栈的应用，如图 4-1 所示。

图 4-1

4.1　堆栈简介

所谓后进先出（Last In First Out）的概念，其实就如同自助餐中餐盘由桌面往上一个一个叠放，且取用时由最上面先拿，这就是典型堆栈概念的应用。由于堆栈是一种抽象数据结构（Abstract Data Type，ADT），它有下列特性：

- 只能从堆栈的顶端存取数据。
- 数据的存取符合“后进先出”（Last In First Out，LIFO）的原则。

堆栈压入和弹出操作的过程如图 4-2 所示。

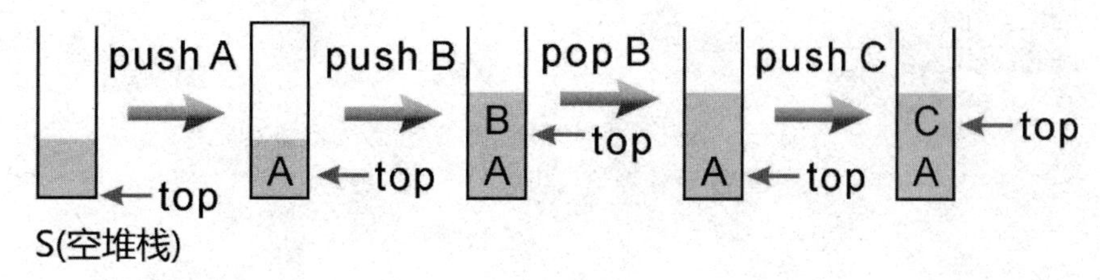

图 4-2

堆栈的基本运算以下五种：

- create：创建一个空堆栈。
- push：把数据存压入堆栈顶端，并返回新堆栈。
- pop：从堆栈顶端弹出数据，并返回新堆栈。
- IsEmpty：判断堆栈是否为空堆栈，是则返回 true，不是则返回 false。
- full：判断堆栈是否已满，是则返回 true，不是则返回 false。

堆栈 push 和 pop 操作示意图如图 4-3 所示。

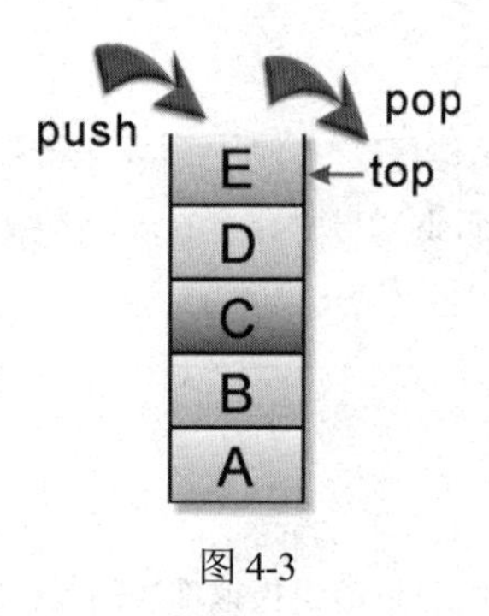

图 4-3

在 Java 程序设计中，堆栈包含以下两种方式，分别是数组结构与链表结构，下面分别介绍。

4.1.1 用数组实现堆栈

以数组结构来实现堆栈的好处是设计的算法都相当简单，但是，如果堆栈本身的大小是变动的话，而数组大小只能事先规划和声明好，那么数组规划太大了又浪费空间，规划太小了则又不够用。

Java 的相关算法如下：

```
//类方法：empty
//判断堆栈是否为空堆栈,如果是返回 true,不是则返回 false
public boolean empty() {
  if (top==-1)
    return true;
  else
    return false;
}
```

```
//类方法: push
//将指定的数据压入堆栈
public boolean push(int data) {
  if (top>=stack.length) { //判断堆栈顶端的指针是否大于数组大小
    System.out.println("堆栈已满,无法再压入");
    return false;
  }
  else {
    stack[++top]=data; //将数据压入堆栈
    return true;
  }
}
```

```
//类方法: pop
//从堆栈弹出数据
public int pop() {
  if(empty()) //判断堆栈是否为空的,如果是则返回-1 值
    return -1;
  else
    return stack[top--]; //先将数据弹出后,再将堆栈指针往下移
```

【范例 4.1.1】

请使用数组结构来设计一个 Java 程序，并使用循环来控制准备压入或弹出的元素，并仿真堆栈的各种操作，其中必须包括压入（push）与弹出（pop）函数，最后还要输出堆栈内所有的元素。

【范例程序：ch04_01.java】

```
01  // 用数组模拟堆栈
02  
03  import java.io.*;
04  
05  class StackByArray { //以数组模拟堆栈的类声明
06     private int[] stack; //在类中声明数组
07     private int top;  //指向堆栈顶端的索引
08     //StackByArray 类构造函数
09     public StackByArray(int stack_size) {
10        stack=new int[stack_size]; //建立数组
11        top=-1;
12     }
13     //类方法: push
14     //将指定的数据压入堆栈
15     public boolean push(int data) {
16        if (top>=stack.length) { //判断堆栈顶端的指针是否大于数组大小
17           System.out.println("堆栈已满,无法再压入");
18           return false;
19        }
20        else {
21           stack[++top]=data; //将数据压入堆栈
22           return true;
23        }
24     }
25     //类方法: empty
```

```
26      //判断堆栈是否为空堆栈,是则返回 true,不是则返回 false.
27      public boolean empty() {
28         if (top==-1) return true;
29         else       return false;
30      }
31      //类方法: pop
32      //从堆栈弹出数据
33      public int pop() {
34         if(empty()) //判断堆栈是否为空的,如果是则返回-1 值
35           return -1;
36         else
37           return stack[top--]; //先将数据弹出后,再将堆栈指针往下移
38      }
39   }
40   //基类的声明
41   public class ch04_01 {
42      public static void main(String args[]) throws IOException {
43         BufferedReader buf;
44         int value;
45         StackByArray stack =new StackByArray(10);
46         buf=new BufferedReader(
47                      new InputStreamReader(System.in));
48         System.out.println("请按序输入 10 个数据: ");
49         for (int i=0;i<10;i++) {
50            value=Integer.parseInt(buf.readLine());
51            stack.push(value);
52         }
53         System.out.println("=============================");
54         while (!stack.empty()) //将堆栈数据陆续从顶端弹出
55            System.out.println("堆栈弹出的顺序为:"+stack.pop());
56      }
57   }
```

【执行结果】参见图 4-4。

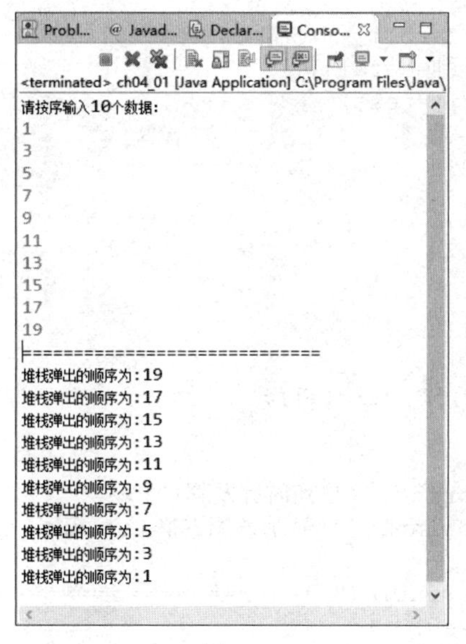

图 4-4

【范例 4.1.2】

请设计一个 Java 程序，用数组仿真扑克牌洗牌及发牌的过程。请用随机数来生成扑克牌后压入堆栈，放满 52 张牌后开始发牌，使用堆栈的弹出功能来给四个人发牌。

【范例程序：ch04_02.java】

```
01  //  堆栈应用——洗牌与发牌的过程
02  //                0~12  梅花
03  //                13~25 方块
04  //                26~38 红桃
05  //                39~51 黑桃
06
07  import java.io.*;
08  public   class ch04_02
09  {
10    static int top=-1;
11    public static void main(String args[]) throws IOException
12    {
13      int card[]=new int[52];
14      int stack[]=new int[52];
15      int i,j,k=0,test;
16      char ascVal=5;
17      int style;
18      for (i=0;i<52;i++)
19        card[i]=i;
20      System.out.println("[洗牌中...请稍候!]");
21      while(k<30)
22      {
23        for(i=0;i<51;i++)
24        {
25          for(j=i+1;j<52;j++)
26          {
27            if(((int)(Math.random()*5))==2)
28            {
29              test=card[i];//洗牌
30              card[i]=card[j];
31              card[j]=test;
32            }
33          }
34        }
35        k++;
36      }
37      i=0;
38      while(i!=52)
39      {
40        push(stack,52,card[i]);                //将 52 张牌压入堆栈
41        i++;
42      }
43      System.out.println("[逆时针发牌]");
44      System.out.println("[显示各家的牌]\n 东家\t  北家\t   西家\t     南家
   ");
45      System.out.println("=================================");
46      while (top >=0)
47      {
```

```
48         style = stack[top]/13;                    //计算牌的花色
49         switch(style)                             //牌的花色对应的字母
50         {
51             case 0:                   //梅花
52                 ascVal='C';
53                 break;
54             case 1:                   //方块
55                 ascVal='D';
56                 break;
57             case 2:                   //红桃
58                 ascVal='H';
59                 break;
60            case 3:                    //黑桃
61                 ascVal='S';
62                 break;
63         }
64         System.out.print("["+ascVal+(stack[top]%13+1)+"]");
65         System.out.print('\t');
66         if(top%4==0)
67           System.out.println();
68         top--;
69       }
70     }
71     public static void push(int stack[],int MAX,int val)
72     {
73       if(top>=MAX-1)
74         System.out.println("[堆栈已经满了]");
75       else
76       {
77         top++;
78         stack[top]=val;
79       }
80     }
81     public static int pop(int stack[])
82     {
83       if(top<0)
84         System.out.println("[堆栈已经空了]");
85       else
86         top--;
87       return stack[top];
88     }
89   }
```

【执行结果】参见图4-5。

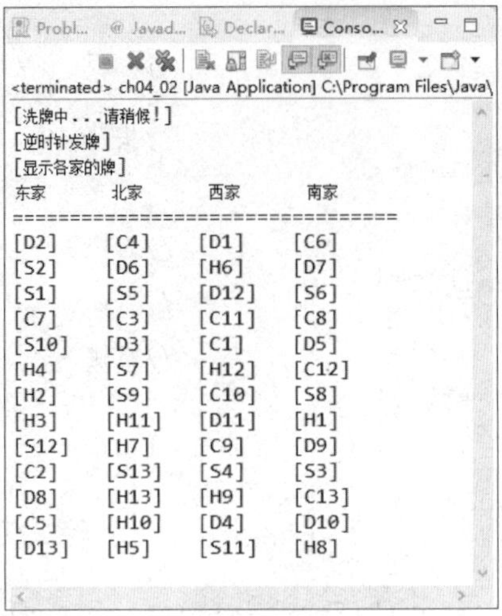
Probl...
Javad...
Declar...
Conso...
<terminated> ch04_02 [Java Application] C:\Program Files\Java\
[洗牌中...请稍候!]
[逆时针发牌]
[显示各家的牌]
东家 北家 西家 南家
=================================
[D2] [C4] [D1] [C6]
[S2] [D6] [H6] [D7]
[S1] [S5] [D12] [S6]
[C7] [C3] [C11] [C8]
[S10] [D3] [C1] [D5]
[H4] [S7] [H12] [C12]
[H2] [S9] [C10] [S8]
[H3] [H11] [D11] [H1]
[S12] [H7] [C9] [D9]
[C2] [S13] [S4] [S3]
[D8] [H13] [H9] [C13]
[C5] [H10] [D4] [D10]
[D13] [H5] [S11] [H8]

图 4-5

4.1.2 用链表来实现堆栈

虽然以数组结构来制作堆栈的好处是制作与设计的算法都相当简单，但因为如果堆栈本身是变动的话，数组大小并无法事先规划声明。这时往往必须考虑使用最大可能性的数组空间，这样会造成内存空间的浪费。而用链表来制作堆栈的优点是随时可以动态改变链表的长度，不过缺点是设计时算法较为复杂。以下我们将用链表来实现堆栈的操作。

Java 的相关算法如下：

```
class Node //链表节点的声明
{
    int data;
    Node next;
    public Node(int data)
    {
        this.data=data;
        this.next=null;
    }
}
```

```
//类方法：isEmpty()
//判断堆栈如果为空堆栈,则 front==null;
public boolean isEmpty()
{
    return front==null;
}
```

```
//类方法：insert()
//将指定数据压入堆栈顶端
public void insert(int data)
{
    Node newNode=new Node(data);
    if(this.isEmpty())
```

```
    {
        front=newNode;
        rear=newNode;
    }
    else
    {
        rear.next=newNode;
        rear=newNode;
    }
}
```

```
//类方法：pop()
//从堆栈顶端弹出数据
public void pop()
{
    Node newNode;
    if(this.isEmpty())
    {
        System.out.print("===当前为空堆栈===\n");
        return;
    }
    newNode=front;
    if(newNode==rear)
    {
        front=null;
        rear=null;
        System.out.print("===当前为空堆栈===\n");
    }
    else
    {
        while(newNode.next!=rear)
            newNode=newNode.next;
        newNode.next=rear.next;
        rear=newNode;
    }
}
```

【范例 4.1.3】

请设计一个 Java 程序，以链表来实现堆栈的操作，并使用循环来控制元素的压入堆栈或弹出堆栈，其中必须包括压入（push）与弹出（pop）函数，并在最后输出堆栈内的所有元素。

【范例程序：ch04_03.java】

```
01  // 用链表来实现堆栈
02
03  import java.io.*;
04
05  class Node //链表节点的声明
06  {
07    int data;
08    Node next;
09    public Node(int data)
10    {
11      this.data=data;
```

```
12        this.next=null;
13      }
14    }
15
16    class StackByLink
17    {
18      public Node front; //指向堆栈底部的指针
19      public Node rear;  //指向堆栈顶端的指针
20      //类方法：isEmpty()
21      //判断堆栈如果为空堆栈，则 front==null;
22      public boolean isEmpty()
23      {
24        return front==null;
25      }
26      //类方法：output_of_Stack()
27      //打印输出堆栈中的内容
28      public void output_of_Stack()
29      {
30        Node current=front;
31        while(current!=null)
32        {
33          System.out.print("["+current.data+"]");
34          current=current.next;
35        }
36        System.out.println();
37      }
38      //类方法：insert()
39      //把指定的数据压入堆栈顶端
40      public void insert(int data)
41      {
42        Node newNode=new Node(data);
43        if(this.isEmpty())
44        {
45          front=newNode;
46          rear=newNode;
47        }
48        else
49        {
50          rear.next=newNode;
51          rear=newNode;
52        }
53      }
54      //类方法：pop()
55      //从堆栈顶端弹出数据
56      public void pop()
57      {
58        Node newNode;
59        if(this.isEmpty())
60        {
61          System.out.print("===当前为空堆栈===\n");
62          return;
63        }
64        newNode=front;
65        if(newNode==rear)
66        {
```

```
67          front=null;
68          rear=null;
69          System.out.print("===当前为空堆栈===\n");
70        }
71        else
72        {
73          while(newNode.next!=rear)
74            newNode=newNode.next;
75          newNode.next=rear.next;
76          rear=newNode;
77        }
78
79      }
80    }
81
82    class ch04_03
83    {
84      public static void main(String args[]) throws IOException
85      {
86        BufferedReader buf;
87        buf=new BufferedReader(new InputStreamReader(System.in));
88        StackByLink stack_by_linkedlist =new StackByLink();
89        int choice=0;
90        while(true)
91        {
92          System.out.print("(0)结束(1)将数据压入堆栈(2)从堆栈弹出数据:");
93          choice=Integer.parseInt(buf.readLine());
94          if(choice==2)
95          {
96            stack_by_linkedlist.pop();
97            System.out.println("数据弹出后堆栈中的内容:");
98            stack_by_linkedlist.output_of_Stack();
99          }
100         else if(choice==1)
101         {
102           System.out.print("请输入要压入堆栈的数据:");
103           choice=Integer.parseInt(buf.readLine());
104           stack_by_linkedlist.insert(choice);
105           System.out.println("数据压入后堆栈中的内容:");
106           stack_by_linkedlist.output_of_Stack();
107         }
108         else if(choice==0)
109           break;
110         else
111         {
112           System.out.println("输入错误! ");
113         }
114       }
115     }
116   }
```

【执行结果】参见图 4-6。

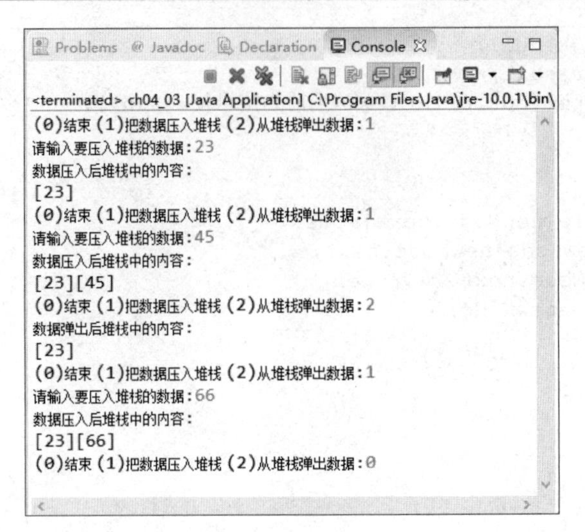

图 4-6

4.2 堆栈的应用

堆栈在计算机领域的应用相当广泛，主要特性是限制了数据插入与删除的位置和方法，属于有序表的应用，堆栈的各种应用列举如下：

（1）二叉树和森林的遍历，例如中序遍历（Inorder）、前序遍历（Preorder）等。

（2）计算机中央处理单元（CPU）的中断处理（Interrupt Handling）。

（3）图形的深度优先（DFS）查找法（或称为深度优先搜索法）。

（4）某些所谓堆栈计算机（Stack Computer），是一种采用空地址（Zero-Address）指令，其指令没有操作数，大部分操作都通过弹出（Pop）和压入（Push）两个指令来处理程序的计算机。

（5）当从递归返回（Return）时，则按序从堆栈顶端取出这些相关值，回到原来执行递归前的状态，再往下继续执行。

（6）算术表达式的转换和求值，例如中序法转换成后序法。

（7）调用子程序和返回处理，例如在执行调用的子程序之前，必须先将返回地址（即下一条指令的地址）压入堆栈中，然后才开始执行调用子程序的操作，等到子程序执行完毕后，再从堆栈中弹出返回地址。

（8）编译错误处理（Compiler Syntax Processing）：例如当编辑程序发生错误或警告信息时，会将所在的地址压入堆栈中之后，才会显示出错误相关的信息对照表。

【范例 4.2.1】

铁路调度网络的堆栈操作，如图 4-7 所示。

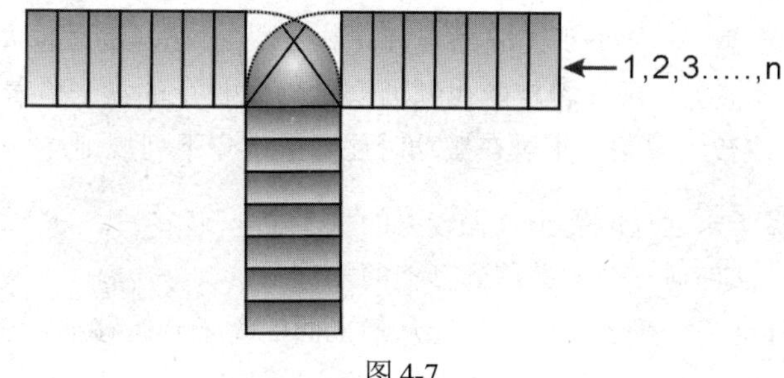

图 4-7

在图 4-7 右边为编号 1，2，3，…，n 的车厢。每一车厢被拖入堆栈，并可以在任何时候将它拖出。如 n=3，我们可以拖入 1，拖入 2，拖入 3 然后再将车厢拖出，此时可产生新的车厢顺序 3，2，1。请问：

（1）当 n = 3 时，分别有哪几种排列的方式？而哪几种排序方式不可能发生？

（2）当 n = 6 时， 325641 这样的排列是否可能发生？或者 154236？或者 154623？又当 n = 5 时，32154 这样的排列是否可能发生？

（3）找出一个公式 S_n，当有 n 节车厢时，共有几种排列方式？

答：

（1）当 n = 3 时，可能的排列方式有五种，分别是 123，132，213，231，321。不可能的排列方式有 312。

（2）根据堆栈后进先出的原则，所以 325641 的车厢号码的排列顺序是可以实现的。至于 154263 与 154623 都不可能发生。当 n = 5 时，可以产生 32154 的排列。

（3）$Sn = \frac{1}{n+1}\binom{2n}{n} = \frac{1}{n+1} * \frac{(2n)!}{n!*n!}$。

4.2.1 汉诺塔问题

法国数学家 Lucas 在 1883 年介绍了一个十分经典的汉诺塔（Tower of Hanoi）智力游戏，就是使用递归法与堆栈概念来解决问题的典型范例，如图 4-8 所示。内容是说在古印度神庙，庙中有三根木桩，天神希望和尚们把某些数量大小不同的盘子，从第一个木桩全部移动到第三个木桩。

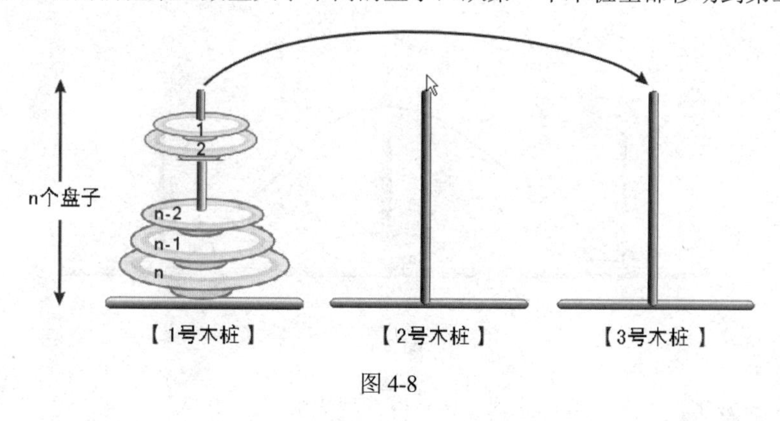

图 4-8

从更精确的角度来说，汉诺塔问题可以这样描述：假设有 A、B、C 三个木桩和 n 个大小均不相同的盘子（Disc，或圆盘），从小到大编号为 1，2，3，…，n，编号越大直径越大。开始的时候，n 个盘子都套在 A 木桩上，现在希望能找到可以将 A 木桩上的盘子借着 B 木桩当中间桥梁，全部移到 C 木桩上最少次数的方法。不过在搬动时还必须遵守下列规则：

（1）直径较小的盘子永远只能置于直径较大的盘子上。

（2）盘子可任意地从任何一个木桩移到其他的木桩上。

（3）每一次只能移动一个盘子，而且只能从最上面的盘子开始移动。

现在我们考虑 n=1~3 的情况，以图示方式示范处理汉诺塔问题的步骤：

（1）汉诺塔 n = 1 个盘子，如图 4-9 所示。

当然是直接把盘子从 1 号木桩移动到 3 号木桩。

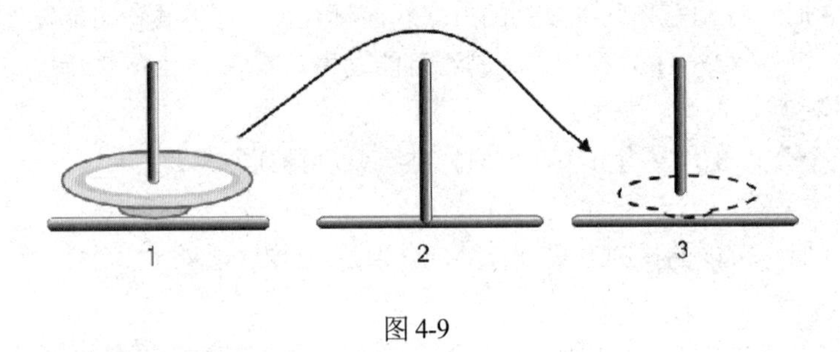

图 4-9

（2）汉诺塔 n = 2 个盘子时，步骤分别参见图 4-10 到图 4-13。

步骤01 将盘子从 1 号木桩移动到 2 号木桩。

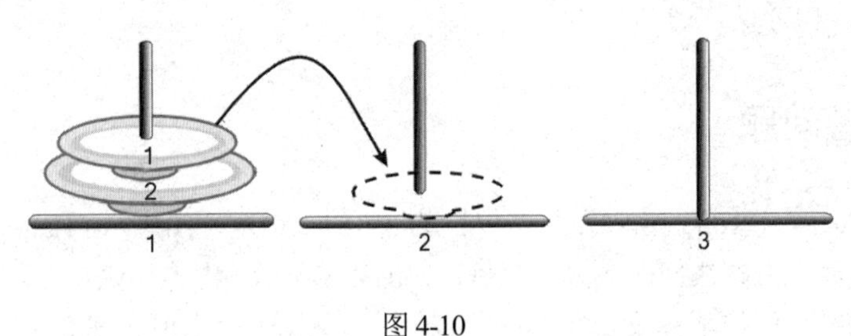

图 4-10

步骤02 将盘子从 1 号木桩移动到 3 号木桩。

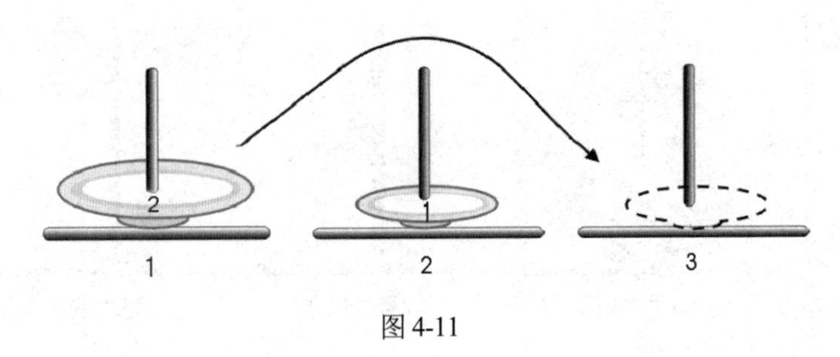

图 4-11

步骤03 将盘子从 2 号木桩移动到 3 号木桩，就完成了。

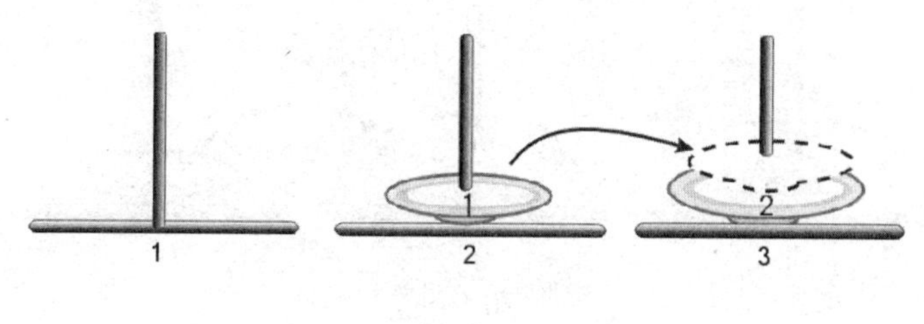

图 4-12

步骤04 完成。

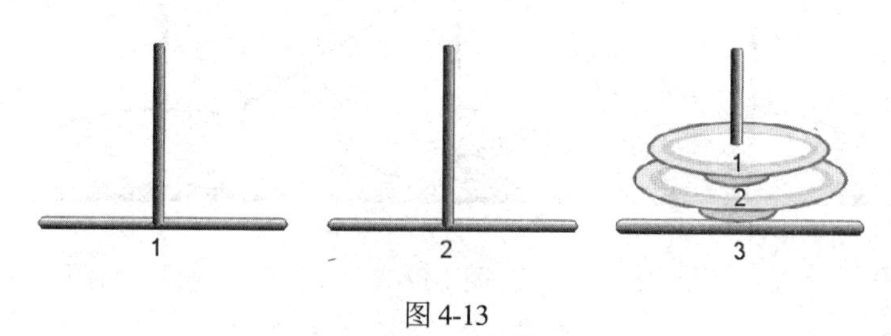

图 4-13

结论：移动了 $2^2-1=3$ 次，盘子移动的次序为 1，2，1（此处为盘子次序）。

步骤为：1→2，1→3，2→3（此处为木桩次序）。

（3）汉诺塔 n = 3 个盘子时，步骤分别参见图 4-14 到图 4-21。

步骤01 将盘子从 1 号木桩移动到 3 号木桩。

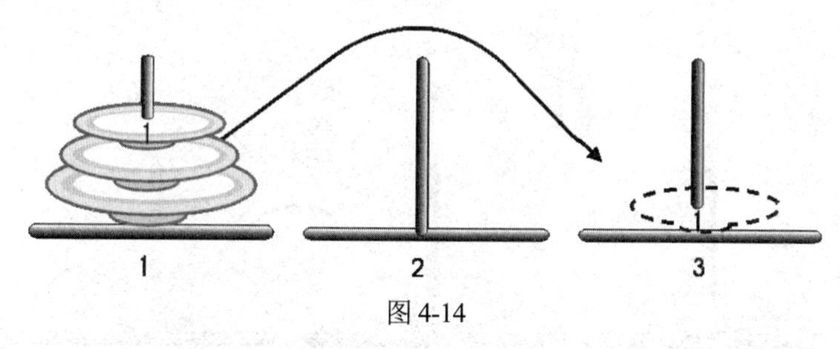

图 4-14

步骤02 将盘子从 1 号木桩移动到 2 号木桩。

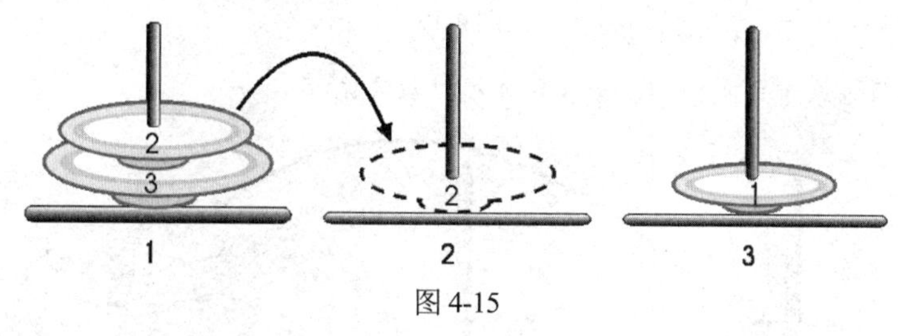

图 4-15

步骤03 将盘子从 3 号木桩移动到 2 号木桩。

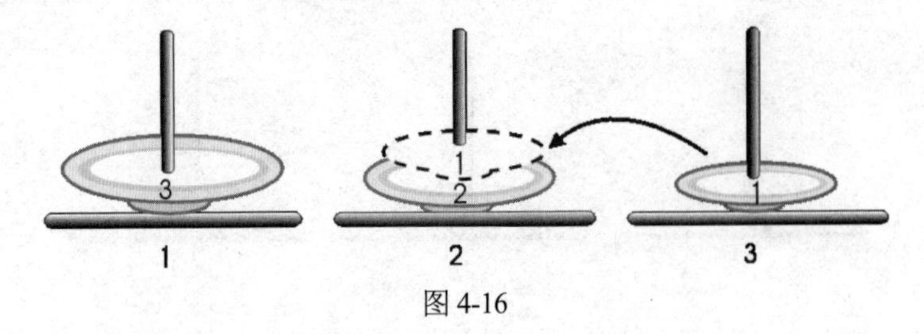

图 4-16

步骤04 将盘子从 1 号木桩移动到 3 号木桩。

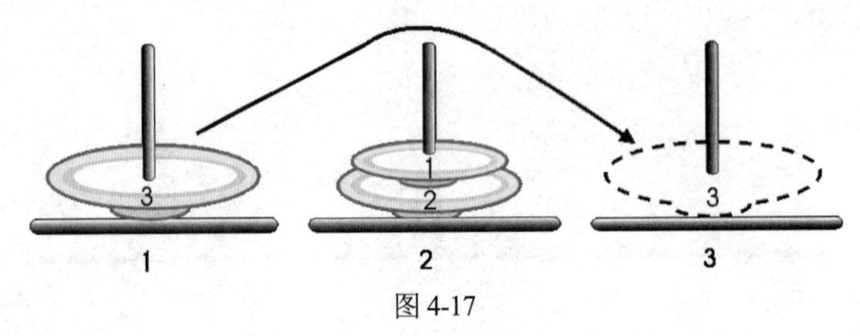

图 4-17

步骤05 将盘子从 2 号木桩移动到 1 号木桩。

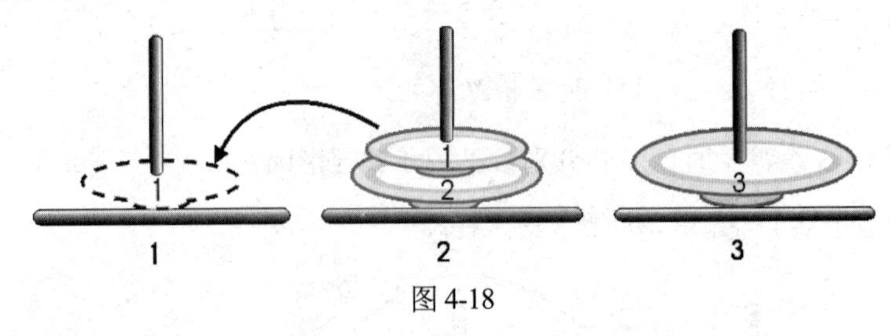

图 4-18

步骤06 将盘子从 2 号木桩移动到 3 号木桩。

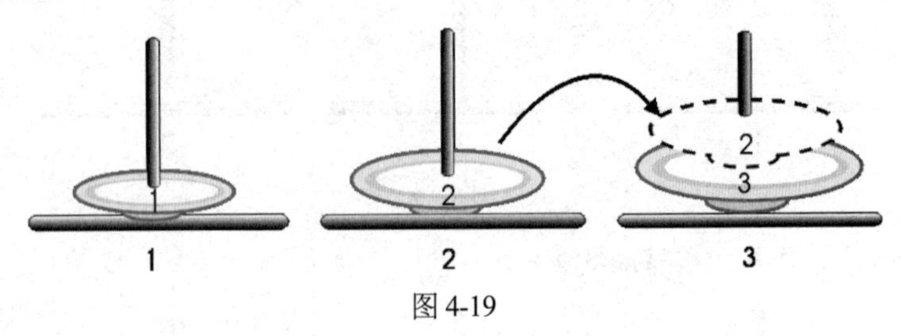

图 4-19

步骤07 将盘子从 1 号木桩移动到 3 号木桩，就完成了。

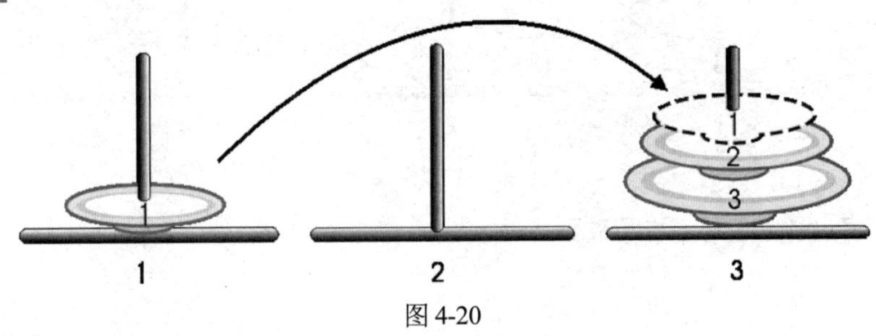

图 4-20

步骤08 完成。

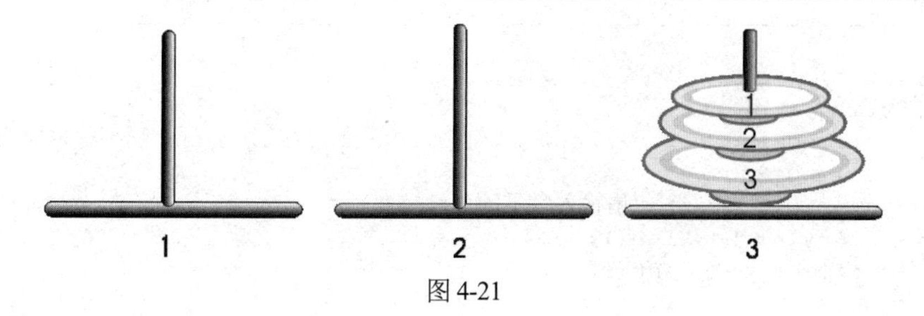

图 4-21

结论：移动了 $2^3-1=7$ 次，盘子移动的次序为 1，2，1，3，1，2，1（盘子的次序）。

步骤为 1→3，1→2，3→2，1→3，2→1，2→3，1→3（木桩次序）

当有 4 个盘子时，我们实际操作后（在此不用插图说明），盘子移动的次序为 121312141213121，而移动木桩的顺序为 1→2，1→3，2→3，1→2，3→1，3→2，1→2，1→3，2→3，2→1，3→1，2→3，1→2，1→3，2→3，而移动次数为 $2^4-1=15$。

当 n 不大时，大家可以逐步用图解办法解决问题，但 n 的值较大时，那可就十分伤脑筋了。事实上，我们可以得到一个结论，例如当有 n 个盘子时，可将汉诺塔问题归纳成三个步骤，参见图 4-22 所示。

步骤01 将 n-1 个盘子，从木桩 1 移动到木桩 2。

步骤02 将第 n 个最大盘子，从木桩 1 移动到木桩 3。

步骤03 将 n-1 个盘子，从木桩 2 移动到木桩 3。

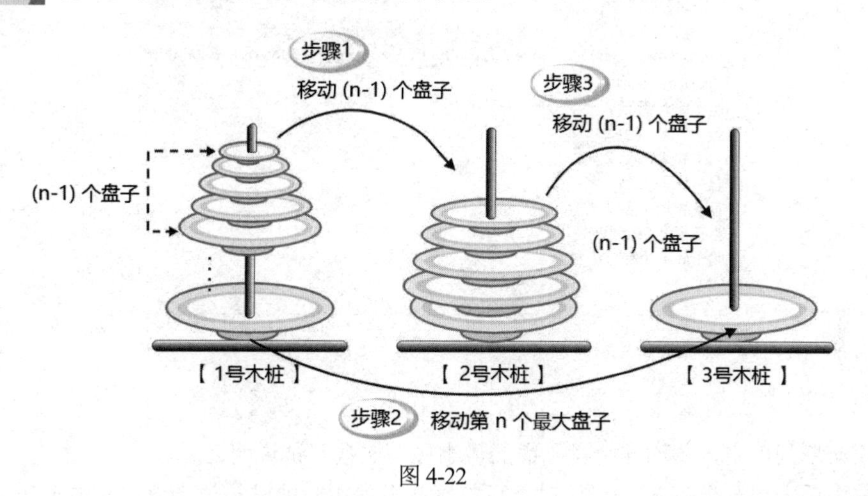

图 4-22

从图 4-22 中，应该可以发现汉诺塔问题非常适合以递归方式与堆栈来解决。因为它满足了递归的两大特性：一是有反复执行的过程；二是有停止的出口。以下是以递归方式来描述的汉诺塔递归函数（算法）。

【范例程序：ch04_04.java】

```
01 // 利用汉诺塔函数求出不同盘子数时盘子移动的步骤
02
03 import java.io.*;
04 public   class ch04_04
05 {
06   public static void main(String args[]) throws IOException
```

```
07   {
08     int j;
09     String str;
10     BufferedReader keyin=new BufferedReader(new InputStreamReader
      (System.in));
11     System.out.print("请输入盘子的数量：  ");
12     str=keyin.readLine();
13     j=Integer.parseInt(str);
14     hanoi(j,1, 2, 3);
15   }
16   public static void hanoi(int n, int p1, int p2, int p3)
17   {
18     if (n==1)
19     System.out.println("盘子从 "+p1+" 移到 "+p3);
20     else
21     {
22       hanoi(n-1, p1, p3, p2);
23       System.out.println("盘子从 "+p1+" 移到 "+p3);
24       hanoi(n-1, p2, p1, p3);
25     }
26   }
27 }
```

【执行结果】参见图 4-23。

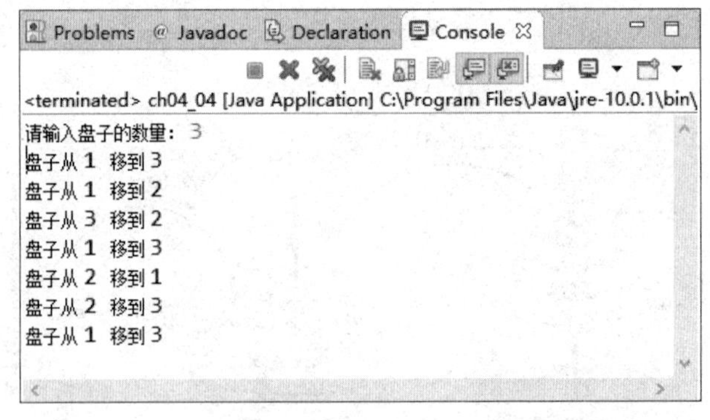

图 4-23

【范例 4.2.1】

请问汉诺塔问题中，移动 n 个盘子需的最小移动次数？试说明之。

答：书中曾经提过当有 n 个盘子时，可将汉诺塔问题归纳成三个步骤，其中 a_n 为移动 n 个盘子所需的最少移动次数，a_{n-1} 为移动 n−1 个盘子所需的最少移动次数，$a_1 = 1$ 为只剩一个盘子时的移动次数，因此可得如下式子：

$$
\begin{aligned}
a_n &= a_{n-1} + 1 + a_{n-1} \\
&= 2a_{n-1} + 1 \\
&= 2(a_{n-2} + 1) \\
&= 4a_{n-2} + 2 + 1 \\
&= 4(2a_{n-3} + 1) + 2 + 1 \\
&= 8a_{n-3} + 4 + 2 + 1 \\
&= 8(2a_{n-4} + 1) + 4 + 2 + 1 \\
&= 16a_{n-4} + 8 + 4 + 2 + 1
\end{aligned}
$$

=...

=...

$= 2^{n-1}a_1 + \sum_{k=0}^{n-2} 2^k$

因此，$a_n=2^{n-1}*1+\sum_{k=0}^{n-2} 2^k$

$= 2^{n-1} + 2^{n-1} - 1 = 2^n - 1$，得知要移动 n 个盘子所需的最小移动次数为 2^n-1 次

4.2.2 老鼠走迷宫

堆栈的应用有一个相当有趣的问题，就是实验心理学中有名的“老鼠走迷宫”问题。老鼠走迷宫问题的陈述是：假设把一只大老鼠放在一个没有盖子的大迷宫盒的入口处，盒中有许多墙使得大部分的路径都被挡住而无法前进。老鼠可以按照尝试错误的方法找到出口。不过，这只老鼠必须具备走错路时就会退回来并把走过的路记下来，避免下次走重复的路，就这样直到找到出口为止。简单来说，老鼠行进时，必须遵守以下三个原则：

（1）一次只能走一格。

（2）遇到墙无法往前走时，则退回一步找找看是否有其他的路可以走。

（3）走过的路不会再走第二次。

我们之所以对这个问题感兴趣，就是它可以提供一种典型堆栈应用的思考方法，有许多大学曾举办所谓“计算机老鼠走迷宫”的比赛，就是要设计这种利用堆栈技巧走迷宫的程序。在编写走迷宫程序之前，我们先来了解如何在计算机中表现一个仿真迷宫的方式。这时可以利用二维数组MAZE[row][col]，并符合以下规则：

```
MAZE[i][j] =1    表示[i][j]处有墙，无法通过
           =0    表示[i][j]处无墙，可通行
MAZE[1][1]是入口，MAZE[m][n]是出口
```

下图就是一个使用 10×12 二维数组的仿真迷宫地图，如图 4-24 所示。

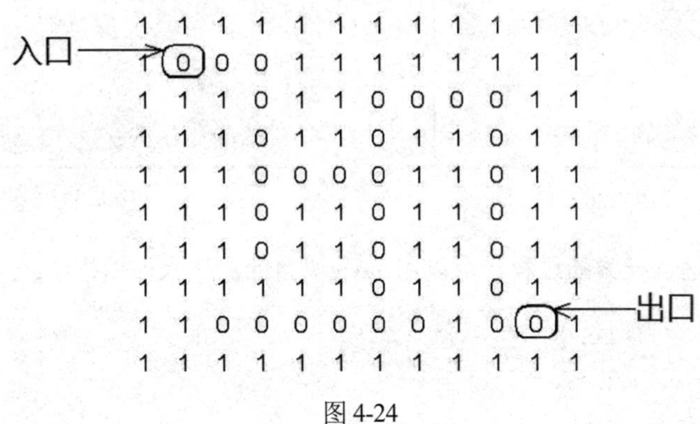

图 4-24

假设老鼠从左上角的 MAZE[1][1]进入，从右下角的 MAZE[8][10]出来，老鼠当前位置以MAZE[x][y]表示，那么我们可以将老鼠可能移动的方向表示成如图 4-25 所示。

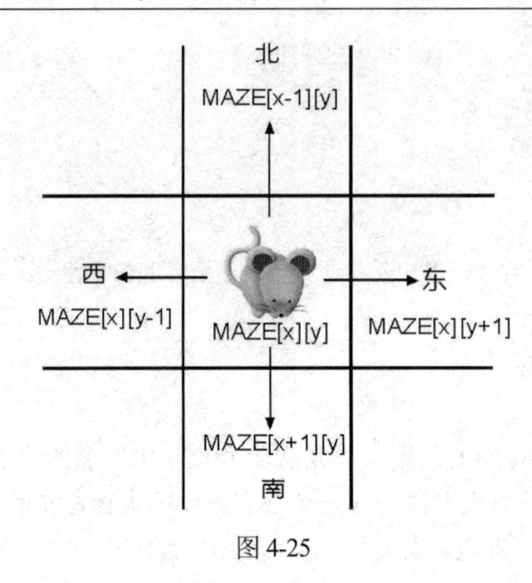

图 4-25

如图 4-25 所示，老鼠可以选择的方向共有四个，分别为东、西、南、北。但并非每个位置都有四个方向可以选择，必须看情况来决定，例如 T 字形的路口，就只有东、西、南三个方向可以选择。

我们可以使用链表来记录走过的位置，并且将走过的位置对应的数组元素内容标记为 2，然后将这个位置放入堆栈再进行下一次的选择。如果走到死胡同并且还没有抵达终点，那么就退出上一个位置，并退回去直到回到上一个岔路后再选择其他的路。由于每次新加入的位置必定会在堆栈的顶端，因此堆栈顶端指针所指的方格编号便是当前搜索迷宫出口的老鼠所在的位置。如此重复这些动作直到走到出口为止。在迷宫中查找出口如图 4-26 所示；图 4-27 所示是以小球来代表迷宫中的老鼠，老鼠终于找到迷宫出口。

图 4-26

图 4-27

上面这样的一个迷宫搜索的过程，可以用 Java 语言的算法来加以描述：

```
if(上一格可走)
{
    把方格编号压入到堆栈中;
    往上走;
    判断是否为出口;
}
else if(下一格可走)
```

```
{
    把方格编号压入到堆栈中;
    往下走;
    判断是否为出口;
}
else if(左一格可走)
{
    把方格编号压入到堆栈中;
    往左走;
    判断是否为出口;
}
else if(右一格可走)
{
    把方格编号压入到堆栈中;
    往右走;
    判断是否为出口;
}
else
{
    从堆栈删除一方格编号;
    从堆栈中弹出一方格编号;
    往回走;
}
```

上面的算法是每次进行移动时所执行的操作，其主要是判断当前所在位置的上、下、左、右是否有可以前进的方格。若找到可前进的方格，便将该方格的编号压入到记录移动路径的堆栈中，并往该方格移动，而当四周没有可走的方格时（第 25 行），也就是当前所在的方格无法走出迷宫，则必须退回到前一格重新再来检查是否有其他可走的路径。所以在上面算法中的第 27 行会将当前所在位置的方格编号从堆栈中删除，之后第 28 行再弹出的就是前一次所走过的方格编号。

以下是迷宫问题的 Java 程序的具体实现。

【范例程序：TraceRecord.java】

```
01   // 记录老鼠迷宫的行进路径
02
03   class Node
04   {
05     int x;
06     int y;
07     Node next;
08     public Node(int x,int y)
09     {
10       this.x=x;
11       this.y=y;
12       this.next=null;
13     }
14   }
15   public class TraceRecord
16   {
17     public Node first;
18     public Node last;
19     public boolean isEmpty()
20     {
```

```
21        return first==null;
22      }
23      public void insert(int x,int y)
24      {
25        Node newNode=new Node(x,y);
26        if(this.isEmpty())
27        {
28          first=newNode;
29          last=newNode;
30        }
31        else
32        {
33          last.next=newNode;
34          last=newNode;
35        }
36      }
37
38      public void delete()
39      {
40        Node newNode;
41        if(this.isEmpty())
42        {
43          System.out.print("[队列已经空了]\n");
44          return;
45        }
46        newNode=first;
47        while(newNode.next!=last)
48        newNode=newNode.next;
49        newNode.next=last.next;
50        last=newNode;
51
52      }
53    }
```

【范例程序：ch04_05.java】

```
01    // 老鼠走迷宫
02
03    import java.io.*;
04    public   class ch04_05
05    {
06      public static int ExitX= 8;//定义出口的 X 坐标在第 8 行
07      public static int ExitY= 10;//定义出口的 Y 坐标在第 10 列
08      //声明迷宫数组
09      public static int [][] MAZE= {{1,1,1,1,1,1,1,1,1,1,1,1},
10                                    {1,0,0,0,1,1,1,1,1,1,1,1},
11                                    {1,1,1,0,1,1,0,0,0,0,1,1},
12                                    {1,1,1,0,1,1,0,1,1,0,1,1},
13                                    {1,1,1,0,0,0,0,1,1,0,1,1},
14                                    {1,1,1,0,1,1,0,1,1,0,1,1},
15                                    {1,1,1,0,1,1,0,1,1,0,1,1},
16                                    {1,1,1,1,1,1,0,1,1,0,1,1},
17                                    {1,1,0,0,0,0,0,0,1,0,0,1},
18                                    {1,1,1,1,1,1,1,1,1,1,1,1}};
19      public static void main(String args[]) throws IOException
```

```
20      {
21        int i,j,x,y;
22        TraceRecord path=new TraceRecord();
23        x=1;
24        y=1;
25        System.out.print("[迷宫的路径(0 标记的部分)]\n");
26        for(i=0;i<10;i++)
27        {
28          for(j=0;j<12;j++)
29            System.out.print(MAZE[i][j]);
30          System.out.print("\n");
31        }
32        while(x<=ExitX&&y<=ExitY)
33        {
34          MAZE[x][y]=2;
35          if(MAZE[x-1][y]==0)
36          {
37            x -= 1;
38            path.insert(x,y);
39          }
40          else if(MAZE[x+1][y]==0)
41          {
42            x+=1;
43            path.insert(x,y);
44          }
45          else if(MAZE[x][y-1]==0)
46          {
47            y-=1;
48            path.insert(x,y);
49          }
50          else if(MAZE[x][y+1]==0)
51          {
52            y+=1;
53            path.insert(x,y);
54          }
55          else
56            if(chkExit(x,y,ExitX,ExitY)==1)
57              break;
58            else
59            {
60              MAZE[x][y]=2;
61              path.delete();
62              x=path.last.x;
63              y=path.last.y;
64            }
65        }
66        System.out.print("[老鼠走过的路径(2 标记的部分)]\n");
67        for(i=0;i<10;i++)
68        {
69          for(j=0;j<12;j++)
70            System.out.print(MAZE[i][j]);
71          System.out.print("\n");
72        }
73      }
74
```

```
75    public static int chkExit(int x,int y,int ex,int ey)
76    {
77      if(x==ex&&y==ey)
78      {
79        if(MAZE[x-1][y]==1||MAZE[x+1][y]==1||MAZE[x][y-1]
    ==1||MAZE[x][y+1]==2)
80          return 1;
81        if(MAZE[x-1][y]==1||MAZE[x+1][y]==1||MAZE[x][y-1]
    ==2||MAZE[x][y+1]==1)
82          return 1;
83        if(MAZE[x-1][y]==1||MAZE[x+1][y]==2||MAZE[x][y-1]
    ==1||MAZE[x][y+1]==1)
84          return 1;
85        if(MAZE[x-1][y]==2||MAZE[x+1][y]==1||MAZE[x][y-1]
    ==1||MAZE[x][y+1]==1)
86          return 1;
87      }
88      return 0;
89    }
90  }
```

【执行结果】参见图 4-28。

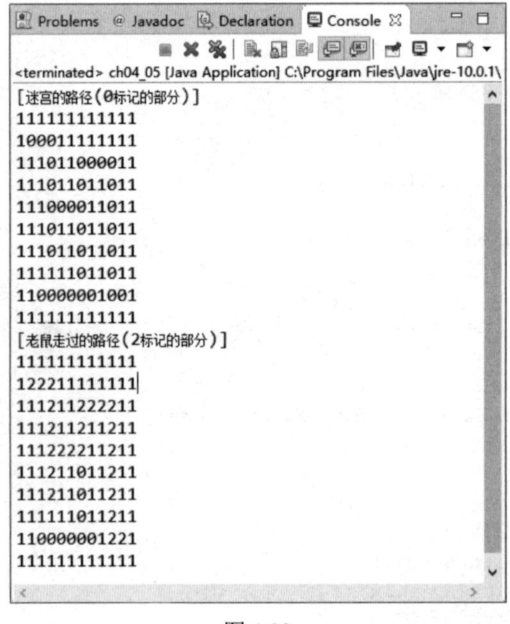

图 4-28

4.2.3 8-皇后问题

8-皇后问题也是一种常见的堆栈应用实例。在国际象棋中的皇后可以在没有限定一步走几格的前提下，对棋盘中的其他棋子直吃、横吃和对角斜吃（左斜吃或右斜吃都可以）。现在要放入多个皇后到棋盘上，相互之间还不能互相吃到对方。后放入的新皇后，放入前必须考虑所放位置的直线方向、横线方向或对角线方向是否已被放置了旧皇后，否则就会被先放入的旧皇后吃掉。

利用这种概念，我们可以将其应用在 4×4 的棋盘，就称为 4-皇后问题；应用在 8×8 的棋盘，就称为 8-皇后问题。应用在 N×N 的棋盘，就称为 N-皇后问题。要解决 N-皇后问题（在此我们以 8-皇后为例），首先在棋盘中放入一个新皇后，且这个位置不会被先前放置的皇后吃掉，就将这个新皇后的位置压入堆栈。

但是，如果当放置新皇后的该行（或该列）的 8 个位置，都没有办法放置新皇后（亦即放入任何一个位置，就会被先前放置的旧皇后给吃掉）。此时，就必须从堆栈中弹出前一个皇后的位置，并在该行（或该列）中重新查找另一个新的位置来放，再将该位置压入堆栈中，而这种方式就是一种回溯（Backtracking）算法的应用。

N-皇后问题的解答，就是结合堆栈和回溯两种数据结构，以逐行（或逐列）查找新皇后合适的位置（如果找不到，则回溯到前一行查找前一个皇后的另一个新位置，以此类推）的方式，来查找 N-皇后问题的其中一组解答。

下面分别是 4-皇后和 8-皇后在堆栈存放的内容以及对应棋盘的其中一组解，如图 4-29 和图 4-30 所示。

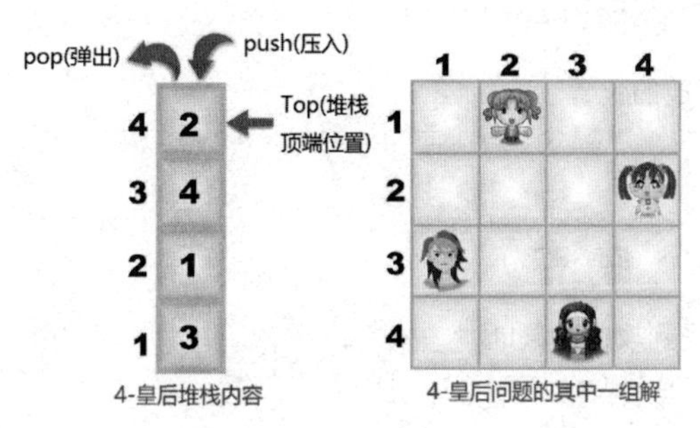

图 4-29

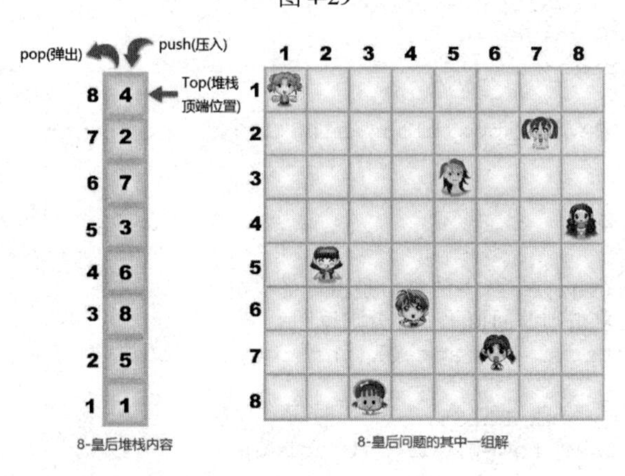

图 4-30

【范例 4.2.2】

请设计一个 Java 程序，来计算 8-皇后问题共有几组解的总数。

【范例程序：ch04_06.java】

```
01    // 8-皇后问题
02
03    import java.io.*;
```

```
04    class ch04_06
05    {
06      static int TRUE=1, FALSE=0, EIGHT=8;
07      static int[] queen=new int [EIGHT]; // 存放 8 个皇后之列位置
08      static int number=0; //// 计算共有几组解的总数
09      //构造函数
10      ch04_06()
11      {
12        number = 0 ;
13      }
14      //按 Enter 键函数
15      public static void PressEnter()
16      {
17        char tChar;
18        System.out.print("\n\n");
19        System.out.println("...按下 Enter 键继续...");
20        try {
21          tChar=(char)System.in.read();
22        } catch(IOException e) {}
23      }
24      //确定皇后存放的位置
25      public static void decide_position(int value)
26      {
27        int i=0;
28        while ( i < EIGHT )
29        {
30          // 是否受到攻击的判断
31          if ( attack(i, value) !=1)
32          {
33            queen[value] = i;
34            if ( value == 7 )
35              print_table();
36            else
37                decide_position(value+1);
38          }
39          i++;
40        }
41      }
42      // 测试在(row,col)上的皇后是否遭受攻击
43      // 若遭受攻击则返回值为 1，否则返回 0
44      public static int attack(int row,int col)
45      {
46        int i=0, atk=FALSE;
47        int offset_row=0, offset_col=0;
48
49        while ( (atk!=1) && i < col ) {
50          offset_col = Math.abs(i - col);
51          offset_row = Math.abs(queen[i] - row);
52          // 判断两个皇后是否在同一行或在同一对角线上
53          if  ((queen[i] == row)||(offset_row == offset_col) )
54            atk=TRUE ;
55          i++;
56        }
57        return atk ;
58      }
```

```
59
60     // 输出所需要的结果
61     public static void print_table()
62     {
63       int x=0, y=0;
64       number+=1;
65       System.out.print("\n");
66       System.out.print("8-皇后问题的第"+number + "组解\n\t");
67       for ( x = 0 ; x < EIGHT ; x++ ) {
68         for ( y =0 ; y< EIGHT ;y++ )
69           if ( x == queen[y] )
70             System.out.print("<*>");
71           else
72             System.out.print("<->");
73           System.out.print("\n\t");
74       }
75       PressEnter();
76     }
77     public static void main (String args[])
78     {
79       ch04_06.decide_position(0);
80     }
81   }
```

【执行结果】参见图 4-31。

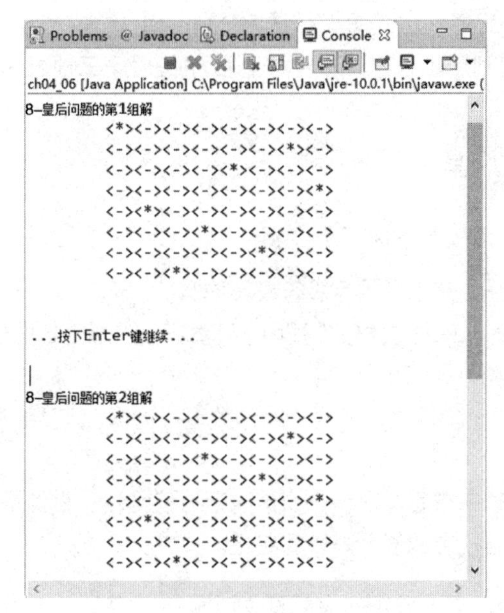

图 4-31

4.3　算术表达式的表示法（即求值法）

算术表达式由运算符（+、–、*、/..）与操作数（1、2、3…及间隔符号）所组成。下面为一个典型的算术表达式：

```
(6*2+5*9)/3
```

以上表达式的表示法称为中序表示法（Infix Notation），这也是一般人所习惯的写法。运算过程中需注意的是括号内的表达式先行处理，且需注意运算符的优先权。

不过由于中序法有优先权与结合性的问题，在计算机编译程序的处理上相当不方便，所以在计算机中解决之道是将它换成后序法（较常用）或前序法。至于表达式种类，如果依据运算符在表达式中的位置，可分为以下三种表示法。

（1）中序法（Infix）

```
<操作数 1><运算符><操作数 2>
```

例如 2+3、3*5、8–2 等等都是中序表示法。

（2）前序法（Prefix）

```
<运算符><操作数 1><操作数 2>
```

例如中序表达式 2+3，前序表达式的表示法则为+23，而 2*3+4*5 则为+*23*45。

（3）后序法（Postfix）

```
<操作数 1><操作数 2><运算符>
```

例如后序表达式 2+3，后序表达式的表示法为 23+，而 2*3+4*5 的后序表示法为 23*45*+。

接下来我们将讲解如何利用堆栈来计算中序、前序与后序三种表示法的求值计算。

4.3.1 中序表示法求值

由中序表示法来求值，可按照下面五个步骤：

步骤01 建立两个堆栈，分别存放运算符及操作数。

步骤02 读取运算符时，必须先比较堆栈内的运算符优先权，若堆栈内运算符的优先权较高，则先计算堆栈内运算符的值。

步骤03 计算时，取出一个运算符及两个操作数进行运算，运算结果直接存回操作数堆栈中，当成一个独立的操作数。

步骤04 当表达式处理完毕后，一步一步清除运算符堆栈，直到堆栈空了为止。

步骤05 取出操作数堆栈中的值就是计算结果。

现在通过以上五个步骤，来求取中序表示法 2+3*4+5 的值。

步骤如下：

表达式必须使用两个堆栈分别存放运算符及操作数，并按优先级进行运算（见图 4-32）。

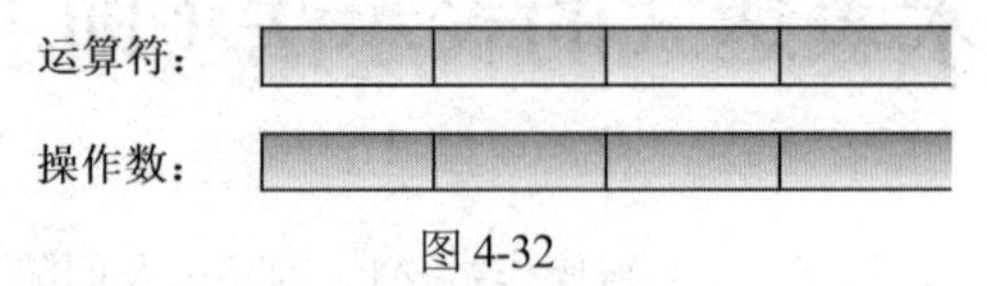

图 4-32

步骤01 按序将表达式压入堆栈，遇到两个运算符时先比较优先权再决定是否要先行运算（见图 4-33）。

运算符：	+			
操作数：	2	3		

图 4-33

步骤02 遇到运算符“*”，与堆栈中最后一个运算符“+”比较，优先权较高故而压入堆栈（见图 4-34）。

运算符：	+	*		
操作数：	2	3	4	

图 4-34

步骤03 遇到运算符“+”，与堆栈中最后一个运算符“*”比较，优先权较低，故先计算运算符*的值。取出（即弹出）运算符“*”及两个操作数进行运算，运算完毕则压回操作数堆栈（见图 4-35）。

运算符：	+			
操作数：	2	(3*4)		

图 4-35

步骤04 将运算符“+”及操作数 5 压入堆栈，等表达式完全处理后，开始进行清除堆栈内运算符的操作，等运算符清理完毕后结果也就完成了（见图 4-36）。

运算符：	+	+		
操作数：	2	(3*4)	5	

图 4-36

步骤05 取出一个运算符及两个操作数进行运算，运算完毕压入操作数堆栈（见图 4-37）。

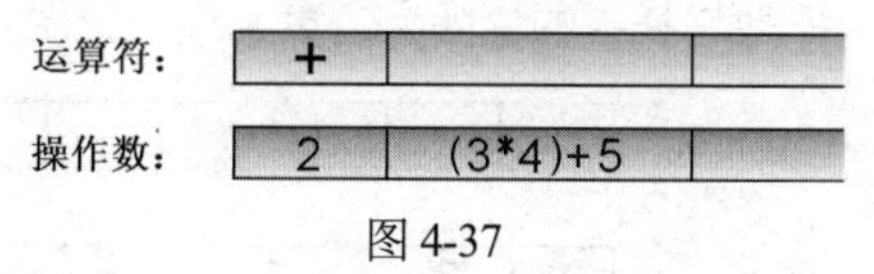

图 4-37

步骤06 取出一个运算符及两个操作数进行运算，运算完毕压入操作数堆栈，直到运算符堆栈空了为止。

4.3.2 前序表示法求值

使用前序表示法求值的好处是不需要考虑括号及优先权的问题，所以直接使用一个堆栈来处理表达式即可，不需要把操作数及运算符分开处理。我们来实现前序表达式+*23*45 如何使用堆栈来运算的步骤（见图 4-38）。

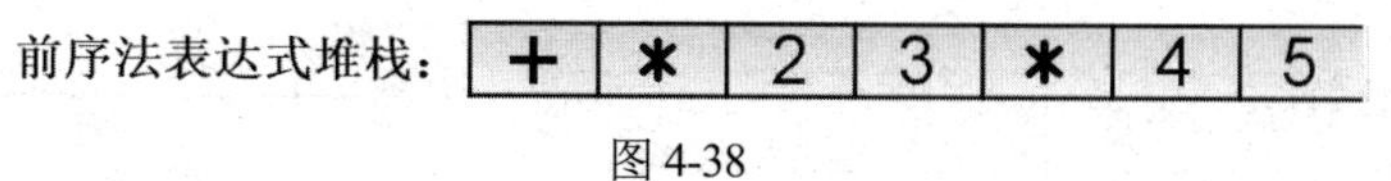

图 4-38

步骤01 从堆栈中取出元素（见图 4-39）。

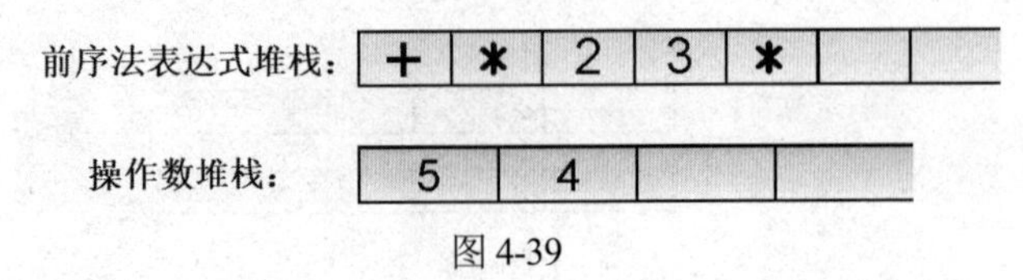

图 4-39

步骤02 从堆栈中取出元素，遇到运算符则进行运算，把结果压回操作数堆栈（见图 4-40）。

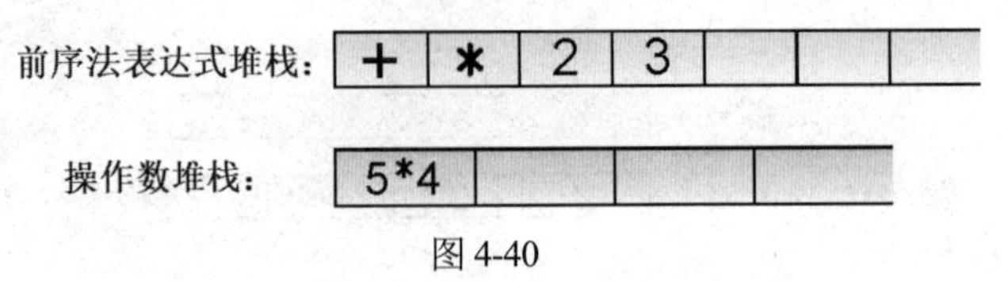

图 4-40

步骤03 从堆栈中取出元素（见图 4-41）。

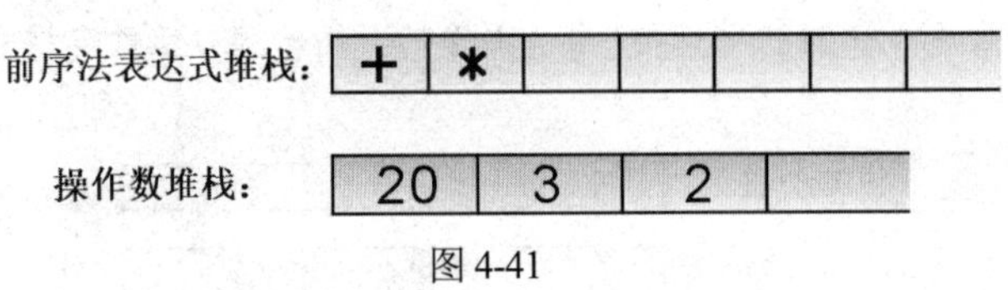

图 4-41

步骤04 从堆栈中取出元素，遇到运算符则从操作数堆栈中取出两个操作数进行运算，再把运算结果压回操作数堆栈（见图 4-42）。

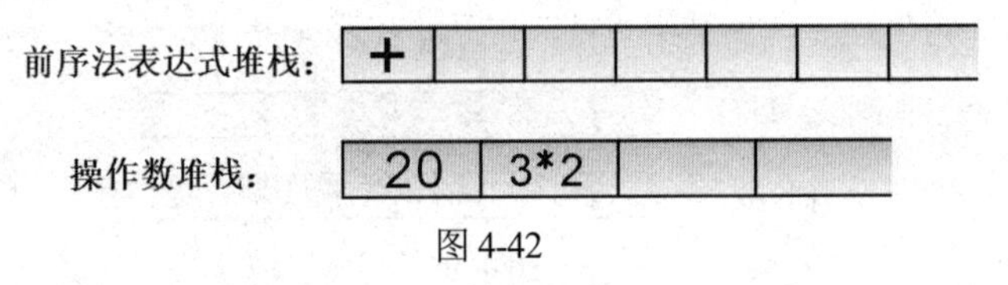

图 4-42

步骤05 把堆栈中最后一个运算符取出，从操作数堆栈中取出两个操作数进行运算，运算结果存回操作数堆栈。最后取出操作数堆栈中的值即为运算结果（见图 4-43）。

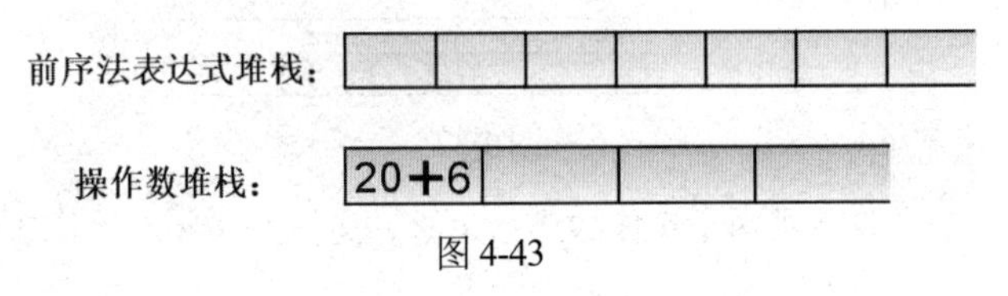

图 4-43

4.3.3 后序表示法求值

后序表达式具有和前序表达式类似的好处，它没有优先权的问题，而且后序表达式可以直接在计算机上进行运算，而不需先将全部数据放入堆栈后再读回。另外在后序表达式中，它使用循环直接读取表达式，如果遇到运算符就从堆栈中取出操作数进行运算。我们继续来实现后序表示法 23*45*+的求值运算。

步骤01 直接读取表达式，遇到运算符则进行运算（见图 4-44）。

操作数堆栈：

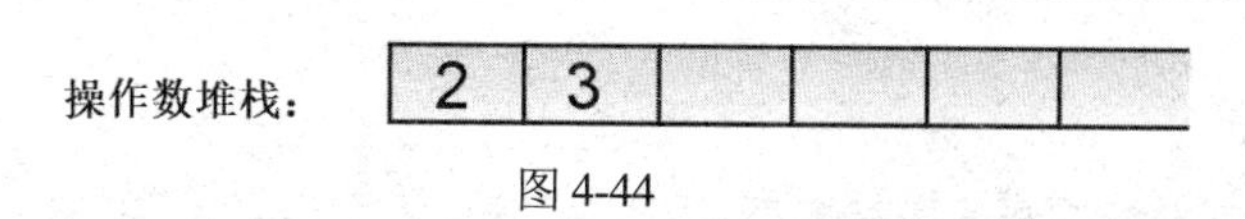

图 4-44

步骤02 压入 2 和 3 到操作数堆栈后弹出“*”，这时弹出堆栈内两个操作数进行运算，运算完毕后把结果压回操作数堆栈中。

步骤03 接着放入 4 及 5 遇到运算符“*”，取回两个操作数进行运算，运算完后把结果压回堆栈中（见图 4-45）。

操作数堆栈：

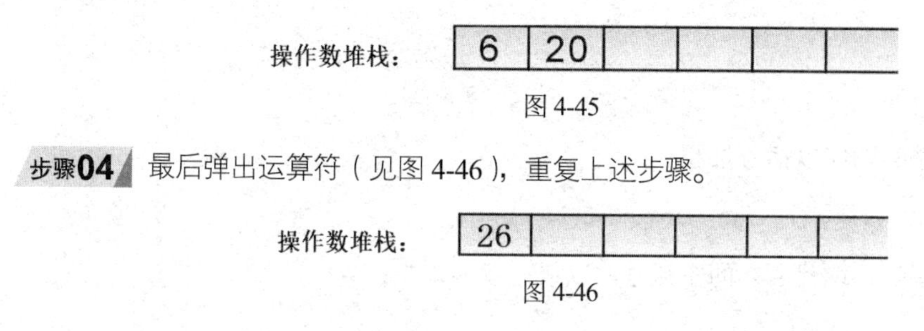

图 4-45

步骤04 最后弹出运算符（见图 4-46），重复上述步骤。

操作数堆栈：

图 4-46

4.4 中序法转换为前序法

前面一节为大家介绍了三种算术表达式表示法的求值，其中我们最熟悉的还是中序法。如何将中序法直接转换成容易让计算机处理的前序与后序表示法呢？其实有三种常用的转换方法，请继续看以下内容。

4.4.1 二叉树法

这个方法使用树结构进行遍历来求解前序及后序表达式。到目前为止，我们还没有介绍过树结构，所以二叉树法的程序写法及树建立方法等详细的说明，留到树结构再介绍。但简单来说，二叉树法就是把中序表达式按照优先权的顺序建成一棵二叉树，之后再按照树结构的特性进行前、中、后序的遍历，即可得到前中后序表达式。

4.4.2 括号法

括号法就是先用括号把中序表达式的优先级分出来，再进行运算符的移动，最后把括号拿掉就可完成中序转后序或中序转前序的操作了。

1. 中序转前序

- 将中序表达式根据顺序完全括起来。
- 移动所有运算符来取代所有的左括号，并以最近者为原则。
- 将所有右括号去掉。

2. 中序转后序

- 将中序表达式根据顺序完全括起来。
- 移动所有运算符来取代所有的右括号，并以最近者为原则。
- 将所有左括号去掉。

现在我们练习用括号把下列中序表达式转成前序及后序表达式。

2*3+4*5

做法如下：

（1）中序转前序

①先把表达式按照顺序以括号括起来：

((2*3)+(4*5))

②用括号内的运算符取代所有的左括号，以最近者为优先：

+*23)*45))

③将所有右括号去掉：

+*23*45

（2）中序转后序

①先把表达式按照顺序用括号括起：

((2*3)+(4*5))

②把括号内的运算符取代所有的右括号，以最近者为优先：

((23*(45*+

③将所有左括号去掉：

23*45*+

【范例 4.4.1】

请将 6+2*9/3+4*2–8 用括号法转成前序法或后序法。

答：

（1）中序转前序

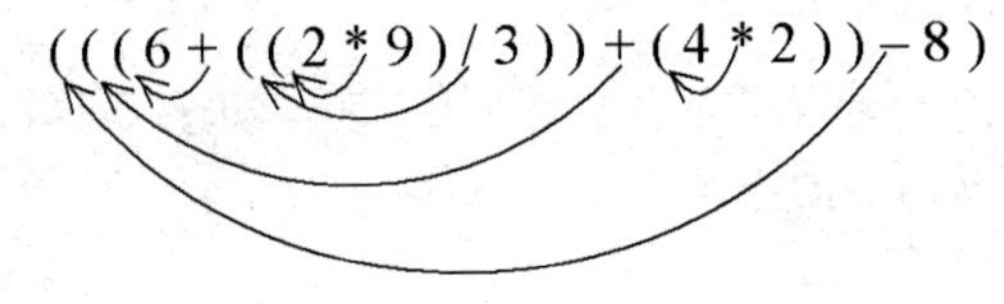

–++6/*293*428（前序表达式）

（2）中序转后序

629*3/+42*+8–（后序表达式）

4.4.3 堆栈法

利用堆栈将中序法转换成前序，其 ISP（In Stack Priority）是“堆栈内优先权”的意思，ICP（In Coming Priority）是“输入优先权”的意思。工作步骤如下。

1. 中序转前序

步骤01 由右至左读进中序表达式的每个字符。

步骤02 如果输入为操作数则直接输出。

步骤03 “)”在堆栈中的优先权最小，但在堆栈外却是优先权最大。

步骤04 如果遇到“(”，则弹出堆栈内的运算符，直到弹出到一个“)”为止。

步骤05 如果 ISP>ICP 则将堆栈的运算符弹出，否则就加入到堆栈内。

2. 中序转后序

步骤01 由左至右读每次读入一个字符。

步骤02 输入为操作数则直接输出。

步骤03 如果 ISP>=ICP，则将堆栈内的运算符直接弹出，否则就加入到堆栈内。

步骤04 “(”在堆栈中的优先权最小，不过如果在堆栈外，它的优先权最大。

步骤05 如果遇到“)”，则直接弹出堆栈内的运算符，直到弹出一个“(”为止。

知道堆栈法的实现程序后，我们来以堆栈法求中序表达式 A–B*(C+D)/E 的后序法与前序法（见表 4-1、表 4-2）。

表 4-1 中序转前序（从右至左读入字符）

读入字符	堆栈内容	输出	说明
None	Empty	None	
E	Empty	E	字符是操作数就直接输出
/	/	E	将运算符压入堆栈中
)	)/	E	“)”在堆栈中的优先权较小
D	)/	DE	
+	+)/	DE	
C	+)/	CDE	
(	/	+CDE	弹出堆栈内的运算符，直到“)”为止
*	*/	+CDE	虽然“*”的 ICP 和“/”的 ISP 相等，但在中序→前序时不必弹出
B	*/	B+CDE	
–	–	/*B+CDE	“–”的 ICP 小于“*”的 ISP，所以弹出堆栈内的运算符
A	–	A/*B+CDE	
None	Empty	– A/*B+CDE	读入完毕，将堆栈内的运算符弹出

表 4-2 中序转后序（从左至右读入字符）

读入字符	堆栈内容	输出	说明
None	Empty	None	
A	Empty	A	
–	–	A	将运算符压入堆栈中
B	–	AB	
*	*–	AB	因为“*”的 ICP>“–”的 ISP，所以将“*”压入堆栈中
(	(*–	AB	“(”在堆栈外优先权最大，所以“(”的 ICP>“*”的 ISP
C	(*–	ABC	
+	+(*–	ABC	在堆栈内的优先权最小
D	+(*–	ABCD	
)	*–	ABCD+	遇到“)”，则直接弹出堆栈内运算符，一直到弹出一个“(”为止
/	/–	ABCD+*	因为在中序→后序中，只要 ISP>=ICP，则弹出堆栈内的运算符
E	/–	ABCD+*E	
None	Empty	ABCD+*E/–	读入完毕，将堆栈内的运算符弹出

【范例 4.4.2】

请将中序表达式(A+B)*D+E/(F+A*D)+C 以堆栈法转换成前序表达式与后序表达式（见表 4-3、表 4-4）。

答：

表 4-3 中序转前序

读入字符	堆栈内容	输出
None	Empty	None
C	Empty	C
+	+	C
)	)+	C
D	)+	DC
*	*)+	DC
A	*)+	ADC
+	+)+	*ADC
F	+)+	F*ADC
(	+	+ F*ADC
/	/+	+ F*ADC
E	/+	E+ F*ADC
+	++	/E+ F*ADC
D	++	D/E+ F*ADC
*	*++	D/E+ F*ADC

（续表）

读入字符	堆栈内容	输出
)	)*++	D/E+ F*ADC
B	)*++	B D/E+ F*ADC
+	+)*++	B D/E+ F*ADC
A	+)*++	A B D/E+ F*ADC
(	*++	+A B D/E+ F*ADC
None	empty	++*+A B D/E+ F*ADC

表 4-4 中序转后序

读入字符	堆栈内容	输出
None	Empty	None
(	(	
A	(	A
+	+(	A
B	+(	AB
)	Empty	AB+
*	*	AB+
D	*	AB+D
+	+	AB+D*
E	+	AB+D*E
/	/+	AB+D*E
(	(/+	AB+D*E
F	(/+	AB+D*EF
+	+(/+	AB+D*EF
A	+(/+	AB+D*EFA
*	*+(/+	AB+D*EFA
D	*+(/+	AB+D*EFAD
)	/+	AB+D*EFAD*+/
+	+	AB+D*EFAD*+/+
C	+	AB+D*EFAD*+/+C
None	Empty	AB+D*EFAD*+/+C+

以下是中序表达式转后序表达式的 Java 算法。

【范例程序：ch04_07.java】

```
01  //将数学表达式由中序表示法转为后序表示法
02
03  import java.io.*;
04  import java.lang.String;
05  //中序转后序类的声明
06  class ch04_07
07  {
08    static int MAX=50;
```

```
09      static char[] infix_q = new char[MAX];
10      //构造函数
11      ch04_07 ()
12      {
13        int i=0;
14
15        for (i=0; i<MAX; i++)
16        infix_q[i]='\0';
17      }
18      //运算符优先权的比较，若输入运算符小于堆栈中运算符，则返回值为 1，否则为 0
19      public static int compare(char stack_o, char infix_o)
20      {
21        //在中序表示法队列及暂存堆栈中，运算符的优先级表，其优先权值为 INDEX/2
22        char[] infix_priority = new char[9] ;
23        char[] stack_priority = new char[8] ;
24        int index_s=0, index_i=0;
25
26        infix_priority[0]='q';infix_priority[1]=')';
27        infix_priority[2]='+';infix_priority[3]='-';
28        infix_priority[4]='*';infix_priority[5]='/';
29        infix_priority[6]='^';infix_priority[7]=' ';
30        infix_priority[8]='(';
31
32        stack_priority[0]='q';stack_priority[1]='(';
33        stack_priority[2]='+';stack_priority[3]='-';
34        stack_priority[4]='*';stack_priority[5]='/';
35        stack_priority[6]='^';stack_priority[7]=' ';
36
37        while (stack_priority[index_s] != stack_o)
38          index_s++;
39        while (infix_priority[index_i] != infix_o)
40          index_i++;
41        return ((int)(index_s/2) >= (int)(index_i/2) ? 1 : 0);
42      }
43      //中序转前序的方法
44      public static void infix_to_postfix()
45      {
46        new DataInputStream(System.in);
47        int rear=0, top=0, flag=0,i=0;
48        char[] stack_t = new char[MAX];
49
50        for (i=0; i<MAX; i++)
51          stack_t[i]='\0';
52
53        while (infix_q[rear] !='\n')  {
54          System.out.flush();
55          try {
56           infix_q[++rear] = (char)System.in.read();
57          } catch (IOException e) {
58            System.out.println(e);
59          }
60        }
61        infix_q[rear-1] = 'q';  // 在队列加入 q 为结束符号
62        System.out.print("\t 后序表示法 : ");
63        stack_t[top]  = 'q';  // 在堆栈加入#为结束符号
```

```
64      for (flag = 0; flag <= rear; flag++) {
65        switch (infix_q[flag]) {
66          // 输入为)，则输出堆栈内的运算符，直到堆栈内为(
67          case ')':
68            while(stack_t[top]!='(')
69              System.out.print(stack_t[top--]);
70            top--;
71            break;
72          // 输入为 q，则将堆栈内还未输出的运算符输出
73          case 'q':
74            while(stack_t[top]!='q')
75            System.out.print(stack_t[top--]);
76            break;
77      //输入为运算符，若小于 TOP 在堆栈中所指向的运算符，则将堆栈所指向的运算符输出
78      //若大于等于 TOP 在堆栈中所指向的运算符，则将输入的运算符压入堆栈
79          case '(':
80          case '^':
81          case '*':
82          case '/':
83          case '+':
84          case '-':
85            while (compare(stack_t[top], infix_q[flag])==1)
86              System.out.print(stack_t[top--]);
87            stack_t[++top] = infix_q[flag];
88            break;
89          // 输入为操作数，则直接输出
90          default :
91            System.out.print(infix_q[flag]);
92            break;
93        }
94      }
95    }
96
97
98      //主函数声明
99    public static void main (String args[])
100   {
101     new ch04_07();
102     System.out.print("\t=======================================\n");
103     System.out.print("\t 本程序会将其转成后序表达式\n");
104     System.out.print("\t 请输入中序表达式\n");
105     System.out.print("\t 例如:(9+3)*8+7*6-12/4 \n");
106     System.out.print("\t 可以使用的运算符包括:^,*,+,-,/,(,)等 \n");
107     System.out.print("\t=======================================\n");
108     System.out.print("\t 请开始输入中序表达式: ");
109     ch04_07.infix_to_postfix();
110     System.out.print("\t=======================================\n");
111     }
112   }
```

【执行结果】参见图 4-47。

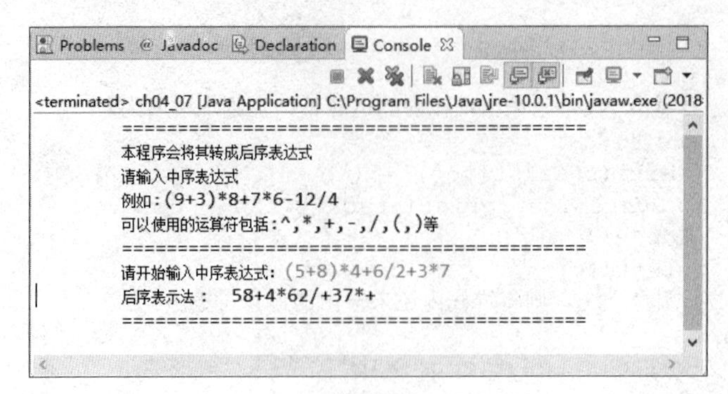

图 4-47

4.5 前序与后序表达式转换成中序表达式

上节所介绍的方法都是有关中序转换成前序或后序表达式的方法，我们来思考如何把前序或后序转换成中序表达式呢？各位也可以使用括号法及堆栈法来进行转换。不过转换方式略有不同，请看下面的介绍。

4.5.1 括号法

用括号法来求得表达式（前序表达式与后序表达式）的反转为中序表达式的做法，若为前序必须以“运算符+操作数”的方式加括号，若为后序必须以“操作数+运算符”的方式加括号。另外还必须遵守以下原则。

1. 前序转中序

依次将每个运算符以最近为原则取代后方的右括号，最后再去掉所有左括号，例如：+*23*45。

做法：按“运算符＋操作数”原则加括号

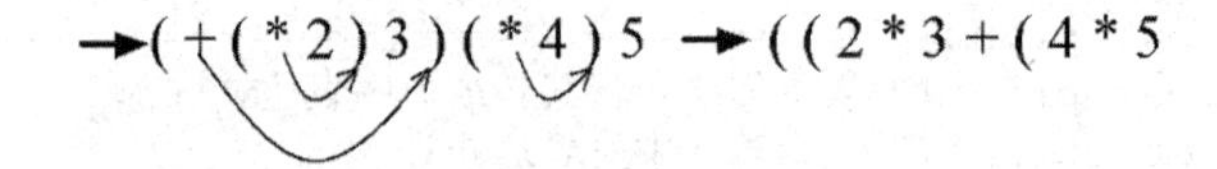

→((2*3+(4*5

→拿掉括号即为所求：2*3+4*5

或者–++6/*293*458

做法：按“运算符＋操作数”原则加括号

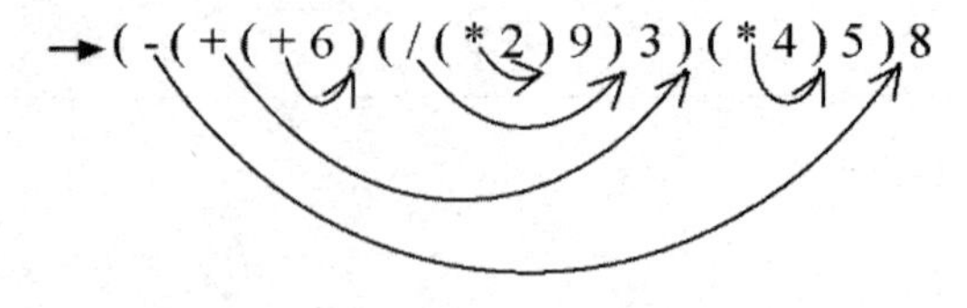

→(((6+((2*9/3+(4*5–8

→6+2*9/3+4*5−8

2. 后序转中序

依次将每个运算符，以最近为原则取代前方的左括号，最后再去掉所有右括号，例如：ABC↑/DE*+AC*−。

做法：依“运算符＋操作数”原则加括号

→A/B↑C))+D*E))−A*C))

→A/B↑C+D*E−A*C

【范例 4.5.1】

下列哪个算术表示法不符合前表示法的语法规则？

（A）+++ab*cde　　（B）−+ab+cd*e　　（C）+−**abcde　　（D）+a*−+bcde

答：

可由以上前序表达式是否能成功转换为中序表达式来判断，我们可根据本节所述的括号法检验得（B）并非完整的前序表达式，所以答案为（B）。

4.5.2 堆栈法

以堆栈法来求得表达式（前序表达式与后序表达式）的反转为中序表达式的做法，必须遵循下列规则：

- 若要转换为前序，从右到左读进表达式的每个字符；若是要转换成后序，则读取方向改成从左到右。
- 辨别读入的字符，若为操作数则放入堆栈中。
- 辨别读入的字符，若为运算符则从堆栈中取出两个字符，结合成一个基本的中序表达式（<操作数><运算符><操作数>）后，再把结果放入堆栈。
- 在转换过程中，前序和后序的结合方式是不同的，前序是<操作数 2><运算符><操作数 1>，而后序是<操作数 1><运算符><操作数 2>，用堆栈法把前序法表达式转换为中序法表达式如图 4-48 所示。

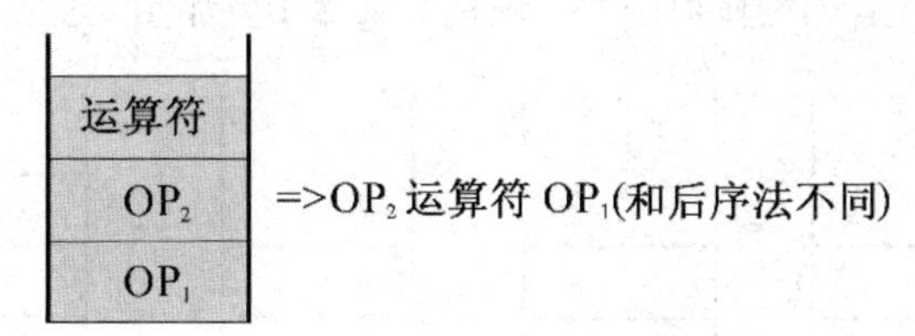

图 4-48

前序转中序：<OP2><运算符><OP1>

后序转中序：<OP1><运算符><OP2>

现在我们就以堆栈法详细说明将下列前序表达式及后序表达式转换为中序表达式的做法。

- 前序：+–*/ABCD//EF+GH
- 后序：AB+C*DE–FG+*–

做法：

①+–*/ABCD//EF+GH

从右到左读取字符，如果为操作数则放入堆栈。具体步骤如图 4-49~图 4-51 所示。

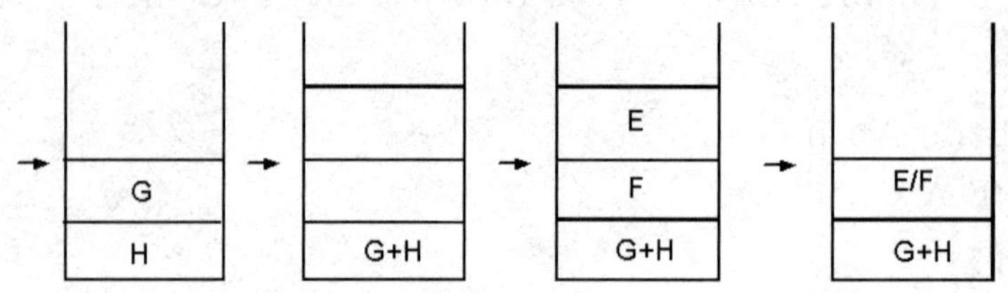

图 4-49

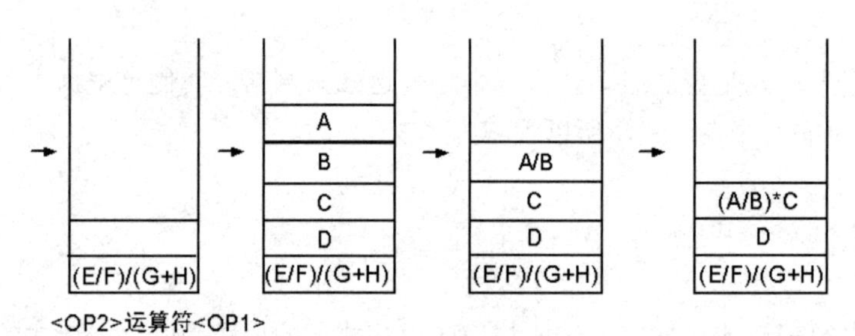

图 4-50

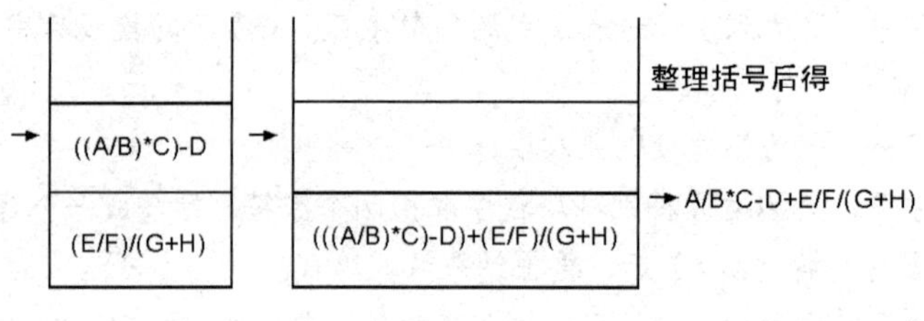

图 4-51

② AB+C*DE–FG+*–

从左到右读取表达式，若为操作数则放入堆栈。具体步骤如图 4-52~图 4-54 所示。

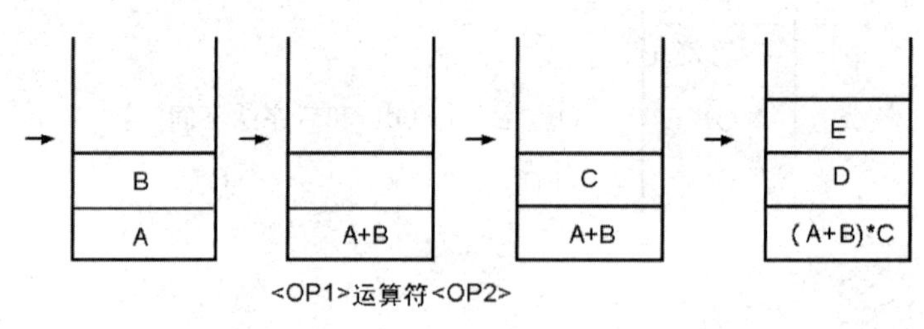

图 4-52

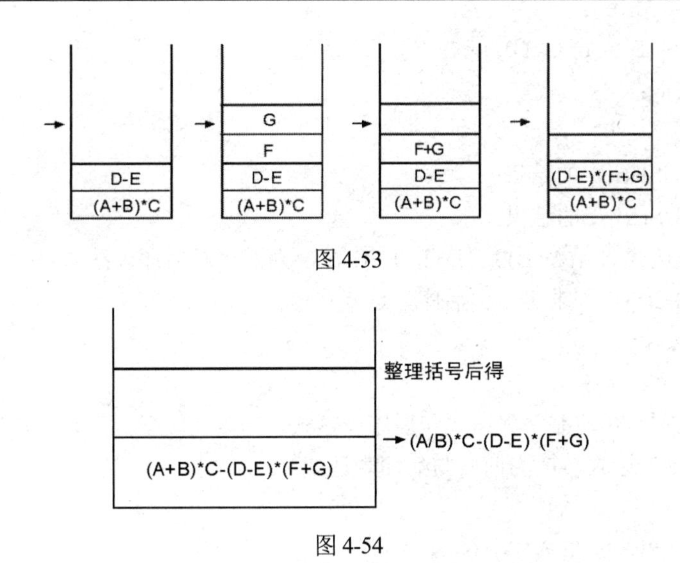

图 4-53

图 4-54

至此，相信大家可以非常清楚地知道前序、中序、后序表达式的特色及相互之间的转换关系。而转换的方法也各有不同。一般而言，我们只需牢记一种转换方式即可，至于要如何选择，就看你认为哪种方法最方便简单了。

课后习题

1．常见堆栈的基本运算有哪几种？

2．请比较以数组结构来制作堆栈和以链表来制作堆栈两者之间的优缺点。

3．请举出至少三种常见的堆栈应用。

4．下式为一般的数学表达式，其中“*”表示乘法，“/”表示除法。

A*B+(C/D)

请回答下列问题：

（1）写出上式的前序表达式。

（2）若改变各运算符号的计算优先次序为：

① 优先次序完全一样，且为左结合运算。

② 括号“()”内的符号最先计算。

则上式的前序表达式是什么？

（3）要写一段程序完成（2）的转换，下列数据结构哪个合适？

① 队列　　② 堆栈

③ 表　　④ 环

5．试写出利用两个堆栈执行下列表达式的每一个步骤。

a+b*(c−1)+5

6．将下列中序表达式改为后序表达式。

（1）A**−B+C

（2）¬(A&¬(B<C or C>D)) or C<E

7. 解释下列名词：

（1）堆栈

（2）TOP(PUSH(i,s))的结果

（3）POP(PUSH(i,s))的结果

8. 试将中序表达式 X=((A+B)CD+E–F)/G 转换为前序及后序表达式（“$”代表乘号）。

9. 若 A=1,B=2,C=3，则求出下面后序表达式之值。

ABC+*CBA–+*

AB+C–AB+*

10. 求 A–B*(C+D)/E 的前序表达式和后序表达式。

11. 将下列中序表达式转换为前序与后序表达式：

（1）A/B↑C+D*E–A*C

（2）(A+B)*D+E/(F+A*D)+C

（3）A↑B↑C

（4）A↑–B+C

12. 将下列中序表达式转换为前序与后序表达式：

（1）(A/B*C–D)+E/F/(G+H)

（2）(A+B)*C–(D–E)*(F+G)

13. 求下列中序表达式(A+B)*D–E/(F+C)+G 的后序表达式。

14. 将下面的中序法转成前序与后序表达式（以下皆用堆栈法）。

A/B↑C+D*E–A*C

15. 请以堆栈法将下列两种表示法转为中序法。

（1）–+/A**BC*DE*AC

（2）AB*CD+–A/

16. 请计算下列后序表达式 abc–d+/ea–*c*的值（a=2，b=3，c=4，d=5，e=6）。

第 5 章

队　列

队列（Queue）和堆栈都是有序列表，也属于抽象型数据类型（ADT），所有加入与删除的动作都发生在不同的两端，并且符合 First In First Out（先进先出）的特性。队列的概念就好比乘火车时买票的队伍，先到的人当然可以优先买票，买完后就从前端离去准备乘火车，而队伍的后端又陆续有新的乘客加入，高铁买票的队伍就是队列原理的应用，如图 5-1 所示。

图 5-1

5.1　认识队列

我们同样可以使用数组或链表来建立一个队列。堆栈数据结构只需一个 top 指针指向堆栈顶端，而队列则必须使用 front 和 rear 两个指针（也称游标）分别指向队列的前端和末尾，如图 5-2 所示。

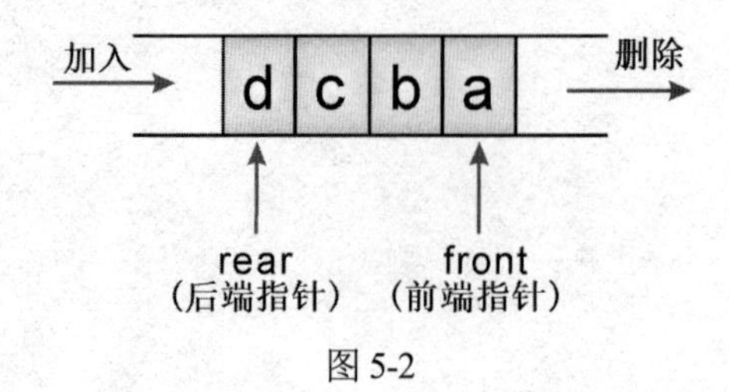

图 5-2

队列在计算机领域的应用也相当广泛，例如计算机的模拟（Simulation）、CPU 的作业调度（Job Scheduling）、外围设备联机并发处理系统（Spooling）的应用与图遍历的广度优先搜索法（BFS）。

5.1.1 队列的基本操作

队列是一种抽象数据结构（Abstract Data Type，ADT），它有下列特性：

- 具有先进先出（FIFO）的特性。
- 拥有两种基本操作：加入与删除，而且使用 front 与 rear 两个指针来分别指向队列的前端与末尾。

队列的基本运算有以下 5 种：

- Create：建立空队列。
- Add：将新数据加入队列的尾端，返回新队列。
- Delete：删除队列前端的数据，返回新队列。
- Front：返回队列前端的值。
- Empty：若队列为空集合，返回真（true），否则返回假（false）。

5.1.2 用队列实现数组

下面我们就简单地来实现队列的工作运算，其中队列声明为 queue[20]，且一开始 front 和 rear 均默认为–1（因为 Java 语言数组的索引从 0 开始），表示空队列。加入数据时请输入 1，要取出数据时可输入 2，将会直接打印队列前端的值，要结束请按 3。

【范例程序：ch05_01.java】

```
01    // 实现队列数据的存入和取出
02
03    import java.io.*;
04    public class ch05_01
05    {
06      public static int front=-1,rear=-1,max=20;
07      public static int val;
08      public static char ch;
09      public static int queue[]=new int[max];
10      public static void main(String args[]) throws IOException
11      {
12        String strM;
```

```
13      int M=0;
14      BufferedReader keyin=new BufferedReader(new InputStreamReader
    (System.in));
15      while(rear<max-1&& M!=3)
16      {
17        System.out.print("[1]存入一个数值[2]取出一个数值[3]结束: ");
18        strM=keyin.readLine();
19        M=Integer.parseInt(strM);
20        switch(M)
21        {
22          case 1:
23              System.out.print("\n[请输入数值]: ");
24              strM=keyin.readLine();
25              val=Integer.parseInt(strM);
26              rear++;
27              queue[rear]=val;
28              break;
29          case 2:
30              if(rear>front)
31              {
32                front++;
33                System.out.print("\n[ 取 出 数 值 为 ]:  ["+queue
    [front]+"]"+"\n");
34                queue[front]=0;
35              }
36              else
37              {
38                System.out.print("\n[队列已经空了]\n");
39                break;
40              }
41              break;
42          default:
43              System.out.print("\n");
44              break;
45        }
46      }
47      if(rear==max-1) System.out.print("[队列已经满了]\n");
48      System.out.print("\n[当前队列中的数据]:");
49      if (front>=rear)
50      {
51        System.out.print("没有\n");
52        System.out.print("[队列已经空了]\n");
53      }
54      else
55      {
56        while (rear>front)
57        {
58          front++;
59          System.out.print("["+queue[front]+"]");
60        }
61        System.out.print("\n");
62      }
63    }
64  }
```

【执行结果】参见图 5-3。

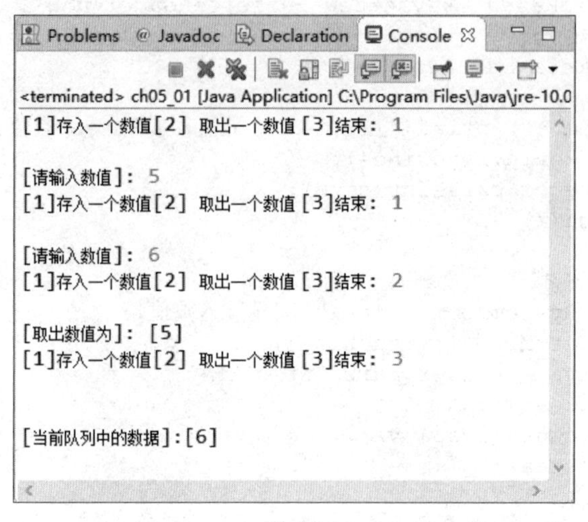

图 5-3

经过以上有关队列数组的实现与说明过程，我们将会发现在队列中加入与删除数据时，因为队列需要两个指针 front、rear 来指向它的底部和顶端。当 rear=n（0 队列容量）时，会产生一个小问题，如表 5-1 所示。

表 5-1　指针 front、rear 指向底部和顶端

事件说明	front	rear	Q(1)	Q(2)	Q(3)	Q(4)
空队列 Q	0	0				
data1 进入	0	1	data1			
data2 进入	0	2	data1	data2		
data3 进入	0	3	data1	data2	data3	
data1 离开	1	3		data2	data3	
data4 进入	1	4		data2	data3	data4
data2 离开	2	4			data3	data4
data5 进入					data3	data4

data5 无法进入

从上表中可以发现在队列中还有 Q(1)与 Q(2)两个空间，因为 rear=n(n=4)，所以会认为队列已满（Queue-Full），新的数据 data5 不能再加入。这时候，我们可以将队列中的数据往前移，移出空间让新数据加入，如图 5-4 所示。

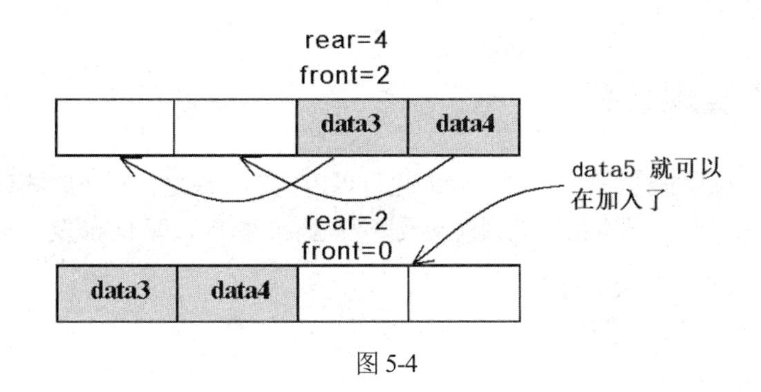

图 5-4

这种在队列中移动数据的做法虽可以解决队列空间浪费的问题，但是，如果队列中的数据过多时，将会造成时间的浪费。如图 5-5 和图 5-6 所示。

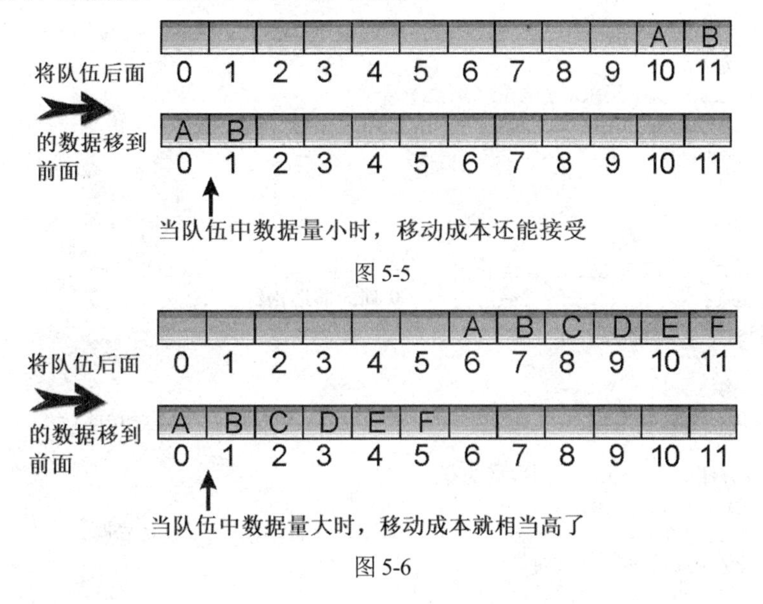

图 5-5

图 5-6

【范例 5.1.1】

（1）下列哪项不是队列（Queue）概念的应用？

（A）操作系统的任务调度　（B）输出的缓冲

（C）汉诺塔的解决方法　（D）高速公路的收费站收费

答：（C）

（2）下列哪一种数据结构是线性表？

（A）堆栈　（B）队列　（C）双向队列　（D）数组　（E）树

答：（A）、（B）、（C）、（D）

5.1.3 用链表实现队列

队列除了能以数组的方式来实现外，我们也可以用链表实现之。在声明队列类中，除了和队列类中相关的方法外，还必须有指向队列前端及队列尾端的指针，即 front 及 rear。

【范例程序：ch05_02.java】

```
01  // 用链表来实现队列
02
03  import java.io.*;
04  class QueueNode                  // 队列节点类
05  {
06    int data;                      // 节点数据
07    QueueNode next;              // 指向下一个节点
08    //构造函数
09    public QueueNode(int data) {
10      this.data=data;
11      next=null;
12    }
13  };
14
15  class Linked_List_Queue { //队列类
16    public QueueNode front; //队列的前端指针
17    public QueueNode rear;  //队列的尾端指针
18
19    //构造函数
20    public Linked_List_Queue() { front=null; rear=null; }
21
22    //方法 enqueue:队列数据的存入
23    public boolean enqueue(int value) {
24      QueueNode node= new QueueNode(value); //建立节点
25      //检查是否为空队列
26      if (rear==null)
27        front=node; //新建立的节点成为第 1 个节点
28      else
29        rear.next=node; //将节点加入到队列的尾端
30      rear=node; //将队列的尾端指针指向新加入的节点
31      return true;
32    }
33
34    //方法 dequeue:队列数据的取出
35    public int dequeue() {
36      int value;
37      //检查队列是否为空队列
38      if (!(front==null)) {
39        if(front==rear) rear=null;
40        value=front.data; //将队列数据取出
41        front=front.next; //将队列的前端指针指向下一个
42        return value;
43      }
44      else return -1;
45    }
```

```
46    } //队列类声明结束
47
48    public class ch05_02 {
49    // 主程序
50      public static void main(String args[]) throws IOException {
51        Linked_List_Queue queue =new Linked_List_Queue(); //创建队列对象
52        int temp;
53        System.out.println("用链表来实现队列");
54        System.out.println("=====================================");
55        System.out.println("在队列前端加入第 1 个数据，此数据值为 1");
56        queue.enqueue(1);
57        System.out.println("在队列前端加入第 2 个数据，此数据值为 3");
58        queue.enqueue(3);
59        System.out.println("在队列前端加入第 3 个数据，此数据值为 5");
60        queue.enqueue(5);
61        System.out.println("在队列前端加入第 4 个数据，此数据值为 7");
62        queue.enqueue(7);
63        System.out.println("在队列前端加入第 5 个数据，此数据值为 9");
64        queue.enqueue(9);
65        System.out.println("=====================================");
66        while (true) {
67          if (!(queue.front==null)) {
68            temp=queue.dequeue();
69            System.out.println("从队列前端按序取出的数据值为："+temp);
70          }
71          else
72            break;
73        }
74        System.out.println();
75      }
76    }
```

【执行结果】参见图 5-7。

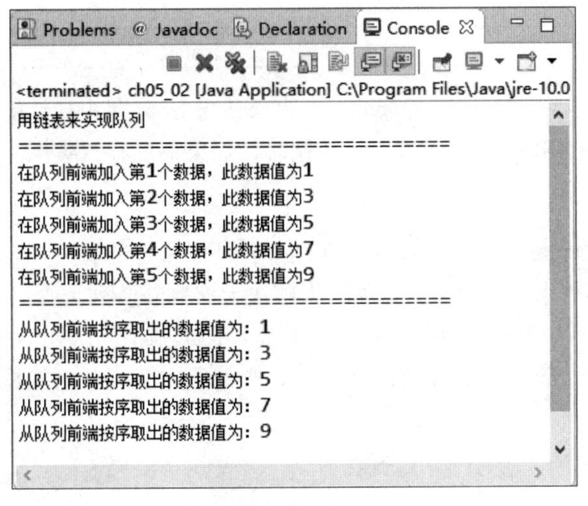

图 5-7

5.2 队列的应用

队列在计算机领域的应用也相当广泛，例如：

- 图遍历的广度优先查找法（BFS），就可以使用队列。
- 可用于计算机的模拟（simulation）。在模拟过程中，由于各种事件（Event）的输入时间不一定，可以使用队列来反映真实情况。
- 可作为 CPU 的作业调度（Job Scheduling）。使用队列来处理，可实现先到先执行的要求。
- “外围设备联机并发处理系统”（Spooling）的应用，也就是让输入/输出的数据先在高速磁盘驱动器中完成，也就是把磁盘当成一个大型的工作缓冲区（Buffer），如此可让输入/输出操作快速完成，也缩短了系统响应的时间，接下来将磁盘数据输出到打印机是由系统软件来负责，这其中就应用了队列的工作原理。

5.2.1 环形队列

在前面的 5.1.2 小节中，当执行到步骤 6 之后，此队列的状态如下所示：

取出 dataB	1	3			dataC	dataD

不过，现在的问题是这个队列事实上还有空间，即是 Q(0)与 Q(1)两个空间，不过因为 rear = MAX_SIZE – 1 = 3，使得新数据无法加入队列。怎么办？解决方法有两种。

第一种，当队列已满时，便将所有的元素向前（左）移到 Q(0) 为止，不过，如果队列中的数据过多，移动时将比较耗时。如下所示：

移动 dataB、C	–1	1	dataB	dataC		

第二种，利用环形队列（Circular Queue），让 rear 与 front 两个指针能够永远介于 0 与 n–1 之间，也就是当 rear = MAXSIZE–1，无法存入数据时，如果仍要存入数据，就可将 rear 重新指向索引值为 0 处。

所谓环形队列（Circular Queue），其实就是一种环形结构的队列，它仍是 Q(0:n–1)的一维数组，同时 Q(0)为 Q(n–1)的下一个元素，这就可以解决无法判断队列是否溢出的问题。指针 front 永远以逆时钟方向指向队列中第一个元素的前一个位置，rear 则指向队列当前的最后位置，如图 5-8 所示的环形队列。一开始 front 和 rear 均默认为–1，表示为空队列，也就是说如果 front = rear 则为空队列。另外：

```
rear←(rear+1) mod n
front←(front+1) mod n
```

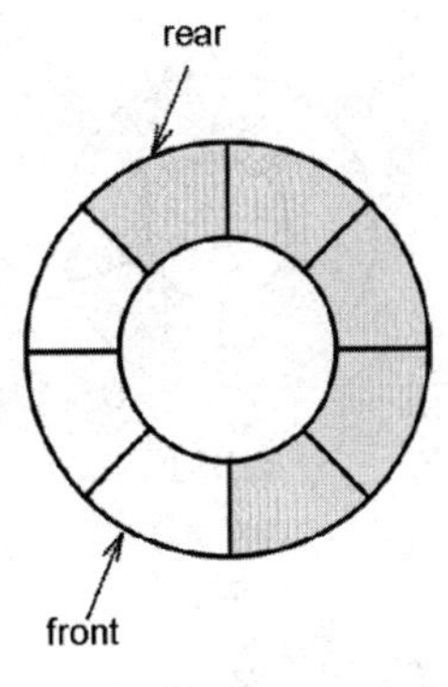

图 5-8

之所以将 front 指向队列中第一个元素的前一个位置，原因是环形队列为空队列和满队列时，front 和 rear 都会指向同一个地方，如此一来我们便无法利用 front 是否等于 rear 这个判别式来判断到底当前是空队列还是满队列。

为了解决此问题，除了上述方式仅允许队列最多只能存放 n–1 项数据（亦牺牲最后一个空间），当 rear 指针的下一个是 front 的位置时，就认定队列已满，无法再将数据加入，如图 5-9 所示便是填满的环形队列的示意图。

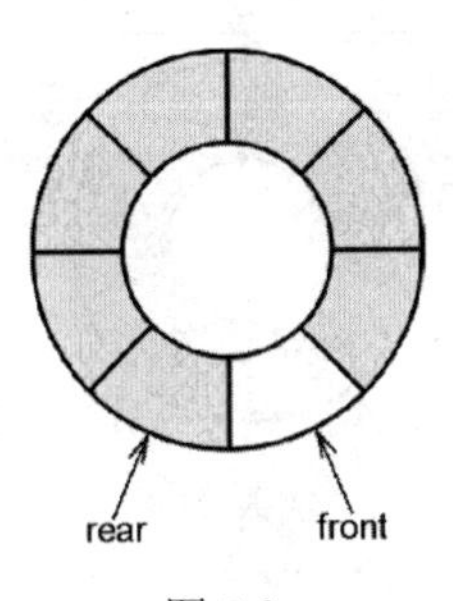

图 5-9

下面我们将环形队列的整个操作过程如图 5-10 所示来为大家进行说明。

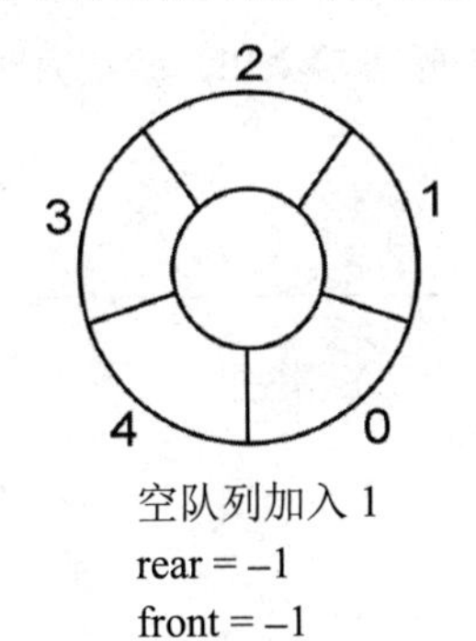

空队列加入 1
rear = –1
front = –1

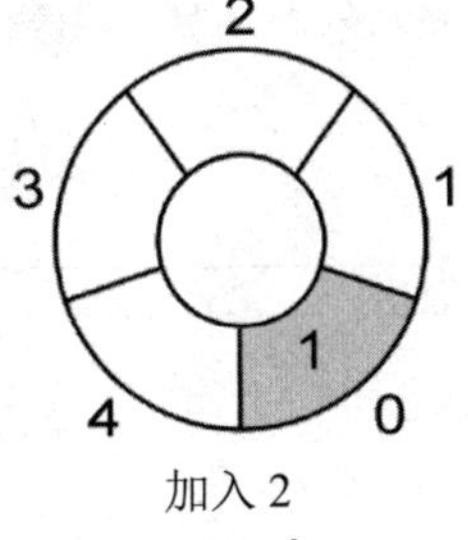

加入 2
rear = 0
front = –1

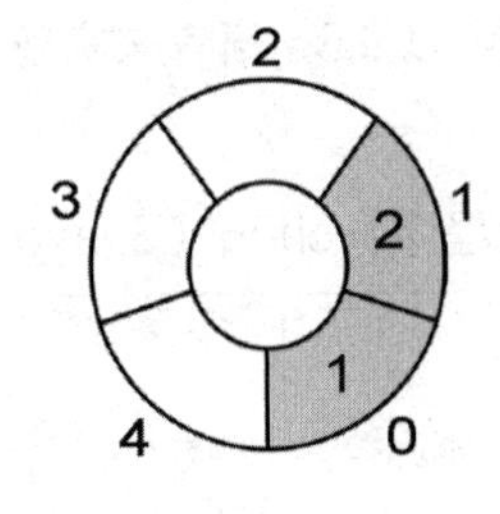

rear = 1
front = –1

图 5-10

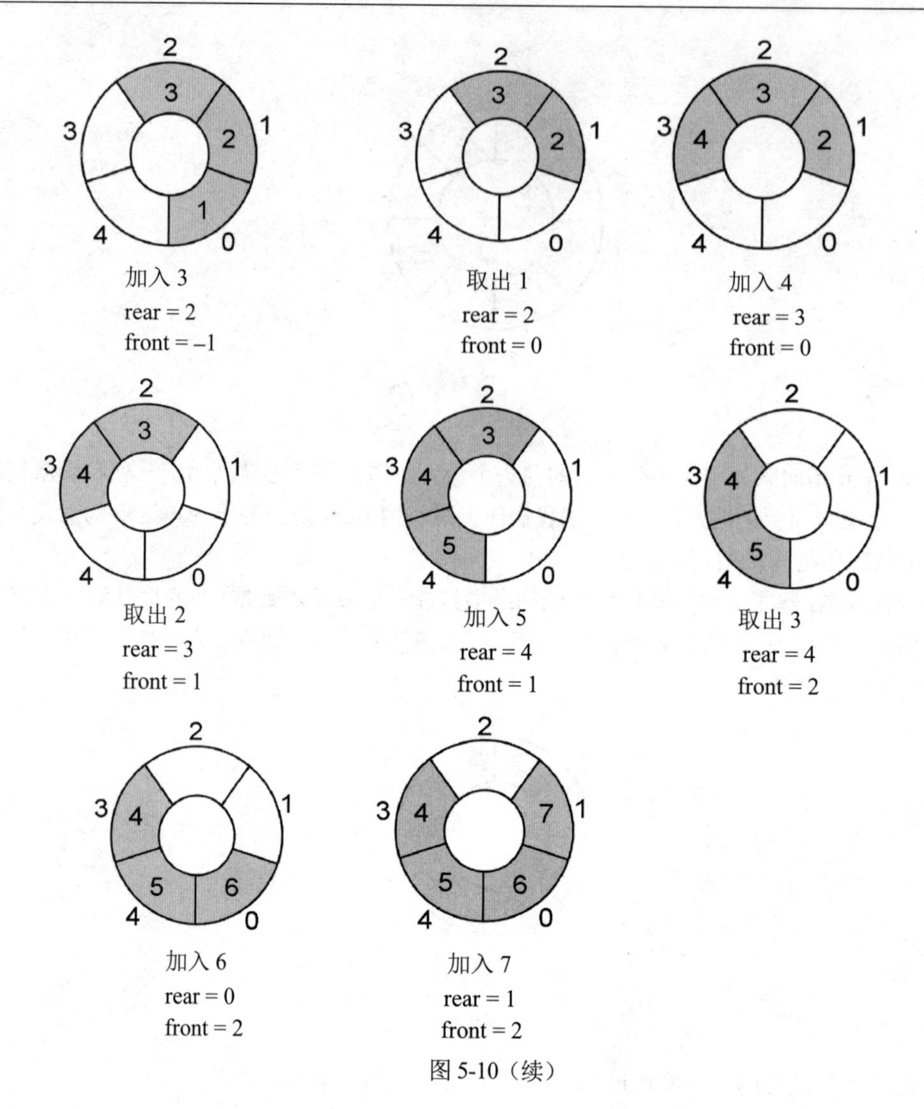

图 5-10（续）

下面我们以 Java 语言来实现一个环形队列的运算。当要取出数据时可输入 0，要结束时可输入–1。

【范例程序：ch05_03.java】

```
01    // 实现环形队列数据的存入和取出
02
03    import java.io.*;
04    public   class ch05_03
05    {
06      public static int front=-1,rear=-1,val;
07      public static int queue[] =new int[5];
08      public static void main(String args[]) throws IOException
09      {
10        String strM;
11        BufferedReader keyin=new BufferedReader(newInputStreamReader
      (System.in));
12        while(rear<5&&val!=-1)
```

```
13        {
14          System.out.print("请输入一个值以存入队列，要取出值请输入 0。(结束输入
      -1): ");
15          strM=keyin.readLine();
16          val=Integer.parseInt(strM);
17          if(val==0)
18          {
19            if(front==rear)
20            {
21              System.out.print("[队列已经空了]\n");
22              break;
23            }
24            front++;
25            if (front==5)
26              front=0;
27            System.out.print("取出队列值 ["+queue[front]+"]\n");
28            queue[front]=0;
29          }
30          else if(val!=-1&&rear<5)
31          {
32            if(rear+1==front||rear==4&&front<=0)
33            {
34              System.out.print("[队列已经满了]\n");
35              break;
36            }
37            rear++;
38            if(rear==5)
39              rear=0;
40            queue[rear]=val;
41          }
42        }
43        System.out.print("\n 队列剩余数据: \n");
44        if (front==rear)
45          System.out.print("队列已空!!\n");
46        else
47        {
48          while(front!=rear)
49          {
50            front++;
51            if (front==5)
52              front=0;
53            System.out.print("["+queue[front]+"]");
54            queue[front]=0;
55          }
56        }
57        System.out.print("\n");
58      }
59    }
```

【执行结果】参见图 5-11。

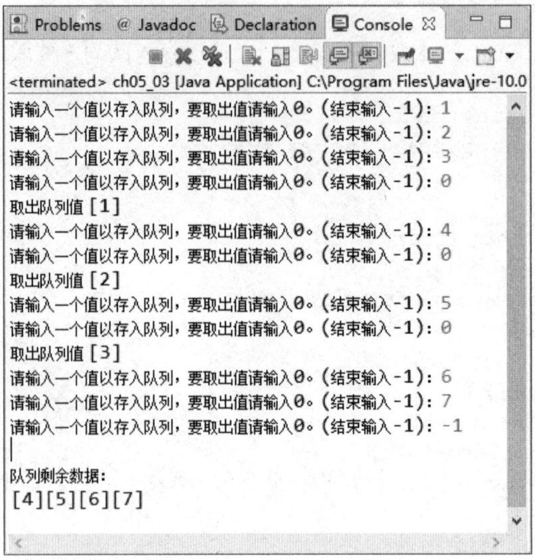

Problems @ Javadoc Declaration Console
<terminated> ch05_03 [Java Application] C:\Program Files\Java\jre-10.0
请输入一个值以存入队列，要取出值请输入0。(结束输入-1): 1
请输入一个值以存入队列，要取出值请输入0。(结束输入-1): 2
请输入一个值以存入队列，要取出值请输入0。(结束输入-1): 3
请输入一个值以存入队列，要取出值请输入0。(结束输入-1): 0
取出队列值 [1]
请输入一个值以存入队列，要取出值请输入0。(结束输入-1): 4
请输入一个值以存入队列，要取出值请输入0。(结束输入-1): 0
取出队列值 [2]
请输入一个值以存入队列，要取出值请输入0。(结束输入-1): 5
请输入一个值以存入队列，要取出值请输入0。(结束输入-1): 0
取出队列值 [3]
请输入一个值以存入队列，要取出值请输入0。(结束输入-1): 6
请输入一个值以存入队列，要取出值请输入0。(结束输入-1): 7
请输入一个值以存入队列，要取出值请输入0。(结束输入-1): -1
队列剩余数据:
[4][5][6][7]

图 5-11

5.2.2 双向队列

双向队列是英文名称（Double-ends Queues）的缩写，双向队列就是一种前后两端都可输入或取出数据的有序表，如图 5-12 所示的双向队列示意图。

取出
取出
加入
加入

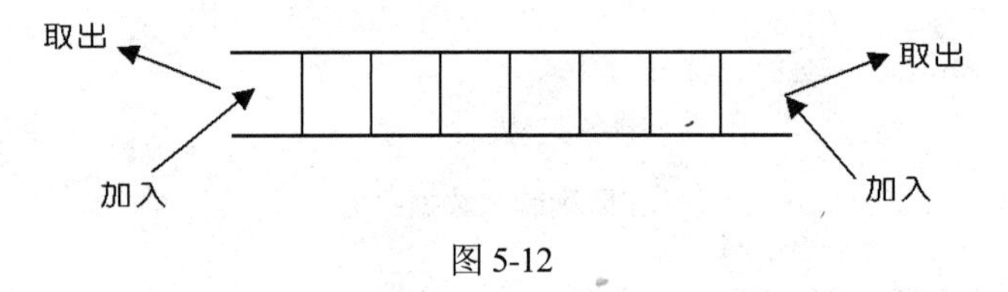

图 5-12

在双向队列中，我们仍然使用两个指针，分别指向加入端和取出端，只是加入和取出数据时，各指针所扮演的角色不再是固定的加入或取出，而且两边的指针都向队列中央移动，其他部分则和一般队列无异。

假设我们尝试利用双向队列依次输入 1、2、3、4、5、6、7 七个数字，试问是否能够得到 5174236 的输出排列？因为依次输入 1、2、3、4、5、6、7 且要输出 5174236，因此可得到如图 5-13 所示的队列。

1
2
3
4
7
5
front1
rear1
rear2
front2

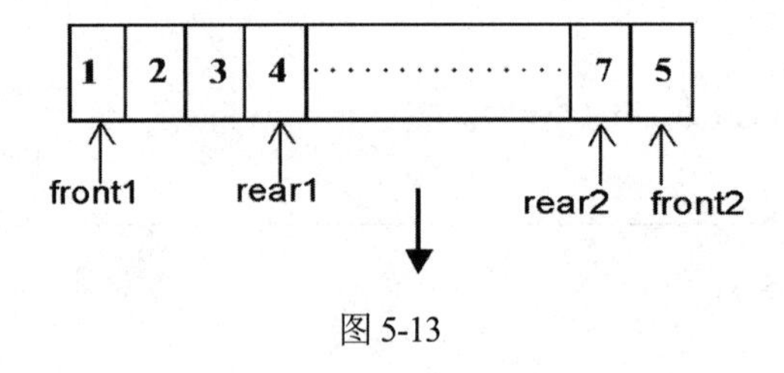

图 5-13

因为要输出 5174236 的话，6 为最后一位，所以可得到如图 5-14 所示的队列。

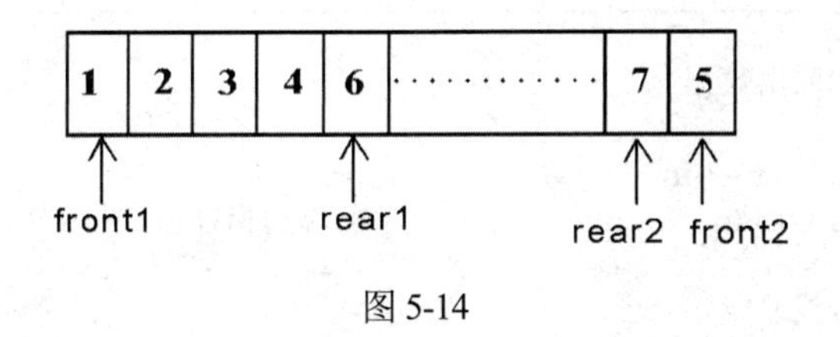

图 5-14

由图 5-13 和图 5-14 明显得知，无法输出 5174236 的排列。

【范例程序：ch05_04.java】

```
01  // 输入限制性双向队列的实现
02
03  import java.io.*;
04  class QueueNode                    // 队列节点类
05  {
06    int data;                        // 节点数据
07    QueueNode next;                  // 指向下一个节点
08    //构造函数
09    public QueueNode(int data) {
10      this.data=data;
11      next=null;
12    }
13  };
14
15  class Linked_List_Queue { //队列类
16    public QueueNode front; //队列的前端指针
17    public QueueNode rear;  //队列的尾端指针
18
19    //构造函数
20    public Linked_List_Queue() { front=null; rear=null; }
21
22    //方法 enqueue:队列数据的存入
23    public boolean enqueue(int value) {
24      QueueNode node= new QueueNode(value); //建立节点
25      //检查是否为空队列
26      if (rear==null)
27        front=node; //新建立的节点成为第 1 个节点
28      else
29        rear.next=node; //将节点加入到队列的尾端
30      rear=node; //将队列的尾端指针指向新加入的节点
31      return true;
32    }
33
34  //方法 dequeue:队列数据的取出
35    public int dequeue(int action) {
36      int value;
37      QueueNode tempNode,startNode;
38      //从前端取出数据
39      if (!(front==null) && action==1) {
40        if(front==rear) rear=null;
41        value=front.data; //将队列数据从前端取出
42        front=front.next; //将队列的前端指针指向下一个
43        return value;
```

```
44        }
45        //从尾端取出数据
46        else
47          if(!(rear==null) && action==2) {
48            startNode=front;  //先记下前端的指针值
49            value=rear.data;  //取出当前尾端的数据
50            //查找最尾端节点的前一个节点
51            tempNode=front;
52            while (front.next!=rear && front.next!=null){
53              front=front.next;tempNode=front;}
54              front=startNode;  //记录从尾端取出数据后的队列前端指针
55              rear=tempNode;    //记录从尾端取出数据后的队列尾端指针
56    //下一行程序是指当队列中仅剩下最后一个节点时，取出数据后便将 front 及 rear 指向
      null
57              if ((front.next==null) || (rear.next==null))
                { front=null;rear=null; }
58              return value;
59            }
60          else return -1;
61        }
62      }
63    } //队列类声明结束
64
65    public class ch05_04 {
66    // 主程序
67      public static void main(String args[]) throws IOException {
68        Linked_List_Queue queue =new Linked_List_Queue(); //创建队列对象
69        int temp;
70        System.out.println("用链表来实现双向队列");
71        System.out.println("====================================");
72        System.out.println("在双向队列前端加入第 1 个数据，此数据值为 1");
73        queue.enqueue(1);
74        System.out.println("在双向队列前端加入第 2 个数据，此数据值为 3");
75        queue.enqueue(3);
76        System.out.println("在双向队列前端加入第 3 个数据，此数据值为 5");
77        queue.enqueue(5);
78        System.out.println("在双向队列前端加入第 4 个数据，此数据值为 7");
79        queue.enqueue(7);
80        System.out.println("在双向队列前端加入第 5 个数据，此数据值为 9");
81        queue.enqueue(9);
82        System.out.println("====================================");
83        temp=queue.dequeue(1);
84        System.out.println("从双向队列前端按序取出的数据值为："+temp);
85        temp=queue.dequeue(2);
86        System.out.println("从双向队列尾端按序取出的数据值为："+temp);
87        temp=queue.dequeue(1);
88        System.out.println("从双向队列前端按序取出的数据值为："+temp);
89        temp=queue.dequeue(2);
90        System.out.println("从双向队列尾端按序取出的数据值为："+temp);
91        temp=queue.dequeue(1);
92        System.out.println("从双向队列前端按序取出的数据值为："+temp);
93        System.out.println();
94      }
95    }
```

【执行结果】参见图 5-15。

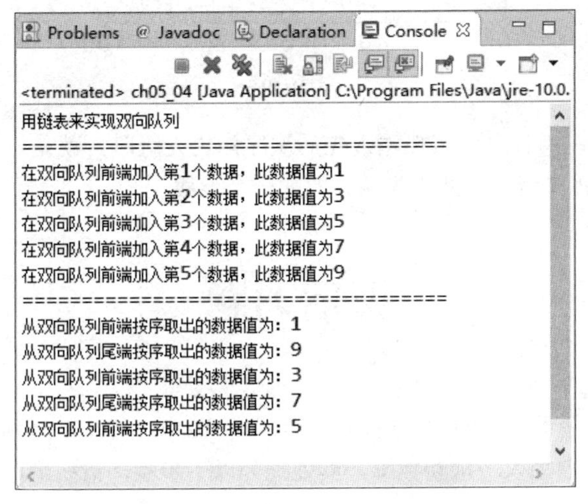

图 5-15

5.2.3 优先队列

优先队列（Priority Queue）为一种不必遵守队列特性 FIFO（先进先出）的有序线性表，其中的每一个元素都赋予一个优先级（Priority），加入元素时可任意加入，但有最高优先级者（Highest Priority Out First，HPOF）则最先输出。

像一般医院中的急诊室，当然以最严重的病患（如 SARS 病人）优先诊治，跟进入医院挂号的顺序无关。或者在计算机中 CPU 的作业调度，优先级调度（Priority Scheduling，PS）就是一种按进程优先级“调度算法”（Scheduling Algorithm）进行的调度，这种调度就会使用到优先队列，好比优先级高的用户，就比一般用户拥有较高的权利。

假设有 4 个进程 P1，P2，P3 和 P4，其在很短的时间内先后到达等待队列，每个进程所运行时间如表 5-2 所示。

表 5-2 每个进程所运行的时间

任务名称	各任务所需的运行时间
P1	30
P2	40
P3	20
P4	10

在此设置每个 P1、P2、P3、P4 的优先次序值分别为 2，8，6，4（此处假设数值越小其优先级越低；数值越大其优先级越高），以下就是以甘特图（Gantt Chart）绘出的优先级调度（Priority Scheduling，PS）情况。

以 PS 方法调度所绘出的甘特图，如图 5-16 所示。

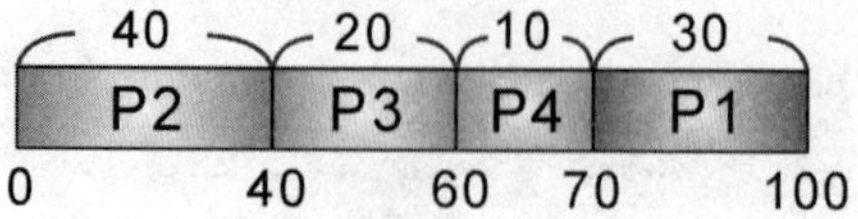

40 20 10 30
P2 P3 P4 P1
0 40 60 70 100

图 5-16

在此特别提醒读者，当各个元素按输入先后次序为优先级时，就是一般的队列，假如是以输入先后次序的倒序作为优先级时，此优先队列即为一个堆栈。

课后习题

1. 设计一个队列存储于全长为 N 的密集表 Q 内，HEAD、TAIL 分别为其开始和结尾指针，均以 null 表示为空。现欲加入一项新数据，其处理为以下步骤，请按顺序回答数字标号①②③④⑤的空缺部分。

（1）按序按条件做下列选择：

① 若 __①__，则表示 Q 已存满，无法进行插入操作。

② 若 HEAD 为 null，则表示 Q 内为空，可取 HEAD = 1，TAIL = __②__。

③ 若 TAIL = N，则表示 __③__ 须将 Q 内从 HEAD 到 TAIL 位置的数据，从 1 移到 __④__ 的位置，并取 TAIL = __⑤__，HEAD = 1。

（2）TAIL = TAIL+1。

（3）New Entry 移入 Q 内的 TAIL 处。

（4）结束插入操作。

2. 什么是多重队列？请说明其定义与目的。

3. 请列出队列常见的基本运算。

4. 请说明队列应具备的基本特性。

5. 如果用链表来实现队列，其 Java 的类声明如何定义？

6. 请举出至少三种队列常见的应用。

7. 说明环形队列的基本概念。

8. 什么是优先队列？请说明。

第6章

树结构

树结构（也称为树形结构）是一种日常生活中应用相当广泛的非线性结构，包括企业内的组织结构、家族的族谱、篮球赛程等。另外，在计算机领域中的操作系统与数据库管理系统都是树结构，例如 Windows、Unix 操作系统和文件系统，均是一种树结构的应用。Windows 的文件资源管理器就是以树结构来存储各种文件，如图 6-1 所示。

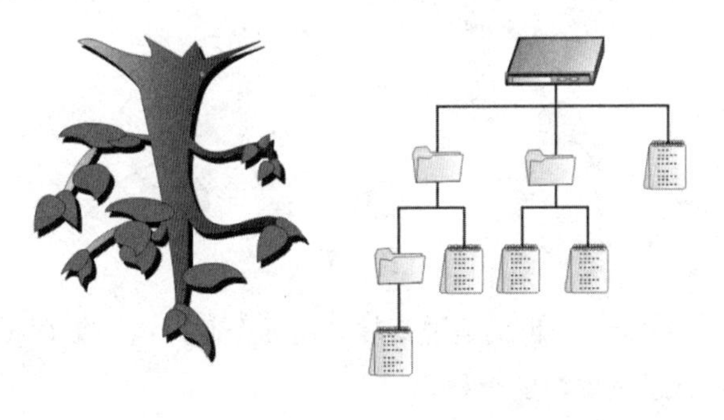

图 6-1

例如，在年轻人喜爱的大型网络游戏中，需要获取某些物体所在的地形信息，如果程序是依次从构成地形的模型三角面查找，往往会耗费许多运行时间，非常低效。因此，程序员一般会使用树结构中的二叉空间分割树（BSP tree）、四叉树（Quadtree）、八叉树（Octree）等来代表分割场景的数据，四叉树示意图如图 6-2 所示，地形与四叉树的对应关系如图 6-3 所示。

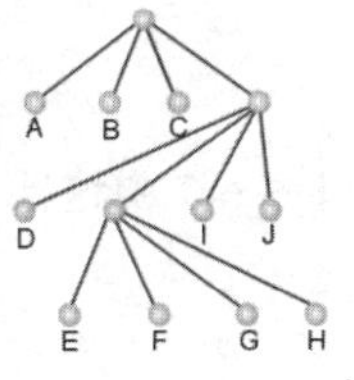

图 6-2

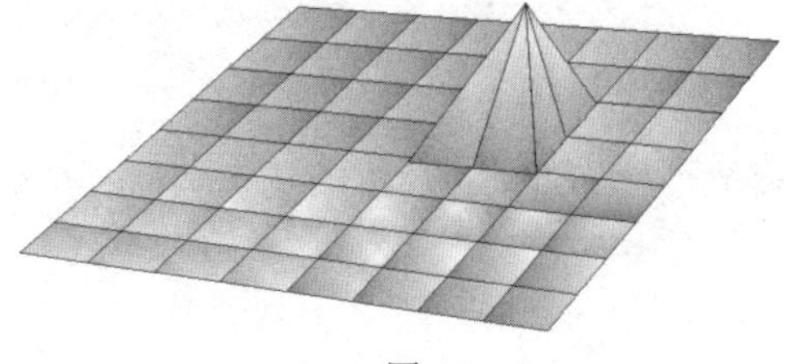

图 6-3

6.1 树的基本概念

“树”（Tree）是由一个或一个以上的节点（Node）组成，存在一个特殊的节点，称为树根（Root）。每个节点是一些数据和指针组合而成的记录。除了树根，其余节点可分为 n≥0 个互斥的集合，即是 T_1，T_2，T_3，…，T_n，其中每一个子集合本身也是一种树结构，即此根节点的子树，如图 6-4 所示。

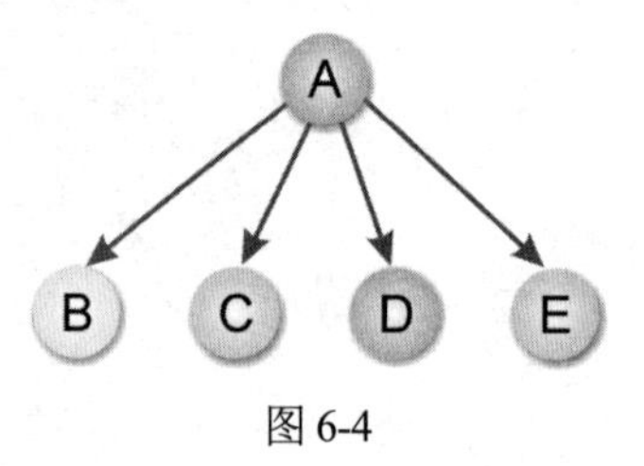

图 6-4

A 为根节点，B、C、D、E 均为 A 的子节点。

一棵合法的树，节点间可以互相连接，但不能形成无出口的回路。例如图 6-5 就是一棵不合法的树，因为节点间形成了无出口的回路。

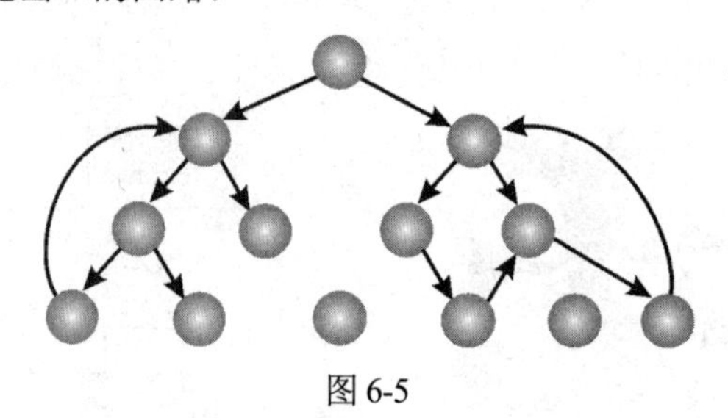
图 6-5

树还可以组成森林（Forest），也就是说森林是由 n 个互斥树的集合（n≥0），移去树根即为森林。例如图 6-6 就为包含了三棵树的森林。

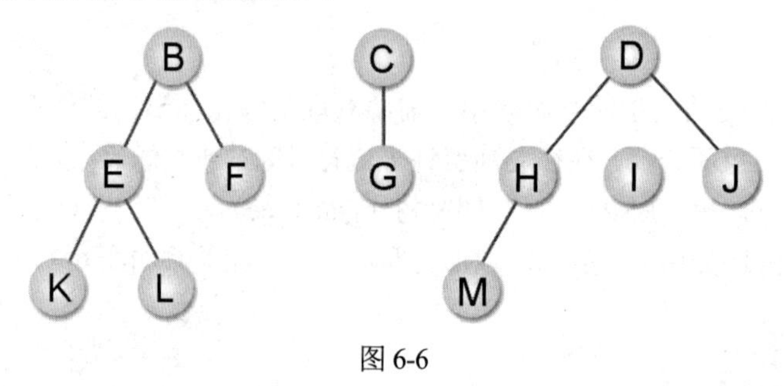

图 6-6

在树结构中，有许多常用的专有名词，在本节中将以图 6-7 中这棵合法的树，来为大家详细介绍。

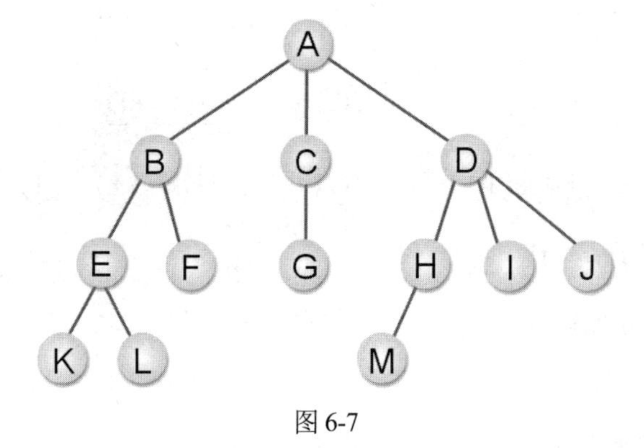

图 6-7

- **度数（Degree）：** 每个节点所有子树的个数。例如像图 6-7 中节点 B 的度数为 2，D 的度数为 3，F、K、I、J 等的度数为 0。
- **层数（Level）：** 树的层数，假设树根 A 为第一层，BCD 节点的层数为 2，E、F、G、H、I、J 的层数为 3。
- **高度（Height）：** 树的最大层数。图 6-5 所示的树的高度为 4。
- **树叶或称终端节点（Terminal Node）：** 度数为零的节点就是树叶，如图 6-7 中的 K、L、F、G、M、I、J 就是树叶，图 6-8 则有 4 个树叶节点，如 E、C、H、I。

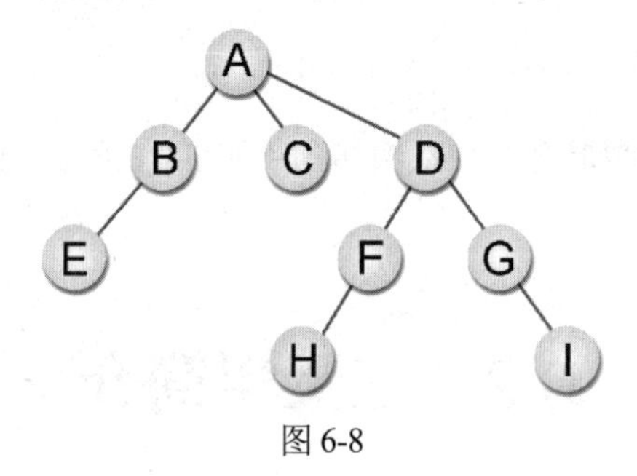

图 6-8

- **父节点（Parent）：** 每一个节点有连接的上一层节点（即为父节点），如图 6-7 所示，F 的父节点为 B，而 B 的父节点为 A，通常在绘制树形图时，我们会将父节点画在子节点的上方。
- **子节点（Children）：** 每一个节点有连接的下一层节点为子节点，还是看图 6-7 中 A 的子节点为 B、C、D，而 B 的子节点为 E、F。
- **祖先（Ancestor）和子孙（Descendent）：** 所谓祖先，是指从树根到该节点路径上所包含的节点，而子孙则是在该节点往下追溯子树中的任一节点。在图 6-7 中，K 的祖先为 A、B、E 节点，H的祖先为 A、D 节点，节点 B 的子孙为 E、F、K、L。
- **兄弟节点（Sibling）：** 有共同父节点的节点为兄弟节点，在图 6-7 中，B、C、D 为兄弟节点，H、I、J 也为兄弟节点。
- **非终端节点（Nonterminal Node）：** 树叶以外的节点，如图 6-7 中的 A、B、C、D、E、H 等。
- **高度（Height）：** 树的最大层数，如图 6-7 所示的树结构的高度为 4。
- **同代（Generation）：** 在同一棵中具有相同层数的节点，如图 6-9 中的 E、F、G、H、I、J 或是 B、C、D。
- **森林（Forest）：** 森林是由 n 个互斥树的集合（n≥0），移去树根即为树林。例如图 6-9 为包含三棵树的森林。

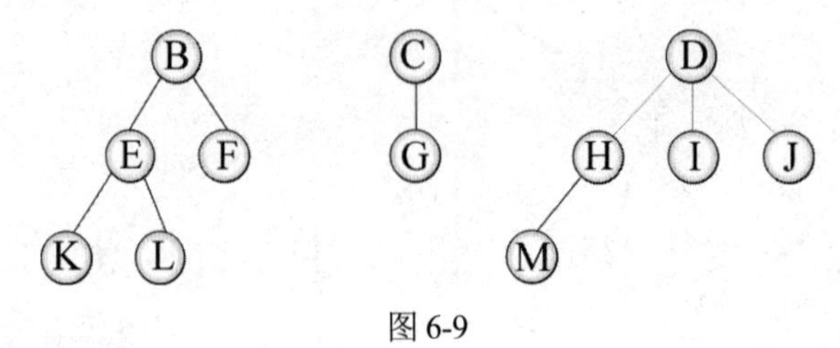

图 6-9

【范例 6.1.1】

图 6-10 中树（tree）有几个树叶节点（Leaf Node）？

（A）4　（B）5　（C）9　（D）11

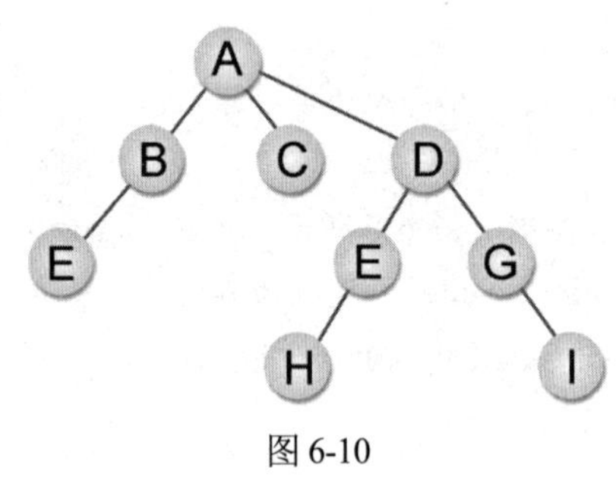

图 6-10

答：度数为零的节点称为树叶节点，从图 6-10 中可看出答案为（A），即共有 E、C、H、I 四个树叶节点。

6.2　二叉树简介

一般树结构在计算机内存中的存储方式是以链表（Linked List）为主。对于 n 叉树（n-way 树）来说，因为每个节点的度数都不相同，所以我们必须为每个节点都预留存放 n 个链接字段的最大存储空间，因而每个节点的数据结构如下：

data	$link_1$	$link_2$		$link_n$

需要特别注意，这种 n 叉树十分浪费链接存储空间。假设此 n 叉树有 m 个节点，那么此树共有 n×m 个链接字段。另外，因为除了树根外，每一个非空链接都指向一个节点，所以得知空链接个数为 $n\times m-(m-1)=m\times(n-1)+1$，而 n 叉树的链接浪费率为 $\frac{m\times(n-1)+1}{m\times n}$。因此我们可以得到以下结论：

n=2 时，2 叉树的链接浪费率约为 1/2。

n=3 时，3 叉树的链接浪费率约为 2/3。

n=4 时，4 叉树的链接浪费率约为 3/4。

……

当 n = 2 时，它的链接浪费率最低，所以为了改进存储空间浪费的缺点，我们最常使用二叉树（Binary Tree）结构来取代其他树结构。

6.2.1　二叉树的定义

二叉树（又称为 Knuth 树）是一个由有限节点所组成的集合，此集合可以为空集合，或由一个树根及其左右两个子树所组成。简单地说，二叉树最多只能有两个子节点，就是度数小于或等于 2。其计算机中的数据结构如下：

LLink	Data	RLink

二叉树和一般树的不同之处，整理如下：

（1）树不可为空集合，但是二叉树可以。
（2）树的度数为 d≥0，但二叉树的节点度数为 0≤d≤2。
（3）树的子树间没有次序关系，二叉树则有。

下面我们来看一棵实际的二叉树，如图 6-11 所示。

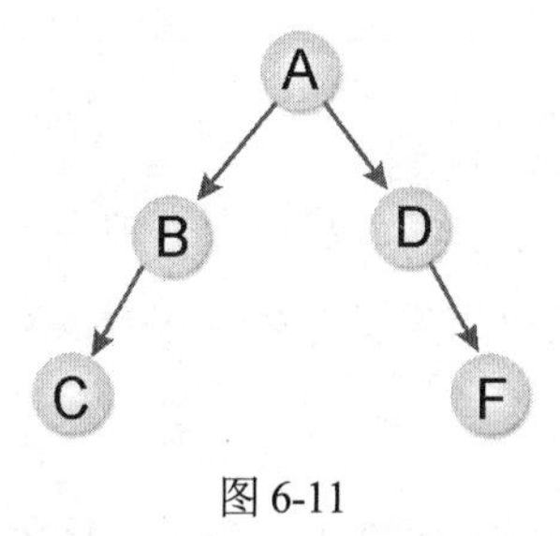

图 6-11

图 6-11 是以 A 为根节点的二叉树，且包含了以 B、D 为根节点的两棵互斥的左子树和右子树（见图 6-12）。

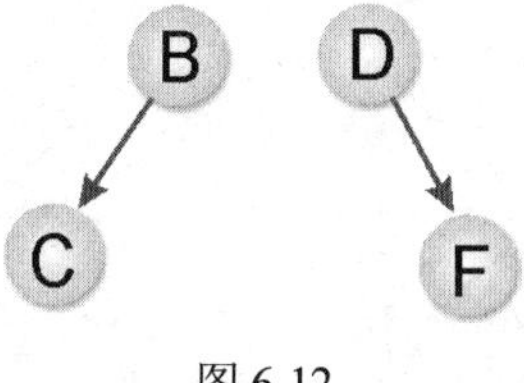

图 6-12

以上这两个左右子树都是属于同一种树结构，不过却是两棵不同的二叉树结构，原因就是二叉树必须考虑到前后次序关系。这点要特别注意。

【范例 6.2.1】

试证明高度为 k 的二叉树的总节点数是 2^k-1。

答：

其节点总数为第 1 层到第 k 层中各层中最大节点的总和：

$$\sum_{i=1}^{k} 2^{i-1} = 2^0+2^1+\ldots\ldots+2^{k-1} = \frac{2^k-1}{2-1} = 2^k-1$$

【范例 6.2.2】

对于任何非空二叉树 T，如果 n_0 为树叶节点数，且度数为 2 的节点数是 n_2，试证明 $n_0 = n_2+1$。

答：

可先行假设 n 是节点总数，n_1 是度数等于 1 的节点数，可得 $n = n_0+n_1+n_2$，再进行证明。

【范例 6.2.3】

在二叉树中，层数（Level）为 i 的节点数最多是 $2^{i-1}(i \geqslant 0)$，试证明。

答：

我们可利用数学归纳法证明：

① 当 i = 1 时，只有树根一个节点，所以 $2^{i-1} = 2^0 = 1$ 成立。

② 假设对于 j，且 $1 \leqslant j \leqslant i$，层数为 j 的最多节点数为 2^{j-1} 个成立，则在 j = i 层上的节点最多为 2^{i-1} 个。

③ 当 j = i + 1 时，因为二叉树中每一个节点的度数都不大于 2，因此在层数 j = i + 1 时的最多节点数 $\leqslant 2*2^{i-1} = 2^i$，由此得证。

6.2.2 特殊二叉树简介

由于二叉树的应用相当广泛，所以衍生了许多特殊的二叉树结构。下面分别介绍：

- 满二叉树（Fully Binary Tree）

如果二叉树的高度为 h，树的节点数为 2^h-1，$h \geqslant 0$，则我们称此树为“满二叉树”（Full Binary Tree），如图 6-13 所示。

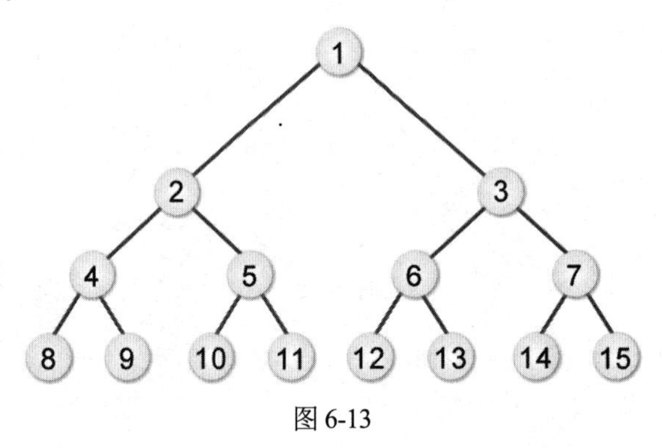

图 6-13

- 完全二叉树（Complete Binary Tree）

如果二叉树的高度为 h，所含的节点数小于 2^h-1，但其节点的编号方式如同高度为 h 的满二叉树一样，从左到右，从上到下的顺序一一对应。完全二叉树和非完全二叉树的区别，如图 6-14 所示。

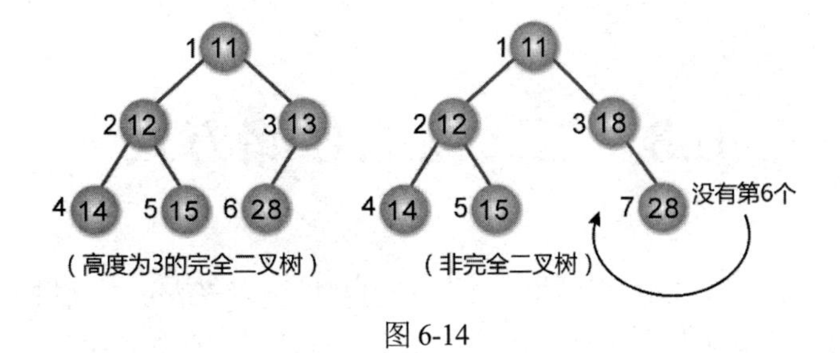

图 6-14

对于完全二叉树而言，假设有 N 个节点，那么此二叉树的层数 h 为$\lfloor \log_2(N+1) \rfloor$。

- 斜二叉树（Skewed Binary Tree）

当一个二叉树完全没有右节点或左节点时，我们就把它称为左斜二叉树或右斜二叉树，如图 6-15 所示。

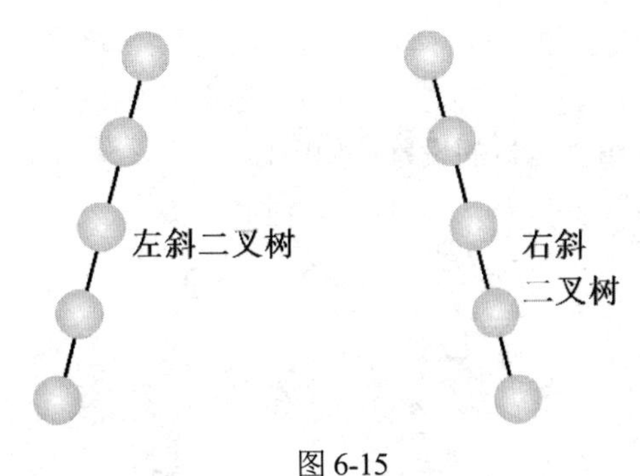

图 6-15

- 严格二叉树（Strictly Binary Tree）

二叉树中的每一个非终端节点均有非空的左右子树，如图 6-16 所示。

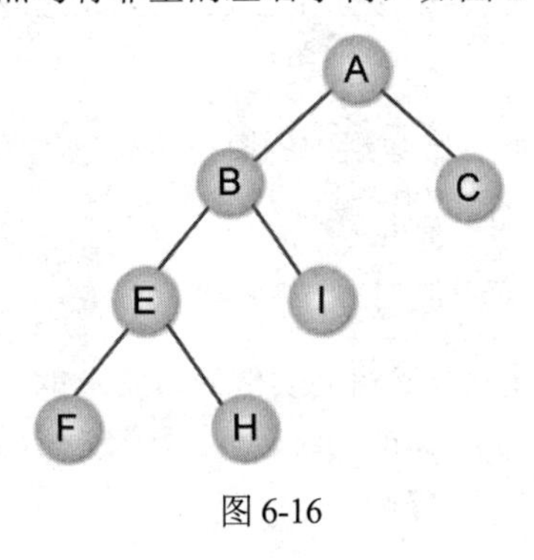

图 6-16

【范例 6.2.4】

假如有一个非空树，其度数为 5，已知度数为 i 的节点数有 i 个，其中 1≤i≤5，请问终端节点数总数是多少？

答：41 个

6.3 二叉树的存储方式

二叉树的存储方式很多，在数据结构中，我们习惯用链表来表示二叉树，这样在删除或增加节点时，会非常方便且具有弹性。当然，也可以使用一维数组这样的连续存储空间来表示二叉树，不过在对树中的中间节点进行插入与删除操作时，可能要大量移动数组中节点的存储位置来反应树节点的变动。以下我们将分别来介绍数组和链表这两种存储方法。

6.3.1 一维数组表示法

使用有序的一维数组来表示二叉树，首先可将此二叉树假想成一棵满二叉树（Full Binary Tree），而且第 k 层具有 2^{k-1} 个节点，它们按序存放在这个一维数组中。首先来看看使用一维数组建立二叉树的表示方法以及数组索引值的设置，如图 6-17 所示。

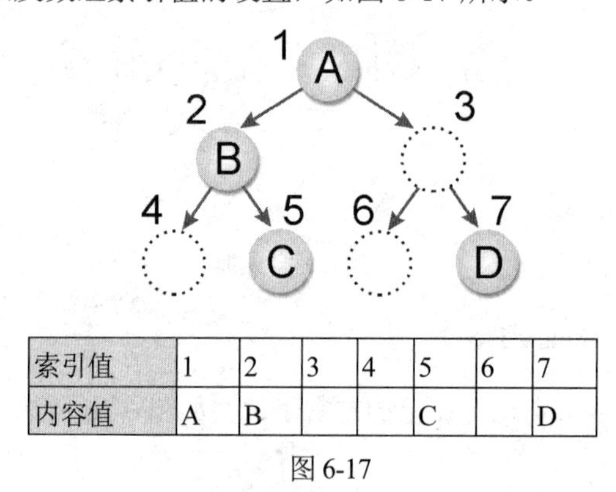

索引值	1	2	3	4	5	6	7
内容值	A	B			C		D

图 6-17

从图 6-17 中，我们可以看到此一维数组中的索引值有以下关系：

（1）左子树索引值是父节点索引值*2。

（2）右子树索引值是父节点索引值*2+1。

接着就来看如何以一维数组建立二叉树的实例，事实上就是建立一个二叉搜索树，这是一种很好的排序应用模式，因为在建立二叉树的同时，数据就经过初步的比较判断，并按照二叉树的建立规则来存放数据。二叉搜索树具有以下特点：

- 可以是空集合，但若不是空集合则节点上一定要有一个键值。
- 每一个树根的值需大于左子树的值。
- 每一个树根的值需小于右子树的值。
- 左右子树也是二叉搜索树。
- 树的每个节点值都不相同。

现在我们示范用一组数据 32、25、16、35、27，来建立一棵二叉搜索树，具体过程如图 6-18

所示。

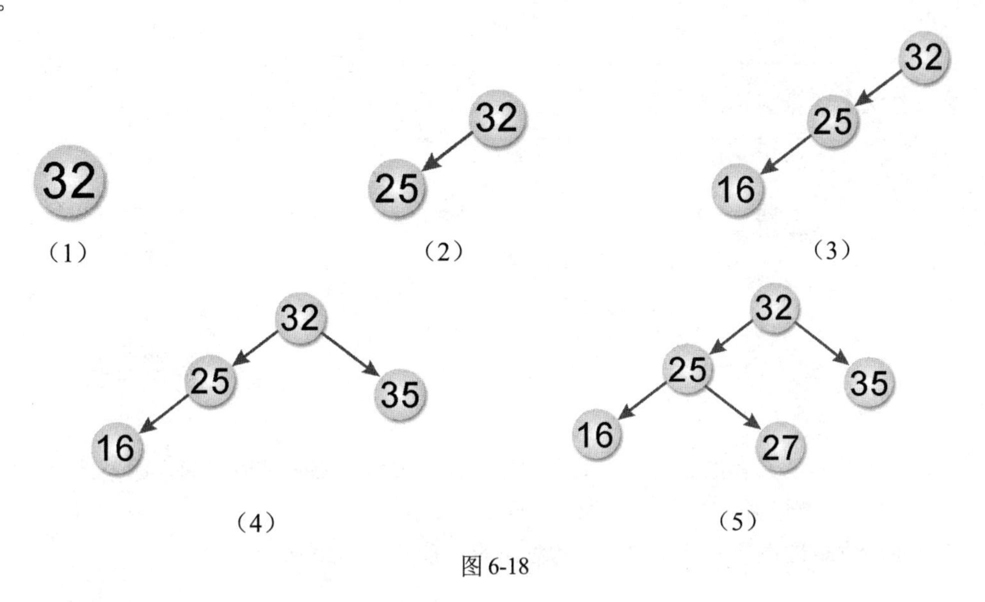

图 6-18

在下面程序中，我们先建立一个一维数组，并将数组中的值按照上述规则建立一个满二叉树。

【范例程序：ch06_01.java】

```
01  // 建立二叉树
02
03  import java.io.*;
04  public   class ch06_01
05  {
06    public static void main(String args[]) throws IOException
07    {
08      int i,level;
09      int data[]={6,3,5,9,7,8,4,2}; /*原始数组*/
10      int btree[]=new int[16];
11      for(i=0;i<16;i++) btree[i]=0;
12      System.out.print("原始数组的内容: \n");
13      for(i=0;i<8;i++)
14      System.out.print("["+data[i]+"] ");
15      System.out.println();
16      for(i=0;i<8;i++)/*把原始数组中的值逐一对比*/
17      {
18        for(level=1;btree[level]!=0;)   /*比较树根及数组内的值*/
19        {
20          if(data[i]>btree[level])
            /*如果数组内的值大于树根，则往右子树比较*/
21            level=level*2+1;
22          else/*如果数组内的值小于或等于树根，则往左子树比较*/
23            level=level*2;
24        }  /*如果子树节点的值不为 0，则再与数组内的值比较一次*/
25        btree[level]=data[i];          /*把数组值放入二叉树*/
26      }
27      System.out.print("二叉树的内容: \n");
28      for (i=1;i<16;i++)
29      System.out.print("["+btree[i]+"] ");
```

```
30        System.out.print("\n");
31     }
32  }
```

【执行结果】参见图 6-19。

```
Problems  @ Javadoc  Declaration  Console
<terminated> ch06_01 [Java Application] C:\Program Files\Java\jre-10.0.1\bin\javaw.exe (2018年5月
原始数组的内容：
[6] [3] [5] [9] [7] [8] [4] [2]
二叉树的内容：
[6] [3] [9] [2] [5] [7] [0] [0] [0] [4] [0] [0] [8] [0] [0]
```

图 6-19

通常以数组表示法来存储二叉树，如果越接近满二叉树，则越节省空间，如果是歪斜树则最浪费空间。另外要增删数据较麻烦，必须重新建立二叉树。

一维数组中存放的值和所建立的二叉树对应的关系见图 6-20 所示。

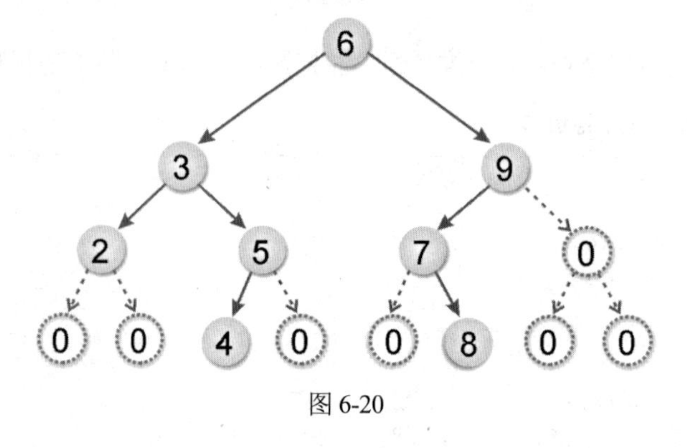

图 6-20

6.3.2 链表表示法

由于二叉树最多只能有两个子节点，就是分支度小于或等于 2。而所谓二叉树的链表表示法，就是利用链表来存储二叉树。例如在 Java 语言中，我们可定义 TreeNode 类和 BinaryTree 类，其中 TreeNode 代表二叉树中的一个节点，定义如下：

```
class TreeNode
{
    int value;
    TreeNode left_Node;
    TreeNode right_Node;
    public TreeNode(int value)
    {
        this.value=value;
        this.left_Node=null;
        this.right_Node=null;
    }
}
```

【范例程序：ch06_02.java】

```
01   // 用链表实现二叉树
02
03   import java.io.*;
04   //二叉树节点类的声明
05   class TreeNode {
06     int value;
07     TreeNode left_Node;
08     TreeNode right_Node;
09     // TreeNode 构造函数
10     public TreeNode(int value) {
11       this.value=value;
12       this.left_Node=null;
13       this.right_Node=null;
14     }
15   }
16   //二叉树类的声明
17   class BinaryTree {
18     public TreeNode rootNode; //二叉树的根节点
19     //构造函数:利用传入一个数组的参数来建立二叉树
20     public BinaryTree(int[] data) {
21       for(int i=0;i<data.length;i++)
22         Add_Node_To_Tree(data[i]);
23     }
24     //将指定的值加入到二叉树中适当的节点
25     void Add_Node_To_Tree(int value) {
26       TreeNode currentNode=rootNode;
27       if(rootNode==null) { //建立树根
28         rootNode=new TreeNode(value);
29         return;
30       }
31       //建立二叉树
32       while(true) {
33         if (value<currentNode.value) { //在左子树
34           if(currentNode.left_Node==null) {
35             currentNode.left_Node=new TreeNode(value);
36             return;
37           }
38           else currentNode=currentNode.left_Node;
39         }
40         else { //在右子树
41           if(currentNode.right_Node==null) {
42             currentNode.right_Node=new TreeNode(value);
43             return;
44           }
45           else currentNode=currentNode.right_Node;
46         }
47       }
48     }
49   }
50   public class ch06_02 {
51     //主函数
52     public static void main(String args[]) throws IOException {
53       int ArraySize=10;
```

```
54        int tempdata;
55        int[] content=new int[ArraySize];
56        BufferedReader keyin=new BufferedReader(new InputStreamReader
     (System.in));
57        System.out.println("请连续输入"+ArraySize+"个数据");
58        for(int i=0;i<ArraySize;i++) {
59          System.out.print("请输入第"+(i+1)+"个数据： ");
60          tempdata=Integer.parseInt(keyin.readLine());
61          content[i]=tempdata;
62        }
63        new BinaryTree(content);
64        System.out.println("===用链表方式建立二叉树,成功!!!===");
65      }
66    }
```

【执行结果】参见图 6-21。

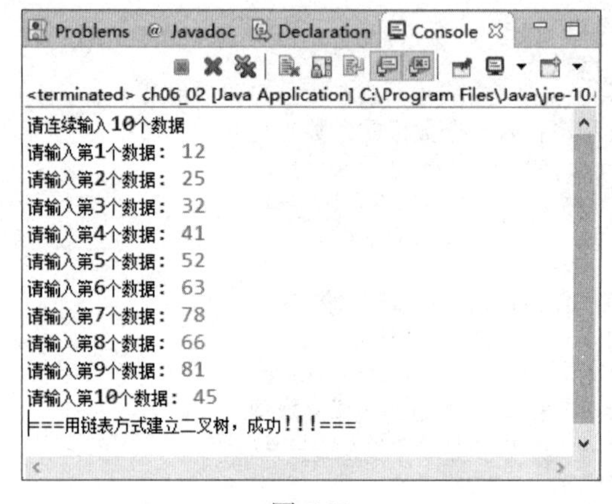

图 6-21

我们使用链表来表示二叉树的优点是对节点的增加与删除相当容易，缺点是很难找到父节点，除非在每一节点多增加一个父字段。

6.4 二叉树的遍历

我们知道线性数组或链表，都只能单向从头至尾遍历或反向遍历。所谓二叉树的遍历（Binary Tree Traversal），最简单的说法就是“访问树中所有的节点各一次”，并且在遍历后，将树中的数据转化为线性关系。以图 6-22 所示的一个简单的二叉树节点而言，每个节点都可分为左右两个分支。

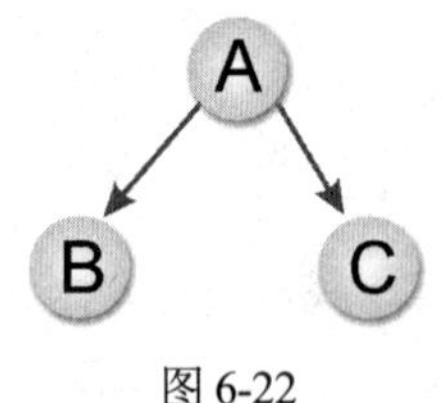

图 6-22

所以可以有 ABC、ACB、BAC、BCA、CAB、CBA 一共六种遍历方法。如果是按照二叉树特性，一律从左向右，那么就只剩下三种遍历方式，分别是 BAC、ABC、BCA 三种。这三种方式的命名与规则如下：

① 中序遍历（BAC，Inorder）：左子树→树根→右子树
② 前序遍历（ABC，Preorder）：树根→左子树→右子树
③ 后序遍历（BCA，Postorder）：左子树→右子树→树根

对于这三种遍历方式，大家只需要记得树根的位置，这样就不会把前序、中序和后序给搞混了。例如，中序法是树根在中间，前序法是树根在前面，后序法则是树根在后面。而遍历方式也一定是先左子树，后右子树。下面针对这三种方式，进行更详细的介绍。

6.4.1 中序遍历

中序遍历（Inorder Traversal）是“左中右”的遍历顺序，也就是从树的左侧逐步向下方移动，直到无法移动，再访问此节点，并向右移动一节点。如果无法再向右移动时，可以返回上层的父节点，并重复左、中、右的步骤进行。如下所示：

① 遍历左子树。
② 遍历（或访问）树根。
③ 遍历右子树。

如图 6-23 所示的中序遍历为：FDHGIBEAC。

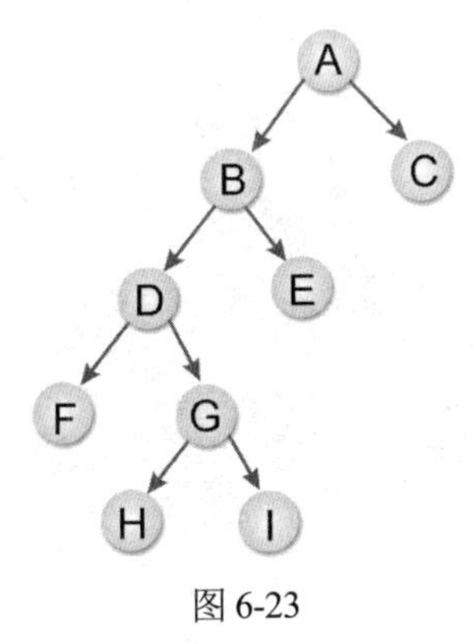

图 6-23

中序遍历的 Java 算法如下：

```
public void inOrder(TreeNode node)
{
    if(node!=null)
    {
        inOrder(node.left_Node);
        System.out.pirnt("["+node.value+"]");
        inOrder(node.right_Node);
    }
}
```

6.4.2 后序遍历

后序遍历（Postorder Traversal）是“左右中”的遍历顺序，就是先遍历左子树，再遍历右子树，最后遍历（或访问）根节点，反复执行此步骤。如下所示：

① 遍历左子树。
② 遍历右子树。
③ 遍历树根。

如图 6-24 所示的后序遍历为：FHIGDEBCA。

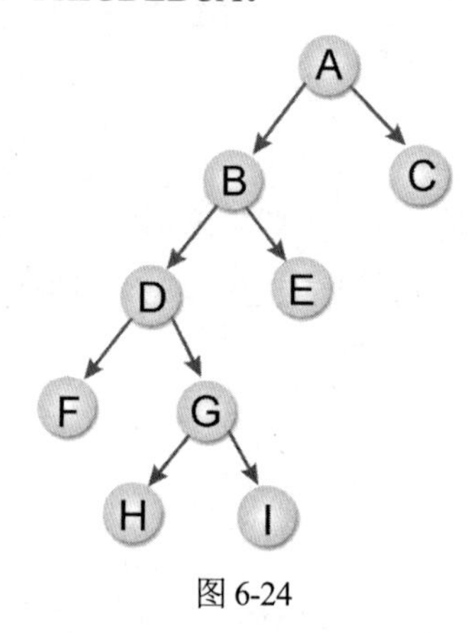

图 6-24

后序遍历的 Java 算法如下：

```
public void PostOrder(TreeNode node)
{
    if(node!=null)
    {
        PostOrder(node.left_Node);
        PostOrder(node.right_Node);
        System.out.pirnt("["+node.value+"]");
    }
}
```

6.4.3 前序遍历

前序遍历（Preorder Traversal）是“中左右”的遍历顺序，也就是先从根节点遍历，再往左方移动，当无法继续时，继续向右方移动，接着再重复执行此步骤。如下所示：

① 遍历（或访问）树根。
② 遍历左子树。
③ 遍历右子树。

如图 6-25 的前序遍历为：ABDFGHIEC。

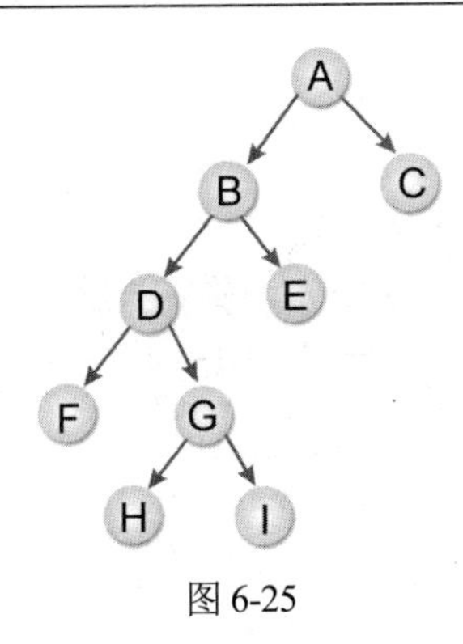

图 6-25

前序遍历的 Java 算法如下：

```
public void PreOrder(TreeNode node)
{
    if(node!=null)
    {
        System.out.pirnt("["+node.value+"]");
        PreOrder(node.left_Node);
        PreOrder(node.right_Node);
    }
}
```

【范例 6.4.1】

请问如图 6-26 所示的二叉树的中序、前序及后序表示法是什么？

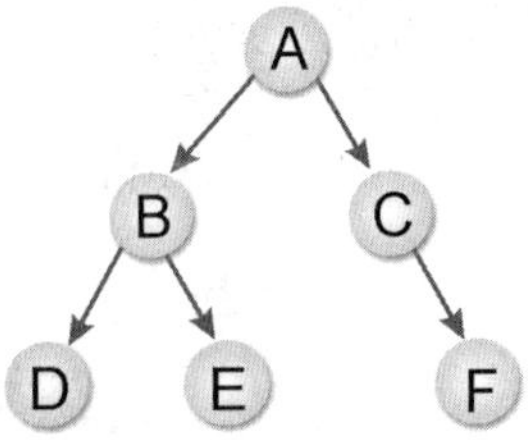

答：

中序遍历为：DBEACF

前序遍历为：ABDECF

后序遍历为：DEBFCA

图 6-26

【范例 6.4.2】

请问如图 6-27 所示的二叉树的中序、前序及后序遍历的结果是什么？

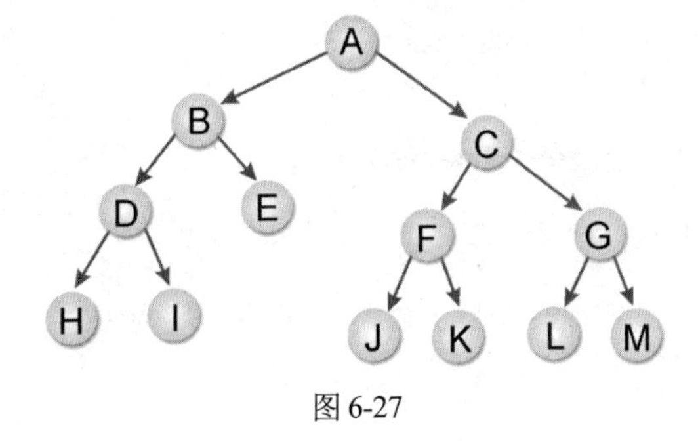

图 6-27

答：

前序：ABDHIECFJKGLM

中序：HDIBEAJFKCLGM

后序：HIDEBJKFLMGCA

6.4.4 二叉树遍历的实现

接着我们来开始建立二叉树，并实现中序、前序与后序遍历。在程序中会预先指定二叉树的内容，并在遍历二叉树后把树的前、中、后序打印出来，让读者比较三种遍历方式的不同之处。

【范例程序：ch06_03.java】

```
01  // 比较二叉树的前序、中序及后序表示法
02
03  import java.io.*;
04  class TreeNode
05  {
06    int value;
07    TreeNode left_Node;
08    TreeNode right_Node;
09
10    public TreeNode(int value)
11    {
12      this.value=value;
13      this.left_Node=null;
14      this.right_Node=null;
15    }
16  }
17
18  class BinaryTree
19  {
20    public TreeNode rootNode;
21
22    public void Add_Node_To_Tree(int value)
23    {
24      if (rootNode==null)
25      {
26        rootNode=new TreeNode(value);
27        return;
28      }
29      TreeNode currentNode=rootNode;
30      while(true)
31      {
32        if(value<currentNode.value)
33        {
34          if(currentNode.left_Node==null)
35          {
36            currentNode.left_Node=new TreeNode(value);
37            return;
38          }
39          else
40            currentNode=currentNode.left_Node;
41        }
42        else
43        {
44          if(currentNode.right_Node==null)
45          {
```

```
46            currentNode.right_Node=new TreeNode(value);
47            return;
48          }
49          else
50            currentNode=currentNode.right_Node;
51        }
52      }
53    }
54    public  void InOrder(TreeNode node)
55    {
56      if (node!=null)
57      {
58        InOrder(node.left_Node);
59        System.out.print("["+node.value+"] ");
60        InOrder(node.right_Node);
61      }
62    }
63
64    public  void PreOrder(TreeNode node)
65    {
66      if (node!=null)
67      {
68        System.out.print("["+node.value+"] ");
69        PreOrder(node.left_Node);
70        PreOrder(node.right_Node);
71      }
72    }
73
74    public  void PostOrder(TreeNode node)
75    {
76      if (node!=null)
77      {
78        PostOrder(node.left_Node);
79        PostOrder(node.right_Node);
80        System.out.print("["+node.value+"] ");
81      }
82    }
83  }
84  public   class ch06_03
85  {
86    public static void main(String args[]) throws IOException
87    {
88      int i;
89      int arr[]={7,4,1,5,16,8,11,12,15,9,2}; /*原始的数组*/
90      BinaryTree tree=new BinaryTree();
91      System.out.print("原始数组的内容: \n");
92      for(i=0;i<11;i++)
93        System.out.print("["+arr[i]+"] ");
94      System.out.println();
95      for(i=0;i<arr.length;i++)
96        tree.Add_Node_To_Tree(arr[i]);
97      System.out.print("[二叉树的内容]\n");
98      System.out.print("前序遍历的结果: \n");  /*打印前、中、后序遍历的结果*/
99      tree.PreOrder(tree.rootNode);
100     System.out.print("\n");
```

```
101        System.out.print("中序遍历的结果：\n");
102        tree.InOrder(tree.rootNode);
103        System.out.print("\n");
104        System.out.print("后序遍历的结果：\n");
105        tree.PostOrder(tree.rootNode);
106        System.out.print("\n");
107
108      }
109    }
```

【执行结果】参见图 6-28。

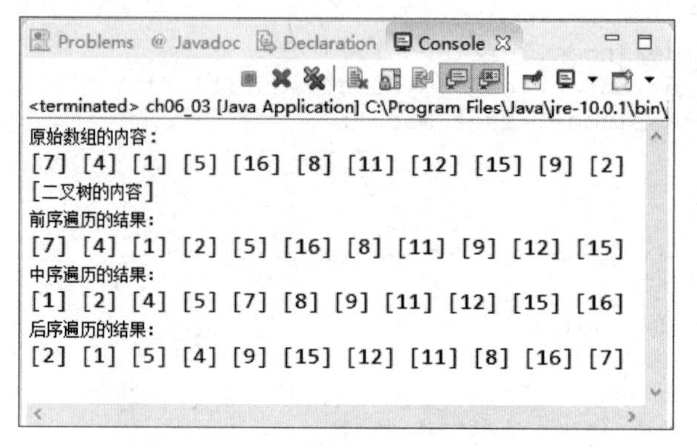

图 6-28

此程序所建立的二叉树结构如图 6-29 所示。

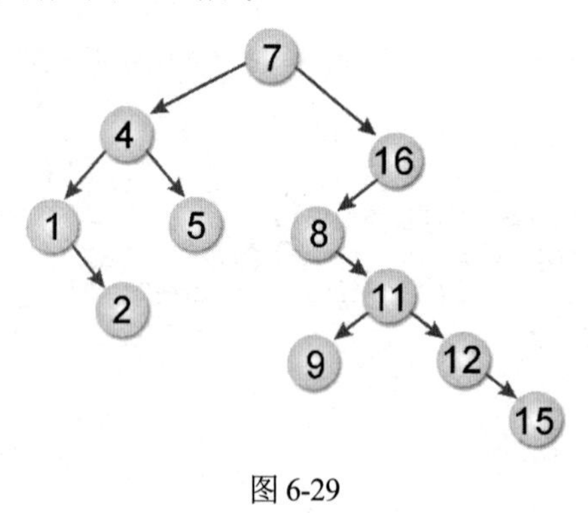

图 6-29

【范例 6.4.3】

请利用后序遍历将如图 6-30 所示的二叉树的遍历结果按节点中的文字打印出来。

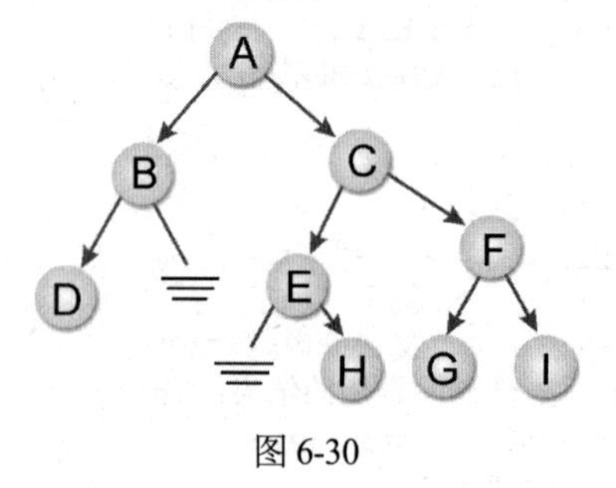

图 6-30

答：

把握左子树→右子树→树根的原则，可得 DBHEGIFCA。

【范例 6.4.4】

请问如图 6-31 所示的二叉树的中序、前序及后序表示法是什么？

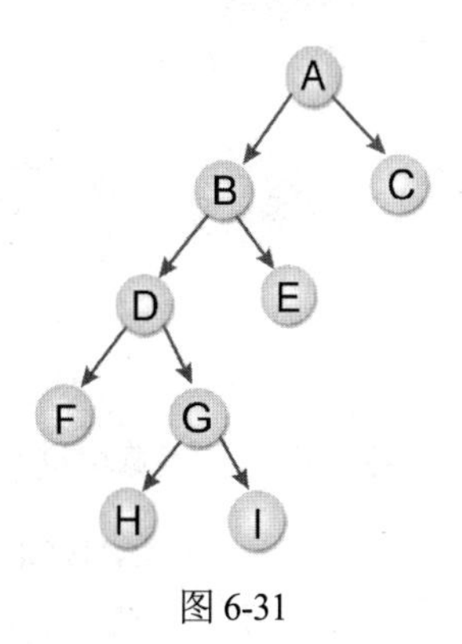

图 6-31

答：

中序：FDHGIBEAC

后序：FHIGDEBCA

前序：ABDFGHIEC

【范例 6.4.5】

一棵二叉树被表示成 A(B(CD)E(F(G)H(I(JK)L(MNO))))，请画出二叉树的结构以及后序与前序遍历的结果。

答：二叉树的结构如图 6-32 所示。

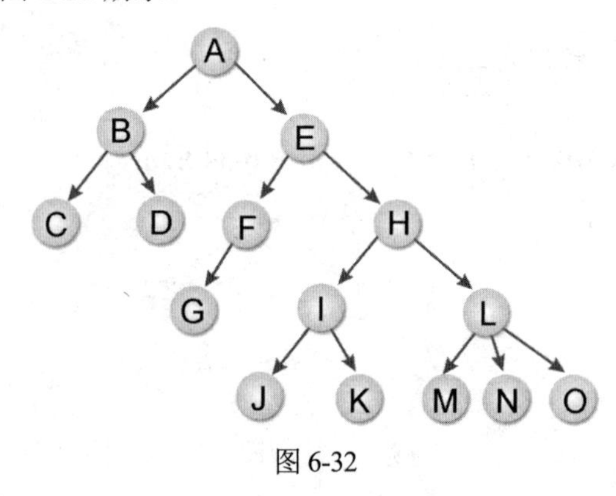

图 6-32

后序遍历：CDBGFJKIMNOLHEA。

前序遍历：ABCDEFGHIJKLMNO。

6.4.5　二叉运算树

一般的表达式也可以转换成二叉运算树（Binary Expression Tree）的方式，建立的方法可根据以下两种规则：

（1）考虑表达式中运算符的结合性与优先权，再适当地加上括号。

（2）再由最内层的括号逐步向外，利用运算符当树根，左边操作数当左子树，右边操作数当右子树，其中优先权最低的运算符作为此二叉运算树的树根。

现在我们尝试将 A–B*(–C+–3.5)表达式转为二叉运算树，并求出此表达式的前序（Prefix）与后序（Postfix）表示法（见图 6-33）。

→A–B*(–C+–3.5)

→(A–(B*((–C)+(–3.5))))

→

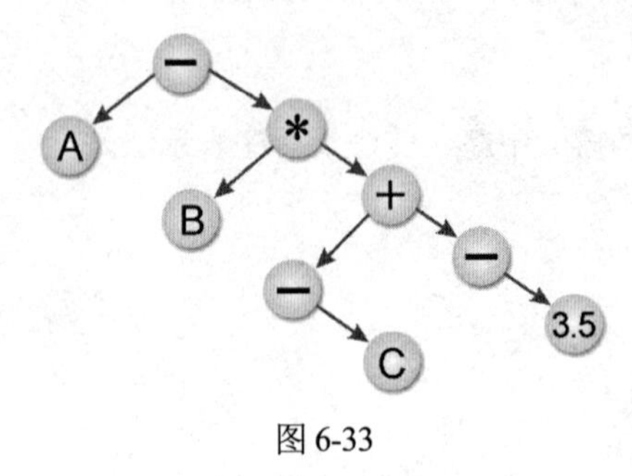

图 6-33

接着将二叉运算树进行前序与后序遍历，即可得此表达式的前序法与后序法，如下所示：

前序表示法：-A*B+-C-3.5

后序表示法：ABC-3.5-+*-

【范例 6.4.6】

请将 A/B**C+D*E–A*C 转化为二叉运算树。

答：

加括号成为→(((A/B**C))+(D*E))–(A*C))，如图 6-34 所示。

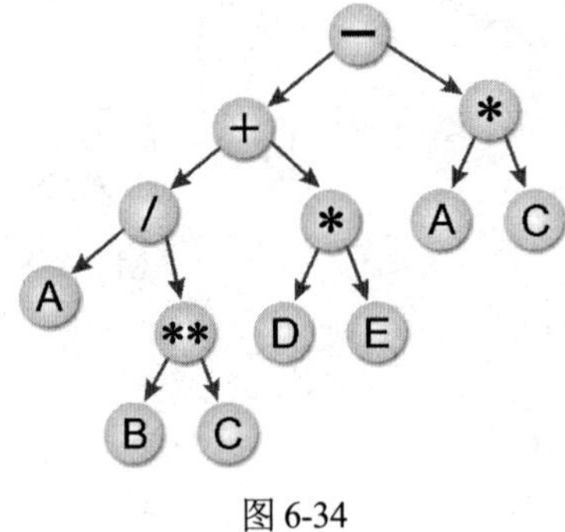

图 6-34

【范例 6.4.7】

请问如图 6-35 所示的二叉运算树的中序、后序与前序的表示法是什么？

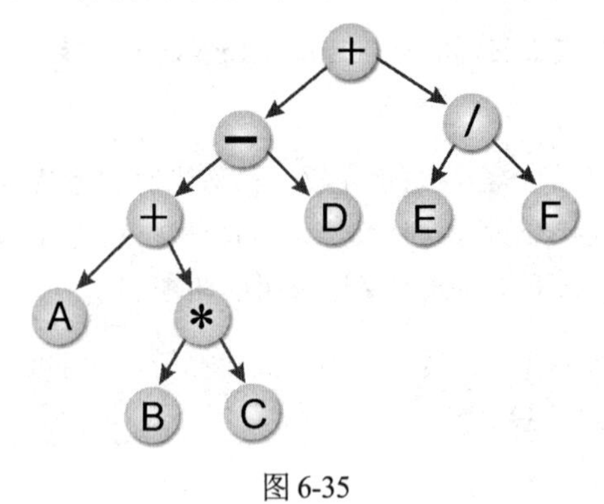

图 6-35

答：

中序：A+B*C–D+E/F

前序：+–+A*BCD/EF

后序：ABC*+D–EF/+

【范例程序：ch06_04.java】

```
01  // 用链表实现二叉运算树
02
03  //节点类的声明
04  class TreeNode {
05    int value;
06    TreeNode left_Node;
07    TreeNode right_Node;
08    // TreeNode 构造函数
09    public TreeNode(int value) {
10      this.value=value;
11      this.left_Node=null;
12      this.right_Node=null;
13    }
14  }
15  //二查搜索树类的声明
16  class Binary_Search_Tree {
17    public TreeNode rootNode; //二叉树的根节点
18    //构造函数:建立空的二叉搜索树
19    public Binary_Search_Tree() { rootNode=null; }
20    //构造函数:利用传入一个数组的参数来建立二叉树
21    public Binary_Search_Tree(int[] data) {
22      for(int i=0;i<data.length;i++)
23        Add_Node_To_Tree(data[i]);
24    }
25    //将指定的值加入到二叉树中适当的节点
26    void Add_Node_To_Tree(int value) {
27      TreeNode currentNode=rootNode;
28      if(rootNode==null) { //建立树根
29        rootNode=new TreeNode(value);
30        return;
31      }
32      //建立二叉树
33      while(true) {
34        if (value<currentNode.value) { //符合这个判断表示此节点在左子树
35          if(currentNode.left_Node==null) {
36            currentNode.left_Node=new TreeNode(value);
37            return;
38          }
39          else currentNode=currentNode.left_Node;
40        }
41        else { //符合这个判断表示此节点在右子树
42          if(currentNode.right_Node==null) {
43            currentNode.right_Node=new TreeNode(value);
44            return;
45          }
46          else currentNode=currentNode.right_Node;
47        }
```

```
48        }
49      }
50    }
51
52    class Expression_Tree extends Binary_Search_Tree{
53      // 构造函数
54      public Expression_Tree(char[] information, int index) {
55        // create 方法可以将二叉树的数组表示法转换成链表表示法
56        rootNode = create(information, index);
57      }
58      // create 方法的程序内容
59      public TreeNode create(char[] sequence,int index) {
60        TreeNode tempNode;
61        if ( index >= sequence.length )   // 作为递归调用的出口条件
62          return null;
63        else  {
64          tempNode = new TreeNode((int)sequence[index]);
65          // 建立左子树
66          tempNode.left_Node = create(sequence, 2*index);
67          // 建立右子树
68          tempNode.right_Node = create(sequence, 2*index+1);
69          return tempNode;
70        }
71      }
72      // preOrder(前序遍历)方法的程序内容
73      public void preOrder(TreeNode node) {
74        if ( node != null ) {
75          System.out.print((char)node.value);
76          preOrder(node.left_Node);
77          preOrder(node.right_Node);
78        }
79      }
80      // inOrder(中序遍历)方法的程序内容
81      public void inOrder(TreeNode node) {
82        if ( node != null ) {
83          inOrder(node.left_Node);
84          System.out.print((char)node.value);
85          inOrder(node.right_Node);
86        }
87      }
88      // postOrder(后序遍历)方法的程序内容
89      public void postOrder(TreeNode node) {
90        if ( node != null ) {
91          postOrder(node.left_Node);
92          postOrder(node.right_Node);
93          System.out.print((char)node.value);
94        }
95      }
96      // 判断表达式如何运算的方法声明之内容
97      public int condition(char oprator, int num1, int num2) {
98        switch ( oprator ) {
99          case '*': return ( num1 * num2 ); // 乘法请返回 num1 * num2
100         case '/': return ( num1 / num2 ); // 除法请返回 num1 / num2
101         case '+': return ( num1 + num2 ); // 加法请返回 num1 + num2
102         case '-': return ( num1 - num2 ); // 减法请返回 num1 - num2
```

```
103        case '%': return ( num1 % num2 ); // 取余数法请返回 num1 % num2
104      }
105      return -1;
106    }
107    // 传入根节点，用来计算此二叉运算树的值
108    public int answer(TreeNode node) {
109      int firstnumber = 0;
110        int secondnumber = 0;
111        // 递归调用的出口条件
112        if ( node.left_Node == null && node.right_Node == null )
113          // 将节点的值转换成数值后返回
114          return Character.getNumericValue((char)node.value);
115        else {
116          firstnumber = answer(node.left_Node);  // 计算左子树表达式的值
117          secondnumber = answer(node.right_Node); // 计算右子树表达式的值
118          return condition((char)node.value, firstnumber, secondnumber);
119        }
120      }
121    }
122  public class ch06_04 {
123    public static void main(String[] args) {
124      // 将二叉运算树以数组的方式来声明
125      // 第一个表达式
126      char[] information1 = {' ','+','*','%','6','3','9','5' };
127      // 第二个表达式
128      char[] information2 = {' ','+','+','+','*','%','/','*',
129                             '1','2','3','2','6','3','2','2' };
130      Expression_Tree exp1 = new Expression_Tree(information1, 1);
131      System.out.println("====二叉运算树数值运算范例 1: ====");
132      System.out.println("=================================");
133      System.out.print("===转换成中序表达式===: ");
134      exp1.inOrder(exp1.rootNode);
135      System.out.print("\n===转换成前序表达式===: ");
136      exp1.preOrder(exp1.rootNode);
137      System.out.print("\n===转换成后序表达式===: ");
138      exp1.postOrder(exp1.rootNode);
139      // 计算二叉树表达式的运算结果
140      System.out.print("\n 此二叉运算树,经过计算后所得到的结果值: ");
141      System.out.println(exp1.answer(exp1.rootNode));
142      // 建立第二棵二叉搜索树对象
143      Expression_Tree exp2 = new Expression_Tree(information2, 1);
144      System.out.println();
145      System.out.println("====二叉运算树数值运算范例 2: ====");
146      System.out.println("=================================");
147      System.out.print("===转换成中序表达式===: ");
148      exp2.inOrder(exp2.rootNode);
149      System.out.print("\n===转换成前序表达式===: ");
150      exp2.preOrder(exp2.rootNode);
151      System.out.print("\n===转换成后序表达式===: ");
152      exp2.postOrder(exp2.rootNode);
153      // 计算二叉树表达式的运算结果
154      System.out.print("\n 此二叉运算树,经过计算后所得到的结果值: ");
155      System.out.println(exp2.answer(exp2.rootNode));
156
157    }
```

```
158 }
```

【执行结果】参见图 6-36。

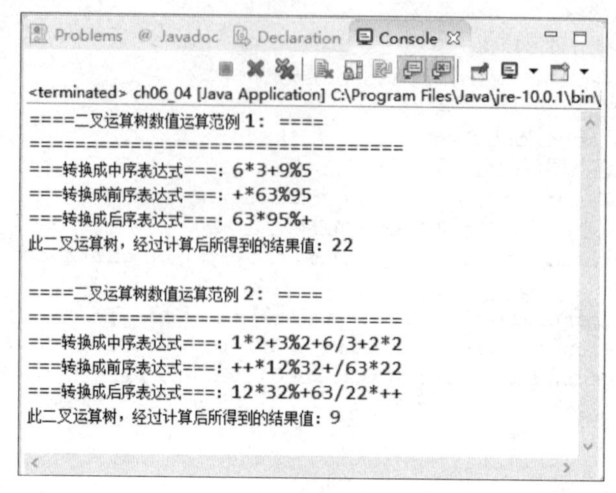

图 6-36

6.5 二叉树的高级研究

除了之前所介绍的二叉树遍历方式外，二叉树还有许多常见的应用，例如二叉排序树、二叉搜索树（或称为二叉查找树）、线索二叉树等。在本节中，都会详细为大家说明。

6.5.1 二叉排序树

事实上，二叉树是一种很好的排序应用模式，因为在建立二叉树的同时，数据已经经过初步的比较，并按照二叉树的建立规则来存放数据，规则如下：

（1）第一个输入数据当作此二叉树的树根。

（2）之后的数据以递归的方式与树根进行比较，小于树根置于左子树，大于树根置于右子树。

从上面的规则我们可以知道，左子树内的值一定小于树根，而右子树的值一定大于树根。因此只要利用“中序遍历”方式就可以得到从小到大排序好的数据，如果是想从大到小排列，可将最后结果置于堆栈内再 POP 出来。

我们可以参考第 6.3.1 节同样的例子，示范用一组数据 32、25、16、35、27，建立一棵二叉排序树，具体过程同样参考第 6.3.1 小节中图 6-18，下面只给出建立好二叉树的结果如图 6-37 所示。

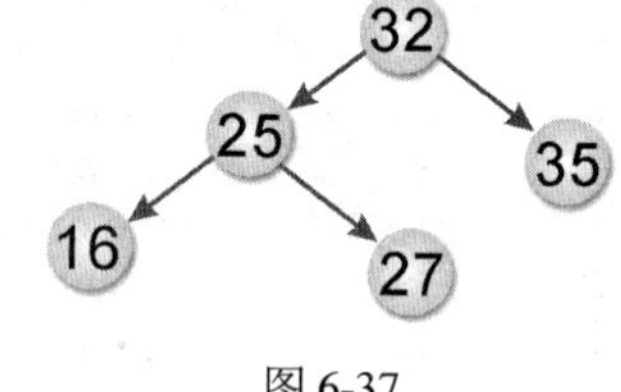

图 6-37

建立完成后，经由中序遍历后，可得 16、25、27、32、35 由小到大的排列。因为在输入数据的同时就开始建立二叉树，所以在完成数据输入并建立二叉排序树后，经由中序遍历，就可以轻松得到排序的结果，请看下面的 Java 程序范例。

【范例程序：ch06_05.java】

```
01  // 利用中序遍历进行排序
02
03  import java.io.*;
04  class TreeNode
05  {
06    int value;
07    TreeNode left_Node;
08    TreeNode right_Node;
09
10    public TreeNode(int value)
11    {
12      this.value=value;
13      this.left_Node=null;
14      this.right_Node=null;
15    }
16  }
17
18  class BinaryTree
19  {
20    public TreeNode rootNode;
21
22    public void Add_Node_To_Tree(int value)
23    {
24      if (rootNode==null)
25      {
26        rootNode=new TreeNode(value);
27        return;
28      }
29      TreeNode currentNode=rootNode;
30      while(true)
31      {
32        if(value<currentNode.value)
33        {
34          if(currentNode.left_Node==null)
35          {
36            currentNode.left_Node=new TreeNode(value);
37            return;
38          }
39          else
40            currentNode=currentNode.left_Node;
41        }
42        else
43        {
44          if(currentNode.right_Node==null)
45          {
46            currentNode.right_Node=new TreeNode(value);
47            return;
48          }
49          else
50            currentNode=currentNode.right_Node;
51        }
```

```
52        }
53      }
54      public  void InOrder(TreeNode node)
55      {
56        if (node!=null)
57        {
58          InOrder(node.left_Node);
59          System.out.print("["+node.value+"] ");
60          InOrder(node.right_Node);
61        }
62      }
63
64      public  void PreOrder(TreeNode node)
65      {
66        if (node!=null)
67        {
68          System.out.print("["+node.value+"] ");
69          PreOrder(node.left_Node);
70          PreOrder(node.right_Node);
71        }
72      }
73
74      public  void PostOrder(TreeNode node)
75      {
76        if (node!=null)
77        {
78          PostOrder(node.left_Node);
79          PostOrder(node.right_Node);
80          System.out.print("["+node.value+"] ");
81        }
82      }
83    }
84    public   class ch06_05
85    {
86      public static void main(String args[]) throws IOException
87      {
88        int value;
89        BinaryTree tree=new BinaryTree();
90        BufferedReader keyin=new BufferedReader(new InputStreamReader
      (System.in));
91        System.out.print("请输入数据，结束请输入-1:  \n");
92        while(true)
93        {
94          value=Integer.parseInt(keyin.readLine());
95          if(value==-1)
96            break;
97          tree.Add_Node_To_Tree(value);
98        }
99        System.out.print("====================: \n");
100       System.out.print("排序完成的结果: \n");
101       tree.InOrder(tree.rootNode);
102       System.out.print("\n");
103     }
104   }
```

【执行结果】参见图 6-38。

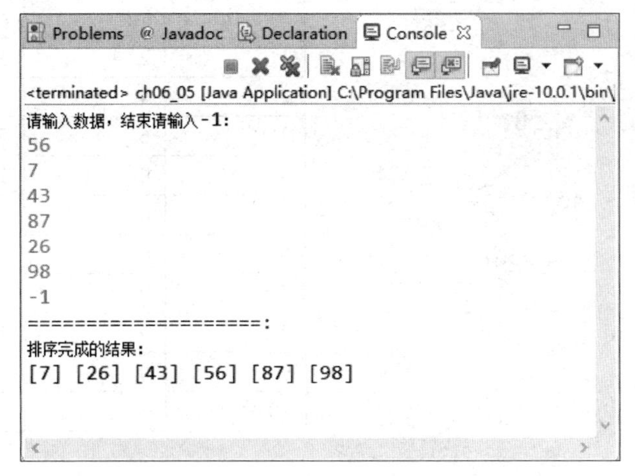

图 6-38

【范例 6.5.1】

我们可利用二叉树按照中序方式做排序处理，请大家依次回答空格部分。

（1）二叉树的每一节点（Node）至少应含三个字段，其中一个存储数据，另外两个分别为 ______及______，分做______及______之用，设其使用密集表（Dense List）存放，则须另有一根指针（root），指其开始根部。

（2）试将 32、24、57、28、10、43、72、62 按照中序方式存入可放 10 个节点（Node）的 list 内，试画出其结果，画出方式为什么？

（3）若插入数据为 30，试写出其相关操作与位置变化。

（4）若删除数据为 32，试写出其相关操作与位置变化。

答：

（1）左链接、右链接、指向左节点、指向右节点

（2）

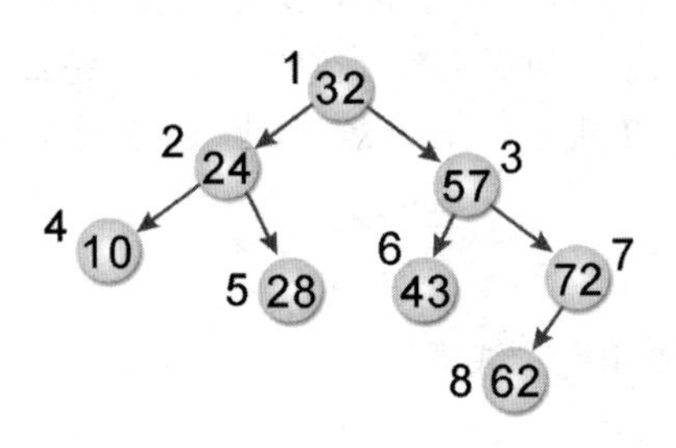

root=1	left	data	right
1	2	32	3
2	4	24	5
3	6	57	7
4	0	10	0
5	0	28	0
6	0	43	0
7	8	72	0
8	0	62	0
9			
10			

（3）

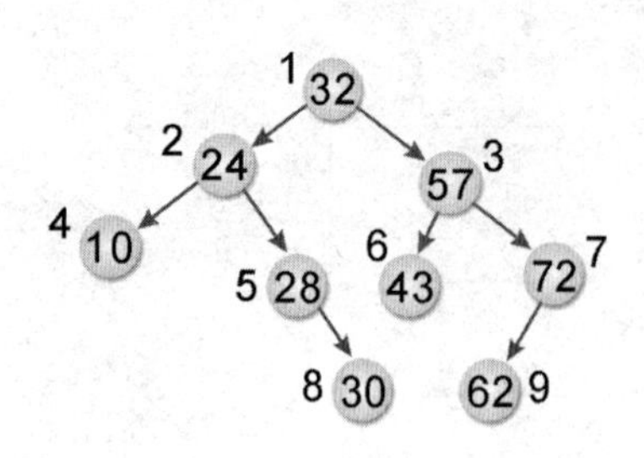

root=1	left	data	right
1	2	32	3
2	4	24	5
3	6	57	7
4	0	10	0
5	0	28	8
6	0	43	0
7	9	72	0
8	0	30	0
9	0	62	0
10			

（4）

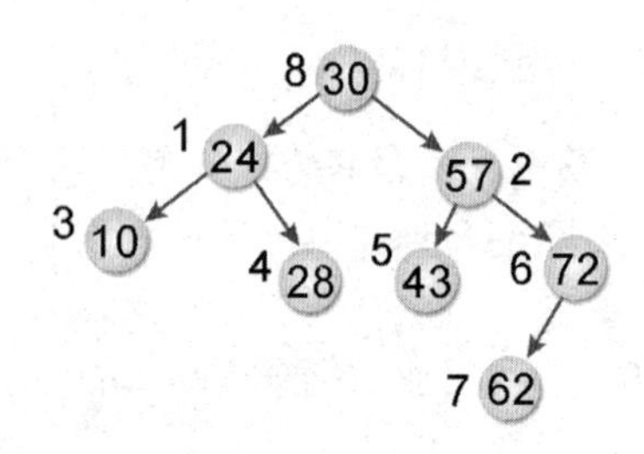

root=1	left	data	right
1	3	24	4
2	5	57	6
3	0	10	0
4	0	28	0
5	0	43	0
6	7	72	0
7	0	62	0
8	1	30	2
9			
10			

6.5.2 二叉搜索树

如果一个二叉树符合“每一个节点的数据大于左子节点且小于右子节点”，这棵树便称为二分树。因为二分树便于排序和搜索，二叉排序树或二叉搜索树都是二分树的一种。当建立一棵二叉排序树之后，要清楚如何在一排序树中搜索一个数据。事实上，二叉搜索树或二叉排序树可以说是一体两面，没有差别。

二叉搜索树具有以下特点：

- 可以是空集合，但若不是空集合则节点上一定要有一个键值。
- 每一个树根的值需大于左子树的值。
- 每一个树根的值需小于右子树的值。
- 左右子树也是二叉搜索树。
- 树的每个节点值都不相同。

基本上，只要懂二叉树的排序就可以理解二叉树的搜索。只需在二叉树中比较树根及要搜索的值，再按左子树<树根<右子树的原则遍历二叉树，就可找到要搜索的值。

接着我们来实现一个二叉搜索树的搜索程序，首先建立一个二叉搜索树，并输入要查找的值。如果节点中有相等的值，会显示出搜索的次数。如果找不到这个值，也会显示信息。

【范例程序：ch06_06.java】

```
01   // 二叉搜索树
02
03   import java.io.*;
04   class TreeNode
05   {
06     int value;
07     TreeNode left_Node;
08     TreeNode right_Node;
09     public TreeNode(int value)
10     {
11       this.value=value;
12       this.left_Node=null;
13       this.right_Node=null;
14     }
15   }
16
17   class BinarySearch
18   {
19     public TreeNode rootNode;
20     public static int count=1;
21     public void Add_Node_To_Tree(int value)
22     {
23       if (rootNode==null)
24       {
25         rootNode=new TreeNode(value);
26         return;
27       }
28       TreeNode currentNode=rootNode;
29       while(true)
30       {
31         if(value<currentNode.value)
32         {
33           if(currentNode.left_Node==null)
34           {
35             currentNode.left_Node=new TreeNode(value);
36             return;
37           }
38           else
39             currentNode=currentNode.left_Node;
40         }
41         else
42         {
43           if(currentNode.right_Node==null)
44           {
45             currentNode.right_Node=new TreeNode(value);
46             return;
47           }
48           else
```

```
49            currentNode=currentNode.right_Node;
50          }
51        }
52      }
53
54      public boolean findTree(TreeNode node, int value)
55      {
56        if (node==null)
57        {
58          return false;
59        }
60        else
61          if (node.value==value)
62          {
63            System.out.print("共搜索"+count+"次\n");
64            return true;
65          }
66          else
67            if (value<node.value)
68            {
69              count+=1;
70              return findTree(node.left_Node,value);
71            }
72            else
73            {
74              count+=1;
75              return findTree(node.right_Node,value);
76            }
77      }
78    }
79    public  class ch06_06
80    {
81      public static void main(String args[]) throws IOException
82      {
83        int i,value;
84        int arr[]={7,4,1,5,13,8,11,12,15,9,2};
85        System.out.print("原始数组的内容：\n");
86        for(i=0;i<11;i++)
87          System.out.print("["+arr[i]+"] ");
88        System.out.println();
89        BinarySearch tree=new BinarySearch();
90        for(i=0;i<11;i++)
91          tree.Add_Node_To_Tree(arr[i]);
92        System.out.print("请输入搜索值：");
93        BufferedReader keyin=new BufferedReader(new InputStreamReader
     (System.in));
94        value=Integer.parseInt(keyin.readLine());
95        if(tree.findTree(tree.rootNode,value))
96          System.out.print("你要找的值 ["+value+"] 已找到！！！\n");
97        else
98          System.out.print("抱歉，没有找到。\n");
99      }
100   }
```

【执行结果】参见图 6-39。

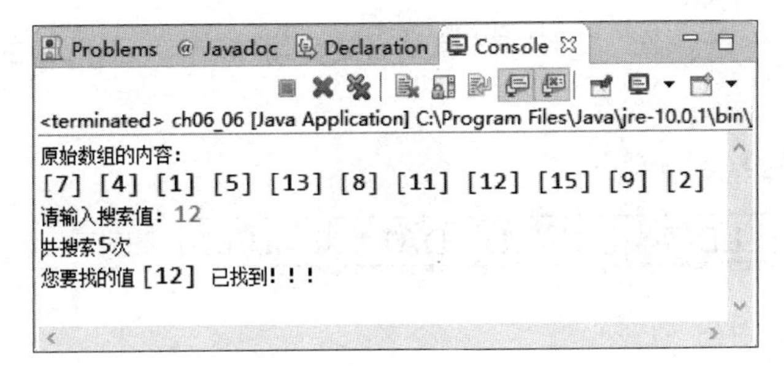

图 6-39

以上程序的二叉搜索树有如图 6-40 所示的结构。

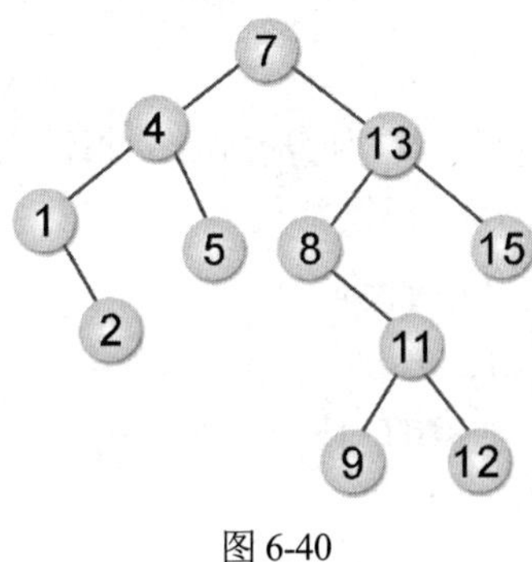

图 6-40

【范例 6.5.2】

关于二叉搜索树（Binary Search Tree）的叙述，哪一个是错的？

（A）二叉搜索树是一棵完整二叉树（Complete Binary Tree）。

（B）可以是歪斜树（Skewed Binary Tree）。

（C）一节点最多只有两个子节点（Child Node）。

（D）一节点的左子节点的键值不会大于右节点的键值。

答：（A）

6.5.3　线索二叉树

虽然我们把树转换为二叉树可减少空间的浪费——由 2/3 降低到 1/2，但是如果各位读者仔细观察之前我们使用链表建立的 n 节点二叉树，会发现用来指向左右两节点的指针只有 n–1 个链接，另外的 n+1 个指针都是空链接。

所谓“线索二叉树”（Threaded Binary Tree）就是把这些空的链接加以利用，再指到树的其他节点，而这些链接就称为“线索”（Thread），而这棵树就称为线索二叉树（Threaded Binary Tree）。将二叉树转换为线索二叉树的步骤如下：

步骤01 先将二叉树通过中序遍历方式按序排出，并将所有空链接改成线索。

步骤02 如果线索链接指向该节点的左链接，则将该线索指到中序遍历顺序下前一个节点。

步骤03 如果线索链接指向该节点的右链接，则将该线索指到中序遍历顺序下的后一个节点。

步骤04 指向一个空节点，并将此空节点的右链接指向自己，而空节点的左子树是此线索二叉树。

线索二叉树的基本结构如下：

LBIT	LCHILD	DATA	RCHILD	RBIT

- LBIT：左控制位。
- LCHILD：左子树链接。
- DATA：节点数据。
- RCHILD：右子树链接。
- RBIT：右控制位。

和链表所建立的二叉树不同之处在于，为了区别正常指针或线索而加入的两个字段：LBIT 及 RBIT。

- 如果 LCHILD 为正常指针，则 LBIT=1。
- 如果 LCHILD 为线索，则 LBIT=0。
- 如果 RCHILD 为正常指针，则 RBIT=1。
- 如果 RCHILD 为线索，则 RBIT=0。

节点的声明方式如下：

```
class ThreadedNode
{
    int data,lbit,rbit;
    ThreadedNode lchild;
    ThreadedNode rchild;
    //构造函数
    public ThreadedNode(int data,int lbit,int rbit)
    {
        初始化程序代码
    }
}
```

接着我们来练习如何将如图 6-41 所示的二叉树转为线索二叉树。

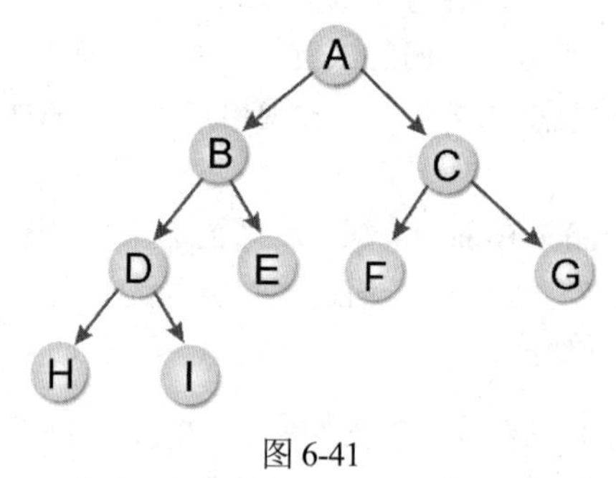

图 6-41

（1）以中序遍历二叉树：HDIBEAFCG。

（2）找出相对应的线索二叉树，并按照 HDIBEAFCG 顺序求得如图 6-42 的结果。

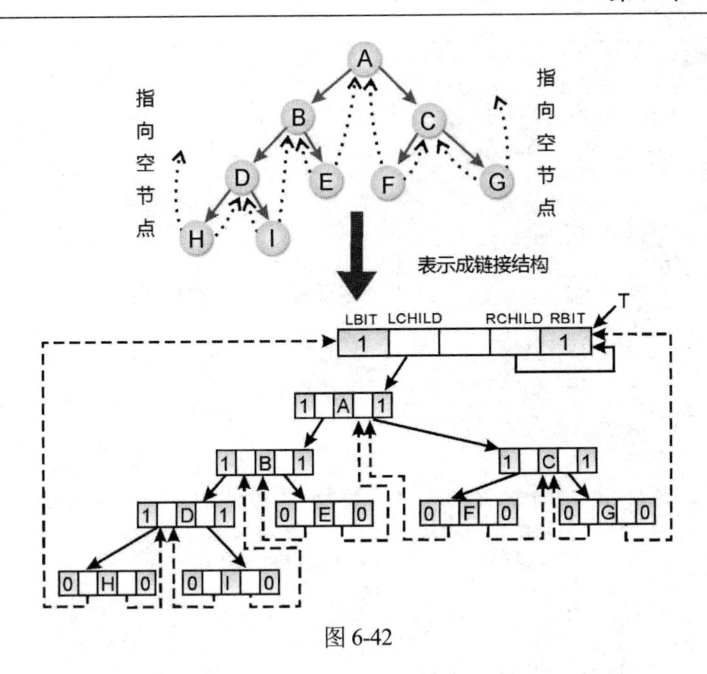

图 6-42

以下是使用线索二叉树的优缺点：

优点：

（1）在二叉树进行中序遍历时，不需要使用堆栈处理，但一般二叉树却需要。

（2）由于充分使用空链接，所以避免了链接闲置浪费的情况。另外，在中序遍历时速度也较快，节省不少时间。

（3）任一个节点都容易找出它的中序先行者与中序后继者，在中序遍历时可以不需使用堆栈或递归。

缺点：

（1）在加入或删除节点时的速度比一般二叉树慢。

（2）线索子树间不能共用。

以下 Java 程序是利用线索二叉树来遍历某一节点 X 的中序前行者与中序后续者。

【范例程序：ch06_07.java】

```
01   // 线索二叉树的建立与中序遍历
02
03   import java.io.*;
04   //线索二叉树中的节点声明
05   class ThreadNode {
06     int value;
07     int left_Thread;
08     int right_Thread;
09     ThreadNode left_Node;
10     ThreadNode right_Node;
11     // TreeNode 构造函数
12     public ThreadNode(int value) {
13       this.value=value;
```

```
14        this.left_Thread=0;
15        this.right_Thread=0;
16        this.left_Node=null;
17        this.right_Node=null;
18      }
19    }
20    //线索二叉树类的声明
21    class Threaded_Binary_Tree{
22      public ThreadNode rootNode; //线索二叉树的根节点
23
24      //无传入参数的构造函数
25      public Threaded_Binary_Tree() {
26        rootNode=null;
27      }
28
29      //构造函数:建立线索二叉树,传入参数为一个数组
30      //数组中的第一个数据是用来建立线索二叉树的树根节点
31      public Threaded_Binary_Tree(int data[]) {
32        for(int i=0;i<data.length;i++)
33          Add_Node_To_Tree(data[i]);
34      }
35      //将指定的值加入到线索二叉树
36      void Add_Node_To_Tree(int value) {
37        ThreadNode newnode=new ThreadNode(value);
38        ThreadNode current;
39        ThreadNode parent;
40        ThreadNode previous=new ThreadNode(value);
41        int pos;
42        //设置线索二叉树的开头节点
43        if(rootNode==null) {
44          rootNode=newnode;
45          rootNode.left_Node=rootNode;
46          rootNode.right_Node=null;
47          rootNode.left_Thread=0;
48          rootNode.right_Thread=1;
49          return;
50        }
51        //设置开头节点所指的节点
52        current=rootNode.right_Node;
53        if(current==null){
54          rootNode.right_Node=newnode;
55          newnode.left_Node=rootNode;
56          newnode.right_Node=rootNode;
57          return ;
58        }
59        parent=rootNode; //父节点是开头节点
60        pos=0; //设置二叉树中的行进方向
61        while(current!=null) {
62          if(current.value>value) {
63            if(pos!=-1) {
64              pos=-1;
65              previous=parent;
66            }
67            parent=current;
68            if(current.left_Thread==1)
```

```
69            current=current.left_Node;
70          else
71            current=null;
72          }
73          else {
74            if(pos!=1) {
75              pos=1;
76              previous=parent;
77            }
78            parent=current;
79            if(current.right_Thread==1)
80              current=current.right_Node;
81            else
82              current=null;
83          }
84        }
85        if(parent.value>value) {
86          parent.left_Thread=1;
87          parent.left_Node=newnode;
88          newnode.left_Node=previous;
89          newnode.right_Node=parent;
90        }
91        else {
92          parent.right_Thread=1;
93          parent.right_Node=newnode;
94          newnode.left_Node=parent;
95          newnode.right_Node=previous;
96        }
97        return ;
98      }
99      //线索二叉树中序遍历
100     void print() {
101       ThreadNode tempNode;
102       tempNode=rootNode;
103       do {
104         if(tempNode.right_Thread==0)
105           tempNode=tempNode.right_Node;
106         else
107         {
108           tempNode=tempNode.right_Node;
109           while(tempNode.left_Thread!=0)
110             tempNode=tempNode.left_Node;
111         }
112         if(tempNode!=rootNode)
113           System.out.println("["+tempNode.value+"]");
114       } while(tempNode!=rootNode);
115     }
116   }
117 }
118 public class ch06_07 {
119   public static void main(String[] args) throws IOException {
120     System.out.println("线索二叉树经建立后,以中序遍历有排序的效果");
121     System.out.println("除了第一个数字作为线索二叉树的开头节点外");
122     int[] data1={0,10,20,30,100,399,453,43,237,373,655};
123     Threaded_Binary_Tree tree1=new Threaded_Binary_Tree(data1);
```

```
124         System.out.println("=====================================");
125         System.out.println("范例 1 ");
126         System.out.println("数字从小到大的排序结果为: ");
127         tree1.print();
128         int[] data2={0,101,118,87,12,765,65};
129         Threaded_Binary_Tree tree2=new Threaded_Binary_Tree(data2);
130         System.out.println("=====================================");
131         System.out.println("范例 2 ");
132         System.out.println("数字从小到大的排序结果为: ");
133         tree2.print();
134     }
135 }
```

【执行结果】参见图 6-43。

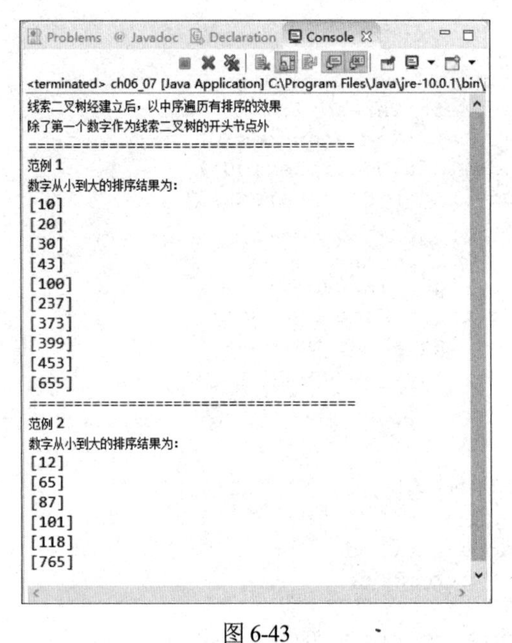

图 6-43

6.6 树的二叉树表示法

在前面小节介绍了许多关于二叉树的操作，然而二叉树只是树结构的特例，广义的树结构其父节点可拥有多个子节点，我们姑且将这样的树称为多叉树。由于二叉树的链接浪费率最低，因此如果把树转换为二叉树来操作，就会增加许多操作上的便利。步骤相当简单，请看以下的说明。

6.6.1 树转化为二叉树

对于将一般树结构转化为二叉树，使用的方法称为“CHILD-SIBLING”（Leftmost-Child-Next-Right-Sibling）法则。以下是其执行步骤：

步骤01 将节点的所有兄弟节点，用横线连接起来。

步骤02 删掉所有与子节点间的链接，只保留与最左子节点的链接。

步骤03 顺时针旋转 45°。

请按照下面的范例实践一次，就可以有更清楚地认识，步骤如图 6-44~图 6-47 所示。

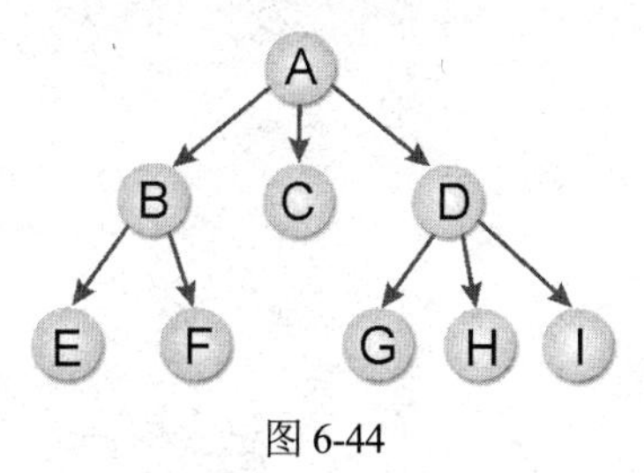

图 6-44

步骤01 将树的各层兄弟用横线连接起来。

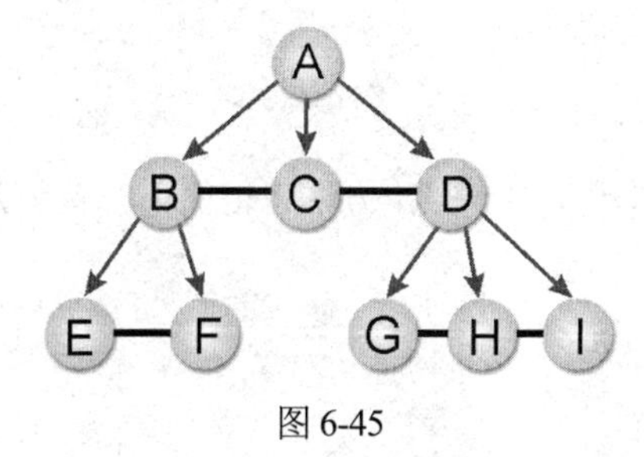

图 6-45

步骤02 删掉所有子节点间的连接，只保留最左边的父子节点的连接。

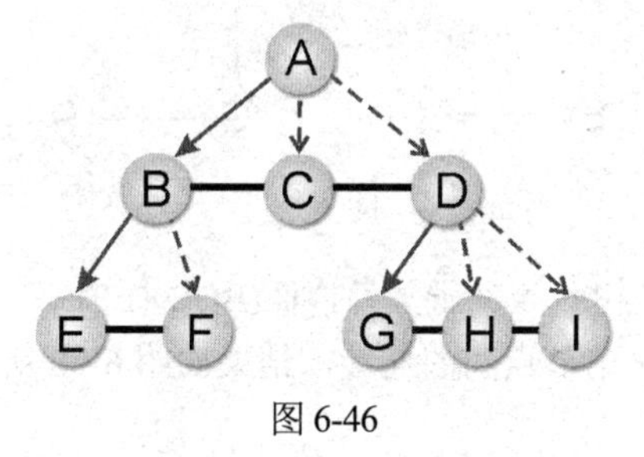

图 6-46

步骤03 顺时针旋转 45°。

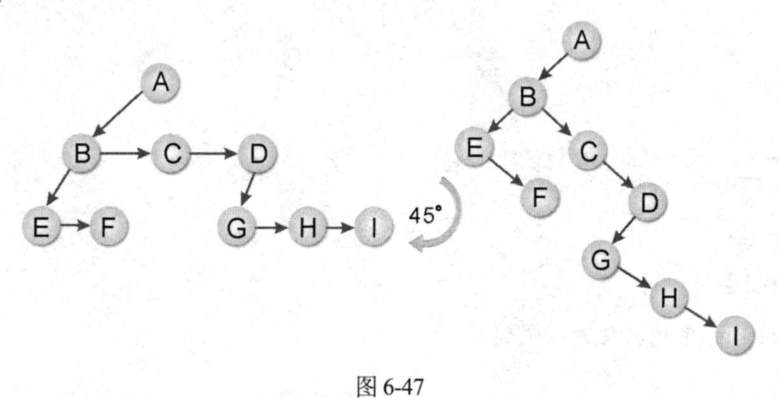

图 6-47

6.6.2 二叉树转化为树

既然树可转化为二叉树，当然也可以将二叉树转化为树（即多叉树），如图 6-48 所示。

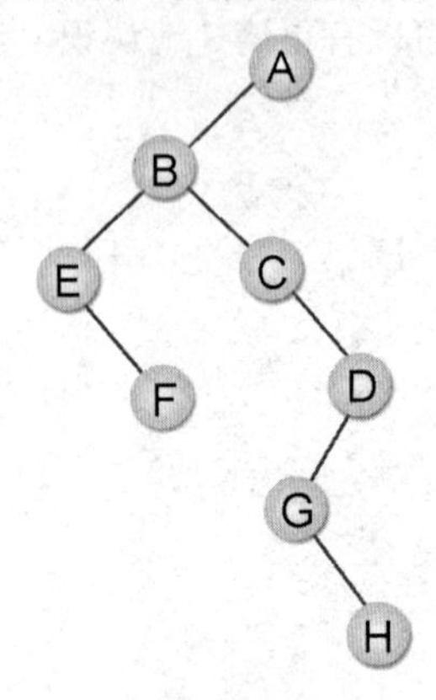

图 6-48

这其实就是树转化为二叉树的逆向步骤，方法也很简单。首先是逆时针旋转 45°，如图 6-49 所示。

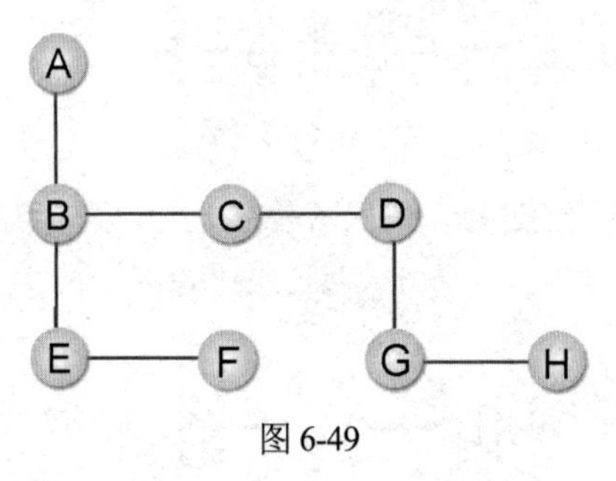

图 6-49

另外，由于(ABE)(DG)左子树代表父子关系，而(BCD)(EF)(GH)右子树代表兄弟关系，按这种父子关系增加连接，同时删除兄弟节点间的连接，结果如图 6-50 所示。

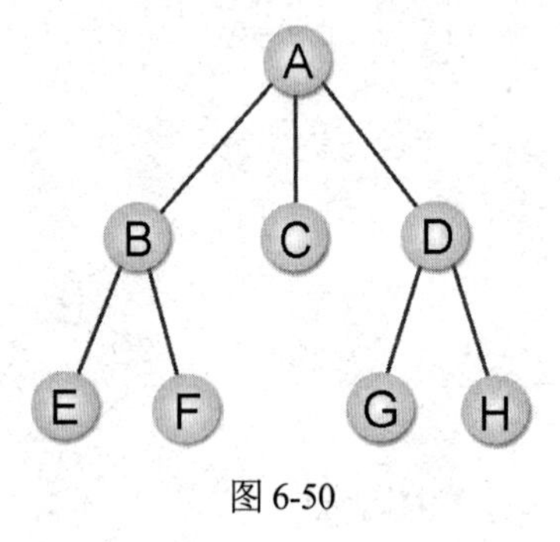

图 6-50

【范例 6.6.1】

将如图 6-51 所示的树转化为二叉树。

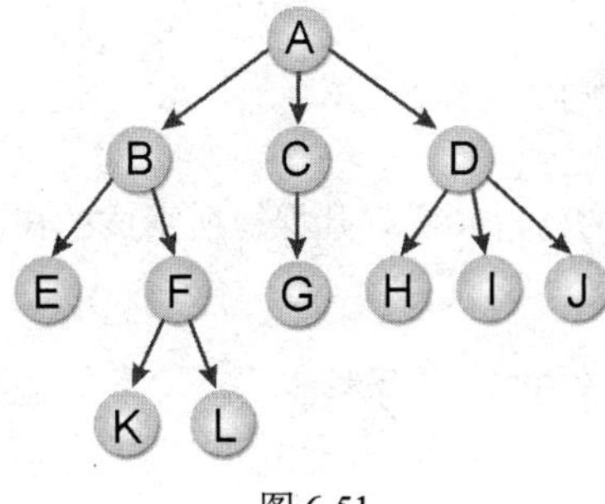

图 6-51

答：

（1）将树的各阶层兄弟用平行线连接起来，如图 6-52 所示。

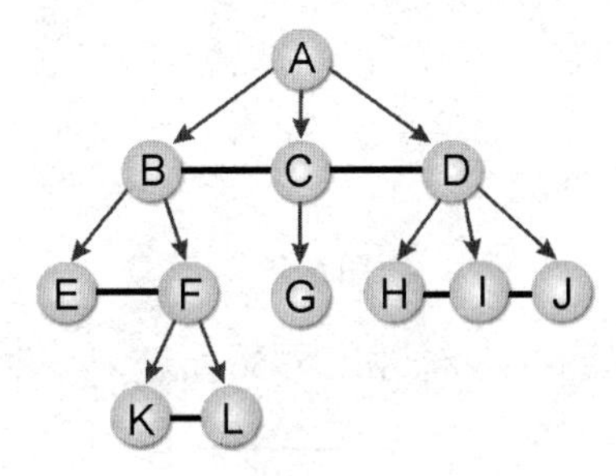

图 6-52

（2）删除掉所有子节点间的串联，只保留最左边的子节点，如图 6-53 所示。

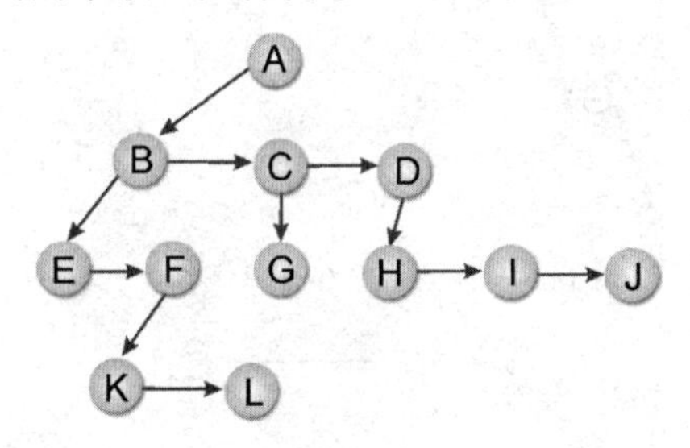

图 6-53

（3）顺时针旋转 45°，如图 6-54 所示。

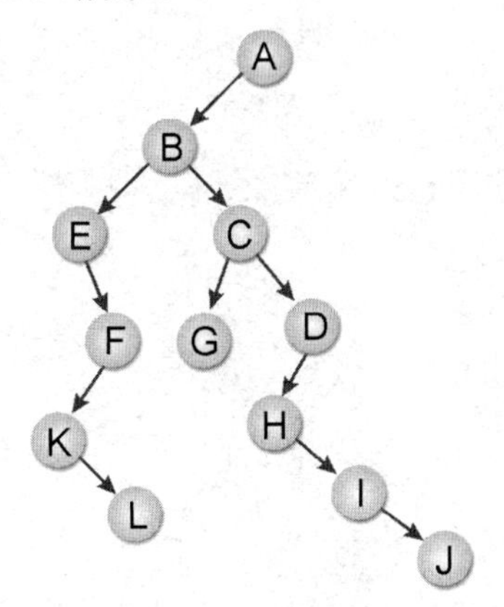

图 6-54

6.6.3 树林转化为二叉树

除了一棵树可以转化为二叉树外，其实好几棵树所形成的树林也可以转化成二叉树，步骤也很类似，如下所示：

- 从左到右将每棵树的树根（Root）连接起来。
- 仍然利用树转化为二叉树的方法操作。

接着我们以下面的树林为范例来为大家进行介绍（见图 6-55）。

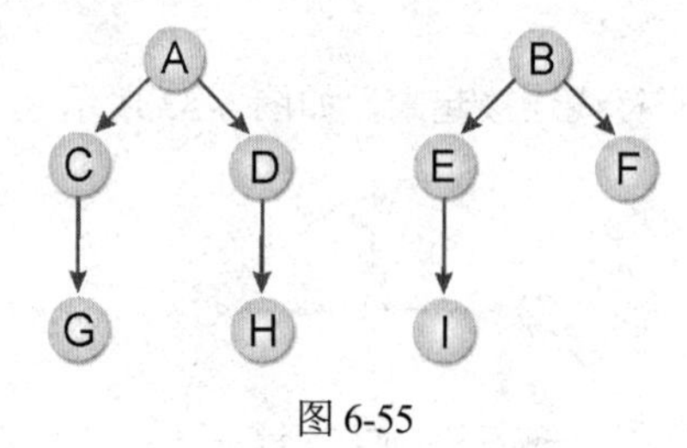

图 6-55

步骤01 将各树的树根从左到右连接，如图 6-56 所示。

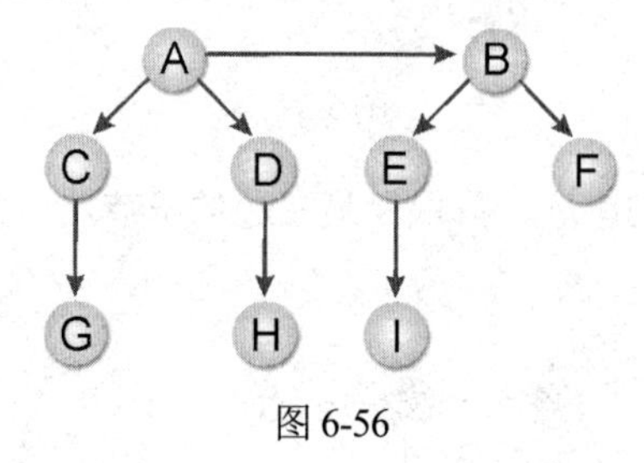

图 6-56

步骤02 利用树转换为二叉树的原则，如图 6-57 所示。

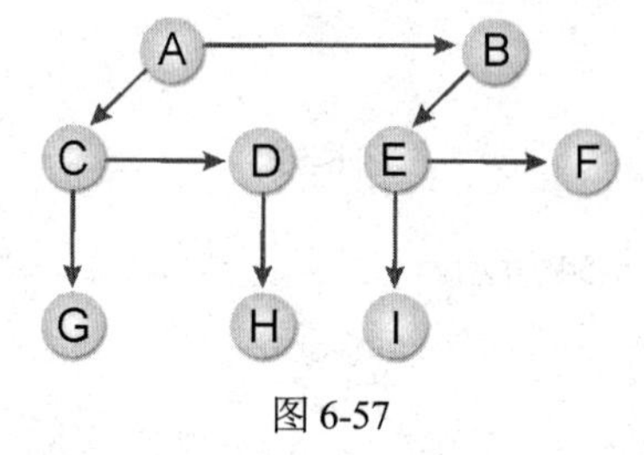

图 6-57

步骤03 顺时针旋转 45°，如图 6-58 所示。

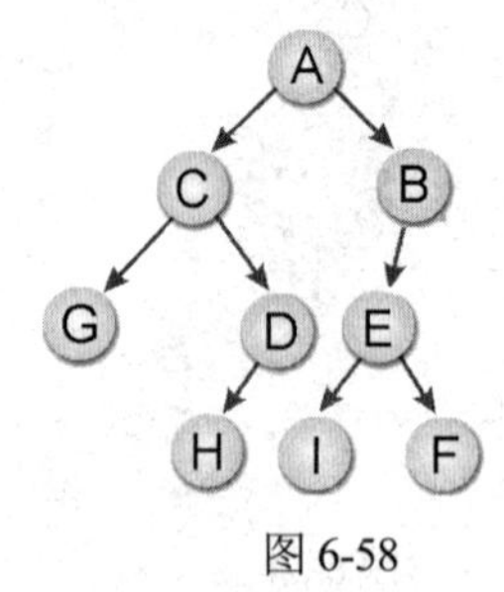

图 6-58

6.6.4　二叉树转换为树林

二叉树转换成森林的方法则是按照森林转化为二叉树的方法倒推回去，如图 6-59 所示为二叉树。

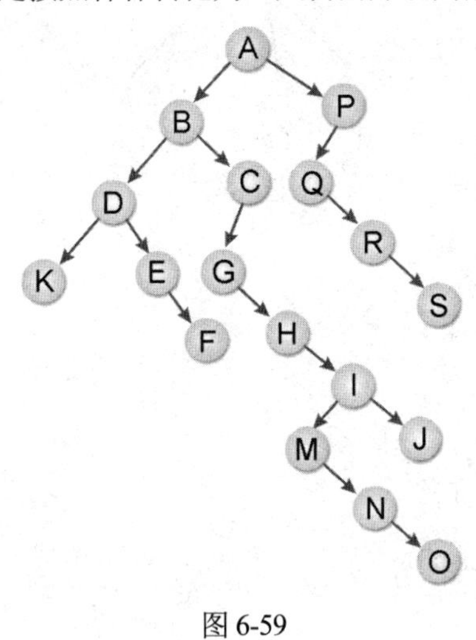

图 6-59

首先，请把原图逆时旋转 45°，如图 6-60 所示。

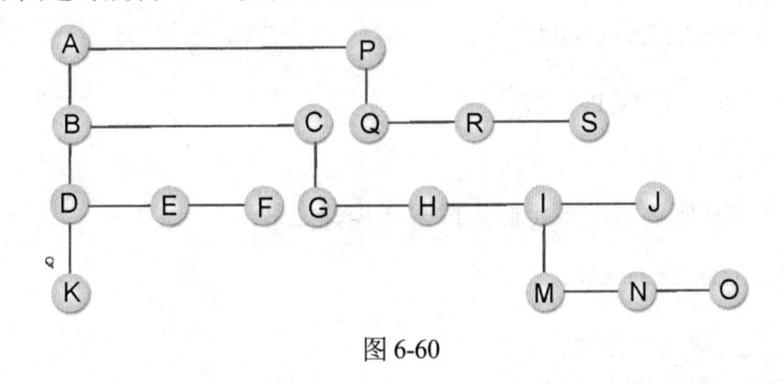

图 6-60

再按照左子树为父子关系，右子树为兄弟关系的原则。逐步划分，最后转化为森林，如图 6-61 所示。

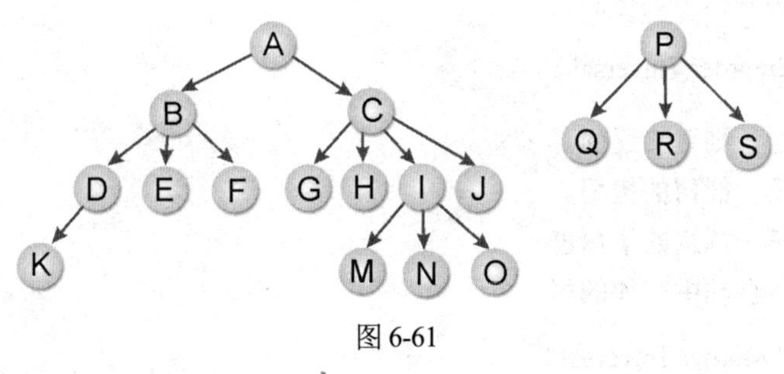

图 6-61

6.6.5　树与树林的遍历

除了二叉树的遍历可以有中序遍历、前序遍历与后序遍历三种方式外，树与森林的遍历也是这三种。但方法略有差异，下面我们将以范例来说明。

假设树根为R，且此树有n个节点，并可分成如图6-62所示的m个子树：分别是$T_1, T_2, T_3, \ldots, T_m$。

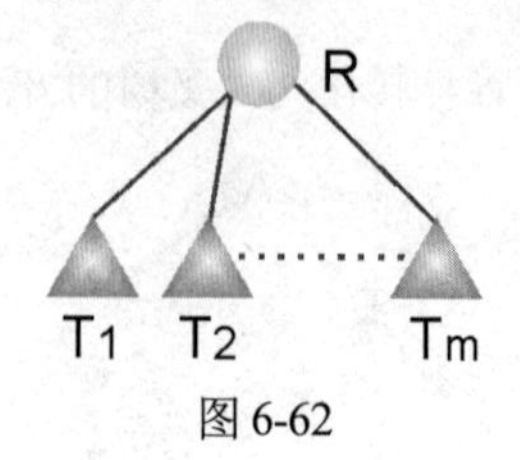

图 6-62

而三种遍历方式的步骤如下：

- 中序遍历（Inorder Traversal）

① 以中序法遍历 T_1。
② 访问树根 R。
③ 再以中序法遍历 $T_2, T_3, \ldots, T_m$。

- 前序遍历（Preorder Traversal）

① 访问树根 R。
② 再以前序法依次遍历 $T_1, T_2, T_3, \ldots, T_m$。

- 后序遍历（Postorder Traversal）

① 以后序法依次访问 $T_1, T_2, T_3, \ldots, T_m$。
② 访问树根 R。

至于森林的遍历方式则从树的遍历衍生过来，步骤如下：

- 中序遍历（Inorder Traversal）

① 如果森林为空，则直接返回。
② 以中序遍历第一棵树的子树群。
③ 中序遍历森林中第一棵树的树根。
④ 按中序法遍历森林中其他的树。

- 前序遍历（Preorder Traversal）

① 如果森林为空，则直接返回。
② 遍历森林中第一棵树的树根。
③ 按前序遍历第一棵树的子树群。
④ 按前序法遍历森林中其他的树。

- 后序遍历（Postorder Traversal）

① 如果森林为空，则直接返回。
② 按后序遍历第一棵树的子树。
③ 按后序法遍历森林中其他的树。

④ 遍历森林中第一棵树的树根。

【范例 6.6.2】

将下列如图 6-63 所示的森林转化为二叉树，并分别求出转化前森林与转化后二叉树的中序、前序与后序遍历结果。

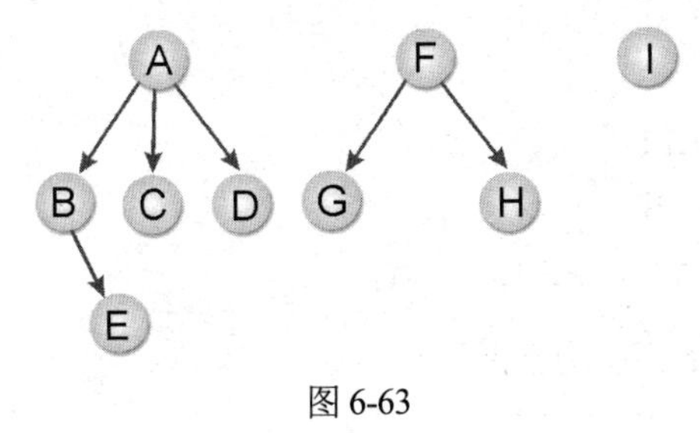

图 6-63

答：步骤如图 6-64~图 6-66 所示。

步骤01

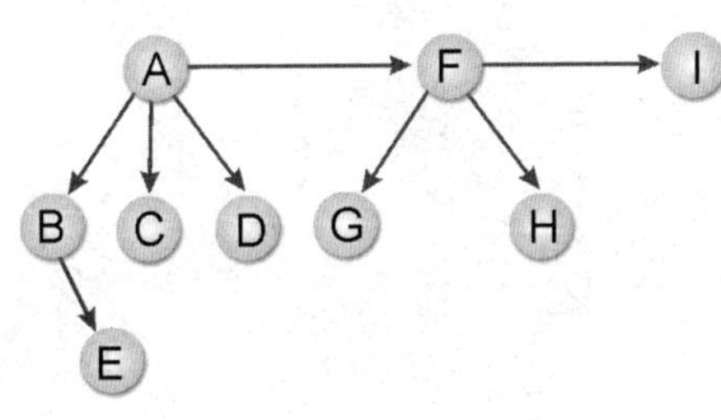

图 6-64

步骤02

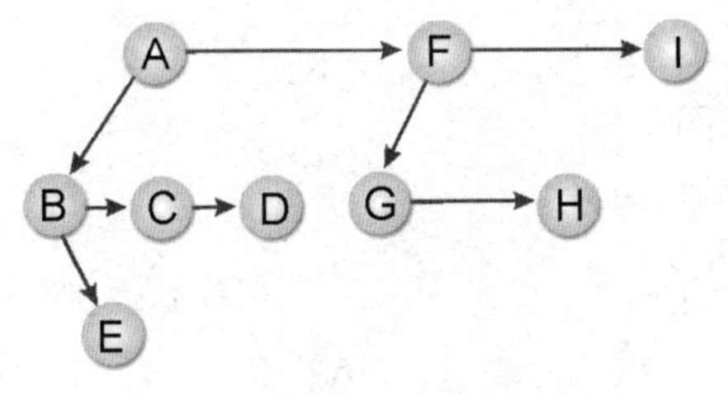

图 6-65

步骤03

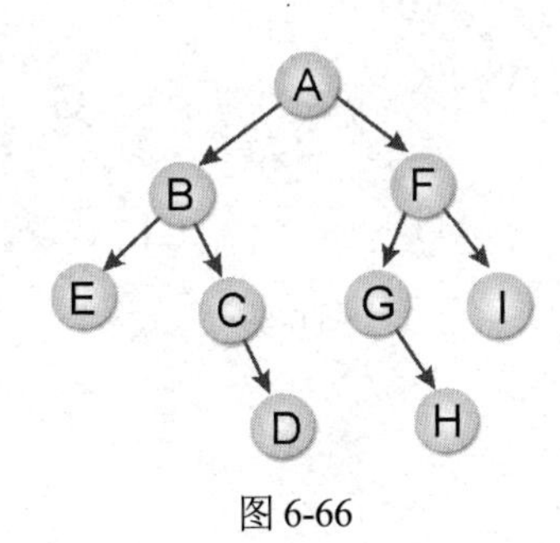

图 6-66

森林遍历：

① 中序遍历：EBCDAGHFI
② 前序遍历：ABECDFGHI
③ 后序遍历：EBCDGHIFA

二叉树遍历：

① 中序遍历：EBCDAGHFI
② 前序遍历：ABECDFGHI
③ 后序遍历：EDCBHGIFA

（请注意！转化前后的后序遍历结果不同）

【范例 6.6.3】

求图 6-67 所示的森林转化为二叉树前后的中序、前序与后序遍历结果。

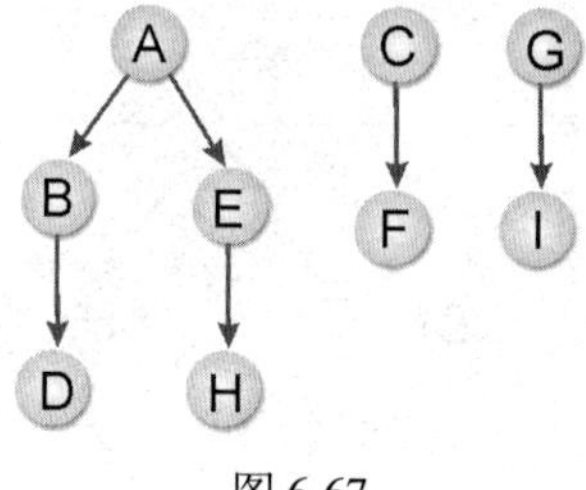

图 6-67

答：
森林的遍历：

① 中序遍历：DBHEAFCIG
② 前序遍历：ABDEHCFGI
③ 后序遍历：DHEBFIGCA

转换为二叉树如图 6-68 所示。

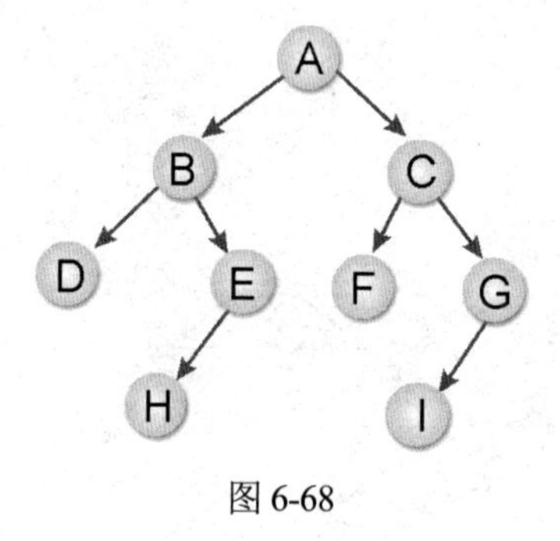

图 6-68

二叉树遍历：

① 中序遍历：DBHEAFCIG
② 前序遍历：ABDEHCFGI

③ 后序遍历：DHEBFIGCA

6.6.6 确定唯一二叉树

在二叉树的三种遍历方法中，如果有中序与前序的遍历结果或者中序与后序的遍历结果，即可从这些结果求得唯一的二叉树。不过，如果只具备前序与后序的遍历结果，则无法确定唯一的二叉树。

现在来看一个范例。例如二叉树的中序遍历为 BAEDGF，前序遍历为 ABDEFG。请画出此唯一的二叉树。

答：

中序遍历：左子树树根右子树

前序遍历：树根左子树右子树

（1）先确定 A 为树根如图 6-69 所示。

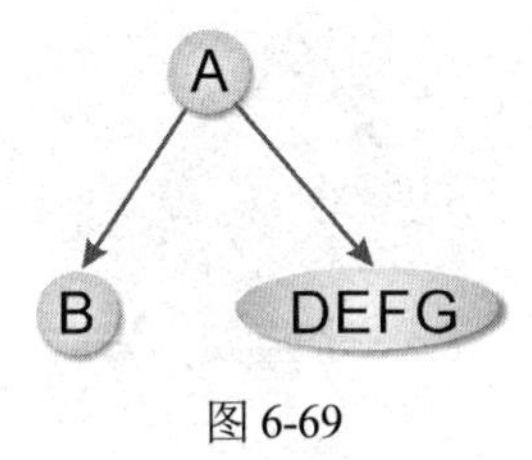

图 6-69

（2）D 为右子树的节点，如图 6-70 所示。

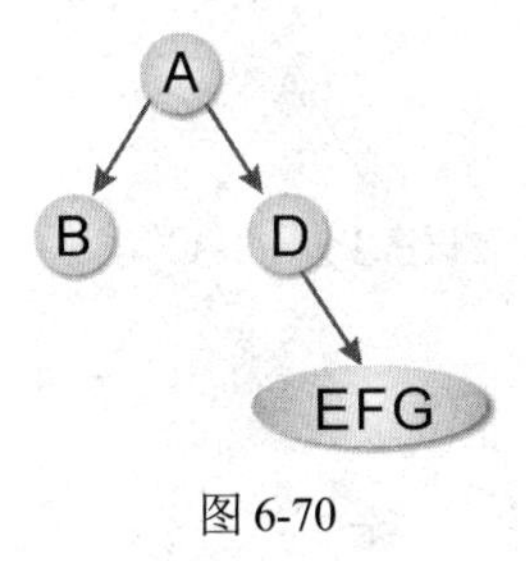

图 6-70

（3）确定的唯一二叉树，如图 6-71 所示。

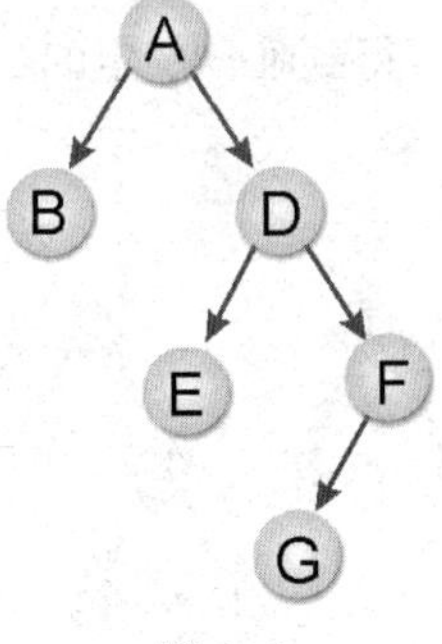

图 6-71

【范例 6.6.4】

某二叉树的中序遍历为 HBJAFDGCE，后序遍历为 HJBFGDECA，请绘出此二叉树。

答：

中序遍历：左子树树根右子树

后序遍历：左子树右子树树根

（1）先确定为 A 树根，如图 6-72 所示。

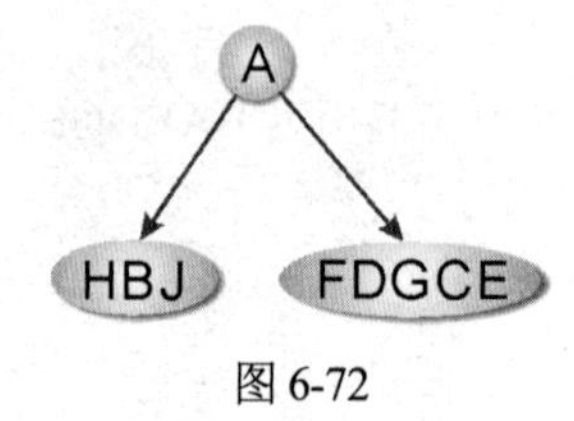

图 6-72

（2）再确定 C 为右子树的根，如图 6-73 所示。

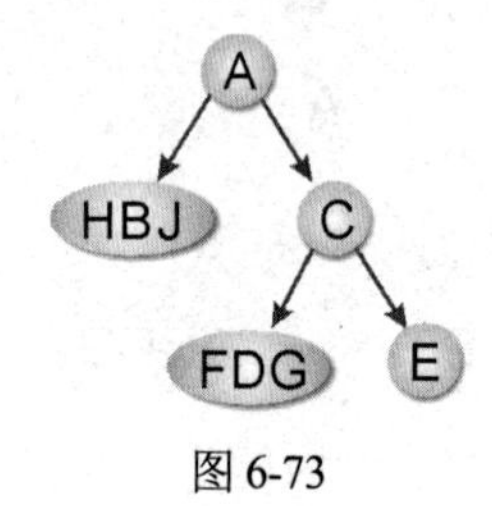

图 6-73

（3）再确定 C 的左子树的根，如图 6-74 所示。

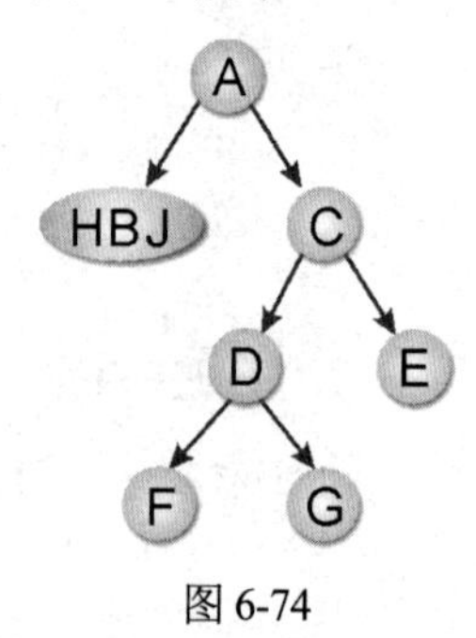

图 6-74

（4）最后确定 A 左子树的根，即可得到唯一确定的二叉树，如图 6-75 所示。

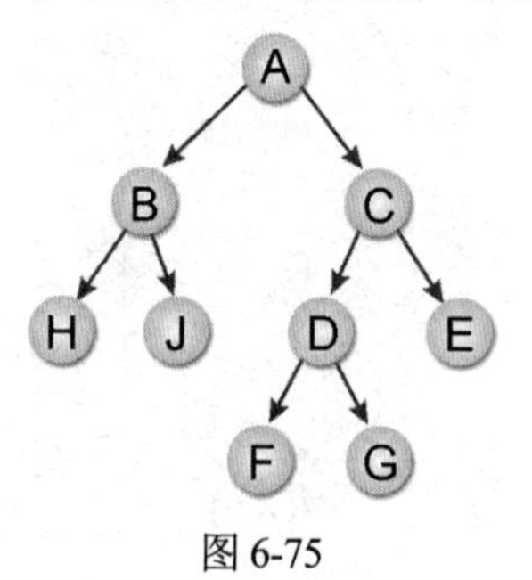

图 6-75

6.7　优化二叉搜索树

之前我们介绍过，如果一个二叉树符合“每一个节点的数据大于左子节点且小于右子节点”，这棵树便具有二叉搜索树的特性。而所谓的优化二叉搜索树，简单地说，就是在所有可能的二叉搜索树中，有最小查找成本的二叉树。

6.7.1　扩充二叉树

什么叫作最小搜索成本呢？就让我们先从扩充二叉树（Extension Binary Tree）谈起。任何一个二叉树中，若具有 n 个节点，则有 n–1 个非空链接和 n+1 个空链接。如果在每一个空链接加上一个特定节点，则称为外节点，其余的节点称为内节点，因而定义此种树为“扩充二叉树”。另外定义：外径长＝所有外节点到树根距离的总和，内径长＝所有内节点到树根距离的总和。我们将以图 6-76 中的（a）和（b）来说明它们的扩充二叉树的绘制过程，如图 6-77、图 6-78 所示。

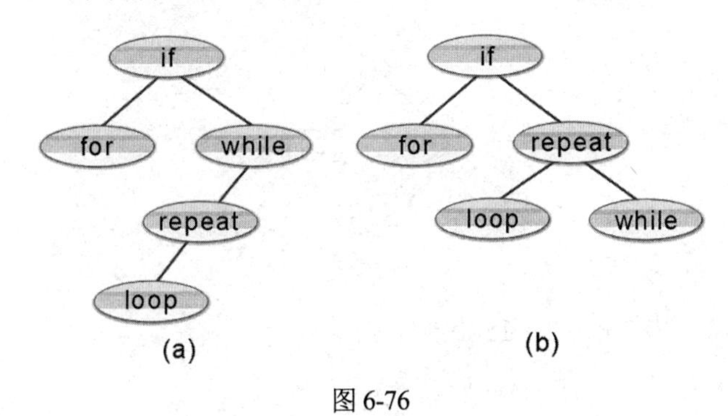

图 6-76

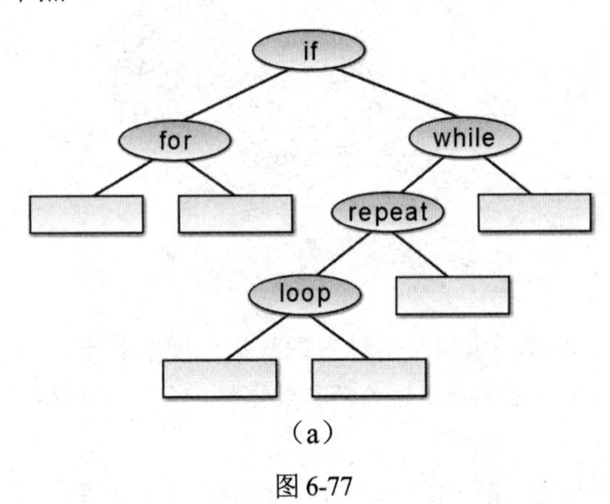

图 6-77

外径长：(2+2+4+4+3+2)=17，内径长：(1+1+2+3)=7

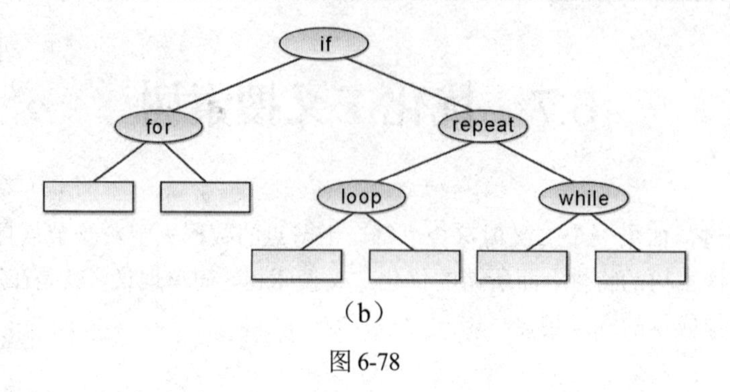

（b）

图 6-78

外径长：(2+2+3+3+3+3)=16，内径长：(1+1+2+2)=6

以图（a）和图（b）为例，如果每个外部节点有加权值（例如搜索概率等），则外径长必须考虑相关加权值，或称为加权外径长，以下将讨论图（a）和图（b）的加权外径长，具有加权值的图（a）的扩充二叉树如图 6-79 和图 6-80 所示。

对（a）来说：$2\times3 + 4\times3 + 5\times2 + 15\times1 = 43$

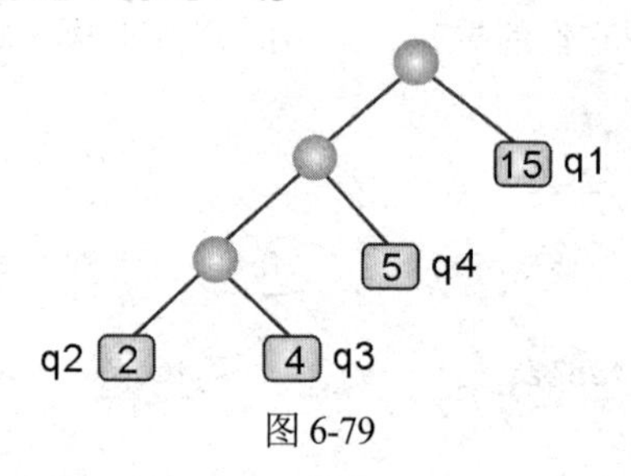

图 6-79

对（b）来说：$2\times2 + 4\times2 + 5\times2 + 15\times2 = 52$

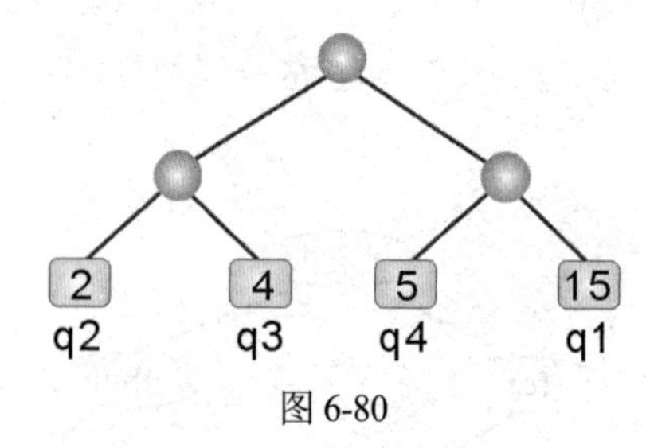

图 6-80

6.7.2 霍夫曼树

霍夫曼树经常应用于处理数据压缩，可以根据数据出现的频率来构建的二叉树。例如数据的存储和传输是数据处理的两个重要领域，两者都和数据量的大小息息相关，而霍夫曼树正好可以用于数据压缩的算法。

简单来说，如果有 n 个权值（$q_1, q_2,\ldots, q_n$），且构成一个有 n 个节点的二叉树，每个节点的外部节点的权值为 q_i，则加权外径长度最小的就称为“优化二叉树”或“霍夫曼树”（Huffman Tree）。对上一节中，图（a）和图（b）的二叉树而言，图（a）就是二者的优化二叉树。接下来我们将说明，对一个含权值的链表，该如何求其优化二叉树，步骤如下：

步骤01 产生两个节点，对数据中出现过的每一元素各自产生一个树叶节点，并赋予树叶节点该元素的出现频率。

步骤02 令 N 为 T_1 和 T_2 的父节点，T_1 和 T_2 是 T 中出现频率最低的两个节点，令 N 节点的出现频率等于 T_1 和 T_2 出现频率的总和。

步骤03 去掉步骤的两个节点，插入 N，再重复步骤 1。

我们将利用以上的步骤来实现求取霍夫曼树的过程，假设现在有五个字母 BDACE 的出现频率分别为 0.09、0.12、0.19、0.21 和 0.39，请说明霍夫曼树的构建过程。

（1）取出最小的 0.09 和 0.12，合并成另一棵新的二叉树，其根节点的频率为 0.21，如图 6-81 所示。

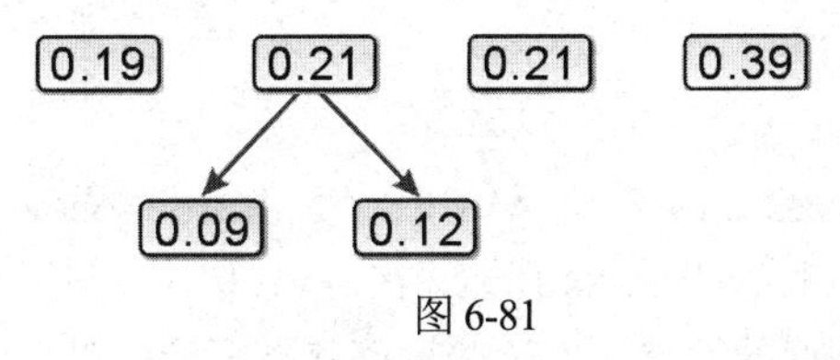

图 6-81

（2）再取出 0.19 和 0.21 为根的二叉树合并后，得到 0.40 为根的新二叉树，如图 6-82 所示。

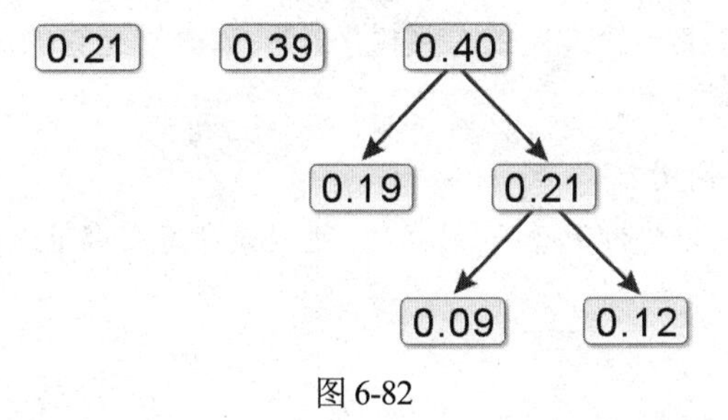

图 6-82

（3）再取出 0.21 和 0.39 的节点，产生频率为 0.6 的新节点，得到右边的新二叉树，如图 6-83 所示。

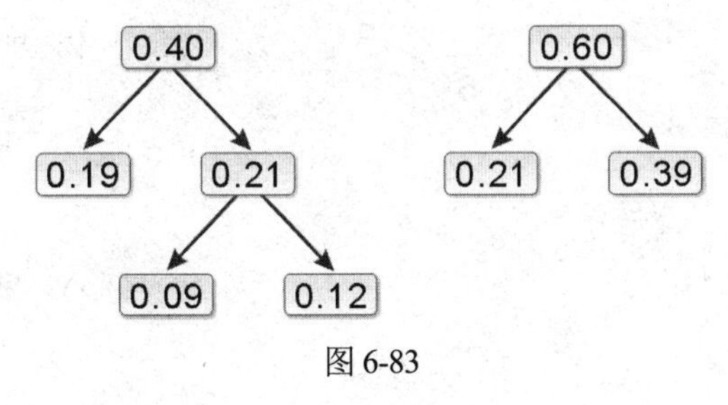

图 6-83

最后取出 0.40 和 0.60 两个二叉树的根节点，将它们合并成频率为 1.0 的节点，至此二叉树即完成了。

6.8 平衡树

由于二叉搜索树的缺点是无法永远保持在最佳状态。在加入的数据部分已排序的情况下，极有可能产生斜二叉树，因而使树的高度增加，导致搜索效率降低。因此一般的二叉搜索树不适用于数据经常变动（加入或删除）的情况。相对地比较适合不会变动的数据，像是程序设计语言中的“保留字”等。

6.8.1 平衡树的定义

平衡树（Balanced Binary Tree），又称为 AVL 树（是由 Adelson-Velskii 和 Landis 两人所发明的），它本身也是一棵二叉搜索树，见图 6-84 所示。在 AVL 树中，每次在插入数据和删除数据后，必要的时候会对二叉树做一些高度的调整，而这些调整就是要让二叉搜索树的高度随时维持平衡。通常适用于经常变动的动态数据，像编译程序（Compiler）里的符号表（Symbol Table）等。

平衡树的正式定义为 T 是一个非空的二叉树，T_l 和 T_r 分别是它的左右子树，若符合下列两个条件，则称 T 是个高度平衡树：

- T_l 和 T_r 也是高度平衡树。
- $|h_l-h_r| \leqslant 1$，h_l 和 h_r 分别为 T_l 和 T_r 的高度，也就是所有内部节点的左右子树高度相差必定小于或等于 1。

如图 6-84 所示。

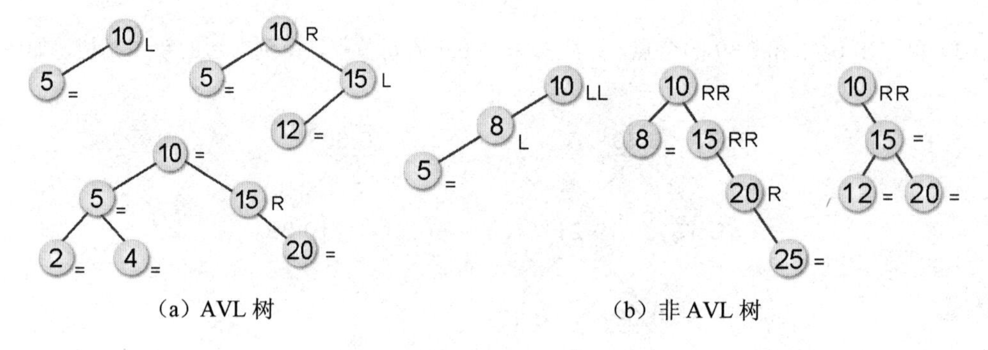

（a）AVL 树　　（b）非 AVL 树

图 6-84

至于如何调整一棵二叉搜索树成为一棵平衡树，最重要的是找出“不平衡点”，再按照以下四种不同旋转形式，重新调整其左右子树的长度。首先，令新插入的节点为 N，且其最近的一个具有±2 的平衡因子节点为 A，下一层为 B，再下一层 C，先分述如下。

- *左左型*（LL 型），如图 6-85 所示。

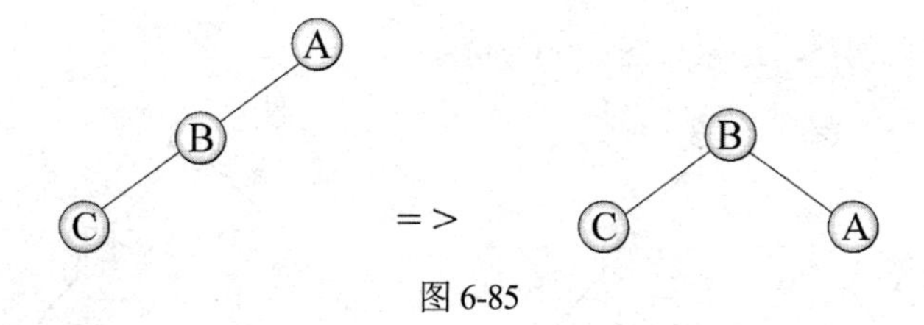

图 6-85

- *左右型（LR 型），如图 6-86 所示。*

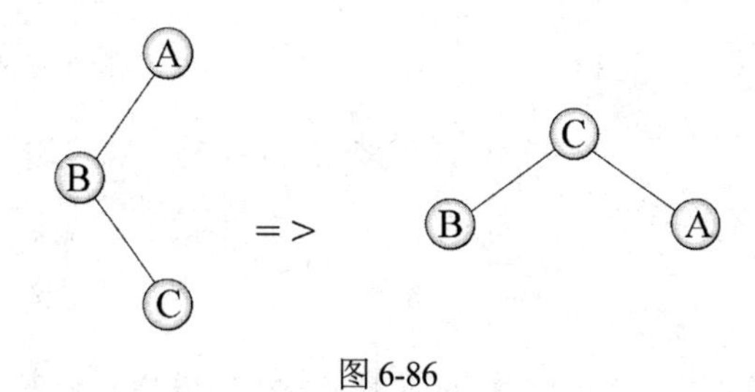

图 6-86

- *右右型（RR 型），如图 6-87 所示。*

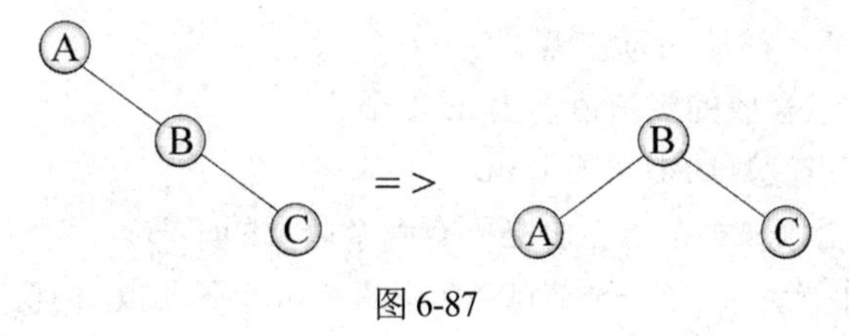

图 6-87

- *右左型（RL 型），如图 6-88 所示。*

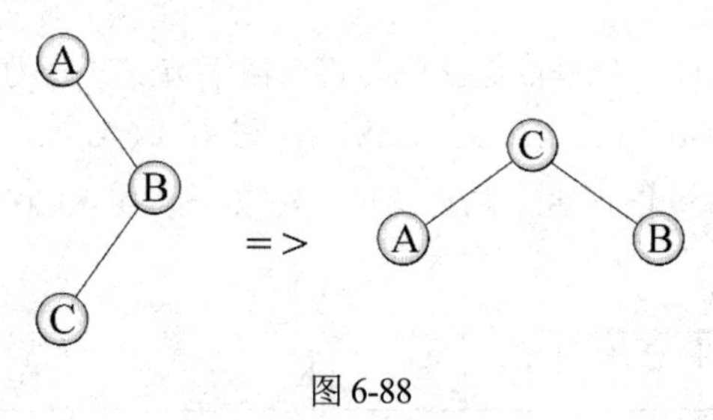

图 6-88

现在我们来实现一个范例，例如图 6-89 所示为二叉树原来是平衡的，加入节点 12 后不平衡了，请重新调整成平衡树，但不可破坏原有的次序结构。

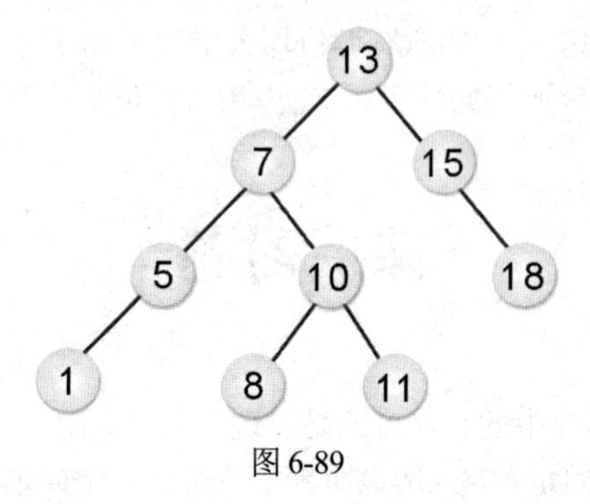

图 6-89

加入节点 12 之后再调整，结果如图 6-90 所示。

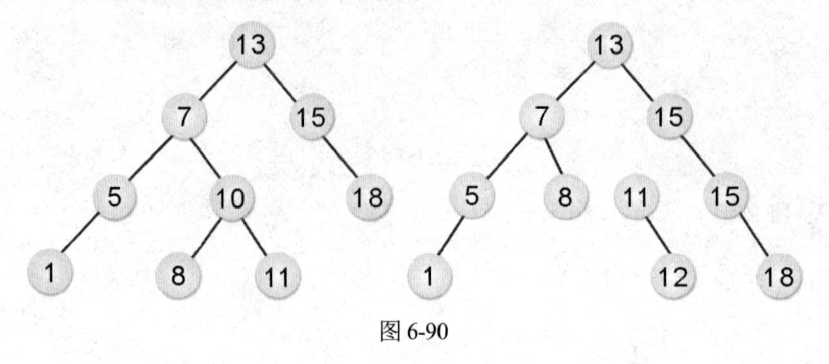

图 6-90

6.8.2 B 树

B 树（B Tree）是一种高度大于等于 1 的 m 阶搜索树，它也是一种平衡树概念的延伸，由 Bayer 和 Mc Creight 两位专家所提出的。主要的特点包括有：

（1）B 树上每一个节点都是 m 阶节点。

（2）每一个 m 阶节点存放的键值最多为 m–1 个。

（3）每一个 m 阶节点度数均小于等于 m。

（4）除非是空树，否则树根节点至少必须有两个以上的子节点。

（5）除了树根和树叶节点外，每一个节点最多不超过 m 个子节点，但至少包含“m/2”个子节点。

（6）每个树叶节点到树根节点所经过的路径长度都一致，也就是说，所有的树叶节点都必须在同一层（level）。

（7）当要增加树的高度时，处理的做法就是将该树根节点一分为二。

（8）B 树其键值分别为 k_1、k_2、k_3、k_4、…k_{m-1}，则 $k_1<k_2<k_3<k_4\ldots<k_{m-1}$。

（9）B 树的节点表示法为 $P_{0,1}$，k_1，$P_{1,2}$，k_2，…，$P_{m-2,m-1}$，k_{m-1}，$P_{m-1,m}$。

其节点结构图如下所示：

$P_{0,1}$	k_1	$P_{1,2}$	k_2	$P_{2,3}$	k_3 …………	k_{m-1}	$P_{m-1,m}$

其中 $k_1<k_2<k_3\ldots<k_{m-1}$。

（1）$P_{0,1}$ 指针所指向的子树 T_1 中的所有键值均小于 k_1。

（2）$P_{1,2}$ 指针所指向的子树 T_2 中的所有键值均大于等于 k_1 且小于 k_2。

（3）以此类推，$P_{m-1,m}$ 指针所指向的子树 T_m 中所有键值均大于等于 k_{m-1}。

课后习题

1. 一般树结构在计算机内存中的存储方式是以链表为主，对于 n 叉树（n-way 树）来说，我们必须取 n 为链接个数的最大固定长度，请说明为了改进存储空间浪费的缺点，我们最常使用二叉树（Binary Tree）结构来取代树结构。

2. 下列哪一种不是树（Tree）？

（A）一个节点

（B）环形链表

（C）一个没有回路的连通图（Connected Graph）

（D）一个边数比点数少 1 的连通图

3. 请问以下二叉树的中序法、后序法以及前序法表达式分别是什么？

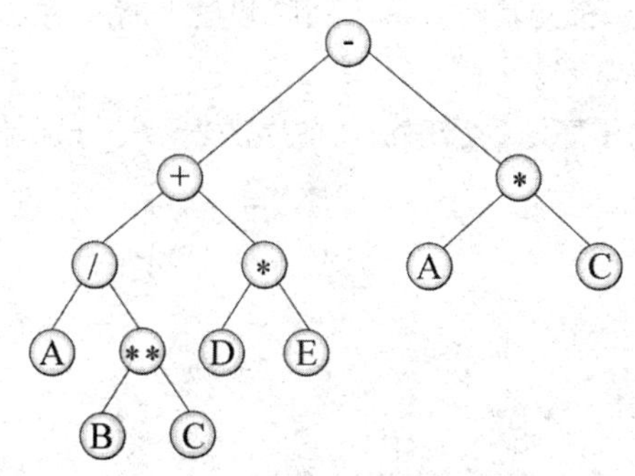

4. 请问以下二叉树的中序法、前序法以及后序法表达式分别是什么？

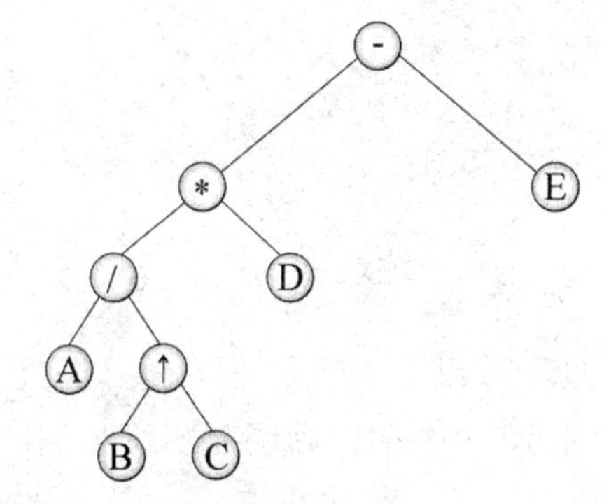

5. 试以链表来描述以下树结构的数据结构。

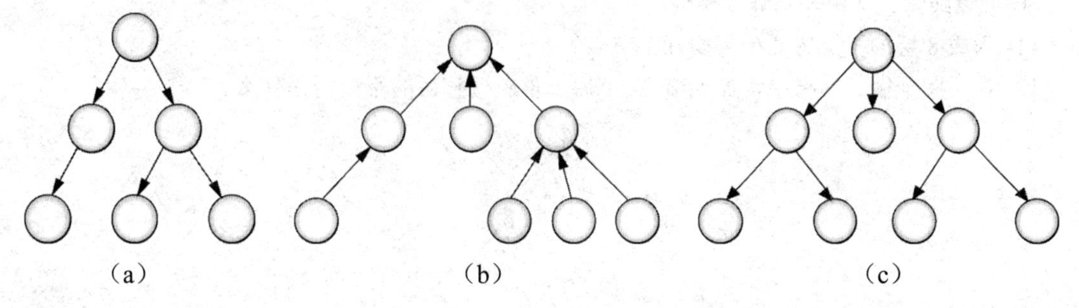

（a）　　（b）　　（c）

6. 假如有一个非空树，其度数为 5，已知度数为 i 的节点数有 i 个，其中 $1 \leq i \leq 5$，请问终端节点数总数是多少？

7. 请问以下二叉树的中序、前序以及后序遍历结果分别是什么？

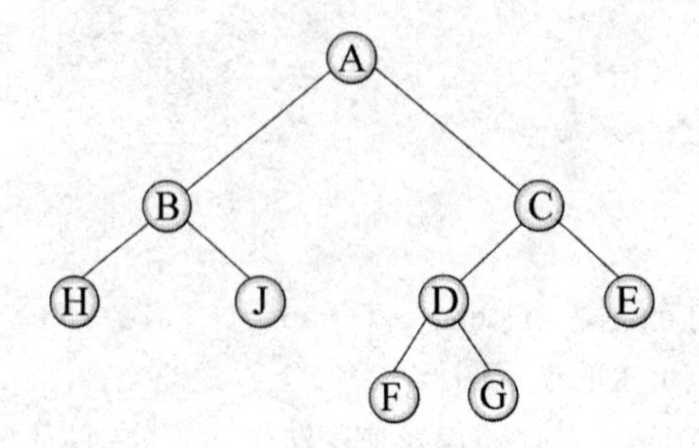

8. 用二叉查找树去表示 n 个元素时，最小高度和最大高度的二叉查找树（Height of Binary Search Tree）其值分别是什么？

9. 请问以下运算二叉树的中序法、后序法与前序法表示法分别是多少？

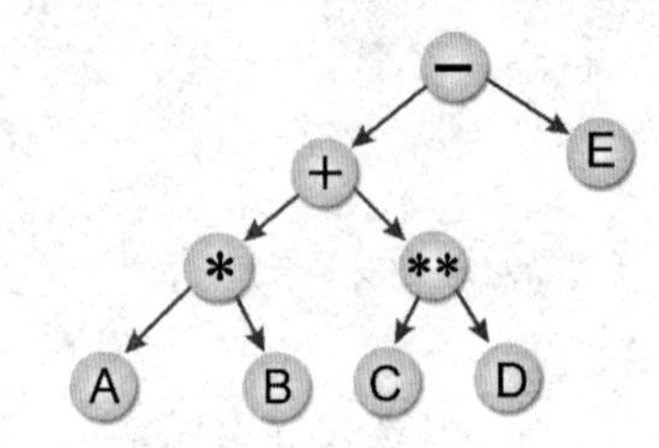

10. 下图为一个二叉树：

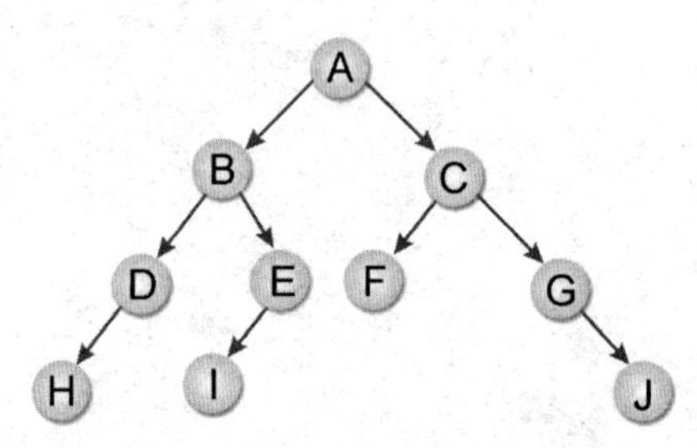

（1）请问此二叉树的前序遍历、中序遍历与后序遍历结果是什么？

（2）空的线索二叉树是什么？

（3）以线索二叉树表示其存储情况。

11. 形成 8 层的平衡树最少需要几个节点？

12. 在下图平衡二叉树中，加入节点 11 后，重新调整后的平衡树是什么？

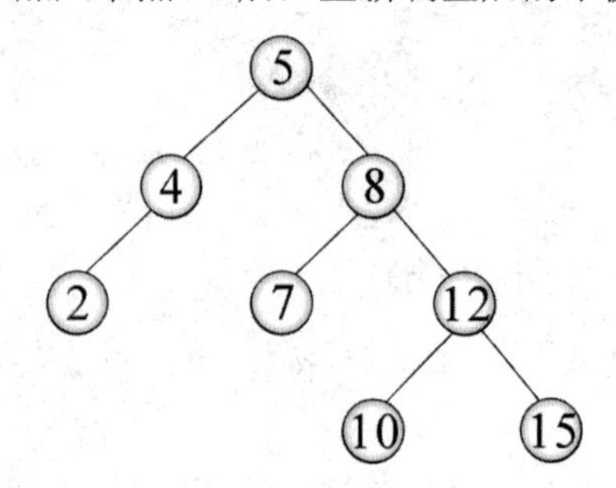

13. 请说明二叉搜索树的特点。

14. 试写出一个伪码 SWAPTREE(T) 将二叉树 T 的所有节点的左右子节点对换，并说明。

15.

（1）用一维数组 A[1:10] 来表示下图的两棵树。

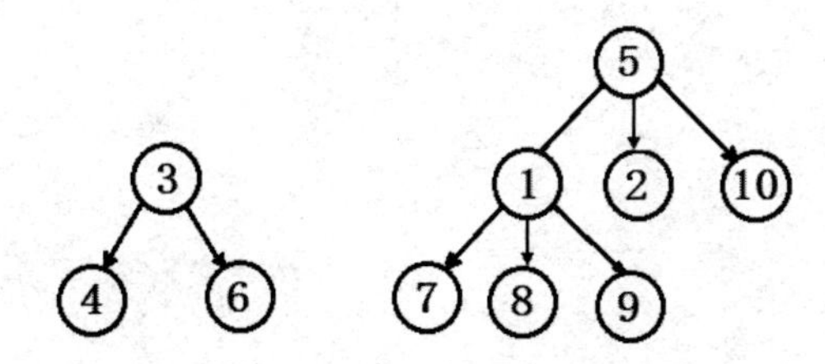

（2）利用数据结构，设计一算法，该算法将两棵树合并（Union）成为一棵树。

16. 假设一棵二叉树其中序遍历为 BAEDGF，前序遍历为 ABEDFG，求此二叉树。

17. 试述如何对一个二叉树进行中序遍历不用堆栈或递归？

18. 将下图的树转化为二叉树。

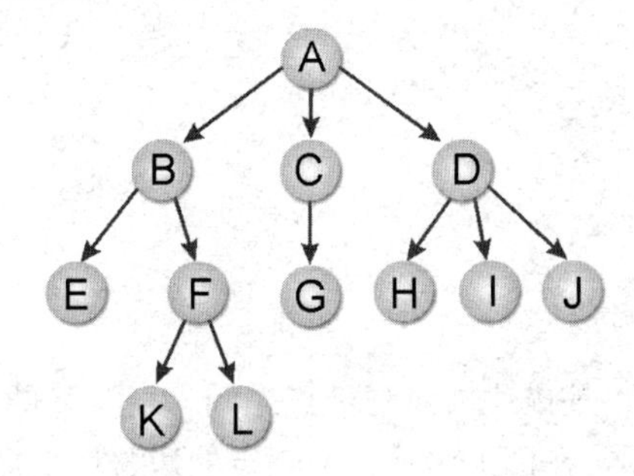

第 7 章

图结构

树结构（也称为图形结构）是描述节点与节点之间“层次”的关系，但是图结构却是讨论两个顶点之间“连通与否”的关系，在图形中连接两顶点的边若填上加权值（也可以称为成本），这类图形就称为“网络”。图形除了被应用在数据结构中最短路径搜索、拓扑排序外，还能应用在系统分析中以时间为评审标准的性能评审技术（Performance Evaluation and Review Technique，PERT），或者像“IC 电路设计”、“交通网络规划”等关于图的应用，如图 7-1 所示。

图 7-1

改编者注

后文“图”和“图形”在数据结构的描述中指同一个概念，在图论中，图的定义有特定的含义。

像是全球定位系统（Global Positioning System，GPS），就是通过卫星与地面接收器，实现传递地理位置信息、计算路程、语音导航与电子地图等功能。目前有许多汽车与手机都安装了 GPS 用于定位与路况查询。其中路程的计算就是以最短路径的理论作为程序设计的依据，为旅行者提供不同的路径选择方案，增加驾驶者选择行车路线的弹性。

7.1　图的简介

图的理论（简称图论）起源于 1736 年，一位瑞士数学家欧拉（Euler）为了解决“哥尼斯堡”问题所想出来的一种数据结构理论，这就是著名的“七桥问题”。简单来说，就是有七座横跨四个城市的大桥。欧拉所思考的问题是这样的，“是否有人在只经过每一座桥梁一次的情况下，把所有地方都走过一次而且回到原点。”如图 7-2 为“七桥问题”的示意图。

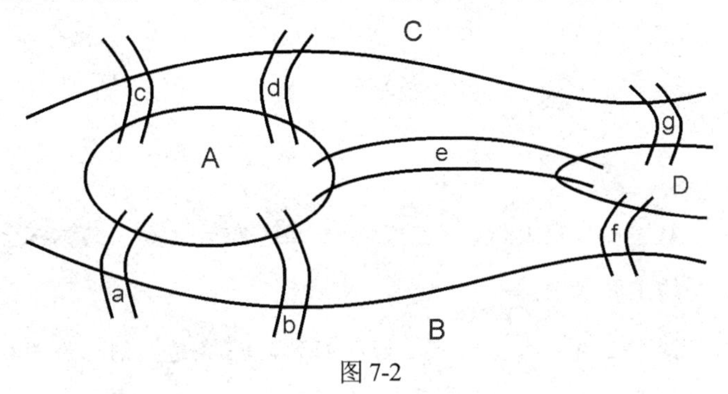

图 7-2

欧拉当时使用的方法就是以图结构来进行分析。他先以顶点表示城市，以边表示桥梁，并定义了连接每个顶点的边数称为该顶点的度数。我们将以如图 7-3 所示的简图来表示哥尼斯堡桥梁问题——欧拉环。

最后欧拉得出一个结论：“当所有顶点的度数都为偶数时，才能从某顶点出发，经过每条边一次，再回到起点。”也就是说，在图 7-3 中每个顶点的度数都是奇数，所以欧拉所思考的问题是不可能发生的，这个理论就是有名的“欧拉环”（Eulerian Cycle）理论。

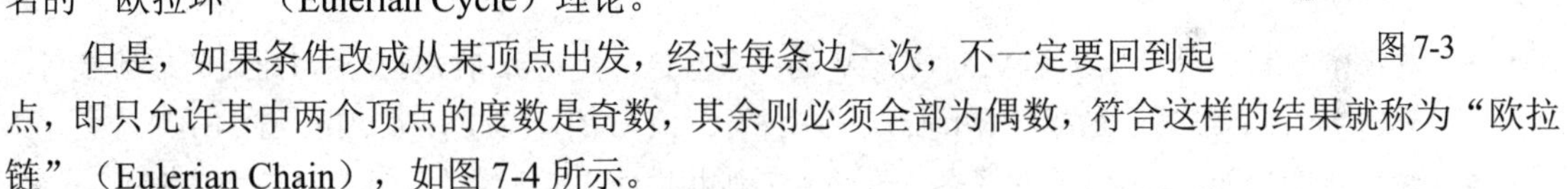

图 7-3

但是，如果条件改成从某顶点出发，经过每条边一次，不一定要回到起点，即只允许其中两个顶点的度数是奇数，其余则必须全部为偶数，符合这样的结果就称为“欧拉链”（Eulerian Chain），如图 7-4 所示。

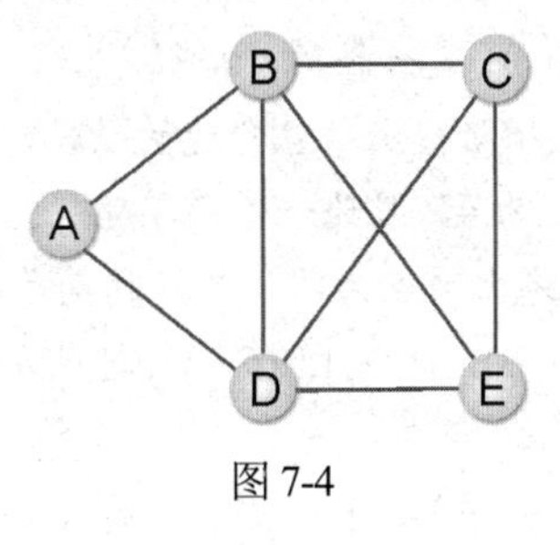

图 7-4

7.1.1　图的定义

图是由“顶点”和“边”所组成的集合，通常用 G=(V, E) 来表示，其中 V 是所有顶点所组成的集合，而 E 代表所有边所组成的集合。图的种类有两种：一种是无向图；另一种是有向图，无向图以（V_1, V_2）表示其边，而有向图则以<V_1,V_2>表示其边。

7.1.2 无向图

无向图（Graph）是一种边没有方向的图，即同一条边的两个顶点没有次序关系，例如 (V_1,V_2) 与 (V_2,V_1) 代表的是相同的边，如图 7-5 所示。

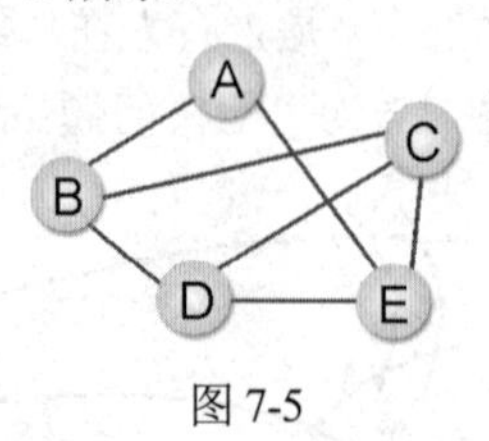

图 7-5

```
V={A,B,C,D,E}
E={(A,B),(A,E),(B,C),(B,D),(C,D),(C,E),(D,E)}
```

接下来介绍无向图的重要术语：

- 完全图：在“无向图”中，N 个顶点正好有 N(N–1)/2 条边，则称为“完全图”，如图 7-6 所示。

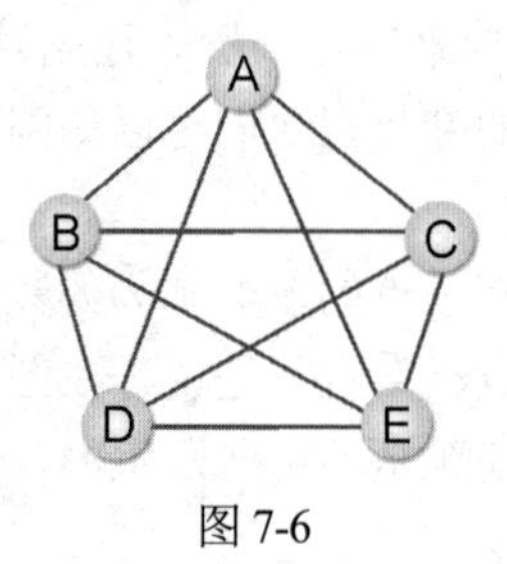

图 7-6

- 路径（Path）：对于从顶点 V_i 到顶点 V_j 的一条路径，是指由所经过顶点所组成的连续数列，如图 7-6 中，A 到 E 的路径有{(A, B)、(B, E)}、{((A, B)、(B, C)、(C, D)、(D, E))等。
- 简单路径（Simple Path）：除了起点和终点可能相同外，其他经过的顶点都不同，在图 7-6 中，(A, B)、(B, C)、(C, A)、(A, E)不是一条简单路径。
- 路径长度（Path Length）：是指路径上所包含边的数目，在图 7-6 中，(A, B)，(B, C)，(C, D)，(D, E)，是一条路径，其长度为 4，且为一条简单路径。
- 回路（Cycle）：起始顶点和终止顶点为同一个点的简单路径称为回路。如图 7-5，{(A, B)、(B, D)、(D, E)、(E, C)、(C, A)}起点和终点都是 A，所以是一个回路。
- 关联（Incident）：如果 V_i 与 V_j 相邻，我们则称 (V_i, V_j) 这个边关联于顶点 V_i 及顶点 V_j，如图 7-6 所示，关联于顶点 B 的边有(A, B)、(B, D)、(B, E)、(B, C)。
- 子图（Subgraph）：当我们称 G’为 G 的子图时，必定存在 $V(G') \subseteq V(G)$ 与 $E(G') \subseteq E(G)$，如图 7-7 所示的图就是图 7-6 的子图。

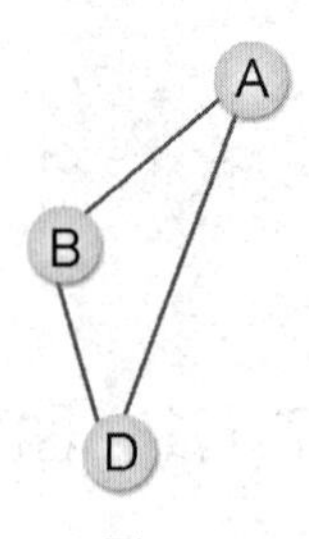

图 7-7

- 相邻（Adjacent）：如果 (V_i, V_j) 是 E(G) 中的一条边，则称 V_i 与 V_j 相邻。
- 连通分支（Connected Component）：在无向图中，相连在一起的最大子图（Subgraph），如图7-8 所示有 2 个连通分支。

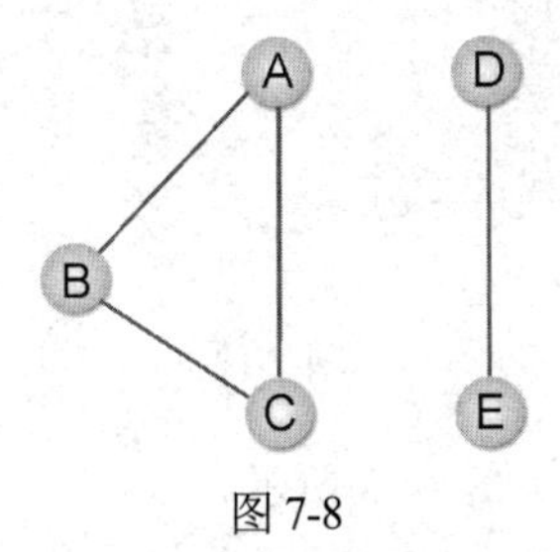

图 7-8

- 度数：在无向图中，一个顶点所拥有边的总数为度数。如图 7-6 所示，每个顶点的度数都为 4。

7.1.3 有向图

有向图（Digraph）是一种每一条边都可使用有序对 $<V_1, V_2>$ 来表示的图，并且 $<V_1, V_2>$ 与 $<V_2, V_1>$ 是表示两个方向不同的边，而所谓 $<V_1, V_2>$，是指 V_1 为尾端指向为头部的 V_2，如图 7-9 所示。

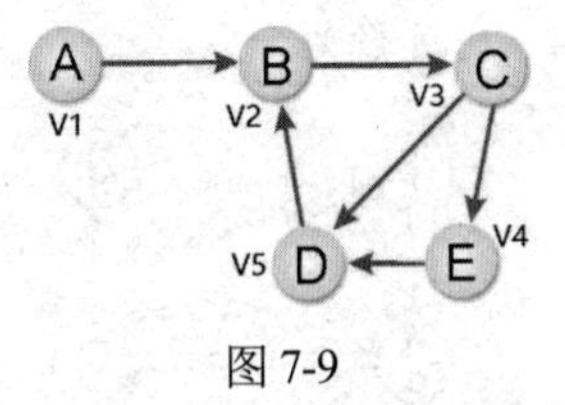

图 7-9

```
V={A,B,C,D,E}
E={<A,B>,<B,C>,<C,D>,<C,E>,<E,D>,<D,B>}
```

接下来介绍有向图的相关定义：

- 完全图（Complete Graph）：具有 n 个顶点且恰好有 n*(n–1)个边的有向图，如图 7-10 所示。

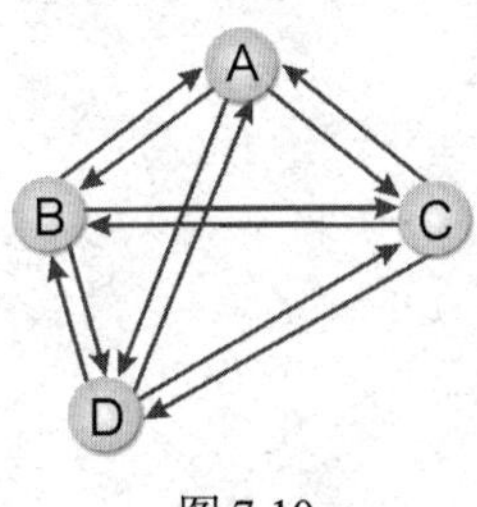

图 7-10

- 路径（Path）：有向图中从顶点 V_p 到顶点 V_q 的路径是指一串从顶点所组成的连续有向序列。
- 强连通（Strongly Connected）：有向图中，如果每个成对顶点 V_i, V_j 有直接路径（V_i 和 V_j 不是同一个点），同时，有另一条路径从 V_j 到 V_i，则称此图为强连通，如图 7-11 所示。

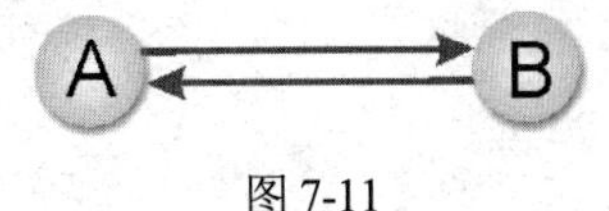

图 7-11

- 强连通分支（Strongly Connected Component）：有向图中构成强连通的最大子图，在图 7-12 中的（a）是强连通，但（b）就不是强连通。

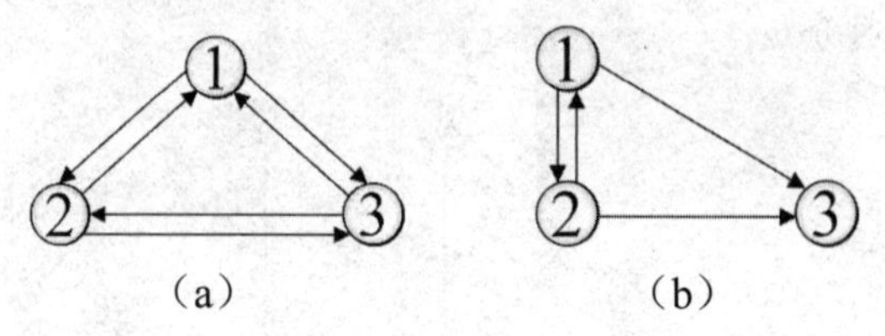

图 7-12

而图 7-12（b）中的强连通分支如图 7-13 所示。

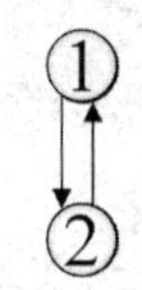

图 7-13

- 出度数（Out-degree）：是指有向图中，以顶点 V 为箭尾的边数。
- 入度数（In-degree）：是指有向图中，以顶点 V 为箭头的边数，如图 7-14 中 V_4 的入度数为 1，出度数为 0，V_2 的入度数为 4，出度数为 1。

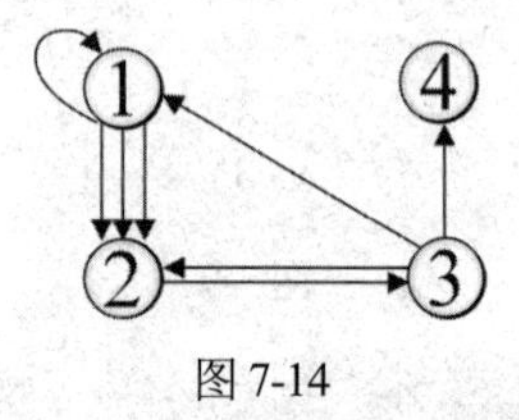

图 7-14

提　示

图结构中任意两顶点之间只能有一条边，如果两顶点间相同的边有 2 条以上（含 2 条），则称它为多重图（Multigraph）。以严格的定义来说，多重图应该不能算作图论中的一种图。请看图 7-15 所示。

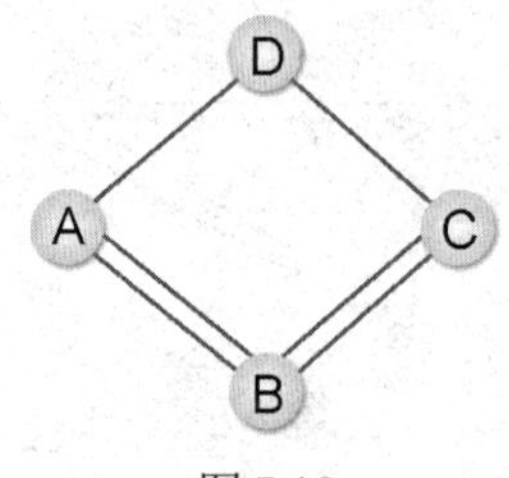

图 7-15

7.2　图的数据表示法

知道图的各种定义与概念后，有关图的数据表示法就越显得重要了。常用来表达图的数据结构的方法很多，本节中将介绍四种表示法。

7.2.1　邻接矩阵法

图 A 有 n 个顶点，以 n×n 的二维矩阵列来表示。此矩阵的定义如下：

对于一个图 G = (V, E)，假设有 n 个顶点，n≥1，则可以将 n 个顶点的图，使用一个 n×n 的二维矩阵来表示，其中假如 A(i, j) = 1，则表示图中有一条边(V_i, V_j)存在。反之，A(i, j) = 0，则不存在边(V_i, V_j)。

相关特性说明如下：

（1）对无向图而言，邻接矩阵一定是对称的，而且对角线一定为 0。有向图则不一定如此。

（2）在无向图中，任一节点 i 的度数为 $\sum_{j=1}^{n} A(i,j)$，就是第 i 行所有元素之和。在有向图中，节点 i 的出度数为 $\sum_{j=1}^{n} A(i,j)$，就是第 i 行所有元素的和，而入度数为 $\sum_{i=1}^{n} A(i,j)$，就是第 j 列所有元素的和。

（3）用邻接矩阵法表示图共需要 n^2 个单位空间，由于无向图的邻接矩阵一定是具有对称关系，所以扣除对角线全部为零外，仅需存储上三角形或下三角形的数据即可，因此仅需 n(n–1)/2 的单位空间。

下面就实际来看一个范例，用邻接矩阵表示下列无向图，如图 7-16 所示。

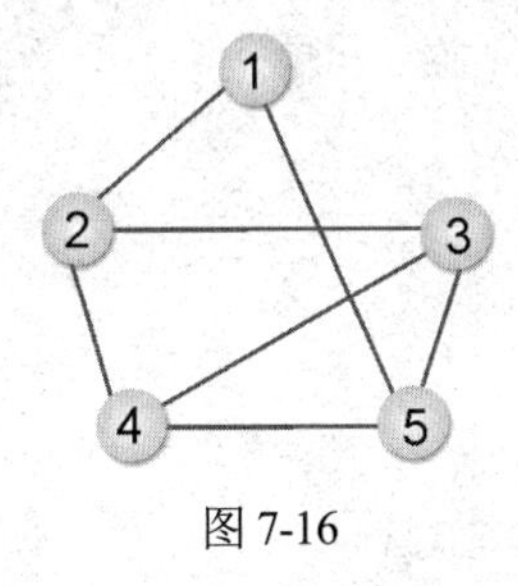

图 7-16

由于图 7-16 共有 5 个顶点，故使用 5×5 的二维数组存放此图。在该图中，先找和①相邻的顶点有哪些，把和①相邻的顶点坐标填入 1。

在邻接矩阵中填写与顶点 1 相邻的有顶点 2 和顶点 5，如图 7-17 所示。

其他顶点以此类推可以得到邻接矩阵，填写完毕的邻接矩阵，如图 7-18 所示。

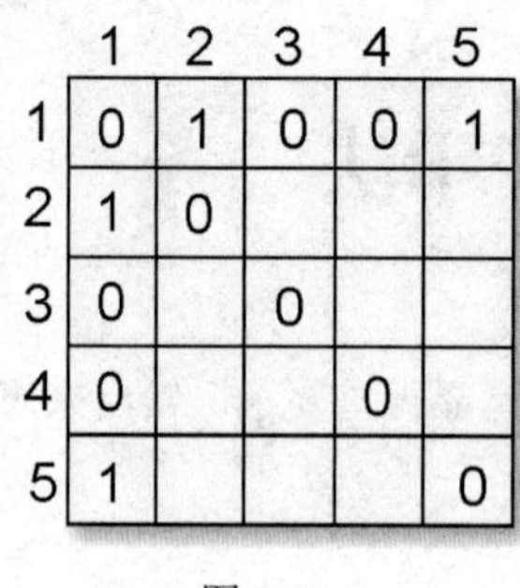

图 7-17

	1	2	3	4	5
1	0	1	0	0	1
2	1	0	1	1	0
3	0	1	0	1	1
4	0	1	1	0	1
5	1	0	1	1	0

图 7-18

而对于有向图，邻接矩阵则不一定是对称矩阵。其中节点 i 的出度数为 $\sum_{j=1}^{n} A(i,j)$，就是第 i 行所有元素 1 的和，而入度数为 $\sum_{i=1}^{n} A(i,j)$，就是第 j 列所有元素 1 的和。如图 7-19 所示的有向图及其邻接矩阵。

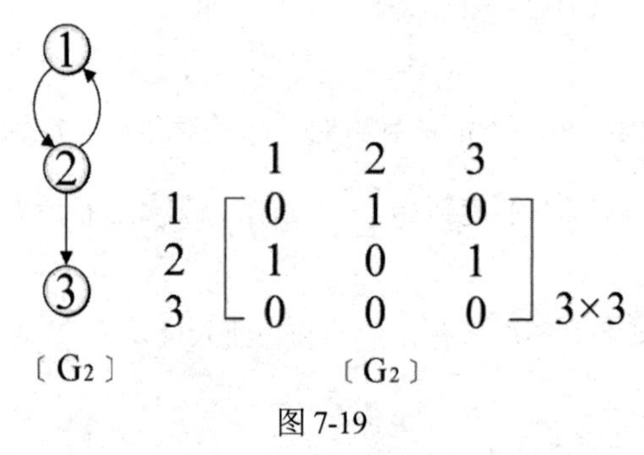

图 7-19

用 Java 语言描述的无向图和有向图的 6×6 邻接矩阵的算法如下：

```
for (i=0;i<14;i++)        //读取图的数据
  for (j=0;j<6;j++)       //填入 arr 矩阵
    for (k=0;k<6;k++)
    {
      tmpi=data[i][0];      //tmpi 为起始顶点
      tmpj=data[i][1];      //tmpj 为终止顶点
      arr[tmpi][tmpj]=1;  //有边的点填入 1
    }
System.out.print("无向图矩阵：\n");
for (i=1;i<6;i++)
{
  for (j=1;j<6;j++)
  System.out.print("["+arr[i][j]+"] ");    //打印矩阵内容
  System.out.print("\n");
}
```

【范例 7.2.1】

假设有一无向图各边的起点值和终点值如下数组所示：

```
int [][] data={{1,2},{2,1},{1,5},{5,1},
               {2,3},{3,2},{2,4},{4,2},
```

```
            {3,4},{4,3},{3,5},{5,3},
            {4,5},{5,4}};
```

【范例程序：ch07_01.java】

```
01   // 无向图矩阵
02
03   import java.io.*;
04   public class ch07_01
05   {
06     public static void main(String args[]) throws IOException
07     {
08       int[][]data={{1,2},{2,1},{1,5},{5,1},//图各边的起点值和终点值
09                    {2,3},{3,2},{2,4},{4,2},
10                    {3,4},{4,3},{3,5},{5,3},
11                    {4,5},{5,4}};
12       //声明矩阵 arr
13       int arr[][] =new int[6][6];
14       int i,j,k,tmpi,tmpj;
15
16       for (i=0;i<6;i++)          //把矩阵清为 0
17         for (j=0;j<6;j++)
18           arr[i][j]=0;
19       for (i=0;i<14;i++)          //读取图的数据
20         for (j=0;j<6;j++)  //填入 arr 矩阵
21           for (k=0;k<6;k++)
22           {
23             tmpi=data[i][0];    //tmpi 为起始顶点
24             tmpj=data[i][1];    //tmpj 为终止顶点
25             arr[tmpi][tmpj]=1;  //有边的点填入 1
26           }
27       System.out.print("无向图矩阵：\n");
28       for (i=1;i<6;i++)
29       {
30         for (j=1;j<6;j++)
31           System.out.print("["+arr[i][j]+"] ");   //打印矩阵内容
32         System.out.print("\n");
33       }
34     }
35   }
```

【执行结果】参见图 7-20。

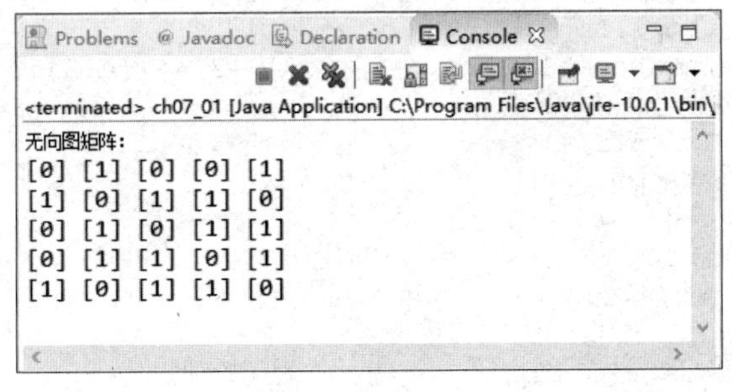

图 7-20

【范例 7.2.2】

请用邻接矩阵来表示图 7-21 所示的有向图。

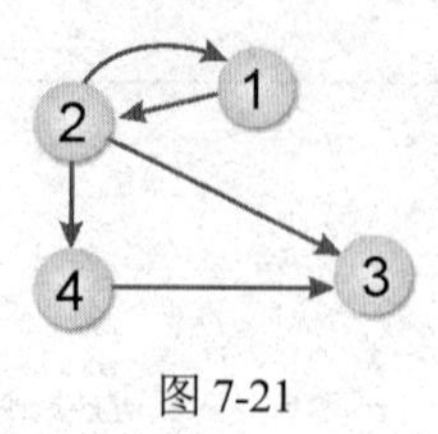

图 7-21

答：

和无向图的做法一样，找出相邻的点并把边连接的两个顶点矩阵值填入 1。不同的是横坐标为出发点，纵坐标为终点，如图 7-22 所示的矩阵。

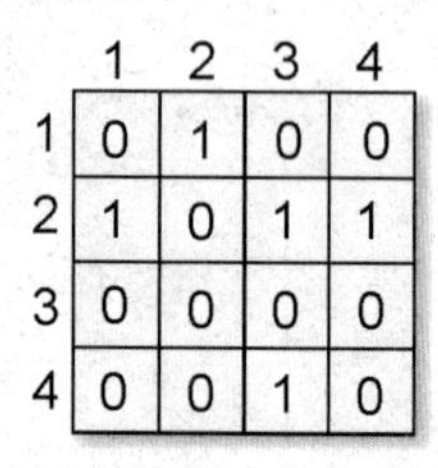

	1	2	3	4
1	0	1	0	0
2	1	0	1	1
3	0	0	0	0
4	0	0	1	0

图 7-22

【范例 7.2.3】

假设有一个有向图，它各边的起点值和终点值如下数组所示：

```
int [][] data={{1,2},{2,1},{2,3},{2,4},{4,3}};
```

试输出此图的邻接矩阵。

【范例程序：ch07_02.java】

```
01    // 使用邻接矩阵来表示有向图
02
03    import java.io.*;
04    public   class ch07_02
05    {
06      public static void main(String args[]) throws IOException
07      {
08        int arr[][]=new int[5][5];  //声明矩阵 arr
09        int i,j,tmpi,tmpj;
10        int [][] data={{1,2},{2,1},{2,3},{2,4},{4,3}};
          //图各边的起点值和终点值
11        for (i=0;i<5;i++)          //把矩阵清为 0
12          for (j=0;j<5;j++)
13            arr[i][j]=0;
14        for (i=0;i<5;i++)        //读取图形数据
15          for (j=0;j<5;j++)    //填入 arr 矩阵
16          {
17            tmpi=data[i][0];      //tmpi 为起始顶点
18            tmpj=data[i][1];      //tmpj 为终止顶点
19            arr[tmpi][tmpj]=1;    //有边的点填入 1
20          }
```

```
21        System.out.print("有向图矩阵：\n");
22        for (i=1;i<5;i++)
23        {
24          for (j=1;j<5;j++)
25          System.out.print("["+arr[i][j]+"] ");   //打印矩阵内容
26          System.out.print("\n");
27        }
28      }
29    }
```

【执行结果】参见图 7-23。

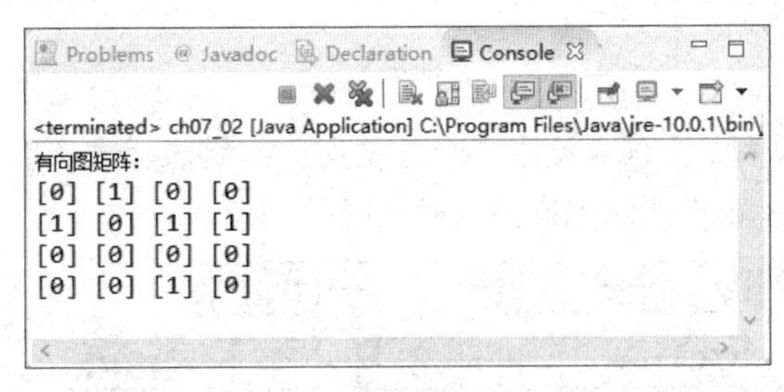

图 7-23

7.2.2 邻接链表法

前面所介绍的邻接矩阵法，优点是借着矩阵的运算，有许多特别的应用。要在图中加入新边时，这个表示法的插入与删除操作相当简易。不过要考虑到稀疏矩阵空间浪费的问题，另外，如果要计算所有顶点的度数时，其时间复杂度为 $O(n^2)$。

因此可以考虑更有效的方法，就是邻接表法（adjacency list）。这种表示法就是将一个 n 行的邻接矩阵，表示成 n 个链表，这种做法和邻接矩阵相比较节省空间，如计算所有顶点的度数时，其时间复杂度为 O(n+e)，缺点是如有新边加入图中或从图中删除边时就要修改相关的链接，较为麻烦费时。

首先将图的 n 个顶点作为 n 个链表头，每个链表中的节点表示它们和链表头节点之间有边相连。每个节点数据结构如下：

Java 的节点声明如下：

```
class Node
{
    int x;
    Node next;
    public Node(int x)
    {
        this.x=x;
        this.next=null;
    }
}
```

在无向图中，因为对称的关系，若有 n 个顶点、m 个边，则形成 n 个链表头，2m 个节点。若在有向图中，则有 n 个链表头以及 m 个顶点，因此在邻接表中，求所有顶点度数所需的时间复杂度为 O(n+m)。现在分别来讨论图 7-24 中所示的两个无向图（a）和有向图（b）的范例，看看如何使用邻接表来表示。

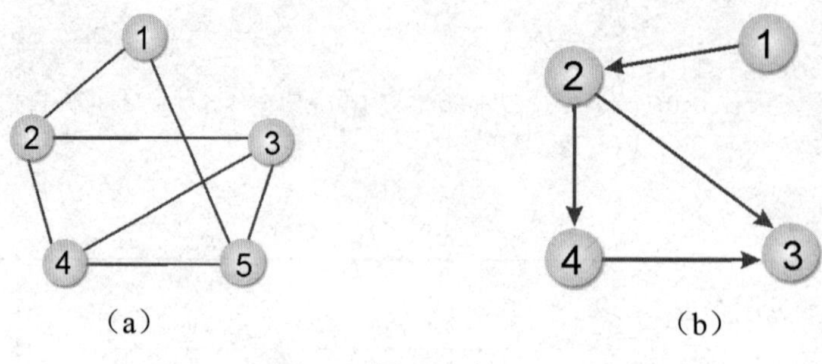

图 7-24

首先来看图（a），因为 5 个顶点使用 5 个链表头，V_1 链表代表顶点 1，与顶点 1 相邻的顶点有 2 和 5，以此类推，如图 7-25 所示无向图（a）的邻接表。

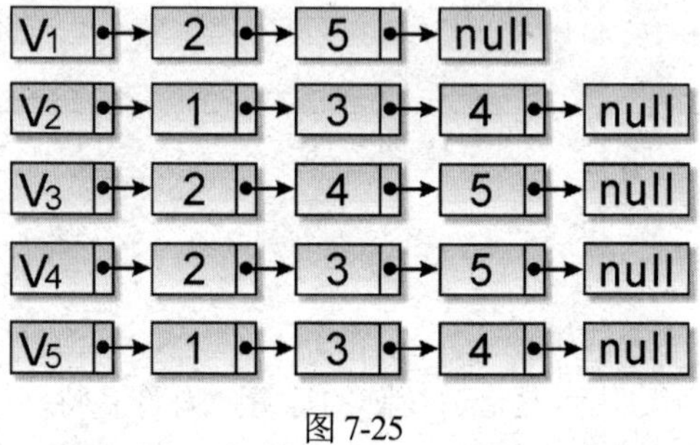

图 7-25

【范例程序：ch07_03.java】

```
01   // 使用邻接链表来表示图形(a)
02
03   import java.io.*;
04
05   class Node
06   {
07     int x;
08     Node next;
09     public Node(int x)
10     {
11       this.x=x;
12       this.next=null;
13     }
14   }
15   class GraphLink
16   {
17     public Node first;
18     public Node last;
19     public boolean isEmpty()
20     {
21       return first==null;
22     }
23     public void print()
24     {
25       Node current=first;
```

```
26      while(current!=null)
27      {
28        System.out.print("["+current.x+"]");
29        current=current.next;
30      }
31      System.out.println();
32    }
33    public void insert(int x)
34    {
35      Node newNode=new Node(x);
36      if(this.isEmpty())
37      {
38        first=newNode;
39        last=newNode;
40      }
41      else
42      {
43        last.next=newNode;
44        last=newNode;
45      }
46    }
47  }
48  public class ch07_03
49  {
50    public static void main (String args[])throws IOException
51    {
52      int Data[][] =    //图的数组声明
53          { {1,2},{2,1},{1,5},{5,1},{2,3},{3,2},{2,4},
54            {4,2},{3,4},{4,3},{3,5},{5,3},{4,5},{5,4} };
55      int DataNum;
56      int i,j;
57
58      System.out.println("图(a)的邻接链表内容：");
59      GraphLink Head[] = new GraphLink[6];
60      for ( i=1 ; i<6 ; i++ )
61      {
62        Head[i]=new GraphLink();
63        System.out.print("顶点"+i+"=>");
64        for( j=0 ; j<14 ;j++)
65        {
66          if(Data[j][0]==i)
67          {
68            DataNum = Data[j][1];
69            Head[i].insert(DataNum);
70          }
71        }
72        Head[i].print();
73      }
74    }
75  }
```

【执行结果】参见图 7-26。

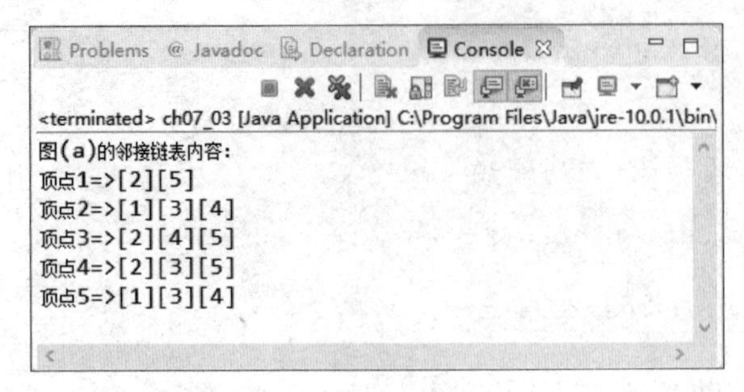

图 7-26

再来看如图 7-27 所示的有向图（b）的情况。

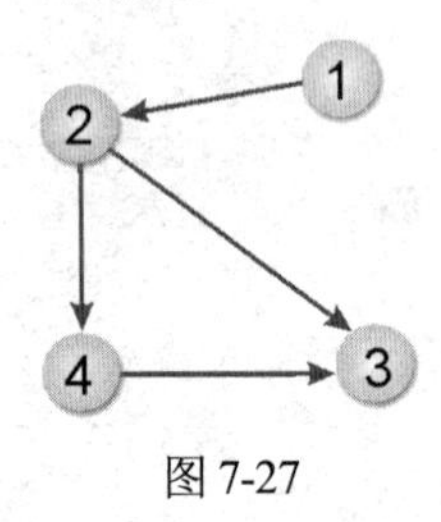

图 7-27

如图 7-27 得知，有 4 个顶点因而有 4 个链表头，V_1 链表代表顶点 1，与顶点 1 相邻的顶点有 2，以此类推，链表则如图 7-28 所示。

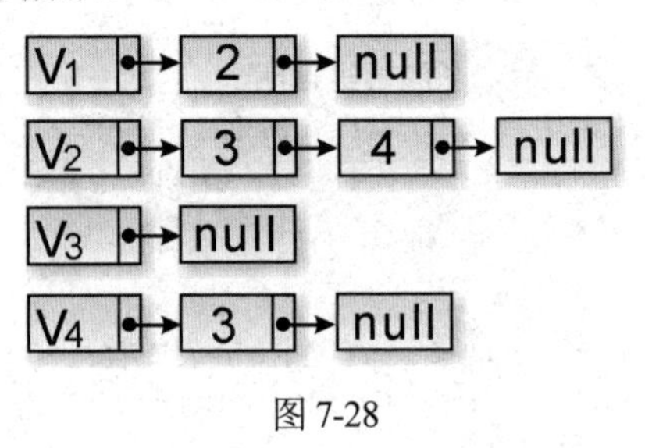

图 7-28

上例为邻接链表有向图和无向图的表示，读者可以清楚地知道邻接矩阵及邻接链表的区别。表 7-1 是有关邻接矩阵法和邻接链法来表示图的优缺点。

表 7-1　邻接矩阵法和邻接链法的优缺点

优缺点 表示法	优点	缺点
邻接矩阵法	①实现简单 ②计算度相当方便 ③要在图中加入新边时，这个表示法的插入与删除相当简易	①如果顶点与顶点间的路径不多时，易造成稀疏矩阵而浪费内存空间 ②计算所有顶点的度数时，其时间复杂度为 $O(n^2)$
邻接链表法	①和邻接矩阵相比较节省空间 ②计算所有顶点的度数时，其时间复杂度为 O(n+e)，比邻接矩阵法快	①要求解入度数时，必须先求其反转表 ②图新边的加入或删除则要改动相关的表链接，较为麻烦费时

7.2.3 邻接复合链表法

上面介绍了两个图的表示法都是从图的顶点出发，但如果要处理的是“边”则必须使用邻接复合链表（或称为邻接多叉链表）。邻接复合链表是处理无向图的另一种方法。邻接复合链表的节点用于存储边的数据，其结构如下：

M	V_1	V_2	LINK1	LINK2
记录单元	边起点	边终点	起点指针	终点指针

其中相关特性说明如下：

- **M:** 是记录该边是否被找过的字段，此字段为一个位（比特）。
- **V1 和 V2:** 是所记录的边的起点与终点。
- **LINK1:** 在尚有其他顶点与 V1 相连的情况下，此字段会指向下一个与 V1 相连的边节点，如果已经没有任何顶点与 V1 相连时，则指向 None。
- **LINK2:** 在尚有其他顶点与 V2 相连的情况下，此字段会指向下一个与 V2 相连的边节点，如果已经没有任何顶点与 V2 相连时，则指向 None。

例如有三条边(1, 2)(1, 3)(2, 4)，则邻接复合链表法表示边(1, 2)的表示法如图 7-29 所示。

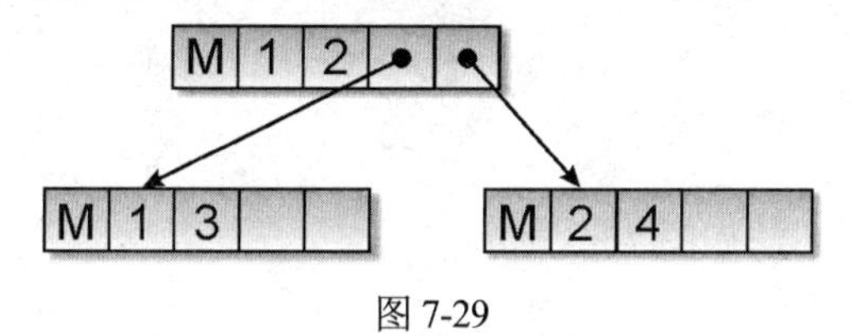

图 7-29

我们现在以邻接复合链表来表示图 7-30 所示的无向图。

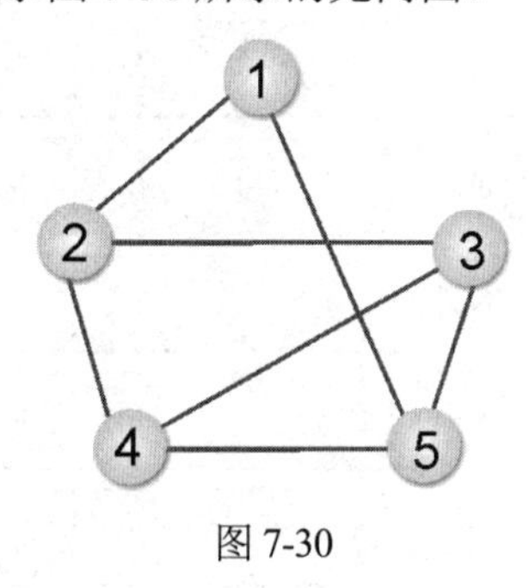

图 7-30

分别把顶点和边的节点找出来，生成的邻接复合邻接表，如图 7-31 所示。

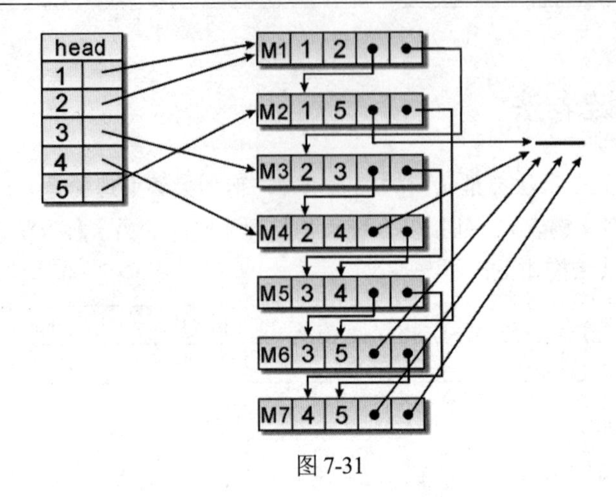

图 7-31

【范例 7.2.4】

试求出图 7-32 所示的邻接复合链表的表示法。

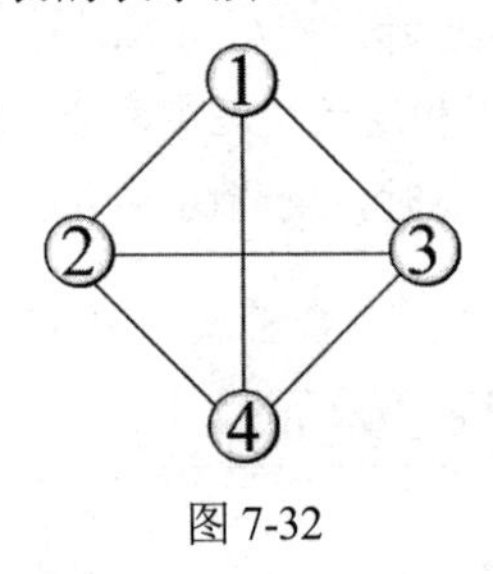

图 7-32

答： 邻接复合链表的表示法如图 7-33 所示。

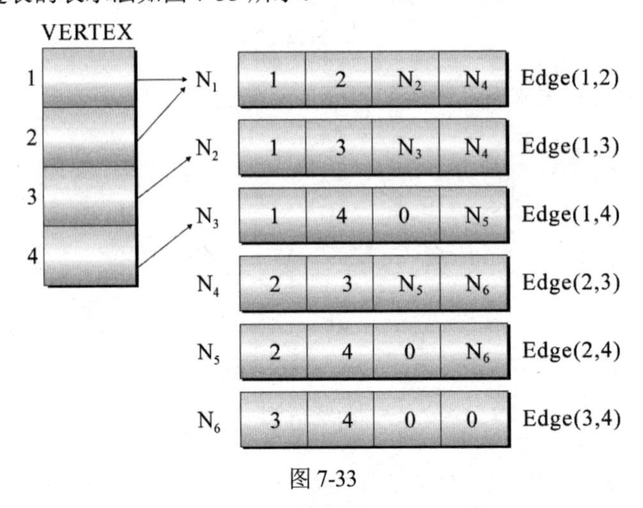

图 7-33

从图 7-32 中，我们可以得知：

顶点 1(V_1)： $N_1 \rightarrow N_2 \rightarrow N_3$

顶点 2(V_2)： $N_1 \rightarrow N_4 \rightarrow N_5$

顶点 3(V_3)： $N_2 \rightarrow N_4 \rightarrow N_6$

顶点 4(V_4)： $N_3 \rightarrow N_5 \rightarrow N_6$

7.2.4 索引表格法

索引表格表示法，是一种用一维数组来按序存储与各顶点相邻的所有顶点，并建立索引表格来记录各顶点在此一维数组中第一个与该顶点相邻的位置。我们将用图 7-34 来介绍索引表格法。

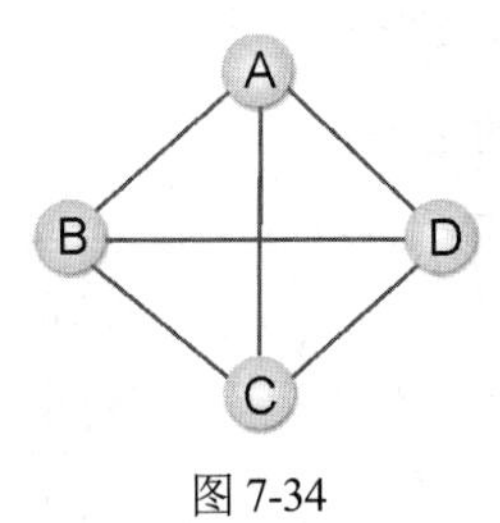

图 7-34

索引表格法的表示形式如图 7-35 所示。

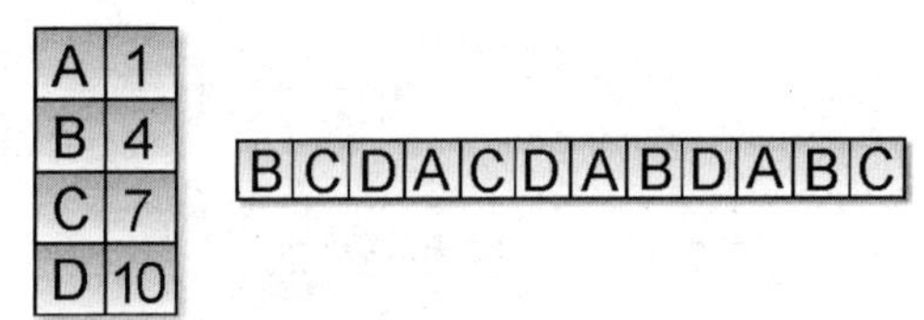

图 7-35

【范例 7.2.5】

图 7-36 为欧拉七桥问题的示意图，A，B，C，D 为四个岛，1，2，3，4，5，6，7 为七座桥，现在以不同的数据结构描述此图，试说明三种不同的表示法。

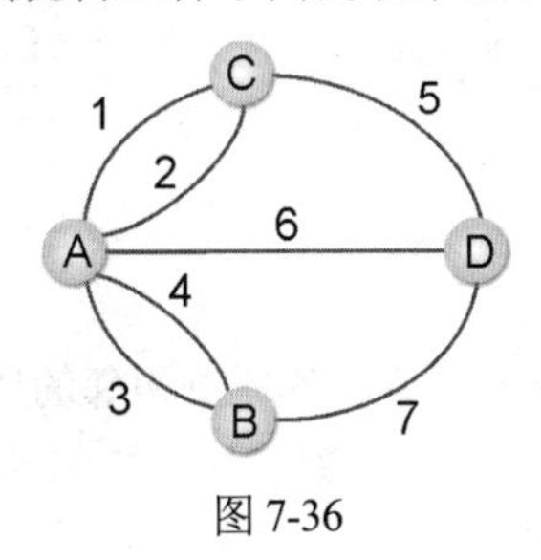

图 7-36

答：

根据多重图的定义，欧拉七桥问题是一种多重图（Multigraph），它并不是图论中定义的图。如果要以不同表示法来实现图的数据结构，必须先将上述的多重图分解成如图 7-37 所示的两个图。

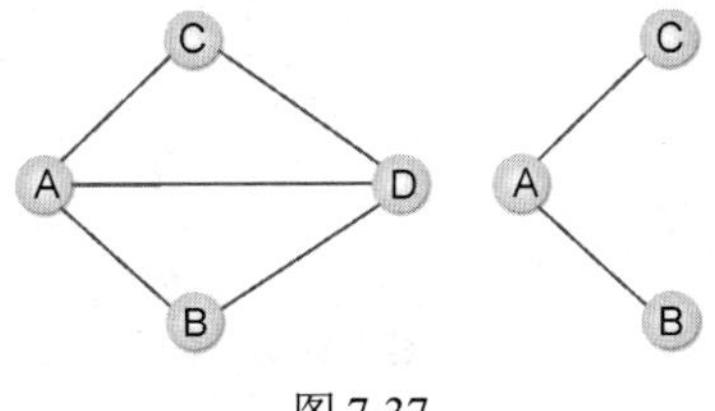

图 7-37

下面我们以邻接矩阵、邻接表和索引表格法说明如下：

- 邻接矩阵（Adjacency Matrix）

令图形 G = (V, E) 共有 n 个顶点，我们以 n×n 的二维矩阵来表示点与点之间是否相邻，如图 7-38 所示。其中：

$a_{ij} = 0$ 表示顶点 i 和 j 顶点没有相邻的边
$a_{ij} = 1$ 表示顶点 i 和 j 顶点有相邻的边

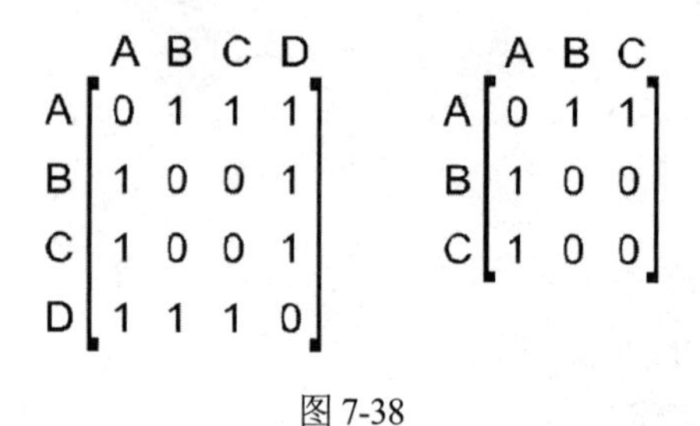

图 7-38

- 邻接表法（Adjacency List）

如图 7-39 是邻接表示例 1，如图 7-40 是邻接表示例 2。

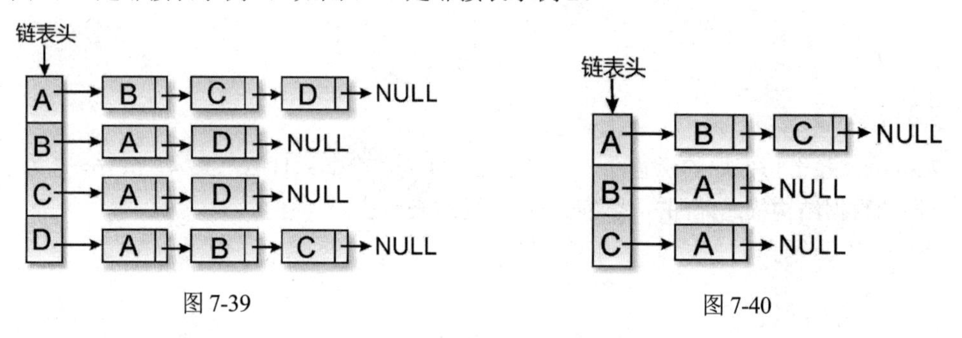

图 7-39　　图 7-40

- 索引表格法（Indexed Table）

是以一种用一个一维数组，来按序存储与各顶点相邻的所有顶点，并建立索引表格来记录各顶点在此一维数组中第一个与该顶点相邻的位置，如图 7-41 所示。

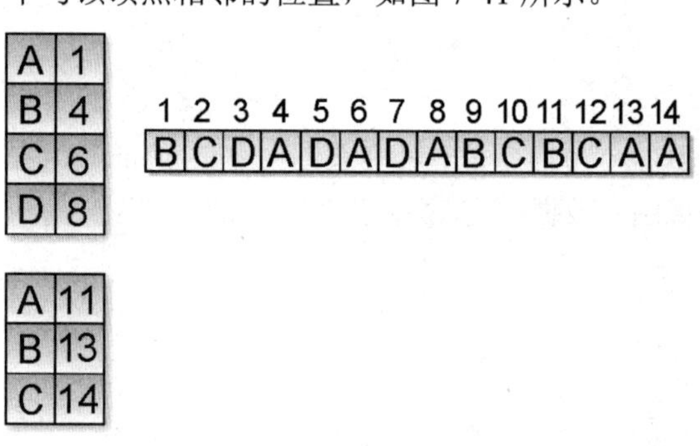

图 7-41

7.3 图的遍历

树的遍历目的是访问树的每一个节点一次，可用的方法有中序法、前序法和后序法等三种。至于图的遍历，可以定义如下：

（1）一个图 G = (V, E)，存在某一顶点 v∈，我们希望从 v 开始，通过此节点相邻的节点而去访问图 G 中的其他节点，这就被称为“图的遍历”。

（2）也就是从某一个顶点 V_1 开始，遍历可以经过 V_1 到达的顶点，接着再遍历下一个顶点直到全部的顶点遍历完毕为止。在遍历的过程中可能会重复经过某些顶点和边。通过图的遍历可以判断该图是否连通，并找出连通分支和路径。图遍历的方法有两种：“深度优先遍历”和“广度优先遍历”——也称为“深度优先搜索”和“广度优先搜索”。

7.3.1 深度优先遍历法

深度优先遍历的方式有点类似于前序遍历。是从图的某一顶点开始遍历，被访问过的顶点就做上已访问的记号，接着遍历此顶点的所有相邻且未访问过的顶点中的任意一个顶点，并做上已访问的记号，再以该点为新的起点继续进行深度优先的搜索。

这种图的遍历方法结合了递归和堆栈两种数据结构的技巧，由于此方法会造成无限循环，所以必须加入一个变量，判断该点是否已经遍历完毕。下面我们以无向图为例来看看这个方法的遍历过程，如图 7-42 所示。

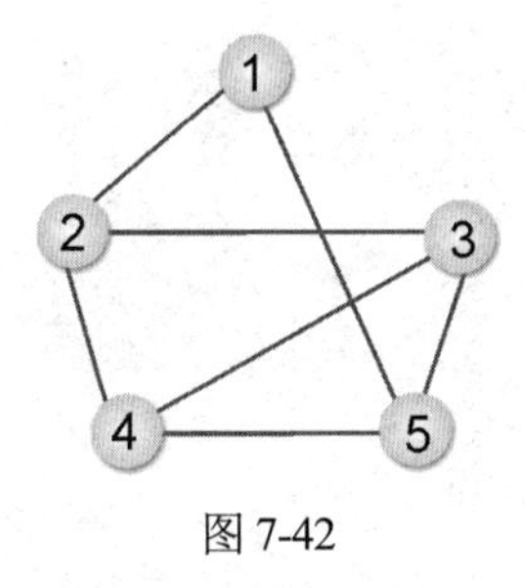

图 7-42

步骤01 以顶点 1 为起点，将相邻的顶点 2 和顶点 5 压入堆栈。

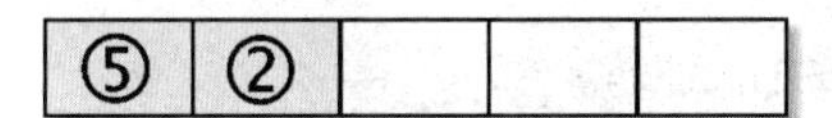

步骤02 弹出顶点 2，将与顶点 2 相邻且未访问过的顶点 3 和顶点 4 压入堆栈。

步骤03 弹出顶点 3，将与顶点 3 相邻且未访问过的顶点 4 和顶点 5 压入堆栈。

⑤	④	⑤	④	

步骤04 弹出顶点 4，将与顶点 4 相邻且未访问过的顶点 5 压入堆栈。

⑤	④	⑤	⑤	

步骤05 弹出顶点 5，将与顶点 5 相邻且未访问过的顶点压入堆栈，这时可以发现与顶点 5 相邻的顶点全部被访问过了，所以无须再压入堆栈。

步骤06 将堆栈内的值弹出并判断是否已经遍历过了，直到堆栈内无节点可遍历为止。

故深度优先的遍历顺序为：顶点 1、顶点 2、顶点 3、顶点 4、顶点 5。

【范例程序：ch07_04.java】

```
01  // 深度优先搜索法(DFS)
02
03  class Node
04  {
05    int x;
06    Node next;
07    public Node(int x)
08    {
09      this.x=x;
10      this.next=null;
11    }
12  }
13  class GraphLink
14  {
15    public Node first;
16    public Node last;
17    public boolean isEmpty()
18    {
19      return first==null;
20    }
21    public void print()
22    {
23      Node current=first;
24      while(current!=null)
25      {
26        System.out.print("["+current.x+"]");
27        current=current.next;
28      }
29      System.out.println();
30    }
31    public void insert(int x)
32    {
33      Node newNode=new Node(x);
34      if(this.isEmpty())
35      {
36        first=newNode;
37        last=newNode;
38      }
39      else
```

```
40        {
41          last.next=newNode;
42          last=newNode;
43        }
44      }
45    }
46
47    public class ch07_04
48    {
49      public static int run[]=new int[9];
50      public static GraphLink Head[]=new GraphLink[9];
51      public static void dfs(int current)          //深度优先遍历子程序
52      {
53        run[current]=1;
54        System.out.print("["+current+"]");
55        while((Head[current].first)!=null)
56        {//如果顶点尚未遍历，就进行 dfs 的递归调用
57          if(run[Head[current].first.x]==0)
58            dfs(Head[current].first.x);
59          Head[current].first=Head[current].first.next;
60        }
61      }
62
63      public static void main (String args[])
64      {
65        int Data[][] =//图边线数组的声明
66            {{1,2},{2,1},{1,3},{3,1},{2,4},
67            {4,2},{2,5},{5,2},{3,6},{6,3},
68            {3,7},{7,3},{4,5},{5,4},{6,7},
69            {7,6},{5,8},{8,5},{6,8},{8,6} };
70        int DataNum;
71        int i,j;
72
73        System.out.println("图的邻接链表的内容：");//打印图的邻接链表内容
74        for ( i=1 ; i<9 ; i++ )     //共有 8 个顶点
75        {
76          run[i]=0;    //设置所有顶点为尚未遍历过
77          Head[i]=new GraphLink();
78          System.out.print("顶点"+i+"=>");
79          for( j=0 ; j<20 ;j++)       //20 条边
80          {
81            if(Data[j][0]==i)  //如果起点和链表头相等，则把顶点加入链表
82            {
83              DataNum = Data[j][1];
84              Head[i].insert(DataNum);
85            }
86          }
87          Head[i].print();        //打印图的邻接链表内容
88        }
89        System.out.println("深度优先遍历顶点：");//打印深度优先遍历的顶点
90        dfs(1);
91        System.out.println("");
92      }
93    }
```

【执行结果】参见图 7-43。

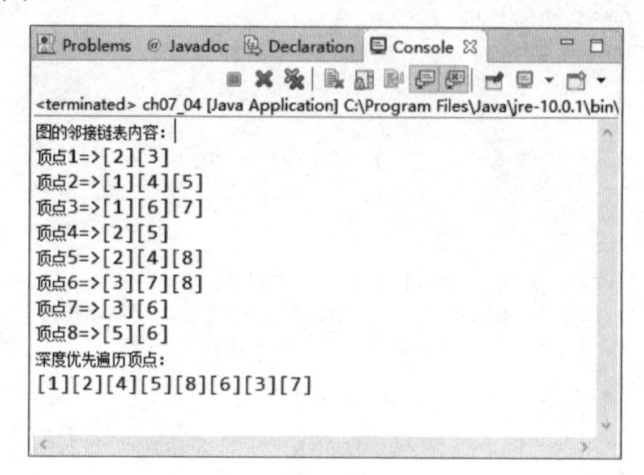

图 7-43

7.3.2 广度优先遍历法

之前所谈到的深度优先遍历是利用堆栈和递归的技巧来遍历图，而广度优先（Breadth-First Search，BFS）遍历法则是使用队列和递归技巧来遍历，也是从图的某一顶点开始遍历，被访问过的顶点就做上已访问的记号。

接着遍历此顶点的所有相邻且未访问过的顶点中的任意一个顶点，并做上已访问的记号，再以该点为新的起点继续进行广度优先的遍历。下面我们以图 7-44 来看看广度优先的遍历过程。

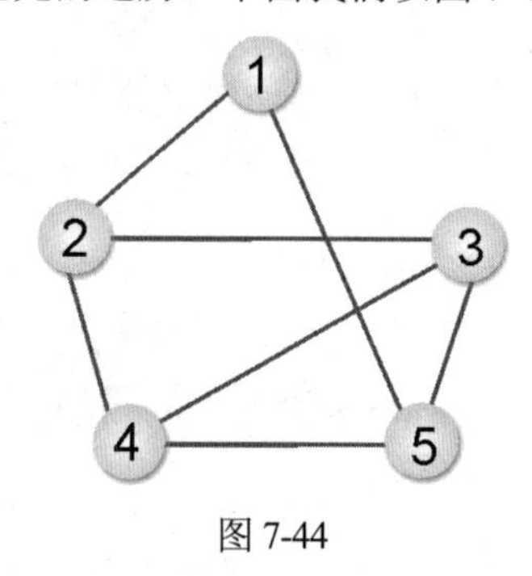

图 7-44

步骤01 以顶点 1 为起点，与顶点 1 相邻且未访问过的顶点 2 和顶点 5 加入队列。

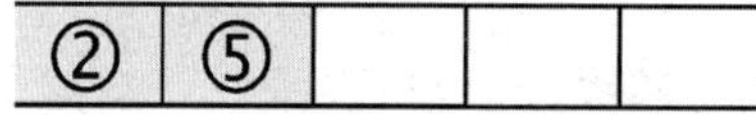

步骤02 取出顶点 2，将与顶点 2 相邻且未访问过的顶点 3 和顶点 4 加入队列。

步骤03 取出顶点 5，将与顶点 5 相邻且未访问过的顶点 3 和顶点 4 加入队列。

步骤04 取出顶点 3，将与顶点 3 相邻且未访问过的顶点 4 加入队列。

④	③	③	④	

步骤05 取出顶点 4，将与顶点 4 相邻且未访问过的顶点加入队列中，大家可以发现与顶点 4 相邻的顶点全部被访问过了，所以无须再加入队列中。

步骤06 将队列内的值取出并判断是否已经遍历过了，直到队列内无节点可遍历为止。

所以，广度优先的遍历顺序为：顶点 1、顶点 2、顶点 5、顶点 3、顶点 4。

广度优先程序的编写与深度优先程序的编写类似，需注意它们使用技巧的不同，广度优先必须使用队列。请各位读者自行参考队列的写法，顺便复习一下吧！

【范例程序：ch07_05.java】

```
01  // 广度优先搜索法(BFS)
02
03  class Node {
04    int x;
05    Node next;
06    public Node(int x) {
07      this.x=x;
08      this.next=null;
09    }
10  }
11  class GraphLink {
12    public Node first;
13    public Node last;
14    public boolean isEmpty() {
15      return first==null;
16    }
17    public void print() {
18      Node current=first;
19      while(current!=null) {
20        System.out.print("["+current.x+"]");
21        current=current.next;
22      }
23      System.out.println();
24    }
25    public void insert(int x) {
26      Node newNode=new Node(x);
27      if(this.isEmpty()) {
28        first=newNode;
29        last=newNode;
30      }
31      else {
32        last.next=newNode;
33        last=newNode;
34      }
35    }
36  }
```

```
37
38  public class ch07_05 {
39    public static int run[]=new int[9];//用来记录各顶点是否遍历过
40    public static GraphLink Head[]=new GraphLink[9];
41    public final static int MAXSIZE=10; //定义队列的最大容量
42    static int[] queue= new int[MAXSIZE];//队列数组的声明
43    static int front=-1; //指向队列的前端
44    static int rear=-1; //指向队列的后端
45    //队列数据的存入
46    public static void enqueue(int value) {
47      if(rear>=MAXSIZE) return;
48      rear++;
49      queue[rear]=value;
50    }
51    //队列数据的取出
52    public static int dequeue() {
53      if(front==rear) return -1;
54      front++;
55      return queue[front];
56    }
57    //广度优先搜索法
58    public static void bfs(int current) {
59      Node tempnode; //临时的节点指针
60      enqueue(current); //将第一个顶点存入队列
61      run[current]=1; //将遍历过的顶点设置为 1
62      System.out.print("["+current+"]"); //打印输出当前遍历的顶点
63      while(front!=rear) { //判断当前是否为空队列
64        current=dequeue(); //将顶点从队列中取出
65        tempnode=Head[current].first; //先记录当前顶点的位置
66        while(tempnode!=null) {
67          if(run[tempnode.x]==0) {
68            enqueue(tempnode.x);
69            run[tempnode.x]=1; //记录已遍历过
70            System.out.print("["+tempnode.x+"]");
71          }
72          tempnode=tempnode.next;
73        }
74      }
75    }
76
77    public static void main (String args[]) {
78      int Data[][] = //图边线数组的声明
79          {{1,2},{2,1},{1,3},{3,1},{2,4},
80           {4,2},{2,5},{5,2},{3,6},{6,3},
81           {3,7},{7,3},{4,5},{5,4},{6,7},
82           {7,6},{5,8},{8,5},{6,8},{8,6} };
83      int DataNum;
84      int i,j;
85
86      System.out.println("图的邻接链表内容: "); //打印输出图的邻接链表内容
87      for( i=1 ; i<9 ; i++ ) { //共有 8 个顶点
88        run[i]=0; //设置所有顶点为尚未遍历过
89        Head[i]=new GraphLink();
90        System.out.print("顶点"+i+"=>");
91        for( j=0 ; j<20 ;j++) {
```

```
92          if(Data[j][0]==i) { //如果起点和链表头相等，则把顶点加入链表
93            DataNum = Data[j][1];
94            Head[i].insert(DataNum);
95          }
96        }
97        Head[i].print();  //打印输出图的邻接链表内容
98      }
99      System.out.println("广度优先遍历顶点："); //打印输出广度优先遍历的顶点
100     bfs(1);
101     System.out.println("");
102   }
103 }
```

【执行结果】参见图 7-45。

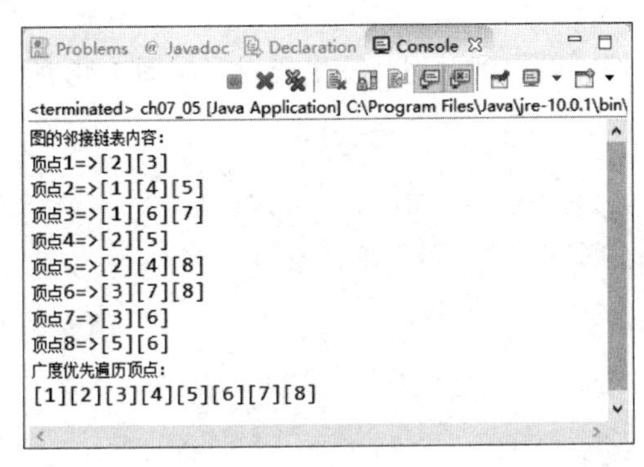

图 7-45

7.4　生成树

生成树又称“花费树”、“成本树”或“价值树”，一个图的生成树（Spanning Tree）就是以最少的边来连通图中所有的顶点，且不造成回路（Cycle）的树结构。更清楚地说，当一个图连通时，使用深度优先搜索（DFS）或广度优先搜索（BFS）必能访问图中所有的顶点，且 G = (V, E) 的所有边可分成两个集合：T 和 B（T 为搜索时所经过的所有边，而 B 为其余未被经过的边）。if S = (V, T) 为 G 中的生成树（Spanning Tree），具有以下三项性质：

（1）E = T + B。

（2）加入 B 中的任一边到 S 中，则会产生回路（Cycle）。

（3）V 中的任何 2 个顶点 V_i、V_j 在 S 中存在唯一的一条简单路径。

例如以下则是图 G 与它的三棵生成树，如图 7-46 所示。

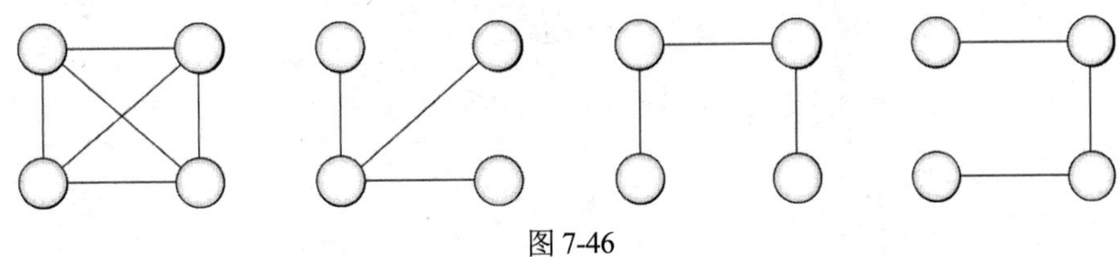

图 7-46

一棵生成树也可以利用深度优先搜索法（DFS）与广度优先搜索法（BFS）来产生，所得到的生成树则称为深度优先生成树（DFS 生成树）或广度优先生成树（BFS 生成树）。现在来练习，求出图 7-47 的 DFS 生成树和 BFS 生成树。

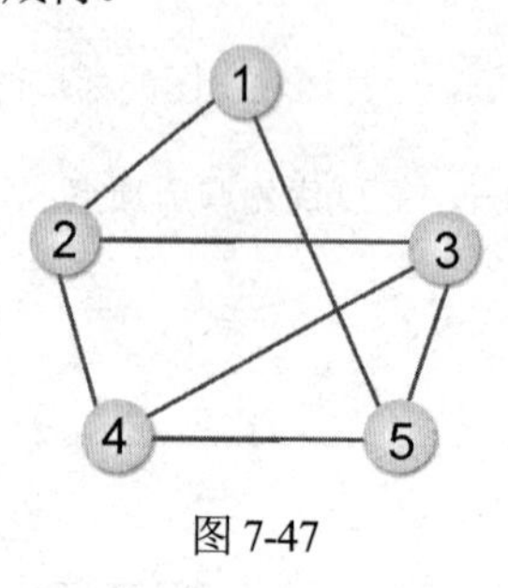

图 7-47

按照生成树的定义，我们可以得到下列几棵生成树，如图 7-48 所示。

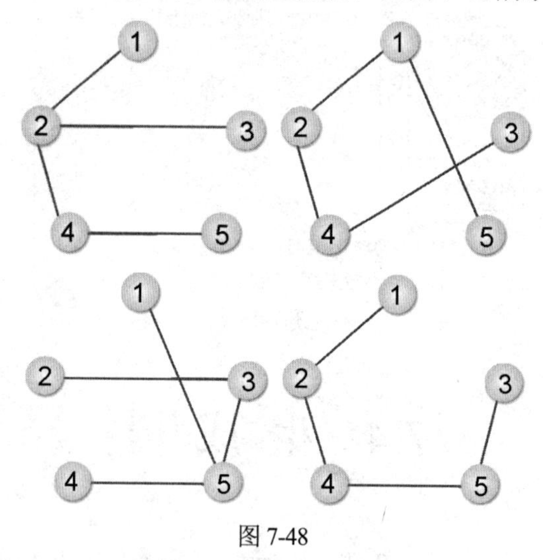

图 7-48

从图 7-48 可以得知，一个图通常具有不只一棵生成树。上图的深度优先生成树为①②③④⑤，如图 7-49 的图（a），广度优先生成树则为①②⑤③④，如图 7-49 的图（b）。

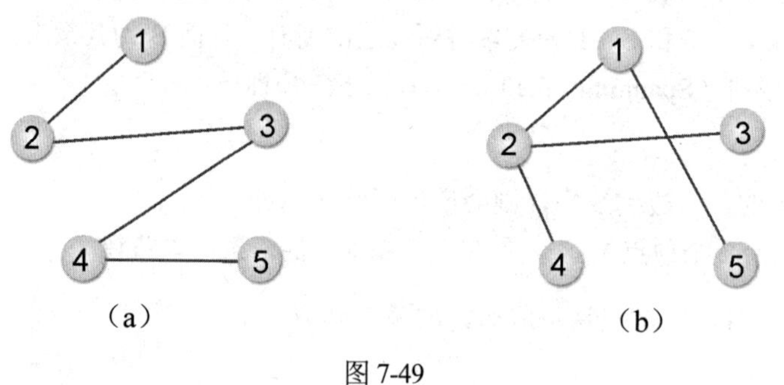

图 7-49

7.5　最小生成树

假设在树的边加上一个权重（Weight）值，这种图就成为“加权图”（Weighted Graph）。如果这个权重值代表两个顶点间的距离（Distance）或成本（Cost），这类图就被称为“网络”（Network）。如图 7-50 所示。

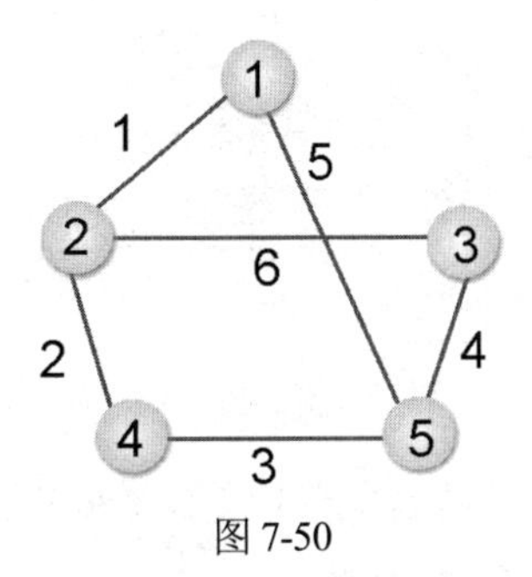

图 7-50

假如想知道从某个点到另一个点间的路径成本，例如从顶点 1 到顶点 5 有（1+2+3）、（1+6+4）和 5 这三条路径成本，而“最小成本生成树”（Minimum Cost Spanning Tree）则是路径成本为 5 的生成树，如图 7-51 中最右边的图为最小成本生成树。

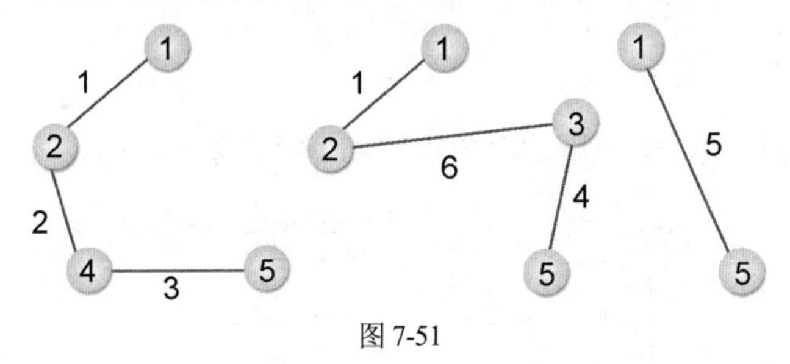

图 7-51

一个加权图形中如何找到最小成本生成树是相当重要的，因为许多工作都可以用图来表示，例如从北京到上海的距离或花费等。接着将介绍以所谓“贪婪法则”（Greedy Rule）为基础，来求出一个无向连通图的最小生成树的常见方法，分别是 Prim 算法和 Kruskal 算法。

7.5.1　Prim 算法

Prim 算法又称 P 氏法，对一个加权图形 G=(V, E)，设 V={1, 2, …, n}，假设 U={1}，也就是说，U 及 V 是两个顶点的集合。然后从 U-V 差集所产生的集合中找出一个顶点 x，该顶点 x 能与 U 集合中的某点形成最小成本的边，且不会造成回路。然后将顶点 x 加入 U 集合中，反复执行同样的步骤，一直到 U 集合等于 V 集合（即 U=V）为止。

接下来，我们以此加权图为例将实际利用 P 氏法求出如图 7-52 所示的最小成本生成树。

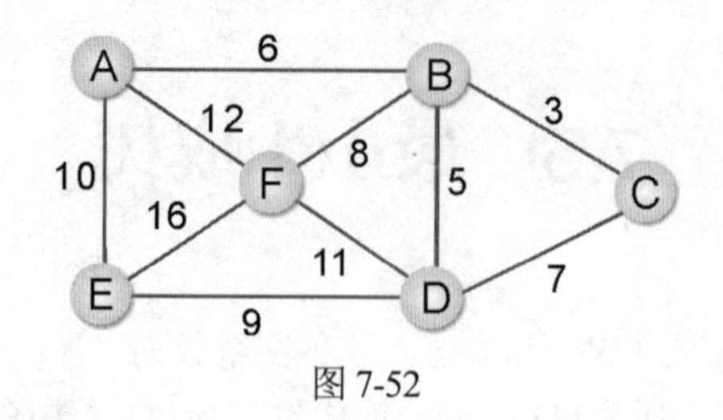

图 7-52

步骤01 V=ABCDEF，U=A，从 V-U 中找一个与 U 路径最短的顶点，如图 7-53 所示。

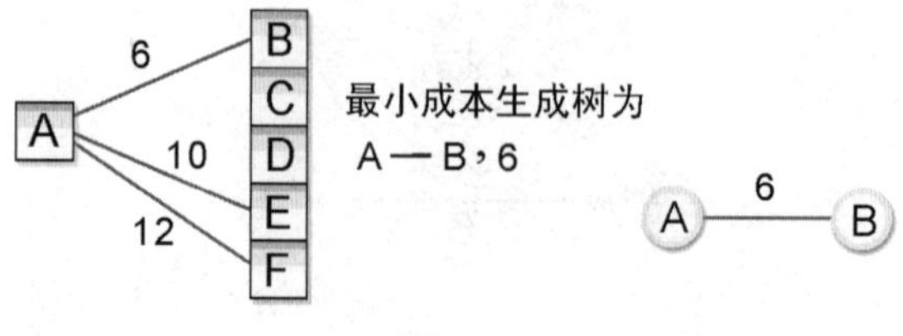

图 7-53

步骤02 把 B 加入 U，在 V-U 中找一个与 U 路径最短的顶点，如图 7-54 所示。

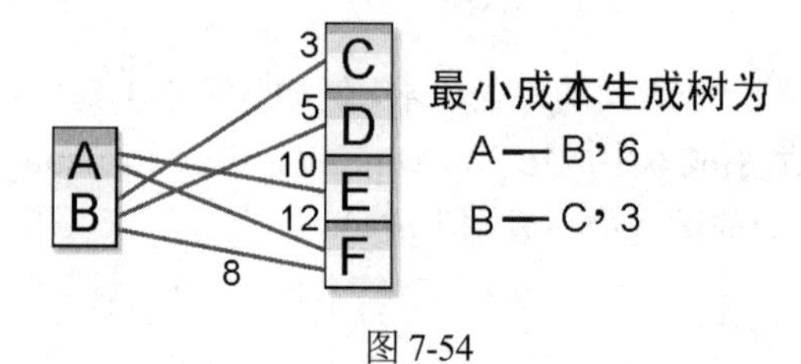

图 7-54

步骤03 把 C 加入 U，在 V-U 中找一个与 U 路径最短的顶点，如图 7-55 所示。

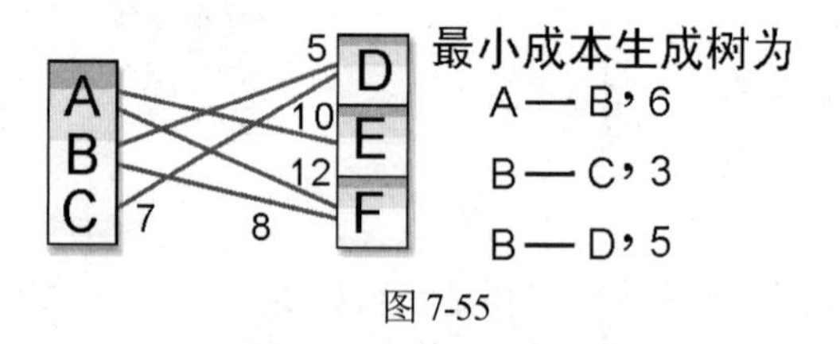

图 7-55

步骤04 把 D 加入 U，在 V-U 中找一个与 U 路径最短的顶点，如图 7-56 所示。

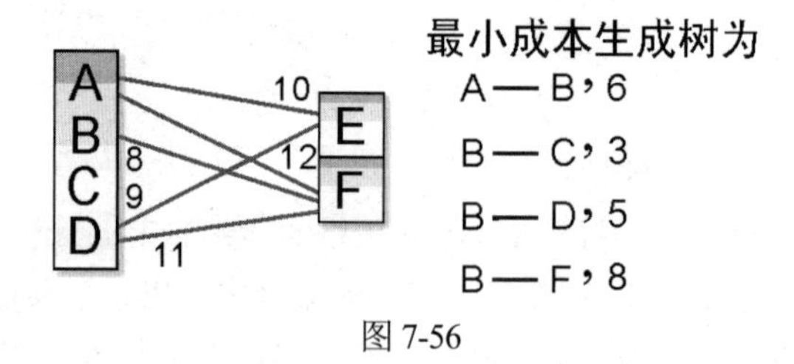

图 7-56

步骤05 把 F 加入 U，在 V-U 中找一个与 U 路径最短的顶点，如图 7-57 所示。

步骤06 最后可得到最小成本生成树为图 7-58 所示。

{A—B，6}{B—C，3}{B—D，5}{B—F，8}{D—E，9}

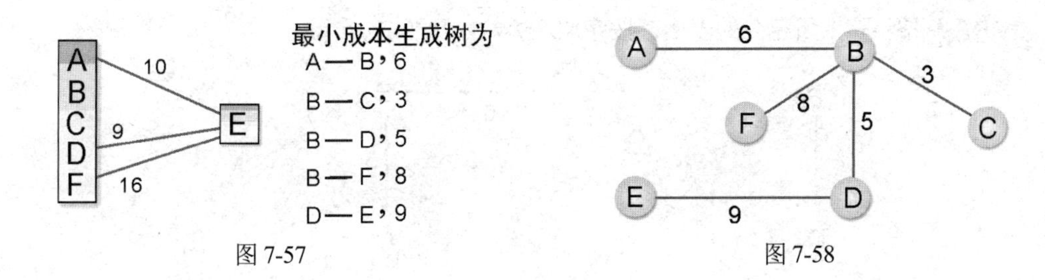

图 7-57　　　　图 7-58

7.5.2　Kruskal 算法

Kruskal 算法是将各边按权值大小从小到大排列，接着从权值最低的边开始建立最小成本生成树，如果加入的边会造成回路则舍弃不用，直到加入了 n–1 个边为止。这方法看起来似乎不难，我们直接来看看如何以 K 氏法得到图 7-59 所示例图对应的最小成本生成树。

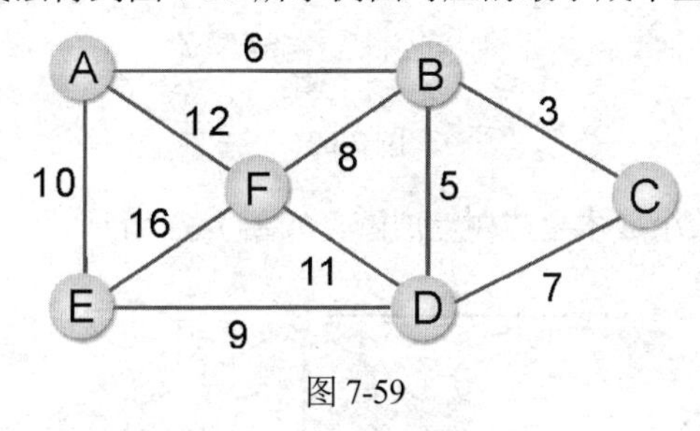

图 7-59

步骤01 把所有边的成本列出并从小到大排序，如表 7-2 所示。

表 7-2　列出所有排序边并从小到大排序

起始顶点	终止顶点	成本
B	C	3
B	D	5
A	B	6
C	D	7
B	F	8
D	E	9
A	E	10
D	F	11
A	F	12
E	F	16

步骤02 选择成本最低的一条边作为建立最小成本生成树的起点，如图 7-60 所示。

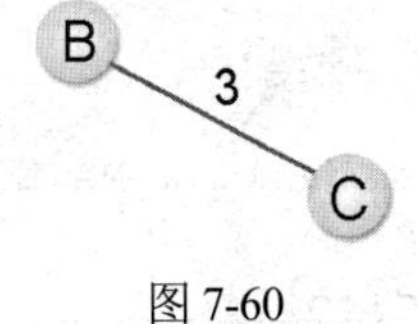

图 7-60

步骤03 按步骤 1 所建立的表格，按序加入边，如图 7-61 所示。

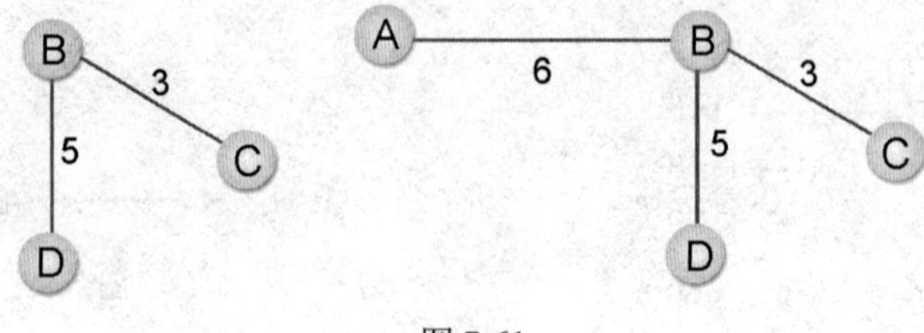

图 7-61

步骤04 C—D 加入会形成回路，所以直接跳过，如图 7-62 所示。

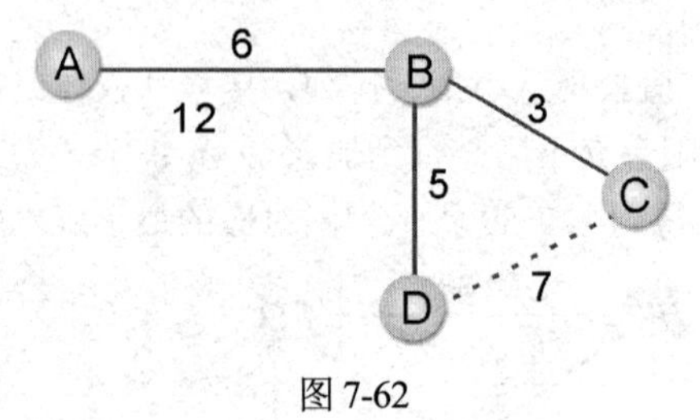

图 7-62

步骤05 最后得到了最小成本生成树完成图：如图 7-63 所示。

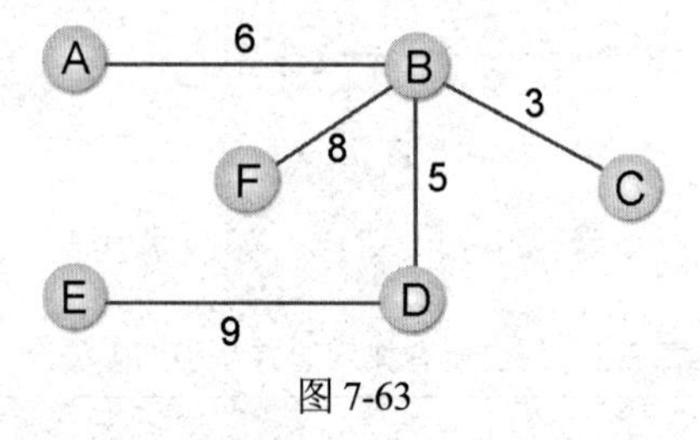

图 7-63

对于这个范例的程序，我们可以用最简单的数组结构来表示，先以一个二维数组存储并排列 K 氏法的成本表，接着按序把成本表加入另一个二维数组并判断是否会造成回路。

【范例程序：ch07_06.java】

```
01   // 最小成本生成树
02
03   public class ch07_06
04   {
05     public static int VERTS=6;
06     public static int v[]=new int[VERTS+1];
07     public static Node NewList = new Node();
08     public static int findmincost()
09     {
10       int minval=100;
11       int retptr=0;
12       int a=0;
13       while(NewList.Next[a]!=-1)
14       {
15         if(NewList.val[a]<minval && NewList.find[a]==0)
16         {
17           minval=NewList.val[a];
```

```
18            retptr=a;
19          }
20          a++;
21        }
22        NewList.find[retptr]=1;
23        return retptr;
24      }
25      public static void mintree()
26      {
27        int i,result=0;
28        int mceptr;
29        int a=0;
30        for(i=0;i<=VERTS;i++)
31        v[i]=0;
32        while(NewList.Next[a]!=-1)
33        {
34          mceptr=findmincost();
35          v[NewList.from[mceptr]]++;
36          v[NewList.to[mceptr]]++;
37          if(v[NewList.from[mceptr]]>1 && v[NewList.to[mceptr]]>1)
38          {
39            v[NewList.from[mceptr]]--;
40            v[NewList.to[mceptr]]--;
41            result=1;
42          }
43          else
44            result=0;
45          if(result==0)
46          {
47            System.out.print("起始顶点["+NewList.from[mceptr]+"]   终止顶点
    [");
48           System.out.print(NewList.to[mceptr]+"]    路径长度["+NewList.
    val[mceptr]+"]");
49           System.out.println("");
50          }
51          a++;
52        }
53      }
54      public static void main (String args[])
55      {
56        int Data[][] =    /*图数组的声明*/
57            { {1,2,6},{1,6,12},{1,5,10},{2,3,3},{2,4,5},
58              {2,6,8},{3,4,7},{4,6,11},{4,5,9},{5,6,16} };
59        int DataNum;
60        int fromNum;
61        int toNum;
62        int findNum;
63        int Header = 0;
64        int FreeNode;
65        int i,j;
66        System.out.println("建立图的链表：");
67        /*打印图的邻接链表内容*/
68        for ( i=0 ; i<10 ; i++ )
69        {
70          for( j=1 ; j<=VERTS ;j++)
```

```
71          {
72            if(Data[i][0]==j)
73            {
74              fromNum = Data[i][0];
75              toNum = Data[i][1];
76              DataNum = Data[i][2];
77              findNum=0;
78              FreeNode = NewList.FindFree();
79              NewList.Create(Header,FreeNode,DataNum,fromNum,toNum,
    findNum);
80            }
81          }
82        }
83        NewList.PrintList(Header);
84        System.out.println("建立最小成本生成树");
85        mintree();
86      }
87    }
88
89    class Node
90    {
91      int MaxLength = 20;    // 定义链表的最大长度
92      int from[] = new int[MaxLength];
93      int to[] = new int[MaxLength];
94      int find[] = new int[MaxLength];
95      int val[] = new int[MaxLength];
96      int Next[] = new int[MaxLength];  // 链表的下一个节点位置
97
98      public Node ()      // Node 构造函数
99      {
100       for ( int i = 0 ; i < MaxLength ; i++ )
101       Next[i] = -2;    // -2 表示未用节点
102     }
103
104   // -----------------------------------------------------
105   // 搜索可用节点的位置
106   // -----------------------------------------------------
107     public int FindFree()
108     {
109       int  i;
110
111       for ( i=0 ; i< MaxLength ; i++ )
112         if ( Next[i] == -2 )
113           break;
114       return i;
115     }
116
117   // -----------------------------------------------------
118   // 建立链表
119   // -----------------------------------------------------
120     public  void  Create(int  Header,int  FreeNode,int  DataNum,int
    fromNum,int toNum,int findNum)
121     {
122       int Pointer;      // 现在的节点位置
123
```

```
124      if ( Header == FreeNode )  // 新的链表
125      {
126        val[Header] = DataNum;  // 设置数据编号
127        from[Header]=fromNum;
128        find[Header]=findNum;
129        to[Header]=toNum;
130        Next[Header] = -1;  // 将下一个节点的位置，-1 表示空节点
131      }
132      else
133      {
134        Pointer = Header;  // 现在的节点为头节点
135        val[FreeNode] = DataNum;// 设置数据编号
136        from[FreeNode]=fromNum;
137        find[FreeNode]=findNum;
138        to[FreeNode]=toNum;
139        // 设置数据名称
140        Next[FreeNode] = -1;  // 下一个节点的位置，-1 表示空节点
141        // 查找链表的尾端
142        while ( Next[Pointer] != -1)
143          Pointer = Next[Pointer];
144
145        // 将新节点串联在原链表的尾端
146        Next[Pointer] = FreeNode;
147      }
148    }
149
150  // -------------------------------------------------------
151  // 打印输出链表的数据
152  // -------------------------------------------------------
153    public void PrintList(int Header)
154    {
155      int  Pointer;
156      Pointer = Header;
157      while ( Pointer != -1 )
158      {
159        System.out.print("起始顶点["+from[Pointer]+"]  终止顶点[");
160        System.out.print(to[Pointer]+"]  路径长度["+val[Pointer]+"]");
161        System.out.println("");
162        Pointer = Next[Pointer];
163      }
164    }
165  }
```

【执行结果】参见图 7-64。

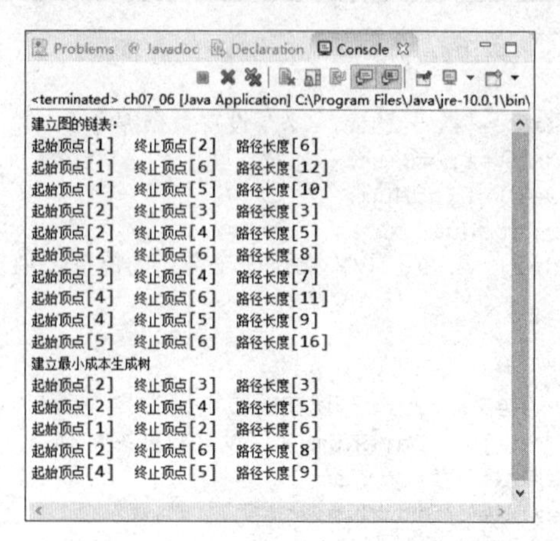

图 7-64

7.6 图的最短路径

在一个有向图 G = (V, E)中，它的每一条边都有一个比例常数 W（Weight）与之对应，如果想求 G 图中某一个顶点 V_0 到其他顶点的最少 W 总和之值，这类问题就称为“最短路径问题”（The Shortest Path Problem）。由于交通运输工具和通信工具的便利与普及，因此两地之间发生货物运送或者进行信息传递时，最短路径（Shortest Path）的问题随时都可能应需求而产生，简单来说，就是找出两个端点间可通行的快捷方式。

上节中所介绍的最小成本生成树（MST，最小花费生成树），就是计算连通网络中每一个顶点所需的最少花费，但是连通树中任意两顶点的路径倒不一定是一条花费最少的路径，这也是本节将研究最短路径问题的主要理由。一般讨论的方向有两种：

（1）单点对全部顶点（Single Source All Destination）。

（2）所有顶点对两两之间的最短距离（All Pairs Shortest Paths）。

7.6.1 单点对全部顶点——Dijkstra 算法与 A* 算法

1. Dijkstra 算法

一个顶点到多个顶点的最短路径通常使用 Dijkstra 算法求得，Dijkstra 的算法如下：

（1）假设 $S = \{V_i \mid V_i \in V\}$，且 V_i 在已发现的最短路径中，其中 $V_0 \in S$ 是起点。

（2）假设 $w \notin S$，定义 Dist(w)是从 V_0 到 w 的最短路径，这条路径除了 w 外必属于 S。且有下列几点特性：

①如果 u 是当前所找到最短路径的下一个节点，则 u 必属于 V-S 集合中最小成本的边。

②若 u 被选中，将 u 加入 S 集合中，则会产生当前的从 V_0 到 u 的最短路径，对于 $w \notin S$，DIST(w)被改变成 $DIST(w) \leftarrow Min\{DIST(w), DIST(u) + COST(u, w)\}$。

从上述的算法中，我们可以推演出如下的步骤：

步骤01

G = (V, E)

D[k] = A[F, k]其中 k 从 1 到 N

S = {F}

V = {1, 2, …, N}

- D 为一个 N 维数组，用来存放某一顶点到其他顶点的最短距离。
- F 表示起始顶点。
- A[F, I] 为顶点 F 到 I 的距离。
- V 是网络中所有顶点的集合。
- E 是网络中所有边的组合。
- S 也是顶点的集合，其初始值是 S = {F}。

步骤02 从 V-S 集合中找到一个顶点 x，使 D(x)的值为最小值，并把 x 放入 S 集合中。

步骤03 按下列公式：D[I] = min(D[I], D[x] + A[x, I])。其中(x, I) ∈ E 来调整 D 数组的值， I 是指 x 的相邻各顶点。

步骤04 重复执行 步骤02，一直到 V-S 是空集合为止。

现在来直接看一个例子，请在图 7-65 中，找出顶点 5 到各顶点间的最短路径。

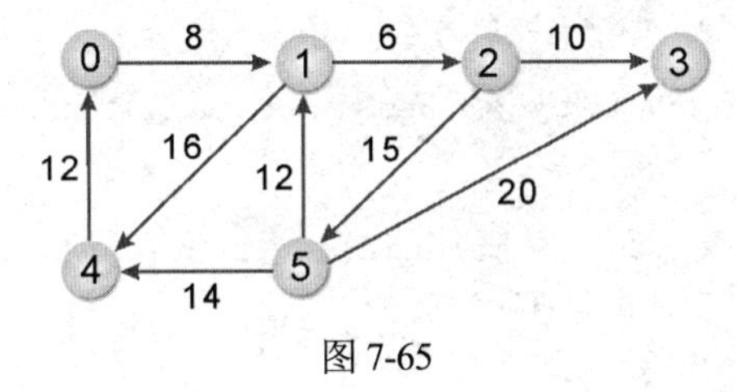

图 7-65

做法相当简单，首先从顶点 5 开始，找出顶点 5 到各顶点间最小的距离，到达不了的以∞ 表示。步骤如下：

步骤01 D[0] = ∞，D[1]=12，D[2] = ∞，D[3] = 20，D[4] = 14，在其中找出值最小的顶点并加入 S 集合中：D[1]。

步骤02 D[0] = ∞，D[1] = 12，D[2] = 18，D[3] = 20，D[4] = 14，D[4]最小，加入 S 集合中。

步骤03 D[0] = 26，D[1] = 12，D[2] = 18，D[3] = 20，D[4] = 14，D[2]最小，加入 S 集合中。

步骤04 D[0] = 26，D[1]=12，D[2] = 18，D[3] = 20，D[4] = 14，D[3]最小，加入 S 集合中。

步骤05 加入最后一个顶点即可到下表。

步骤	S	0	1	2	3	4	5	选择
1	5	∞	12	∞	20	14	0	1
2	5, 1	∞	12	18	20	14	0	4
3	5, 1, 4	26	12	18	20	14	0	2
4	5, 1, 4, 2	26	12	18	20	14	0	3
5	5, 1, 4, 2, 3	26	12	18	20	14	0	0

从顶点 5 到其他各顶点的最短距离为：

顶点 5-顶点 0：26

顶点 5-顶点 1：12

顶点 5-顶点 2：18

顶点 5-顶点 3：20

顶点 5-顶点 4：14

【范例 7.6.1】

请设计一个 Java 程序，以 Dijkstra 算法来求取下面的图结构顶点 1 对全部图的顶点间的最短路径，图结构的成本数组如下：

```
int Weight_Path[][] = { {1, 2, 10},{2, 3, 20},
                        {2, 4, 25},{3, 5, 18},
                        {4, 5, 22},{4, 6, 95},{5, 6, 77} };
```

【范例程序：ch07_07.java】

```
01   //  Dijkstra 算法(单点对全部顶点的最短路径)
02
03   // 图的邻接矩阵类的声明
04   class Adjacency {
05     final int INFINITE = 99999;
06     public int[][] Graph_Matrix;
07     // 构造函数
08     public Adjacency(int[][] Weight_Path,int number) {
09       int i, j;
10       int Start_Point, End_Point;
11       Graph_Matrix = new int[number][number];
12       for ( i = 1; i < number; i++ )
13         for ( j = 1; j < number; j++ )
14           if ( i != j )
15             Graph_Matrix[i][j] = INFINITE;
16           else
17             Graph_Matrix[i][j] = 0;
18       for ( i = 0; i < Weight_Path.length; i++ ) {
19         Start_Point = Weight_Path[i][0];
20         End_Point = Weight_Path[i][1];
21         Graph_Matrix[Start_Point][End_Point] = Weight_Path[i][2];
22       }
23     }
24     // 显示图的方法
25     public void printGraph_Matrix() {
26       for ( int i = 1; i < Graph_Matrix.length; i++ ) {
27         for ( int j = 1; j < Graph_Matrix[i].length; j++ )
28           if ( Graph_Matrix[i][j] == INFINITE )
29             System.out.print(" x ");
30           else {
31             if ( Graph_Matrix[i][j] == 0 ) System.out.print(" ");
32               System.out.print(Graph_Matrix[i][j] + " ");
33             }
34             System.out.println();
35           }
```

```
36      }
37    }
38
39    // Dijkstra 算法类
40    class Dijkstra extends Adjacency {
41      private int[] cost;
42      private int[] selected;
43      // 构造函数
44      public Dijkstra(int[][] Weight_Path,int number) {
45        super(Weight_Path,number);
46        cost = new int[number];
47        selected = new int[number];
48        for ( int i = 1; i < number; i++ )  selected[i] = 0;
49      }
50      // 单点对全部顶点最短距离
51      public void shortestPath(int source) {
52        int shortest_distance;
53        int shortest_vertex= 1;
54        int i,j;
55        for ( i = 1; i < Graph_Matrix.length; i++ )
56          cost[i] = Graph_Matrix[source][i];
57        selected[source] = 1;
58        cost[source] = 0;
59        for ( i = 1; i < Graph_Matrix.length-1; i++ ) {
60          shortest_distance = INFINITE;
61          for ( j = 1; j < Graph_Matrix.length; j++ )
62            if ( shortest_distance>cost[j] && selected[j]==0 ) {
63              shortest_vertex= j;
64              shortest_distance = cost[j];
65            }
66          selected[shortest_vertex] = 1;
67          for ( j = 1; j < Graph_Matrix.length; j++ ) {
68            if ( selected[j] == 0 &&cost[shortest_vertex]+Graph_Matrix
   [shortest_vertex][j] < cost[j]) {
69              cost[j] = cost[shortest_vertex] +Graph_Matrix
   [shortest_vertex][j];
70            }
71          }
72        }
73        System.out.println("====================================");
74        System.out.println("顶点 1 到各顶点最短距离的最终结果");
75        System.out.println("====================================");
76        for (j=1;j<Graph_Matrix.length;j++)
77          System.out.println("顶点 1 到顶点"+j+"的最短距离= "+cost[j]);
78      }
79
80    }
81    // 主类
82    public class ch07_07 {
83      // 主程序
84      public static void main(String[] args) {
85        int Weight_Path[][] = { {1, 2, 10},{2, 3, 20},
86                                {2, 4, 25},{3, 5, 18},
87                                {4, 5, 22},{4, 6, 95},{5, 6, 77} };
88        Dijkstra object=new Dijkstra(Weight_Path,7);
```

```
89        System.out.println("===========================");
90        System.out.println("此范例图的邻接矩阵如下：");
91        System.out.println("===========================");
92        object.printGraph_Matrix();
93        object.shortestPath(1);
94      }
95    }
```

【执行结果】参见图 7-66。

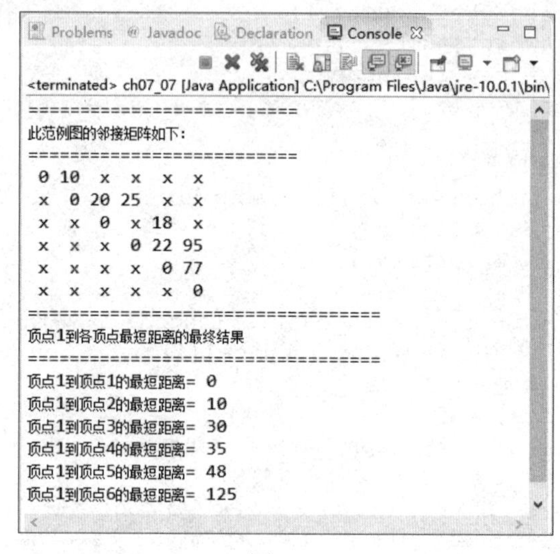

图 7-66

2. A* 算法

前面所介绍的 Dijkstra 算法在查找最短路径的过程中算是一个效率不高的算法，是因为这个算法在查找起点到各个顶点的距离的过程中，无论哪一个顶点，都要实际去计算起点与各个顶点间的距离，以便获得最后的一个判断（到底哪一个顶点距离与起点最近）。

也就是说 Dijkstra 算法在带有权重值（Cost Value，或成本值）的有向图间的最短路径的查找方式，只是简单地使用广度优先进行查找，完全忽略了许多有用的信息，这种查找算法会消耗许多系统资源，包括 CPU 的时间与内存空间。其实如果能有更好的方式帮助我们预估从各个顶点到终点的距离，善加利用这些信息，就可以预先判断图上有哪些顶点离终点的距离较远，以便直接略过这些顶点的查找，这种更有效率的查找算法，绝对有助于程序以更快地方式找到最短路径。

在这种需求的考虑下，A*算法可以说是一种 Dijkstra 算法的改进版，它结合了在路径查找过程中从起点到各个顶点的“实际权重”及各个顶点预估到达终点的“推测权重”（或称为推测权重 Heuristic Cost）两个因素，这个算法可以有效地减少不必要的查找操作，从而提高了查找最短路径的效率，如图 7-67 所示。

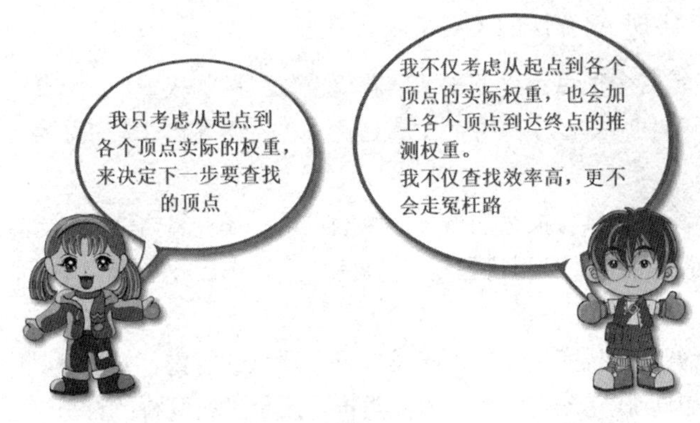

图 7-67

因此，A*算法也是一种最短路径算法，和 Dijkstra 算法不同的是，A*算法会预先设置一个推测权重，并在查找最短路径的过程中，将推测权重一并纳入决定最短路径的考虑因素。所谓"推测权重"就是根据事先知道的信息来给定一个预估值，结合这个预估值，A*算法可以更有效地查找最短路径。

例如，在查找一个已知"起点位置"与"终点位置"的迷宫的最短路径问题中，因为事先知道迷宫的终点位置，所以可以采用顶点和终点的欧氏几何平面直线距离（Euclidean Distance，即数学定义中的平面两点间的距离）作为该顶点的推测权重。

提 示

有哪些常见的距离评估函数?

在 A*算法中用来计算推测权重的距离评估函数除了上面所提到的欧氏几何平面距离外，还有许多的距离评估函数可供选择，例如曼哈顿距离（Manhattan Distance）和切比雪夫距离（Chebysev Distance）等。对于二维平面上的 2 个点(x1,y1)和(x2,y2)，这三种距离的计算方式如下：

- 曼哈顿距离（Manhattan Distance）

  D=|x1–x2|+|y1–y2|
- 切比雪夫距离（Chebysev Distance）

  D=max(|x1–x2|,|y1–y2|)
- 欧氏几何平面直线距离（Euclidean Distance）

  $D=\sqrt{(x1-x2)^2+(y1-y2)^2}$

A*算法并不像 Dijkstra 算法只考虑从起点到这个顶点的实际权重（或更具体来说就是实际距离）来决定下一步要尝试的顶点。不同的做法是，A*算法在计算从起点到各个顶点的权重，会同步考虑从起点到这个顶点的实际权重，再加上该顶点到终点的推测权重，以推估出该顶点从起点到终点的权重。再从其中选出一个权重最小的顶点，并将该顶点标识为已查找完毕。接着再计算从查找完毕的顶点出发到各个顶点的权重，并再从其中选出一个权重最小的顶点，遵循前面同样的做法，并将该顶点标识为已查找完毕的顶点，以此类推，反复进行同样的步骤，一直到抵达终点，才结束查找的工作，最终可以得到最短路径的最优解答。

做个简单的总结，实现 A*算法的主要步骤如下：

步骤01 首先确定各个顶点到终点的“推测权重”。“推测权重”的计算方法可以采用各个顶点和终点之间的直线距离（四舍五入后的值），直线距离的计算函数，可从上述三种距离的计算方式择一即可。

步骤02 分别计算从起点可抵达的各个顶点的权重，其计算方法是由起点到该顶点的“实际权重”，加上该顶点抵达终点的“推测权重”。计算完毕后，选出权重最小的点，并标识为查找完毕的点。

步骤03 接着计算从查找完毕的顶点出发到各个顶点的权重，并再从其中选出一个权重最小的顶点，并再将其标识为查找完毕的顶点，以此类推，反复进行同样的计算过程，一直到达最后的终点。

A*算法适用于可以事先获得或预估各个顶点到终点距离的情况，但是万一无法获得各个顶点到目的地终点的距离信息时，就无法使用 A*算法。虽然说 A*算法是一种 Dijkstra 算法的改进版，但并不是指任何情况下 A*算法的效率一定优于 Dijkstra 算法。例如，当推测权重的距离和实际两个顶点间的距离相差甚大时，A*算法的查找效率可能比 Dijkstra 算法更差，甚至还会误导方向，从而造成无法得到最短路径的最终答案。

但是，如果推测权重所设置的距离和实际两个顶点间的真实距离误差不大时，A*算法的查找效率就远大于 Dijkstra 算法。因此，A*算法常被应用于游戏软件中玩家与怪物两种角色间的追逐行为，或是引导玩家以最有效率的路径及最便捷的方式，快速突破游戏关卡，参见图 7-68。

图 7-68

7.6.2 两两顶点间的最短路径——Floyd 算法

由于 Dijkstra 的方法只能求出某一点到其他顶点的最短距离，如果要求出图中任意两点甚至所有顶点间最短的距离，就必须使用 Floyd 算法。

Floyd 算法定义：

①$A^k[i][j] = \min\{A^{k-1}[i][j], A^{k-1}[i][k]+A^{k-1}[k][j]\}$，$k \geq 1$，k 表示经过的顶点，$A^k[i][j]$为从顶点 i 到 j 的经由 k 顶点的最短路径。

②$A^0[i][j] = COST[i][j]$（即 A^0 等于 COST），A^0 为顶点 i 到 j 间的直通距离。

③$A^n[i, j]$代表 i 到 j 的最短距离，即 A^n 便是我们所要求出的最短路径成本矩阵。

这样看起来，似乎觉得 Floyd 算法相当复杂难懂，现在直接以实例来说明它的算法。例如试以 Floyd 算法求得如图 7-69 所示各顶点间的最短路径。

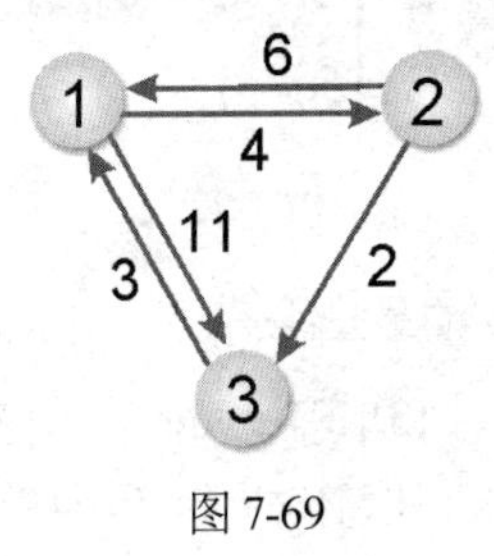

图 7-69

步骤01 找到 A^0 [i][j] = COST[i][j]，A^0 为不经任何顶点的成本矩阵。若没有路径则以∞（无穷大）来表示，如图 7-70 所示。

A^0	1	2	3
1	0	4	11
2	6	0	2
3	3	∞	0

图 7-70

步骤02 找出 A^1 [i][j]从 i 到 j，经由顶点①的最短距离，并填入矩阵：

$A^1[1][2] = \min\{A^0[1][2], A^0[1][1] + A^0[1][2]\} = \min\{4, 0+4\} = 4$

$A^1[1][3]= \min\{A^0[1][3], A^0[1][1] + A^0[1][3]\} = \min\{11, 0+11\} = 11$

$A^1[2][1] = \min\{A^0[2][1], A^0[2][1] + A^0[1][1]\} = \min\{6, 6+0\} = 6$

$A^1[2][3] = \min\{A^0[2][3], A^0[2][1] + A^0[1][3]\} = \min\{2, 6+11\} = 2$

$A^1[3][1] = \min\{A^0[3][1], A^0[3][1] + A^0[1][1]\} = \min\{3, 3+0\} = 3$

$A^1[3][2] = \min\{A^0[3][2], A^0[3][1] + A^0[1][2]\} = \min\{\infty, 3+4\} = 7$

按序求出各顶点的值后可以得到 A^1 矩阵：

步骤03 如图 7-71 所示。

A^1	1	2	3
1	0	4	11
2	6	0	2
3	3	7	0

图 7-71

求出 A^2[i][j]经由顶点②的最短距离。

$A^2[1][2] = \min\{A^1[1][2], A^1[1][2] + A^1[2][2]\} = \min\{4, 4+0\} = 4$

$A^2[1][3] = \min\{A^1[1][3], A^1[1][2] + A^1[2][3]\} = \min\{11, 4+2\} = 6$

按序求其他各顶点的值可得到 A^2 矩阵，如图 7-72 所示。

A^2	1	2	3
1	0	4	6
2	6	0	2
3	3	7	0

图 7-72

步骤04 求出 $A^3[i][j]$经由顶点③的最短距离。

$A^3[1][2] = \min\{A^2[1][2], A^2[1][3] + A^2[3][2]\} = \min\{4, 6+7\} = 4$

$A^3[1][3] = \min\{A^2[1][3], A^2[1][3]+A^2[3][3]\} = \min\{6, 6+0\} = 6$

按序求其他各顶点的值可得到 A^3 矩阵，如图 7-73 所示。

A^3	1	2	3
1	0	4	6
2	5	0	2
3	3	7	0

图 7-73

步骤05 所有顶点间的最短路径为矩阵 A^3 所示。

从上例可知，一个加权图若有 n 个顶点，则此方法必须执行 n 次循环，逐一产生 $A^1, A^2, A^3, \ldots, A^k$ 个矩阵。但因 Floyd 算法较为复杂，读者也可以用上一小节所讨论的 Dijkstra 算法，按序以各顶点为起始顶点，如此一来便可以得到同样的结果。

【范例 7.6.2】

请设计一个 Java 程序，以 Floyd 算法来求出下面的图结构中所有顶点两两之间的最短路径，图的邻接矩阵数组如下：

```
int Weight_Path[][] = { {1, 2, 10},{2, 3, 20},
                        {2, 4, 25},{3, 5, 18},
                        {4, 5, 22},{4, 6, 95},{5, 6, 77} };
```

【范例程序：ch07_08.java】

```
01    //  Floyd 算法(所有顶点两两之间的最短距离)
02
03    // 图的邻接矩阵类的声明
04    class Adjacency {
05      final int INFINITE = 99999;
06      public int[][] Graph_Matrix;
07      // 构造函数
08      public Adjacency(int[][] Weight_Path,int number) {
09        int i, j;
10        int Start_Point, End_Point;
11        Graph_Matrix = new int[number][number];
12        for ( i = 1; i < number; i++ )
13          for ( j = 1; j < number; j++ )
14            if ( i != j )
15              Graph_Matrix[i][j] = INFINITE;
16            else
17              Graph_Matrix[i][j] = 0;
18            for ( i = 0; i < Weight_Path.length; i++ ) {
19              Start_Point = Weight_Path[i][0];
20              End_Point = Weight_Path[i][1];
21              Graph_Matrix[Start_Point][End_Point] = Weight_Path[i][2];
```

```
22          }
23      }
24      // 显示图的方法
25      public void printGraph_Matrix() {
26        for ( int i = 1; i < Graph_Matrix.length; i++ ) {
27          for ( int j = 1; j < Graph_Matrix[i].length; j++ )
28            if ( Graph_Matrix[i][j] == INFINITE )
29              System.out.print(" x ");
30            else {
31              if ( Graph_Matrix[i][j] == 0 ) System.out.print(" ");
32                System.out.print(Graph_Matrix[i][j] + " ");
33              }
34              System.out.println();
35          }
36        }
37      }
38
39    // Floyd算法类
40    class Floyd extends Adjacency {
41      private int[][] cost;
42      private int capcity;
43      // 构造函数
44      public Floyd(int[][] Weight_Path,int number) {
45        super(Weight_Path,number);
46        cost = new int[number][];
47        capcity=Graph_Matrix.length;
48        for ( int i = 0; i < capcity; i++ )
49          cost[i] = new int[number];
50      }
51      // 所有顶点两两之间的最短距离
52      public void shortestPath() {
53        for ( int i = 1; i < Graph_Matrix.length; i++ )
54          for ( int j = i; j < Graph_Matrix.length; j++ )
55            cost[i][j] = cost[j][i] = Graph_Matrix[i][j];
56        for ( int k = 1; k < Graph_Matrix.length; k++ )
57          for ( int i = 1; i < Graph_Matrix.length; i++ )
58            for ( int j = 1; j < Graph_Matrix.length; j++ )
59              if ( cost[i][k]+cost[k][j] < cost[i][j] )
60                cost[i][j] = cost[i][k] + cost[k][j];
61        System.out.print("顶点 vex1 vex2 vex3 vex4 vex5 vex6\n");
62        for ( int i = 1; i < Graph_Matrix.length; i++ ) {
63          System.out.print("vex"+i + " ");
64          for ( int j = 1; j < Graph_Matrix.length; j++ ) {
65          // 调整显示的位置，显示距离数组
66            if ( cost[i][j] < 10 ) System.out.print(" ");
67            if ( cost[i][j] < 100 )System.out.print(" ");
68            System.out.print(" " + cost[i][j] + " ");
69          }
70          System.out.println();
71          }
72        }
73      }
74    // 主类
75    public class ch07_08 {
76      // 主程序
```

```
77     public static void main(String[] args) {
78       int Weight_Path[][] = { {1, 2, 10},{2, 3, 20},
79                               {2, 4, 25},{3, 5, 18},
80                               {4, 5, 22},{4, 6, 95},{5, 6, 77} };
81       Floyd object = new Floyd(Weight_Path,7);
82       System.out.println("==========================");
83       System.out.println("此范例图的邻接矩阵如下：");
84       System.out.println("==========================");
85       object.printGraph_Matrix();
86       System.out.println("====================================");
87       System.out.println("所有顶点两两之间的最短距离：");
88       System.out.println("====================================");
89       object.shortestPath();
90     }
91   }
```

【执行结果】参见图 7-74。

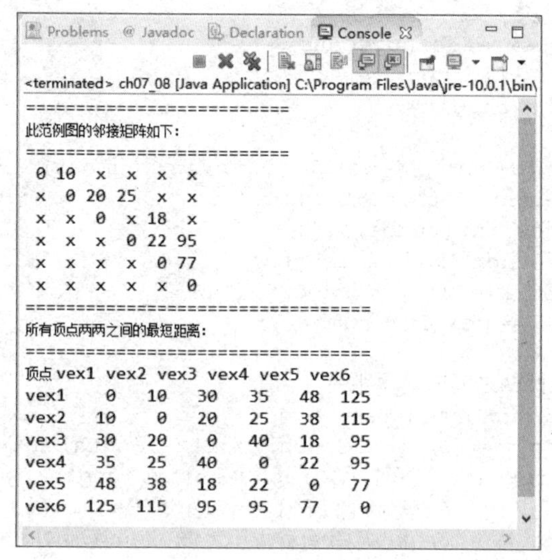

图 7-74

7.7 AOV 网络与拓扑排序

网络图主要用来协助规划大型项目，首先我们将复杂的大型项目细分成很多工作项，而每一个工作项代表网络的一个顶点，由于每一项工作可能有完成的先后顺序，有些可以同时进行，有些则不行。因此可用网络图来表示其先后完成的顺序。这种以顶点来代表工作项的网络，称顶点活动网络（Activity On Vertex Network），简称 AOV 网络。如图 7-75 所示。

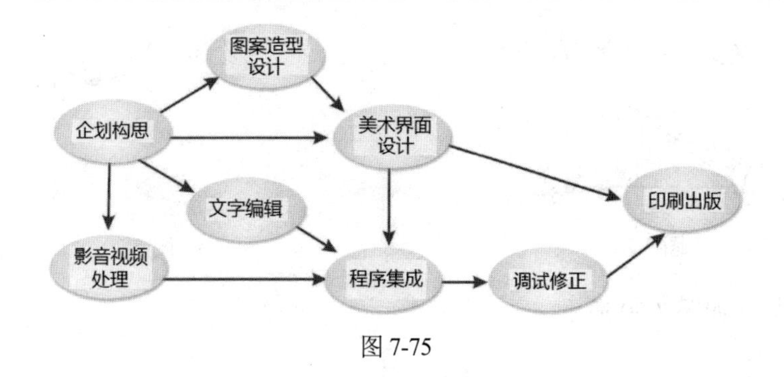

图 7-75

更简单地说，AOV 网络就是在一个有向图 G 中，每一顶点（或节点）代表一项工作或行为，边则代表工作之间存在的优先关系。即<Vi, Vj>表示 $V_i \rightarrow V_j$ 的工作，其中顶点 V_i 的工作必须先完成后，才能进行 V_j 顶点的工作，则称 V_i 为 V_j 的“先行者”，而 V_j 为 V_i 的“后继者”。

在 AOV 网络中，具有部分次序的关系（即有某几个顶点为先行者），拓扑排序的功能就是将这些部分次序（Partial Order）的关系，转换成线性次序（Linear Order）的关系。例如 i 是 j 的先行者，在线性次序中，i 仍排在 j 的前面，具有这种特性的线性次序就称为拓扑排序（Topological Order）。排序的步骤如下：

步骤01 查找图中任何一个没有先行者的顶点。

步骤02 输出此顶点，并将此顶点的所有边全部删除。

步骤03 重复以上两个步骤处理所有的顶点。

现在，我们来试着求出图 7-76 所示的拓扑排序，拓扑排序所输出的结果不一定是唯一的，如果同时有两个以上的顶点没有先行者，那么结果就不是唯一的。

（1）首先输出 V_1，因为 V_1 没有先行者，于是删除$<V_1,V_2>$，$<V_1,V_3>$，$<V_1,V_4>$，结果如图 7-77 所示。

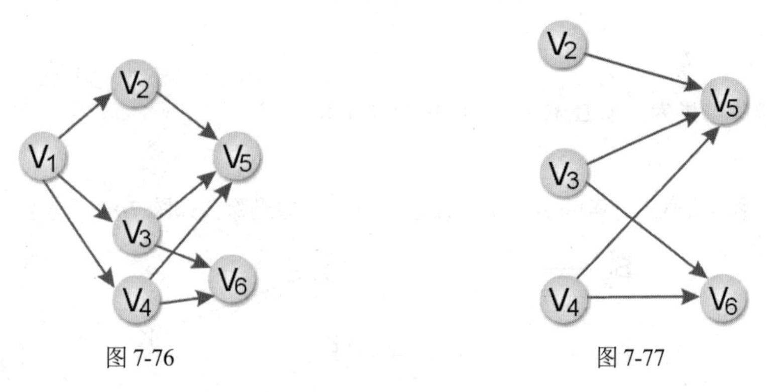

图 7-76　　　　图 7-77

（2）可输出 V_2、V_3 或 V_4，这里我们选择输出 V_4，如图 7-78 所示。

（3）输出 V_3，如图 7-79 所示。

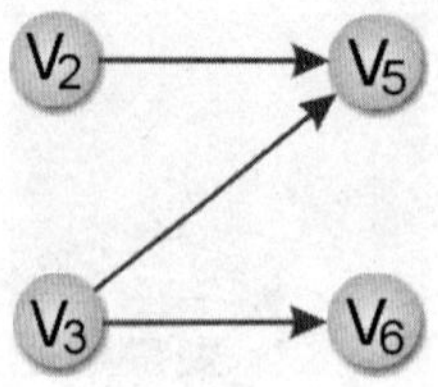

图 7-78 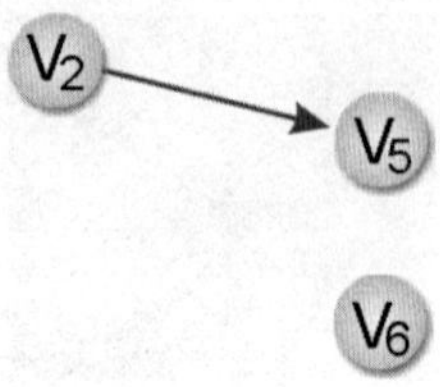　　　　图 7-79

（4）输出 V_6，如图 7-80 所示。

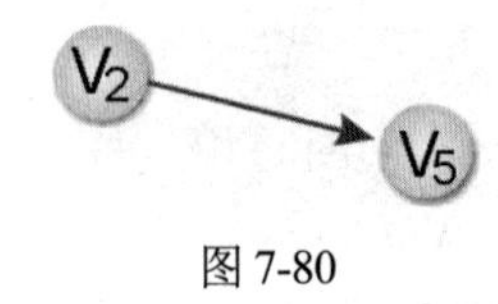

图 7-80

（5）输出 V_2、V_5，如图 7-81 所示。

=>拓扑排序则为

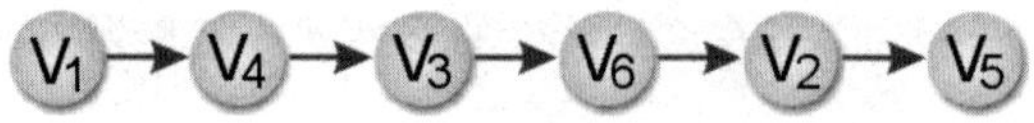

$V_1 \rightarrow V_4 \rightarrow V_3 \rightarrow V_6 \rightarrow V_2 \rightarrow V_5$

图 7-81

【范例 7.7.1】

请写出图 7-82 的拓扑排序。

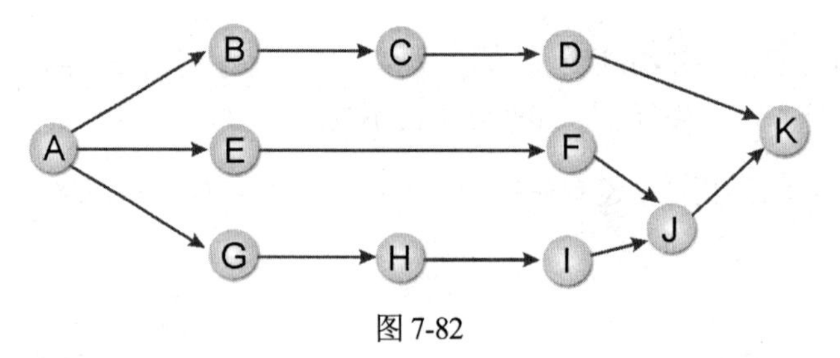

图 7-82

答： 拓扑排序结果为：A, B, E, G, C, F, H, D, I, J, K。

步骤如下：

步骤01 输出没有先行者的 A，并把 A 顶点的所有边删除，如图 7-83 所示。

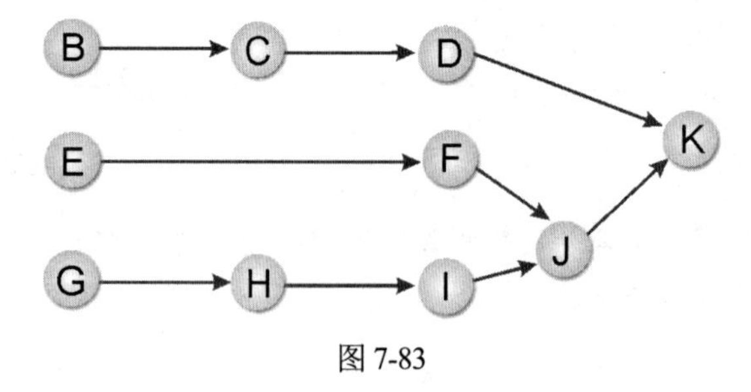

图 7-83

拓扑排序结果：A

步骤02 输出没有先行者的 B、E、G，并把该顶点的所有边删除，如图 7-84 所示。

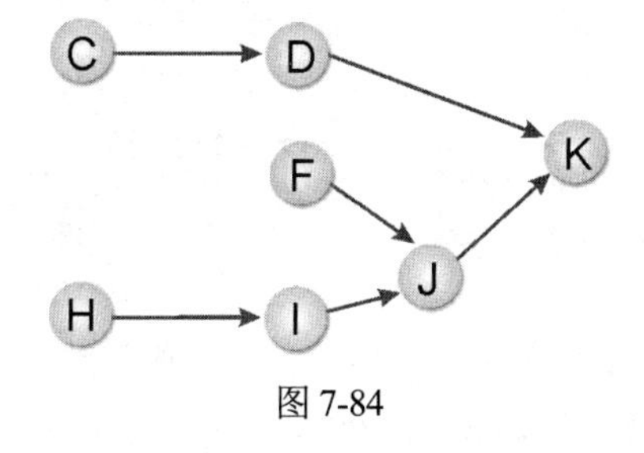

图 7-84

拓扑排序结果：A, B, E, G

步骤03 输出没有先行者的 C、F、H，并把该顶点的所有边删除，如图 7-85 所示。

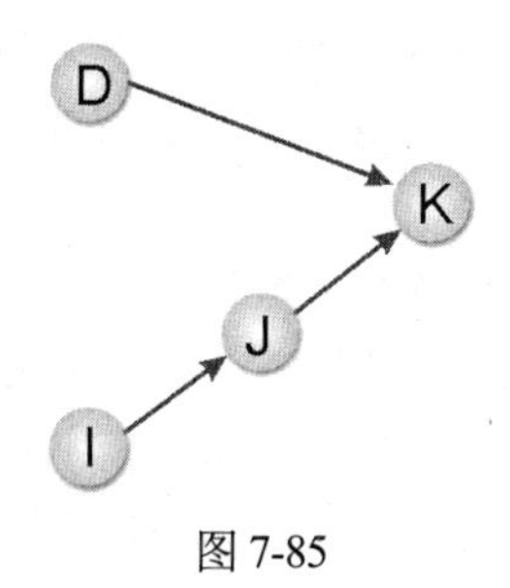

图 7-85

拓扑排序结果：A, B, E, G, C, F, H

步骤04 输出没有先行者的 D、I，并把该顶点的所有边删除，如图 7-86 所示。

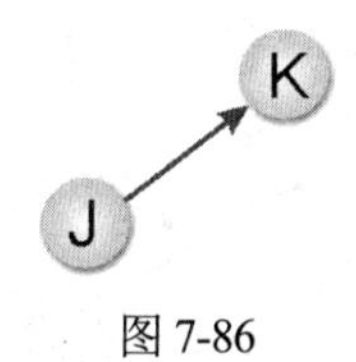

图 7-86

拓扑排序结果：A, B, E, G, C, F, H, D, I

步骤05 输出没有先行者的 J，并把 J 顶点的所有边删除，如图 7-87 所示。

图 7-87

拓扑排序结果：A, B, E, G, C, F, H, D, I, J, K

也就是说，如果我们是按照上述顺序选修课程，就一定不会发生因为该修的科目未修而被禁止选修的情形。由上例我们可以知道拓扑排序所输出的结果不一定是唯一的，如果同时有两个以上的顶点没有先行者，那么结果就不是唯一解。另外，如果 AOV 网络中每一个顶点都有先行者，那表示此网络含有回路而无法进行拓扑排序。

7.8 AOE 网络

之前所谈的 AOV 网络是指在有向图中的顶点表示一项工作，而边表示顶点之间的先后关系。下面还要来介绍一个新名词 AOE（Activity On Edge，用边表示的活动网络）。所谓 AOE 是指事件（Event）的行动（Action）在边上的有向图。

其中的顶点作为各“进入边事件”（Incident In Edge）的汇集点，当所有进入边事件的行动全部完成后，才可以开始“外出边事件”（Incident Out Edge）的行动。在 AOE 网络会有一个源头顶点和目的顶点。从源头顶点开始计时执行各边上事件的行动，到目的顶点完成为止所需的时间为所有事件完成的时间总花费。

AOE 完成所需的时间是由一条或数条的关键路径（Critical Path）所控制。所谓关键路径就是 AOE 有向图从源头顶点到目的顶点之间，所需花费时间最长的一条有方向性的路径。当有一条以上的花费时间相等，而且都是最长时，则这些路径都称此为 AOE 有向图的关键路径（Critical Path）。也就是说，想缩短整个 AOE 完成的花费时间，必须设法缩短关键路径各边行动所需花费的时间。

关键路径是用来决定一个项目至少需要多少时间才可以完成。即在 AOE 有向图中从源头顶点到目的顶点间最长的路径长度，参见图 7-88 所示。

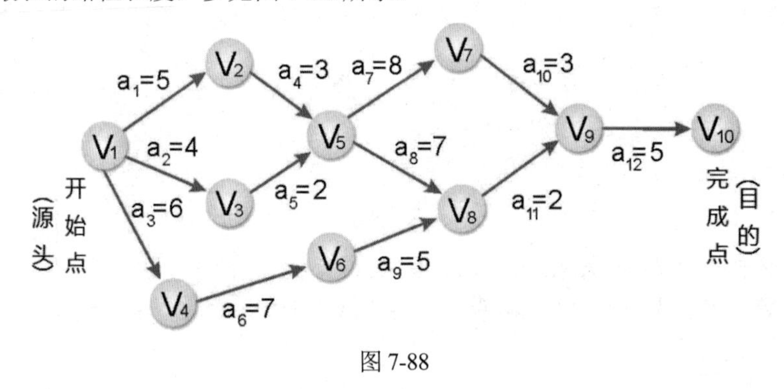

图 7-88

在图 7-88 中的边线和顶点分别代表 12 个 action($a_1,a_2,a_3,a_4,\ldots,a_{12}$) 和 10 个 event($V_1,V_2,V_3,\ldots,V_{10}$)，我们先看一些重要的相关定义。

1. 最早时间（Earliest Time）

AOE 网络中顶点的最早时间为该顶点最早可以开始其外出边事件（Incident Out Edge）的时间，它必须由最慢完成的进入边事件所控制，我们用 TE 来表示。

2. 最晚时间（Latest Time）

AOE 网络中顶点的最晚时间为该顶点最慢可以开始其外出边事件（Incident Out Edge）而不会影响整个 AOE 网络完成的时间。它是由外出边事件中最早要求开始者所控制。我们用 TL 来表示。

TE 和 TL 的计算原则为：

- TE：从前往后（即从源头到目的的正方向），若第 i 项工作前面几项工作有好几个完成时段，取其中最大值。

- TL: 从后往前(即从目的的到源头的反方向),若第 i 项工作后面几项工作有好几个完成时段,取其中最小值。

3. 关键顶点（Critical Vertex）

AOE 网络中顶点的 TE = TL，我们称其为关键顶点。从源头顶点到目的顶点的各个关键顶点可以构成一条或数条的有向关键路径。只要控制好关键路径所花费的时间，就不会拖延工作进度。如果集中火力缩短关键路径所需花费的时间，就可以加速整个计划完成的速度。我们以图 7-89 为例，简单说明如何确定关键路径。

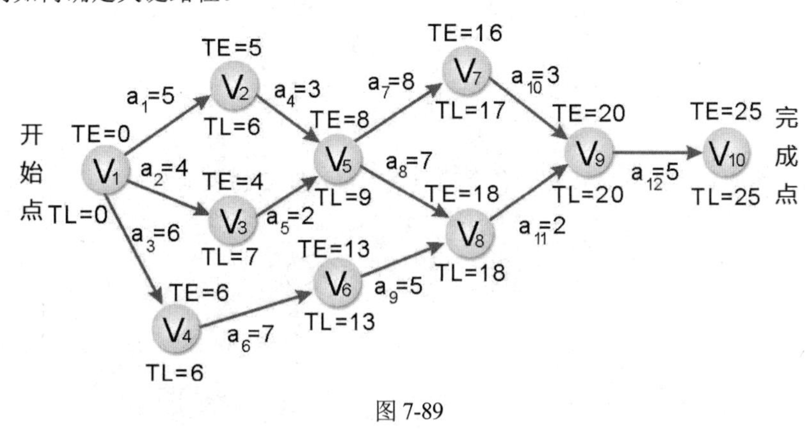

图 7-89

从图 7-89 得知 V_1、V_4、V_6、V_8、V_9、V_{10} 为关键顶点（Critical Vertex），可以求得如图 7-89 所示的关键路径（Critical Path）。

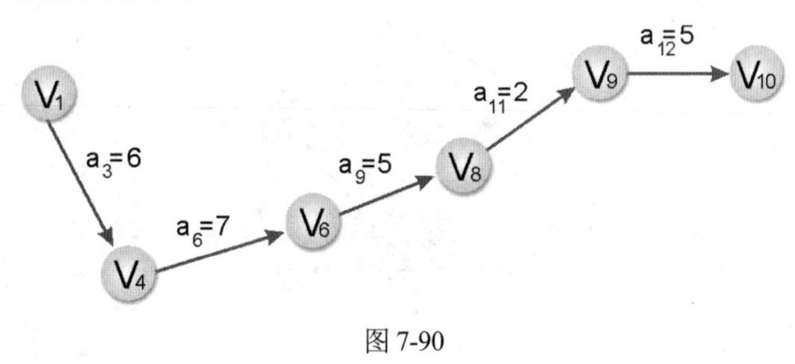

图 7-90

课后习题

1. 请问以下哪些是图的应用？

（1）作业调度　（2）递归程序　（3）电路分析　（4）排序

（5）最短路径搜索　（6）仿真　（7）子程序调用　（8）都市计划

2. 什么欧拉链理论？请绘图说明。

3. 求出下图的 DFS 与 BFS 结果。

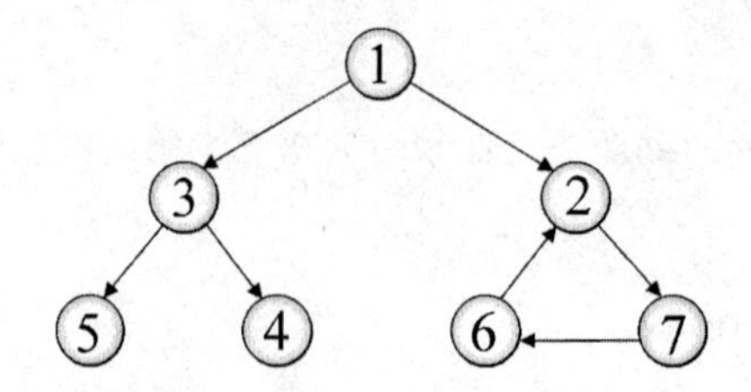

4. 什么是多重图？请绘图说明。
5. 请以 K 氏法求取下图中的最小成本生成树。

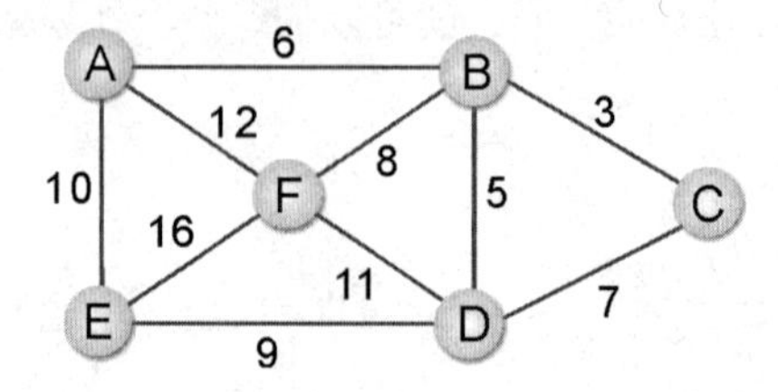

6. 请写出下图的邻接矩阵表示法和各个顶点之间最短距离的表示矩阵。

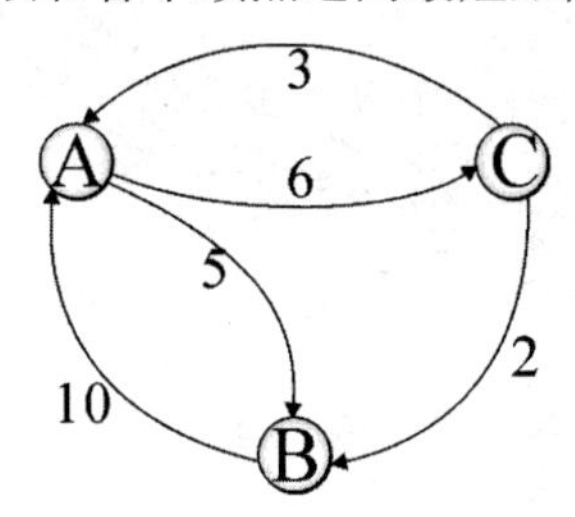

7. 求下图的拓扑排序。

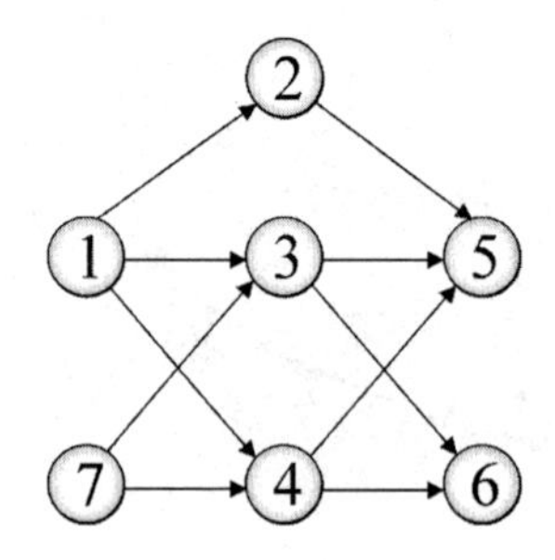

8. 求下图的拓扑排序。

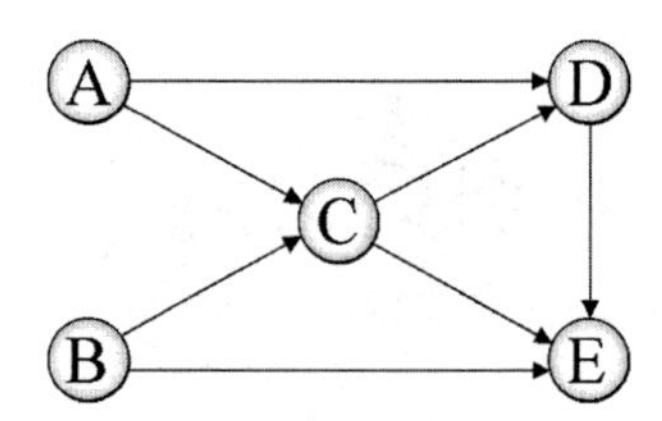

9. 下图是否为双连通图？有哪些连通分支？试说明。

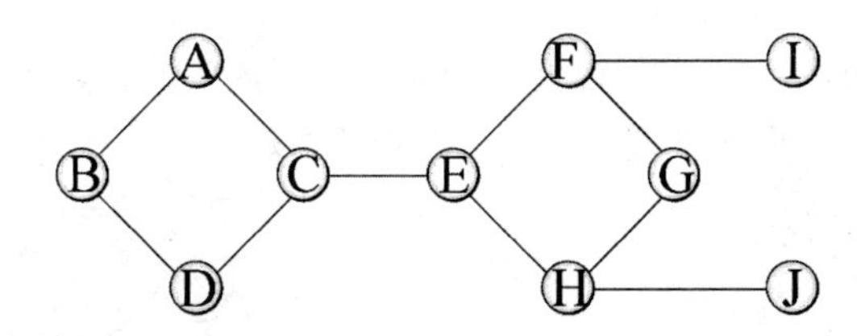

10. 请问图有哪四种常见的表示法？
11. 请以邻接矩阵表示下面的有向图。

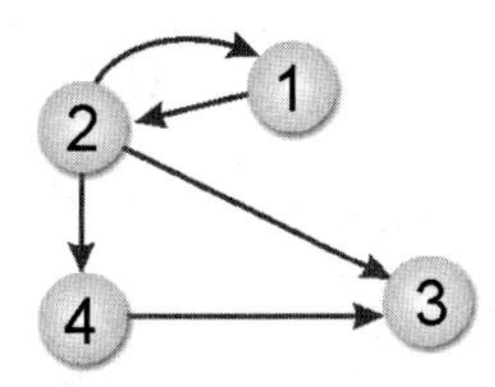

12. 试简述图的遍历之定义。
13. 请简述拓扑排序的步骤。
14. 以下为一个有限状态机的状态转换图，试列举两种图的数据结构来表示它，其中：

- S 代表状态 S
- 射线(→)表示转换方式
- 射线上方 A/B ：A 代表输入信号；B 代表输出信号

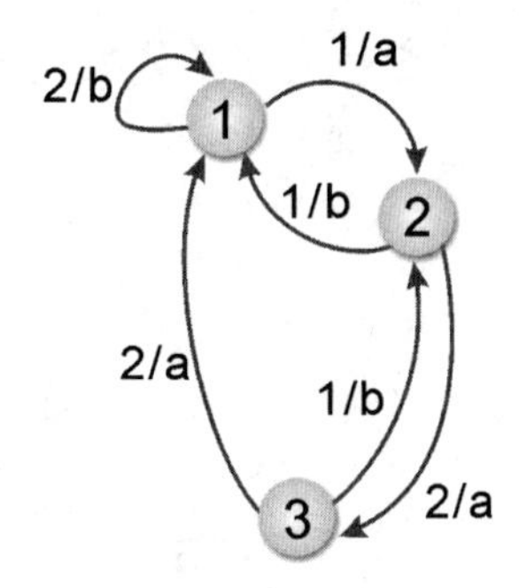

15. 什么是完全图，请说明。
16. 下图为图 G。

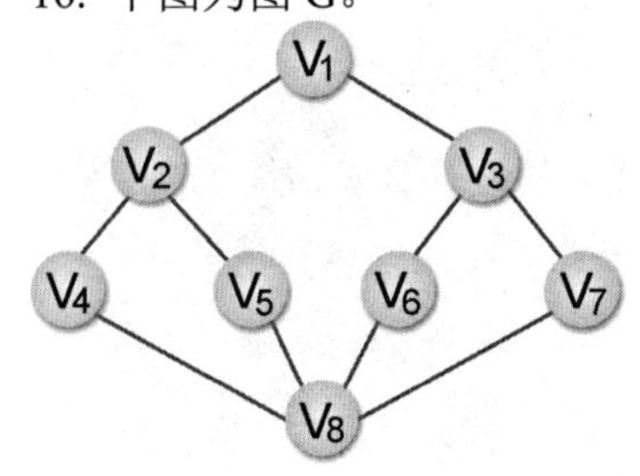

（1）请以①邻接表和②邻接数组表示 G。

（2）使用下面的遍历法（或搜索法）求出生成树。

①深度优先（Depth First）

②广度优先（Breadth First）

17. 以下所列的各个树都是关于图 G 的搜索树。假设所有的搜索都始于节点 1。试判定每棵树是深度优先搜索树，还是广度优先搜索树，或二者都不是。

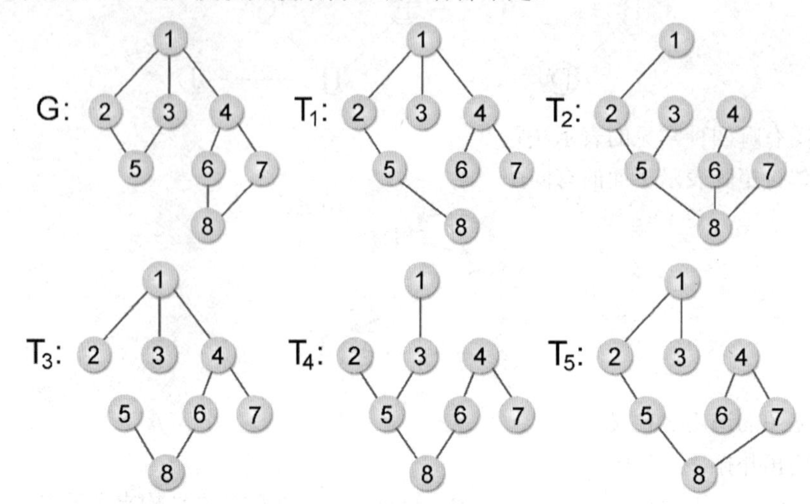

18. 求 V_1、V_2、V_3 任意两顶点的最短距离，并描述其过程。

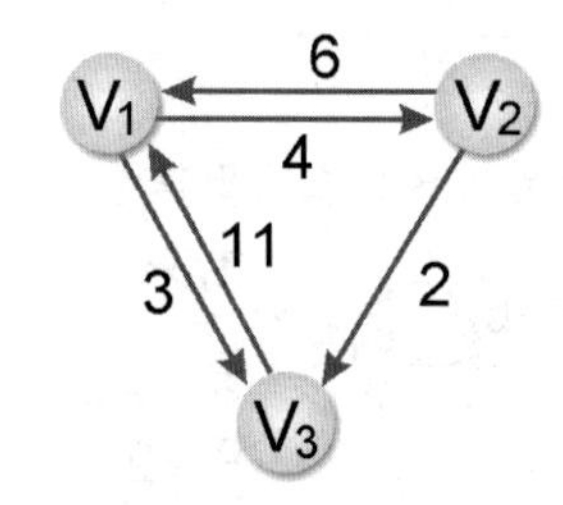

19. 求下图的邻接矩阵。

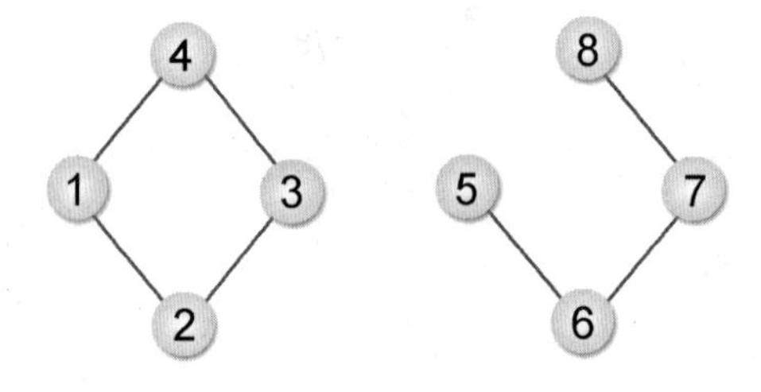

20. 什么是生成树？生成树应该包含哪些特点？

21. 在求解一个无向连通图的最小生成树，Prim 算法的主要方法是什么？请简述。

22. 在求解一个无向连通图的最小生成树，Kruskal 算法的主要方法是什么？请简述。

第 8 章

排　序

随着大数据和人工智能（Artificial Intelligence，AI）技术的普及和应用，企业所拥有的数据量成倍数的增长，排序算法更是成为不可或缺的重要工具之一。无论是庞大的商业应用软件，还是小至个人的文字处理软件，每项工作的核心都与数据库有着很大的关系，而数据库中最常见且重要的功能就是排序与查找，如图 8-1 所示。

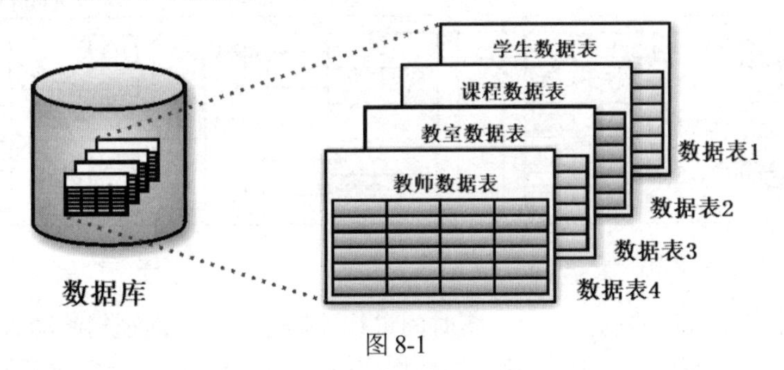

图 8-1

在大家爱玩的各种电子游戏中，排序算法也无处不在。例如，在游戏中，需要处理多边形模型中隐藏面消除的过程时，不管场景中的多边形有没有挡住其他的多边形，只要按照从后面到前面顺序的游戏中光栅化图形就可以正确地显示出所有可见的图形，其实就是可以沿着观察方向，按照多边形的深度信息对它们进行排序处理，如图 8-2 所示。

图 8-2

提 示

光栅处理的主要作用是将 3D 模型转换成能够被显示于屏幕的图像，并对图像进行修正和进一步美化处理，让呈现在眼前的画面能更为逼真与生动。

人工智能的概念最早是由美国科学家 John McCarthy 于 1955 年提出，目标是使计算机具有类似人类学习解决复杂问题与进行思考等能力，简单地说，人工智能就是由计算机所仿真或执行的具有类似人类智慧或思考的行为，例如推理、规划、问题解决及学习等能力。

“排序”（Sorting）就是指将一组数据，按特定规则调换位置，使数据具有某种顺序关系（递增或递减），例如数据库内可针对某一字段进行排序，而此字段称为“键”（key），字段里面的值我们称为“键值”（Key Value）。

8.1 排序简介

在排序的过程中，数据的移动方式可分为“直接移动”和“逻辑移动”两种。直接移动是直接交换存储数据的位置，而逻辑移动并不会移动数据存储的位置，仅改变指向这些数据的辅助指针的值。如图 8-3 所示为直接移动排序，图 8-4 所示为逻辑移动排序。

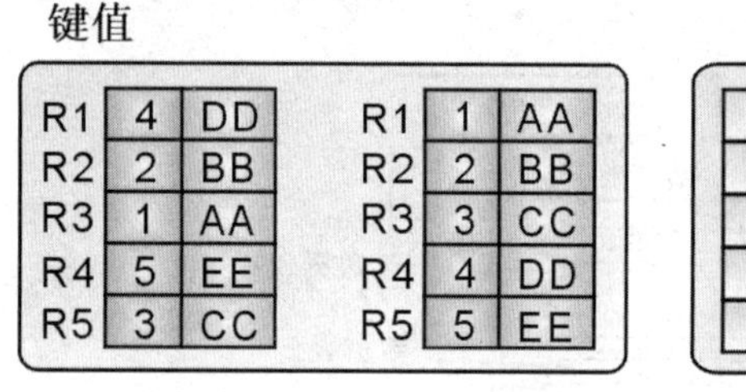

图 8-3

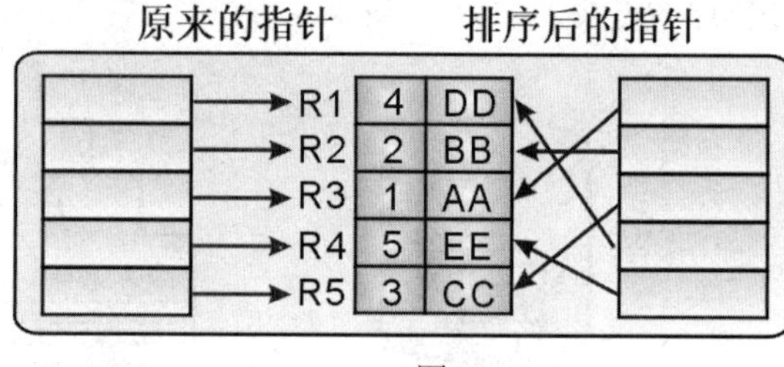

图 8-4

两者间的优劣在于直接移动会浪费许多时间进行数据的移动，而逻辑移动只要改变辅助指针指向的位置就能轻易达到排序的目的。例如在数据库中，可在报表中显示多条记录，也可以针对这些字段的特性来分组并进行排序与汇总，这就是属于逻辑移动，而不是去实际移动改变数据在数据文件中的位置，数据在经过排序后，会有下面三点好处：

- 数据较容易阅读。
- 数据较利于统计和整理。
- 可大幅减少数据查找的时间。

8.1.1 排序的分类

排序可以按照执行时所使用的内存种类区分为以下两种方式：

- 内部排序：排序的数据量小，可以全部加载到内存中进行排序。

- 外部排序：排序的数据量大，无法全部一次性加载到内存中进行排序，而必须借助辅助存储器（如硬盘）进行排序。

常见的排序法有：冒泡排序法、选择排序法、插入排序法、合并排序法、快速排序法、堆积排序法、希尔排序法、基数排序法等。在后面的章节中，将会对以上排序法做进一步的说明。

8.1.2 排序算法分析

排序算法的选择将影响到排序的结果与效率，通常可由以下几点决定：

1. 算法稳定与否

稳定的排序是指数据在经过排序后，两个相同键值的记录仍然保持原来的次序，如下例中 7 左的原始位置在 7 右的左边（所谓 7 左和 7 右是指相同键值一个在左，而另一个在右），稳定的排序（Stable Sort）后 7 左仍应在 7 右的左边，不稳定排序则有可能 7 左会跑到 7 右的右边去。例如：

```
原始数据顺序：    7左   2    9    7右   6
稳定的排序：      2     6    7左  7右   9
不稳定的排序：    2     6    7右  7左   9
```

2. 时间复杂度（Time Complexity）

当数据量相当大时，排序算法所花费的时间就显得相当重要。排序算法的时间复杂度可分为最好情况（Best Case）、最坏情况（Worst Case）及平均情况（Average Case）。最好情况就是数据已完成排序，例如原本数据已经完成升序了，如果再进行一次升序所使用的时间复杂度就是最好情况。最坏情况是指每一个键值均须重新排列，简单的例子就如原本为升序现在要重新排序成为降序，就是最坏情况。如下所示为排序的时间复杂度最坏情况：

```
排序前：2    3    4    6    8    9
排序后：9    8    6    4    3    2
```

3. 空间复杂度（Space Complexity）

空间复杂度就是指算法在执行过程所需占用的额外内存空间。例如，所挑选的排序法必须借助递归的方式来进行，那么递归过程中会使用到的堆栈就是这个排序法必须付出的额外空间。另外，任何排序法都有数据对调的操作，数据对调就会暂时用到一个额外的空间，它也是排序法中空间复杂度要考虑的问题。排序法所使用到的额外空间越少，它的空间复杂度就越佳。例如冒泡法在排序过程中仅会用到一个额外的空间，在所有的排序算法中，这样的空间复杂度就算是最好的。

8.2 内部排序法

排序的各种算法称得上是数据结构这门学科的精髓所在。每一种排序方法都有其适用的情况与数据种类。首先我们将内部排序法依照算法的时间复杂度及键值整理如表 8-1 所示。

表 8-1　简单排序法与高级排序法区别

	排序名称	排序特性
简单排序法	1. 冒泡排序法（Bubble Sort）	稳定排序法。空间复杂度为最佳，只需一个额外空间 O(1)
	2. 选择排序法（Selection Sort）	不稳定排序法。空间复杂度为最佳，只需一个额外空间 O(1)
	3. 插入排序法（Insertion Sort）	稳定排序法。空间复杂度为最佳，只需一个额外空间 O(1)
	4. 希尔排序法（Shell Sort）	稳定排序法。空间复杂度为最佳，只需一个额外空间 O(1)
高级排序法	1. 快速排序法（Quick Sort）	不稳定排序法。空间复杂度最差为 O(n)，最佳为 $O(\log_2 n)$
	2. 堆积排序法（Heap Sort）	不稳定排序法。空间复杂度为最佳，只需一个额外空间 O(1)
	3. 基数排序法（Radix Sort）	稳定排序法。空间复杂度为 O(np)，n 为原始数据的个数，p 为基底

8.2.1　冒泡排序法

冒泡排序法又称为交换排序法，是从观察水中气泡变化构思而成，原理是从第一个元素开始，比较相邻元素的大小，若大小顺序有误，则对调后再进行下一个元素的比较，就仿佛气泡逐渐从水底上升到水面上一样。如此扫描过一次之后就可确保最后一个元素是位于正确的顺序。接着再逐步进行第二次扫描，直到完成所有元素的排序关系为止。

以下使用 55、23、87、62、16 数列来演示排序过程，这样大家可以清楚地知道冒泡排序法的具体流程。图 8-5 为原始顺序，图 8-6~8-9 为冒泡排序的具体过程。

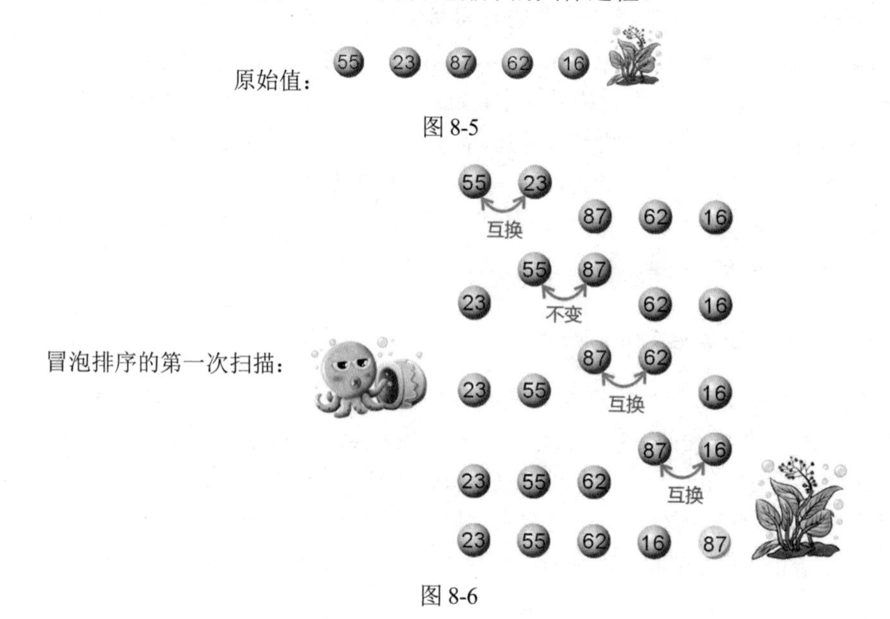

图 8-5

图 8-6

第一次扫描会先拿第一个元素 55 和第二个元素 23 进行比较，如果第二个元素小于第一个元素，则进行互换。接着拿 55 和 87 进行比较，就这样一直比较并互换，到第 4 次比较完后即可确定最大值在数组的最后面。

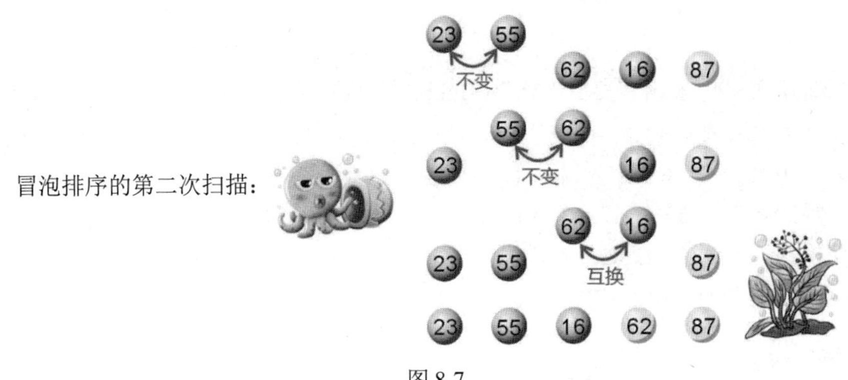

图 8-7

第二次扫描也是从头开始比较，但因为最后一个元素在第一次扫描就已确定是数组中的最大值，故只需比较 3 次即可把剩余数组元素的最大值排到剩余数组的最后面。

第三次扫描完，完成三个值的排序，如图 8-8 所示。

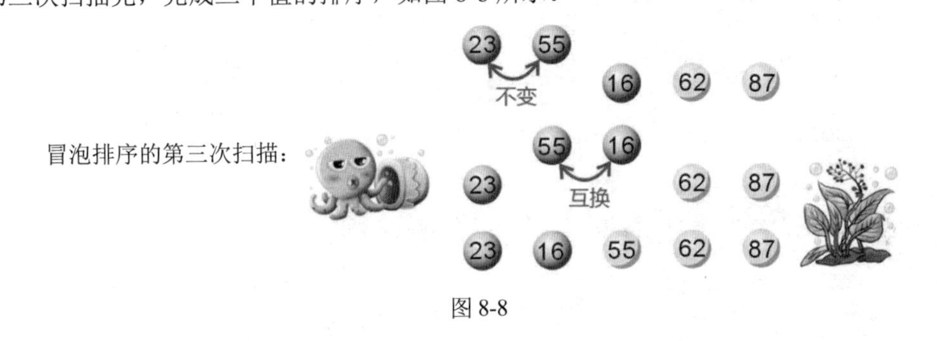

图 8-8

第四次扫描完，即可完成所有排序，如图 8-9 所示。

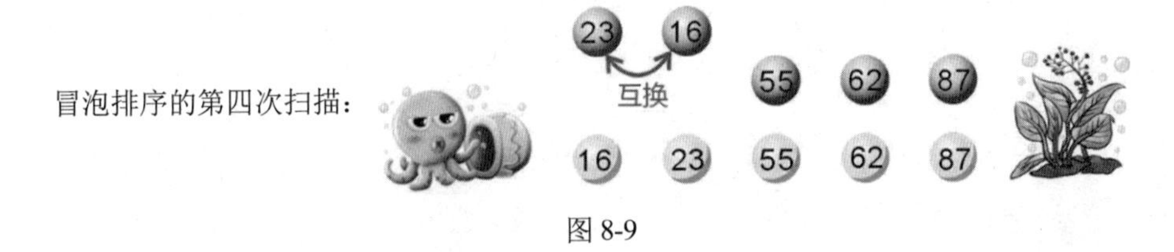

图 8-9

由此可知 5 个元素的冒泡排序法必须执行 5–1 次扫描，第一次扫描需比较 5–1 次，共比较 4+3+2+1=10 次。

冒泡排序法的分析如下所示：

- 最坏情况和平均情况均需比较：$(n-1)+(n-2)+(n-3)+\ldots+3+2+1=\frac{n(n-1)}{2}$ 次；时间复杂度为 $O(n^2)$，最好情况只需完成一次扫描，发现没有执行数据的交换操作则表示已经排序完成，所以只做了 n–1 次比较，时间复杂度为 O(n)。
- 由于冒泡排序是相邻两个数据相互比较和对调，并不会更改其原本排列的顺序，所以是稳定排序法。
- 只需一个额外的空间，所以空间复杂度为最佳。
- 此排序法适用于数据量小或有部分数据已经过排序的情况。

【范例 8.2.1】

数列(43,35,12,9,3,99)采用冒泡排序法（Bubble Sort）从小到大排序，在执行时前三次交换（Swap）的结果各是什么？

答：

第 1 次交换的结果为(35,43,12,9,3,99)

第 2 次交换的结果为(35,12,43,9,3,99)

第 3 次交换的结果为(35,12,9,43,3,99)

【范例 8.2.2】

请设计一个 Java 程序，并使用冒泡排序法来将以下的数列进行排序，并输出逐次排序的过程：

```
6,5,9,7,2,8
```

【范例程序：ch08_01.java】

```
01  // 传统冒泡排序法
02
03  public class ch08_01 extends Object
04  {
05    public static void main(String args[])
06    {
07      int i,j,tmp;
08      int data[]={6,5,9,7,2,8};  //原始数据
09
10      System.out.println("冒泡排序法：");
11      System.out.print("原始数据为：");
12      for(i=0;i<6;i++)
13      {
14        System.out.print(data[i]+" ");
15      }
16      System.out.print("\n");
17
18      for (i=5;i>0;i--)    //扫描次数
19      {
20        for (j=0;j<i;j++)     //比较、交换次数
21        {
22          // 比较相邻两数，如第一个数较大则交换
23          if (data[j]>data[j+1])
24          {
25            tmp=data[j];
26            data[j]=data[j+1];
27            data[j+1]=tmp;
28          }
29        }
30
31        //把各次扫描后的结果打印输出
32        System.out.print("第"+(6-i)+"次排序后的结果是：");
33        for (j=0;j<6;j++)
34        {
35          System.out.print(data[j]+" ");
36        }
37        System.out.print("\n");
```

```
38        }
39
40        System.out.print("排序后结果为: ");
41        for (i=0;i<6;i++)
42        {
43          System.out.print(data[i]+" ");
44        }
45        System.out.print("\n");
46      }
47    }
```

【执行结果】参见图 8-10。

```
Problems  @ Javadoc  Declaration  Console
<terminated> ch08_01 [Java Application] C:\Program Files\Java\jre-10.0.1\bin\
冒泡排序法:
原始数据为: 6 5 9 7 2 8
第1次排序后的结果是: 5 6 7 2 8 9
第2次排序后的结果是: 5 6 2 7 8 9
第3次排序后的结果是: 5 2 6 7 8 9
第4次排序后的结果是: 2 5 6 7 8 9
第5次排序后的结果是: 2 5 6 7 8 9
排序后结果为: 2 5 6 7 8 9
```

图 8-10

我们知道统冒泡排序法有个缺点，就是不管数据是否已排序完成都固定会执行 n(n−1)/2 次，请设计一个 Java 程序，使用所谓岗哨的概念，可以提前中断程序，又可得到正确的排序结果，以此来提高程序执行的效率。

【范例程序：ch08_02.java】

```
01    // 改进的冒泡排序法
02
03    public class ch08_02 extends Object
04    {
05      int data[]=new int[]{4,6,2,7,8,9};  //原始数据
06
07      public static void main(String args[])
08      {
09        System.out.print("改进的冒泡排序法\n 原始数据为: ");
10        ch08_02 test=new ch08_02();
11        test.showdata();
12        test.bubble();
13      }
14
15      public void showdata ()     //使用循环打印数据
16      {
17        int i;
18        for (i=0;i<6;i++)
19        {
20          System.out.print(data[i]+" ");
21        }
22        System.out.print("\n");
23      }
24
```

```
25    public void bubble ()
26    {
27      int i,j,tmp,flag;
28      for(i=5;i>=0;i--)
29      {
30        flag=0;       //flag 用来判断是否执行交换的操作
31        for (j=0;j<i;j++)
32        {
33          if (data[j+1]<data[j])
34          {
35            tmp=data[j];
36            data[j]=data[j+1];
37            data[j+1]=tmp;
38            flag++;    //如果执行过交换，则 flag 不为 0
39          }
40        }
41        if (flag==0)
42        {
43          break;
44        }
45
46  //当执行完一次扫描就判断是否执行过交换操作，如果没有交换过数据，
47  //则表示此时数组已完成排序，因此可以直接跳出循环
48
49        System.out.print("第"+(6-i)+"次排序：");
50        for (j=0;j<6;j++)
51        {
52          System.out.print(data[j]+" ");
53        }
54        System.out.print("\n");
55      }
56
57      System.out.print("排序后结果为：");
58      showdata ();
59    }
60  }
```

【执行结果】参见图 8-11。

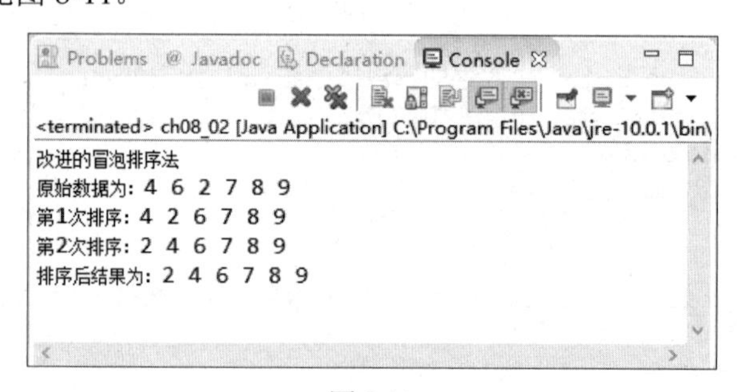

图 8-11

8.2.2 选择排序法

选择排序法（Selection Sort）可使用两种方式排序，一种为在所有的数据中，当从大到小排序，

则将最大值放入第一个位置；若从小到大排序时，则将最大值放入最后一个位置。例如，一开始在所有的数据中挑选一个最小项放在第一个位置（假设是从小到大排序），再从第二项开始挑选一个最小项放在第 2 个位置，以此重复，直到完成排序为止。

以下我们仍然用 55、23、87、62、16 数列的从小到大的排序过程，来说明选择排序法的演算流程，如图 8-12 所示。

图 8-12

（1）首先找到此数列中最小值后与数列中的第一个元素交换，如图 8-13 所示。

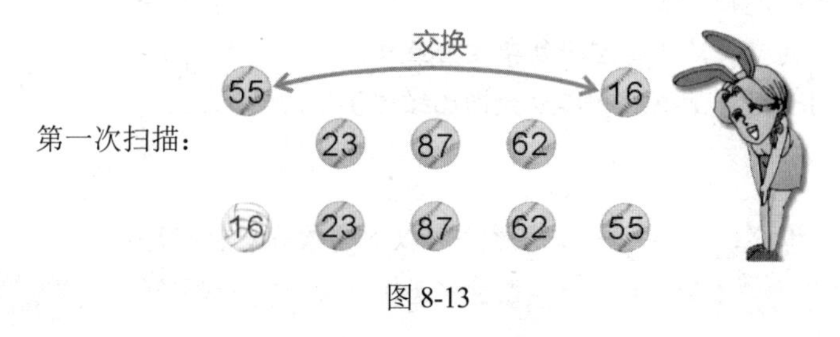

图 8-13

（2）从第二个值开始找，找到此数列中（不包含第一个）的最小值，再和第二个值交换，如图 8-14 所示。

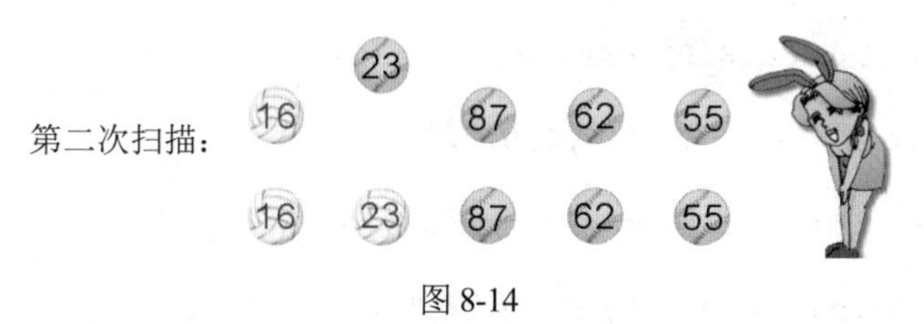

图 8-14

（3）从第三个值开始找，找到此数列中（不包含第一、二个）的最小值，再和第三个值交换，如图 8-15 所示。

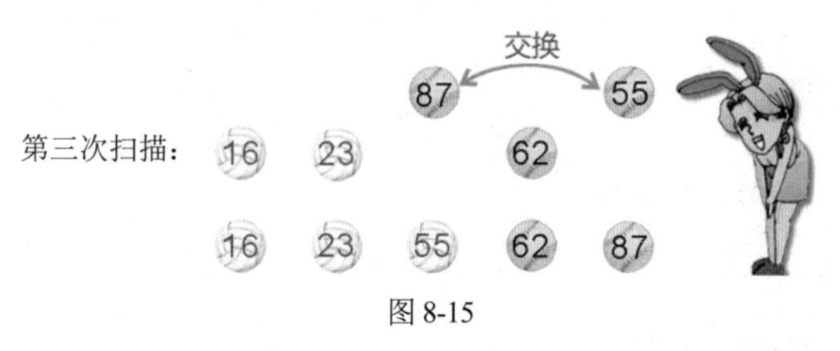

图 8-15

（4）从第四个值开始找，找到此数列中（不包含第一、二、三个）的最小值，再和第四个值交换，则此排序完成，如图 8-16 所示。

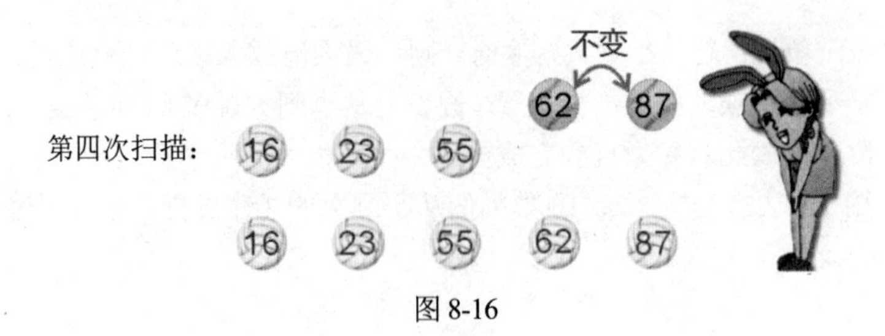

图 8-16

选择排序法的分析如下所示：

- 无论是最坏情况、最好情况及平均情况都需要找到最大值（或最小值），因此其比较次数为：$(n-1)+(n-2)+(n-3)+\ldots+3+2+1=\frac{n(n-1)}{2}$ 次；时间复杂度为 $O(n^2)$。
- 由于选择排序是以最大或最小值直接与最前方未排序的键值交换，数据排列顺序很有可能被改变，故不是稳定排序法。
- 只需一个额外的空间，所以空间复杂度为最佳。
- 此排序法适用于数据量小或有部分数据已经过排序的情况。

【范例 8.2.3】

请设计一个 Java 程序，并使用选择排序法对以下的数列进行排序：

```
9,7,5,3,4,6
```

【范例程序：ch08_03.java】

```
01  // 选择排序法
02
03  public class ch08_03 extends Object
04  {
05    int data[]=new int[]{9,7,5,3,4,6};
06
07    public static void main(String args[])
08    {
09      System.out.print("原始数据为：");
10      ch08_03 test=new ch08_03();
11      test.showdata ();
12      test.select ();
13    }
14
15    void showdata ()
16    {
17      int i;
18      for (i=0;i<6;i++)
19      {
20        System.out.print(data[i]+" ");
21      }
22      System.out.print("\n");
23    }
24
25    void select ()
26    {
27      int i,j,tmp,k;
```

```
28        for(i=0;i<5;i++)             //扫描 5 次
29        {
30          for(j=i+1;j<6;j++)  //由 i+1 比较起，比较 5 次
31          {
32            if(data[i]>data[j])  //比较第 i 和第 j 个元素
33            {
34              tmp=data[i];
35              data[i]=data[j];
36              data[j]=tmp;
37            }
38          }
39          System.out.print("第"+(i+1)+"次排序结果：");
40          for (k=0;k<6;k++)
41          {
42            System.out.print(data[k]+" ");     //打印排序结果
43          }
44          System.out.print("\n");
45        }
46        System.out.print("\n");
47      }
48    }
```

【执行结果】参见图 8-17。

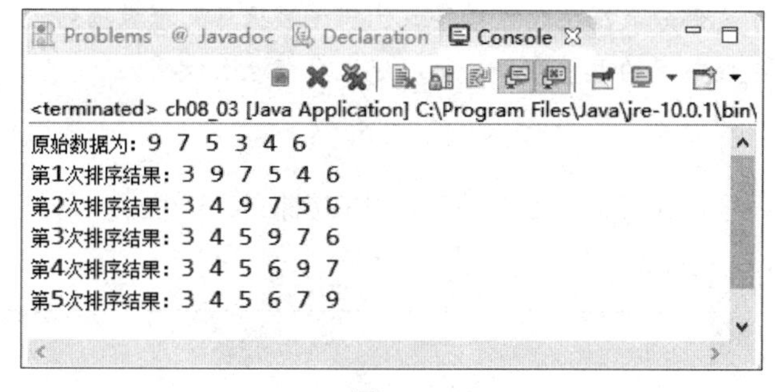

图 8-17

8.2.3 插入排序法

插入排序法（Insert Sort）是将数组中的元素，逐一与已排序好的数据进行比较，前两个元素先排好，再将第三个元素插入适当的位置，所以这三个元素仍然是已排序好的，接着再将第四个元素加入，重复此步骤，直到排序完成为止。可以看作是在一串有序的记录 R_1、R_2…R_i 中插入新的记录 R，使得 i+1 个记录排序妥当。

以下我们仍然用 55、23、87、62、16 数列的从小到大排序过程，来说明插入排序法的演算流程。如图 8-18 所示在步骤二中，以 23 为基准与其他元素比较后，放到适当位置（55 的前面），步骤三则拿 87 与其他两个元素比较，接着 62 在比较完前三个数后插入到 87 的前面……，将最后一个元素比较完后即完成排序。

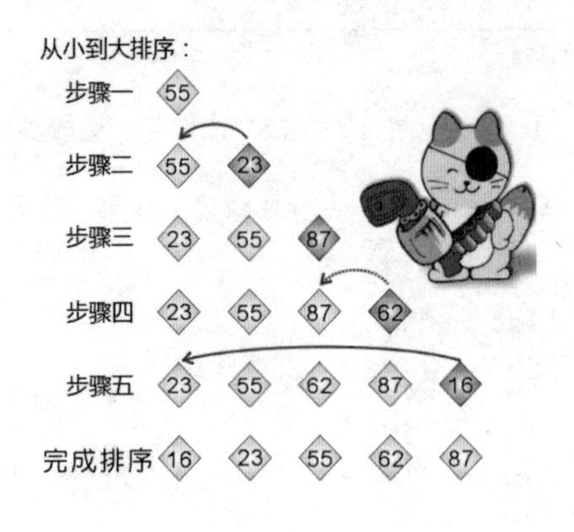

图 8-18

插入排序法的分析如下所示：

- 最坏和平均情况需比较(n–1)+(n–2)+(n–3)+…+3+2+1 = $\frac{n(n-1)}{2}$次；时间复杂度为 $O(n^2)$，最好情况的时间复杂度为 O(n)。
- 插入排序是稳定排序法。
- 只需一个额外的空间，所以空间复杂度为最佳。
- 此排序法适用于大部分数据已经过排序或已排序数据库新增数据后进行排序的情况。
- 插入排序法会造成数据的大量搬移，所以建议在链表上使用。

【范例 8.2.4】

请设计一个 Java 程序，自行输入 6 个数值，并使用插入排序法进行排序。

【范例程序：ch08_04.java】

```
01   // 插入排序法
02
03   import java.io.*;
04
05   public class ch08_04 extends Object
06   {
07     int data[]=new int[6];
08     int size=6;
09
10     public static void main(String args[])
11     {
12       ch08_04 test=new ch08_04();
13       test.inputarr();
14       System.out.print("你输入的原始数组是：");
15       test.showdata();
16       test.insert();
17     }
18
19     void inputarr()
20     {
21       int i;
22       for (i=0;i<size;i++)       //使用循环输入数组数据
23       {
```

```
24          try{
25            System.out.print("请输入第"+(i+1)+"个元素: ");
26            InputStreamReader isr = new InputStreamReader(System.in);
27            BufferedReader br = new BufferedReader(isr);
28            data[i]=Integer.parseInt(br.readLine());
29          }catch(Exception e){}
30        }
31      }
32
33      void showdata()
34      {
35        int i;
36        for (i=0;i<size;i++)
37        {
38          System.out.print(data[i]+" ");    //打印数组数据
39        }
40        System.out.print("\n");
41      }
42
43      void insert()
44      {
45        int i;      //i 为扫描次数
46        int j;      //以 j 来定位比较的元素
47        int tmp;  //tmp 用来暂存数据
48        for (i=1;i<size;i++)  //扫描循环次数为 SIZE-1
49        {
50          tmp=data[i];
51          j=i-1;
52          while (j>=0 && tmp<data[j])  //如果第二个元素小于第一个元素
53          {
54            data[j+1]=data[j]; //就把所有元素往后推一个位置
55            j--;
56          }
57          data[j+1]=tmp;        //最小的元素放到第一个元素
58          System.out.print("第"+i+"次扫描: ");
59          showdata();
60        }
61      }
62    }
```

【执行结果】参见图 8-19。

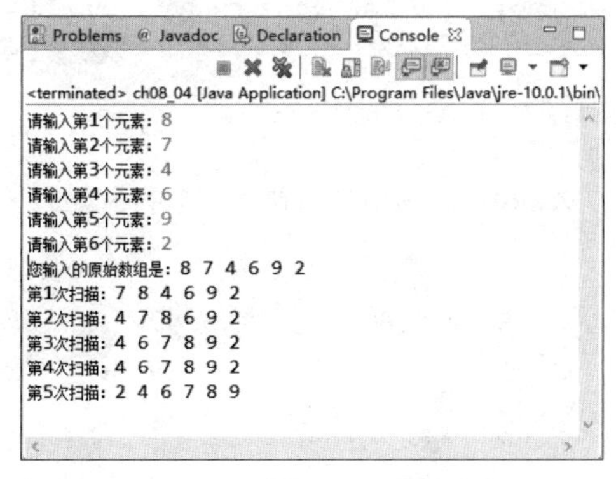

图 8-19

8.2.4 希尔排序法

我们知道当原始记录的键值大部分已排好序的情况下，插入排序法会非常有效率，因为它不需要执行太多的数据搬移操作。“希尔排序法”是 D. L. Shell 在 1959 年 7 月所发明的一种排序法，可以减少插入排序法中数据搬移的次数，以加速排序的进行。排序的原则是将数据区分成特定间隔的几个小区块，以插入排序法排完区块内的数据后再渐渐减少间隔的距离。

以下我们仍然用 63、92、27、36、45、71、58、7 数列的从小到大排序过程，来说明希尔排序法的演算流程，参考图 8-20~图 8-25。

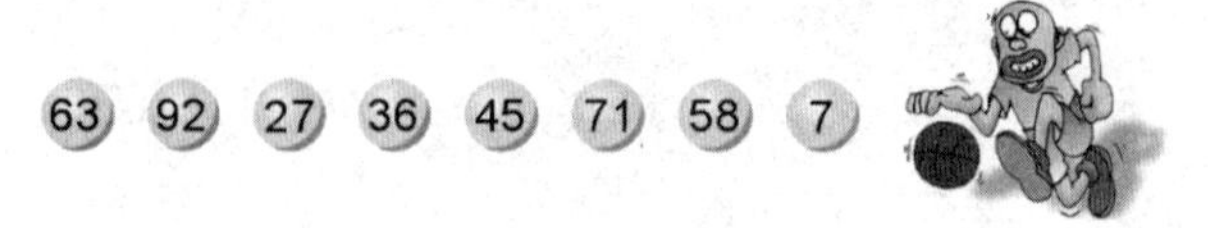

图 8-20

（1）首先，将所有数据分成 Y：(8div2)，即 Y=4，称为划分数。请注意，划分数不一定要是 2，质数最好。但为了算法方便，所以我们习惯选 2。因而一开始的间隔设置为 8/2，如图 8-21 所示。

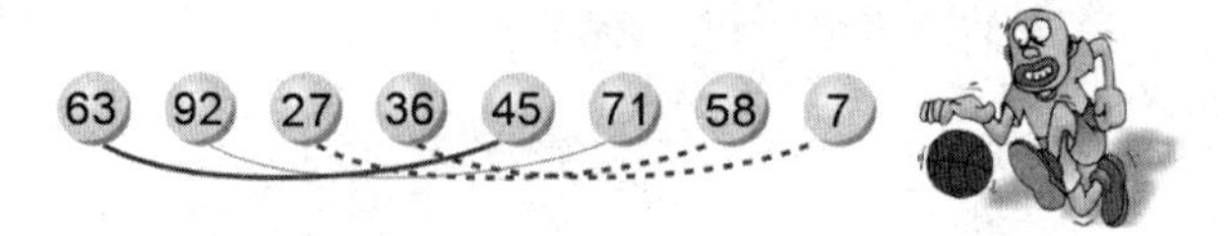

图 8-21

（2）如此一来可得到四个区块分别是：(63,45)，(92,71)，(27,58)，(36,7)，再分别用插入排序法排序成为：(45,63)，(71,92)，(27,58)，(7,36)。在整个队列中数据的排列则如图 8-22 所示。

图 8-22

（3）接着再缩小间隔为(8/2)/2，如图 8-23 所示。

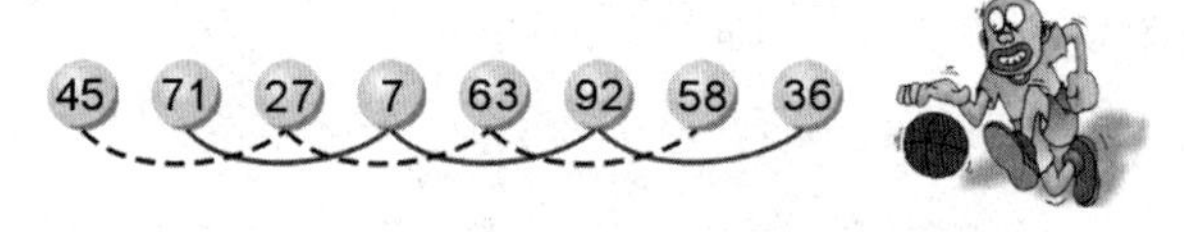

图 8-23

（4）(45,27,63,58)，(71,7,92,36)再分别用插入排序法，得到如图 8-24 所示的结果。

图 8-24

（5）再以 ((8/2)/2)/2 的间距进行插入排序，也就是每一个元素进行排序，于是得到最后的结果，如图 8-25 所示。

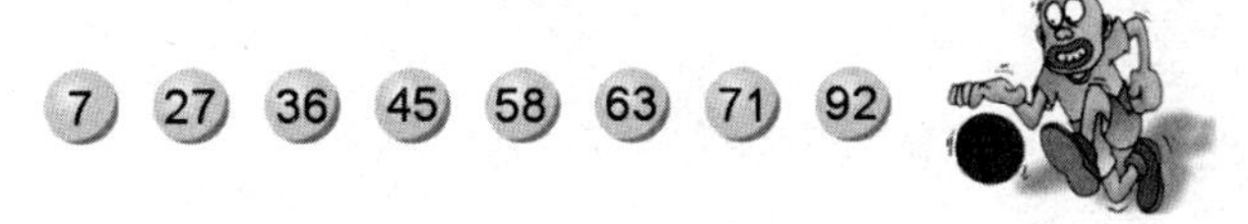

图 8-25

希尔排序法的分析如下所示：

- 任何情况的时间复杂度均为 $O(n^{3/2})$。
- 希尔排序法和插入排序法一样，都是稳定排序。
- 只需一个额外空间，所以空间复杂度是最佳。
- 此排序法适用于数据大部分都已排序完成的情况。

【范例 8.2.5】

请设计一个 Java 程序，自行输入 8 个数值，并使用希尔排序法进行排序。

【范例程序：ch08_05.java】

```
01  // 希尔排序法
02
03  import java.io.*;
04
05  public class ch08_05 extends Object
06  {
07    int data[]=new int[8];
08    int size=8;
09
10    public static void main(String args[])
11    {
12      ch08_05 test =  new ch08_05();
13      test.inputarr();
14      System.out.print("你输入的原始数组是：");
15      test.showdata();
16      test.shell();
17    }
18
19    void inputarr()
20    {
21      int i=0;
22      for (i=0;i<size;i++)
23      {
24        System.out.print("请输入第"+(i+1)+"个元素：");
25        try{
26          InputStreamReader isr = new InputStreamReader(System.in);
27          BufferedReader br = new BufferedReader(isr);
28          data[i]=Integer.parseInt(br.readLine());
29        }catch(Exception e){}
30      }
31    }
32
33    void showdata()
```

```
34      {
35        int i=0;
36        for (i=0;i<size;i++)
37        {
38          System.out.print(data[i]+" ");
39        }
40        System.out.print("\n");
41      }
42
43      void shell()
44      {
45        int i;        //i 为扫描次数
46        int j;        //以 j 来定位比较的元素
47        int k=1;      //k 打印计数
48        int tmp;      //tmp 用来暂存数据
49        int jmp;      //设置间距位移量
50        jmp=size/2;
51        while (jmp != 0)
52        {
53          for (i=jmp ;i<size ;i++)
54          {
55            tmp=data[i];
56            j=i-jmp;
57            while(j>=0 && tmp<data[j])  //插入排序法
58            {
59              data[j+jmp] = data[j];
60              j=j-jmp;
61            }
62            data[jmp+j]=tmp;
63          }
64          System.out.print("第"+ (k++) +"次排序：");
65          showdata();
66          jmp=jmp/2;    //控制循环数
67        }
68      }
69    }
```

【执行结果】参见图 8-26。

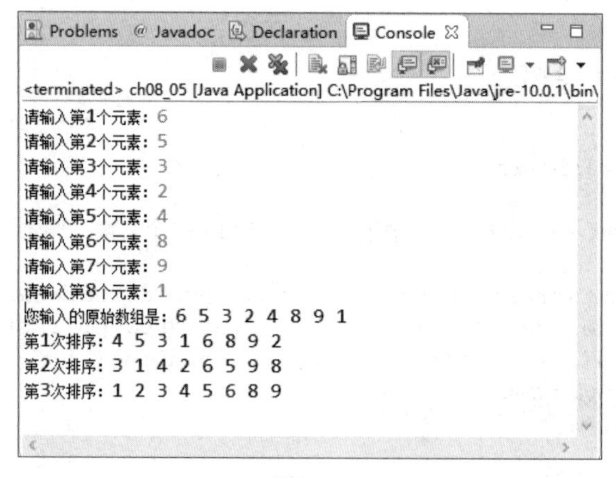

图 8-26

8.2.5 合并排序法

合并排序法（Merge Sort）工作原理是针对已排序好的两个或两个以上的数列（或数据文件），通过合并的方式，将其组合成一个大的且已排好序的数列（或数据文件）。步骤如下：

步骤01 将 N 个长度为 1 的键值，成对地合并成 N/2 个长度为 2 的键值组。

步骤02 将 N/2 个长度为 2 的键值组，成对地合并成 N/4 个长度为 4 的键值组。

步骤03 将键值组不断地合并，直到合并成一组长度为 N 的键值组为止。

以下是我们用 38、16、41、72、52、98、63、25 数列的从小到大的排序过程，来说明合并排序法的基本演算流程，如图 8-27 所示。

38、16、41、72、52、98、63、25

16、38、41、72、52、98、25、63

16、38、41、72、25、52、63、98

16、25、38、41、52、63、72、98

图 8-27

上面展示的合并排序法例子是一种最简单的合并排序，又称为 2 路（2-way）合并排序。其主要概念是把原来的数列视作 N 个已排好序且长度为 1 的数列，再将这些长度为 1 的数列两两合并，结合成 N/2 个已排好序且长度为 2 的数列；同样的做法，再按序两两合并，合并成 N/4 个已排好序且长度为 4 的数列……。以此类推，最后合并成一个已排好序且长度为 N 的数列。

现在将排序步骤整理如下：

步骤01 将 N 个长度为 1 的数列合并成 N/2 个已排序妥当且长度为 2 的数列。

步骤02 将 N/2 个长度为 2 的数列合并成 N/4 个已排序妥当且长度为 4 的数列。

步骤03 将 N/4 个长度为 4 的数列合并成 N/8 个已排序妥当且长度为 8 的数列。

步骤04 将 $N/2^{i-1}$ 个长度为 2^{i-1} 的数列合并成 $N/2^i$ 个已排序妥当且长度为 2^i 的数列。

合并排序法的分析如下所示：

- 使用合并排序法，n 项数据一般需要约 $\log_2 n$ 次处理，每次处理的时间复杂度为 O(n)，所以合并排序法的最佳情况、最差情况及平均情况复杂度为 O(nlogn)。
- 由于在排序过程中需要一个与数列（或数据文件）大小同样的额外空间，故其空间复杂度 O(n)。
- 是一个稳定（Stable）的排序方式。

8.2.6 快速排序法

快速排序（Quick Sort）是由 C. A. R. Hoare 所提出来的，快速排序法又称分割交换排序法，是目前公认最佳的排序法，也是使用“分而治之”（Divide and Conquer）的方式，先会在数据中找到一个虚拟的中间值，并按此中间值将所有打算排序的数据分为两部分。其中小于中间值的数据放在左边而大于中间值的数据放在右边，再以同样的方式分别处理左右两边的数据，直到排序完为止。操作与分割步骤如下：

假设有 n 项 R_1、R_2、R_3、…、R_n 记录，其键值为 k_1、k_2、k_3、…、k_n：

步骤01 先假设 K 的值为第一个键值。

步骤02 从左向右找出键值 K_i，使得 $K_i>K$。

步骤03 从右向左找出键值 K_j 使得 $K_j<K$。

步骤04 如果 $i<j$，那么 K_i 与 K_j 互换，并回到 **步骤02**。

步骤05 若 $i\geqslant j$ 则将 K 与 K_j 交换，并以 j 为基准点分割成左右部分。然后再针对左右两边进行 **步骤01** 至 **步骤05**，直到左半边键值=右半边键值为止。

下面示范快速排序法将下列数据的排序过程，如图 8-28 所示。

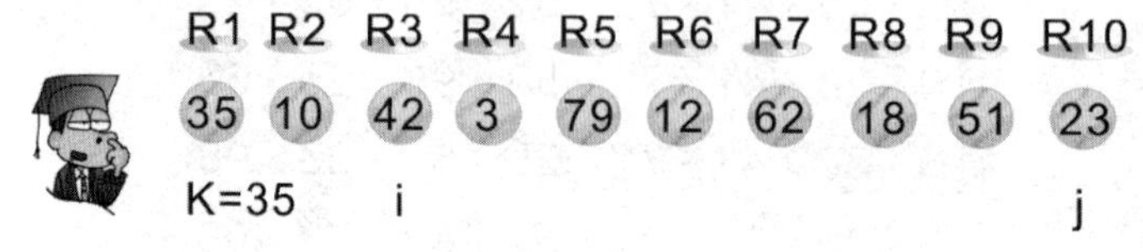

图 8-28

（1）因为 $i<j$，故交换 K_i 与 K_j，如图 8-29 所示，然后继续比较。

图 8-29

（2）因为 $i<j$，故交换 K_i 与 K_j，如图 8-30 所示，然后继续比较。

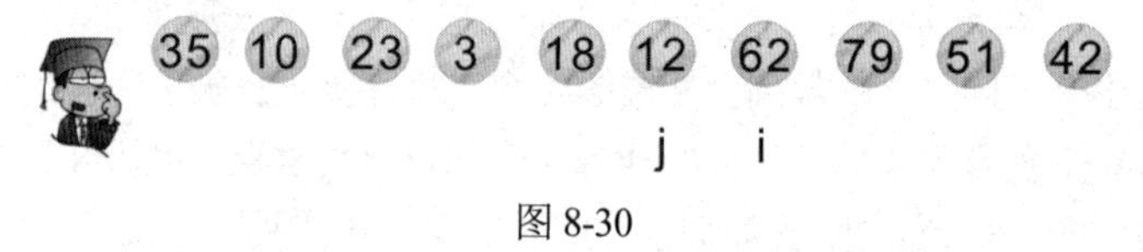

图 8-30

（3）因为 $i\geqslant j$，故交换 K 与 K_j，并以 j 为基准点分割成左右两半，如图 8-31 所示。

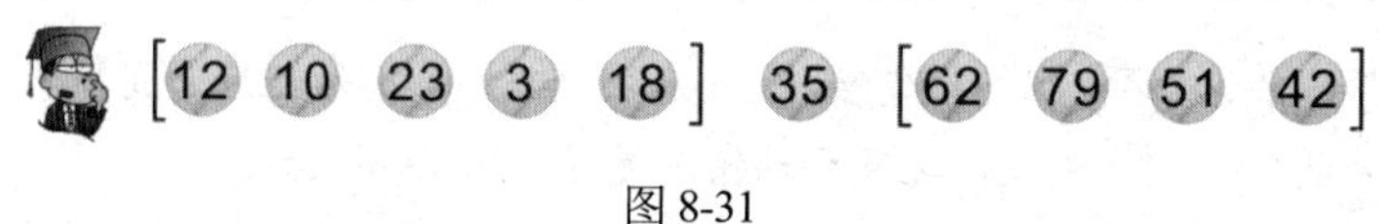

图 8-31

经过上述这几个步骤，大家可以将小于键值 K 的数据放在左半部；大于键值 K 的数据放在右半部，按照上述的排序过程，对左右两部分再分别排序，过程如图 8-32 所示。

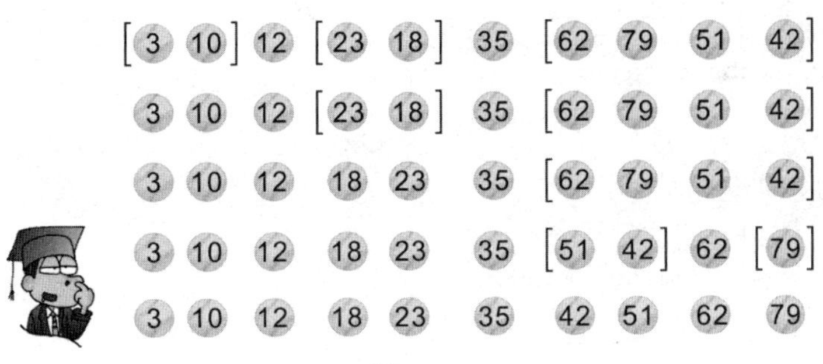

图 8-32

快速排序法的分析如下所示：

- 在最快和平均情况下，时间复杂度为 $O(n\log_2 n)$。最坏情况就是每次挑中的中间值不是最大就是最小，因而最坏情况下的时间复杂度为 $O(n^2)$。
- 快速排序法不是稳定排序法。
- 在最差的情况下，空间复杂度为 $O(n)$，而最佳情况为 $O(\log_2 n)$。
- 快速排序法是平均运行时间最快的排序法。

【范例 8.2.6】

请设计一个 Java 程序，输入数列的个数，并使用随机数生成数值，再使用快速排序法进行排序。

【范例程序：ch08_06.java】

```
01  // 快速排序法
02
03  import java.io.*;
04  import java.util.*;
05
06  public class ch08_06 extends Object
07  {
08    int process = 0;
09    int size;
10    int data[]=new int[100];
11
12    public static void main(String args[])
13    {
14      ch08_06 test = new ch08_06();
15
16      System.out.print("请输入数组大小(100 以下)：");
17      try{
18        InputStreamReader isr = new InputStreamReader(System.in);
19        BufferedReader br = new BufferedReader(isr);
20        test.size=Integer.parseInt(br.readLine());
21      }catch(Exception e){}
22
23      test.inputarr ();
24      System.out.print("原始数据是：");
25      test.showdata ();
26
27      test.quick(test.data,test.size,0,test.size-1);
```

```
28        System.out.print("\n 排序结果为: ");
29        test.showdata();
30      }
31
32      void inputarr()
33      {
34        //以随机数输入
35        Random rand=new Random();
36        int i;
37        for (i=0;i<size;i++)
38          data[i]=(Math.abs(rand.nextInt(99)))+1;
39      }
40
41      void showdata()
42      {
43        int i;
44        for (i=0;i<size;i++)
45        System.out.print(data[i]+" ");
46        System.out.print("\n");
47      }
48
49      void quick(int d[],int size,int lf,int rg)
50      {
51        int i,j,tmp;
52        int lf_idx;
53        int rg_idx;
54        int t;
55                          //1:第一项键值为d[lf]
56        if(lf<rg)
57        {
58          lf_idx=lf+1;
59          rg_idx=rg;
60
61          //排序
62          while(true)
63          {
64            System.out.print("[处理过程"+(process++)+"]=> ");
65            for(t=0;t<size;t++)
66              System.out.print("["+d[t]+"] ");
67            System.out.print("\n");
68
69            for(i=lf+1;i<=rg;i++)  //2:从左到右找出一个键值大于d[lf]者
70            {
71              if(d[i]>=d[lf])
72              {
73                lf_idx=i;
74                break;
75              }
76              lf_idx++;
77            }
78
79            for(j=rg;j>=lf+1;j--)  //3:从右向左找出一个键值小于d[lf]者
80            {
81              if(d[j]<=d[lf])
82              {
```

```
83            rg_idx=j;
84            break;
85          }
86          rg_idx--;
87        }
88
89        if(lf_idx<rg_idx)       //4-1:若 lf_idx<rg_idx
90        {
91          tmp = d[lf_idx];
92          d[lf_idx] = d[rg_idx]; //则 d[lf_idx]和 d[rg_idx]互换
93          d[rg_idx] = tmp;       //然后继续排序
94        }
95        else{
96          break;        //否则跳出排序过程
97        }
98      }
99
100     //整理
101     if(lf_idx>=rg_idx)//5-1:若 lf_idx 大于等于 rg_idx
102     {                      //则将 d[lf]和 d[rg_idx]互换
103       tmp = d[lf];
104       d[lf] = d[rg_idx];
105       d[rg_idx] = tmp;
106       //5-2:并以 rg_idx 为基准点分成左右两半
107       quick(d,size,lf,rg_idx-1); //以递归方式分别为左右两半进行排序
108       quick(d,size,rg_idx+1,rg); //直至完成排序
109     }
110   }
111 }
112 }
```

【执行结果】参见图 8-33。

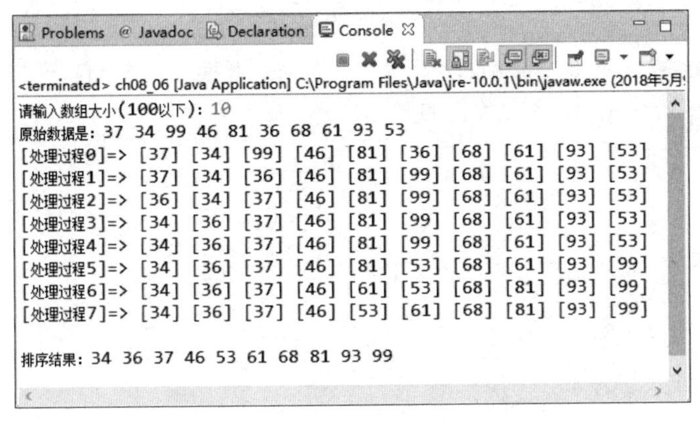

图 8-33

8.2.7 堆积排序法

堆积排序法可以算是选择排序法的改进版，它可以减少在选择排序法中的比较次数，进而减少排序时间。堆积排序法用到了二叉树的技巧，它是利用堆积树来完成排序的。堆积树是一种特殊

的二叉树，可分为最大堆积树和最小堆积树两种。而最大堆积树满足以下三个条件：

- 它是一个完全二叉树。
- 所有节点的值都大于或等于它左右子节点的值。
- 树根是堆积树中最大的。

而最小堆积树则具备以下三个条件：

- 它是一个完全二叉树。
- 所有节点的值都小于或等于它左右子节点的值。
- 树根是堆积树中最小的。

在开始讨论堆积排序法之前，大家必须先了解如何将二叉树转换成堆积树（Heap Tree）。我们以下面实例进行说明。

假设有 9 项数据 32、17、16、24、35、87、65、4、12，我们以二叉树表示，如图 8-34 所示。

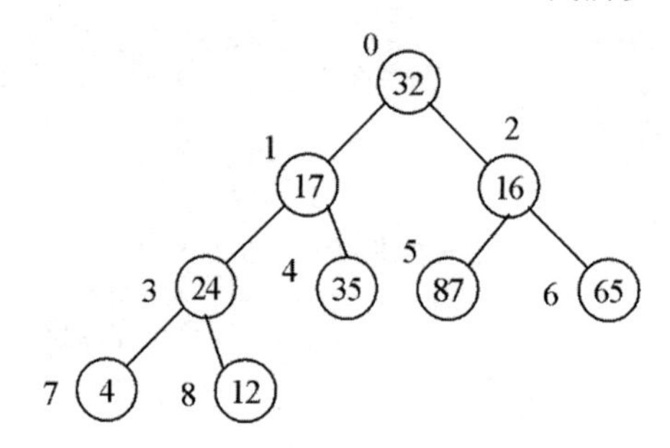

图 8-34

如果要将该二叉树转换成堆积树（Heap Tree），可以用数组来存储二叉树所有节点的值，即：

```
A[0]=32、A[1]=17、A[2]=16、A[3]=24、A[4]=35、A[5]=87、A[6]=65、A[7]=4、A[8]=12
```

步骤01 A[0]=32 为树根，若 A[1]大于父节点则必须互换。此处 A[1]=17 < A[0]=32 不交换。

步骤02 A[2]=16 < A[0]，不交换，如图 8-35 所示。

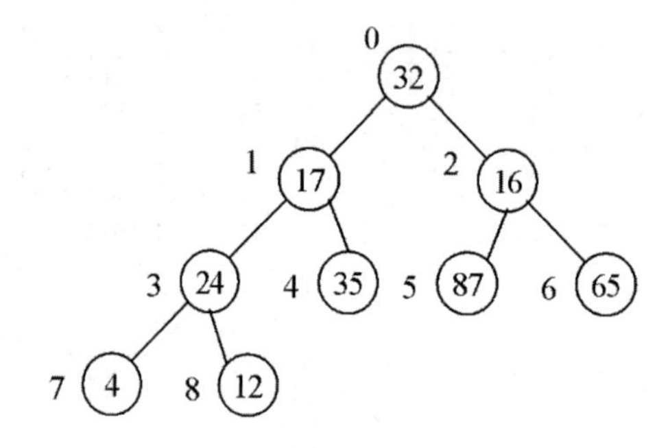

图 8-35

步骤03 A[3]=24 > A[1]=17，交换，如图 8-36 所示。

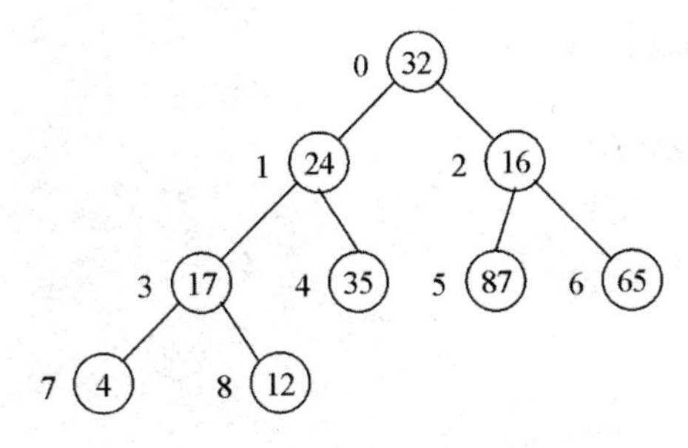

图 8-36

步骤04 A[4]=35 > A[1]=24，交换，再与 A[0]=32 比较，A[1]=35 > A[0]=32，交换，如图 8-37 所示。

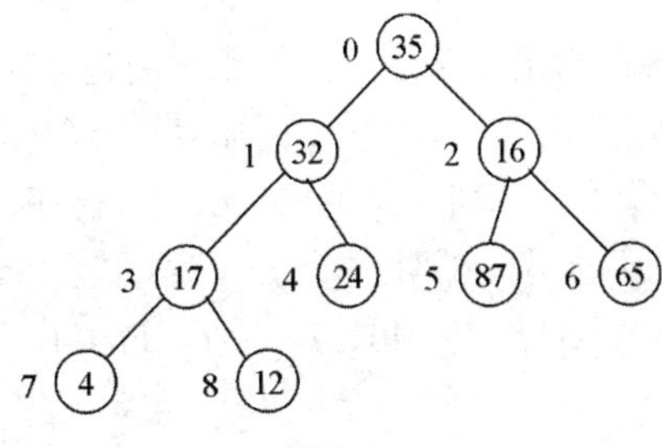

图 8-37

步骤05 A[5]=87 > A[2]=16，交换，再与 A[0]=35 比较，A[2]=87 > A[0]=35，交换，如图 8-38 所示。

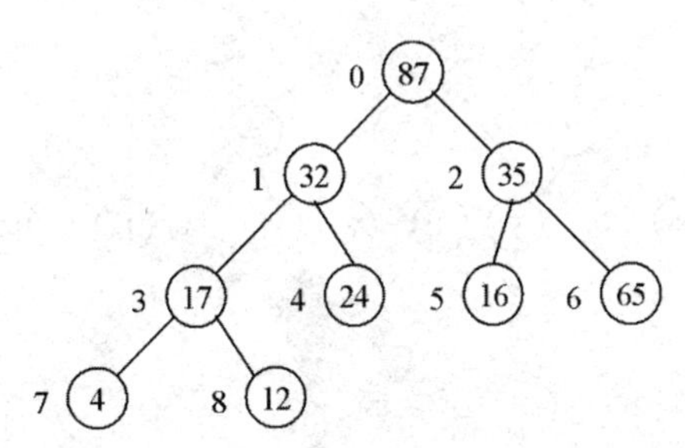

图 8-38

步骤06 A[6]=65 > A[2]=35，交换，且 A[2]=65 < A[0]=87，不交换，如图 8-39 所示。

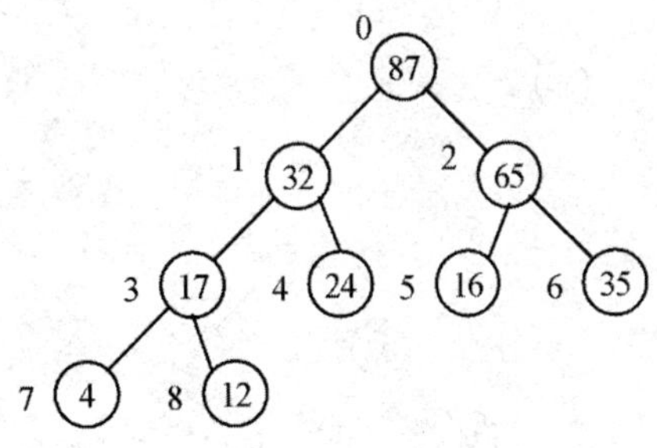

图 8-39

步骤07 A[7]=4<A[3]=17 不交换。

步骤08 A[8]=12<A[3]=17 不交换。

可最终得到如图 8-40 所示的堆积树。

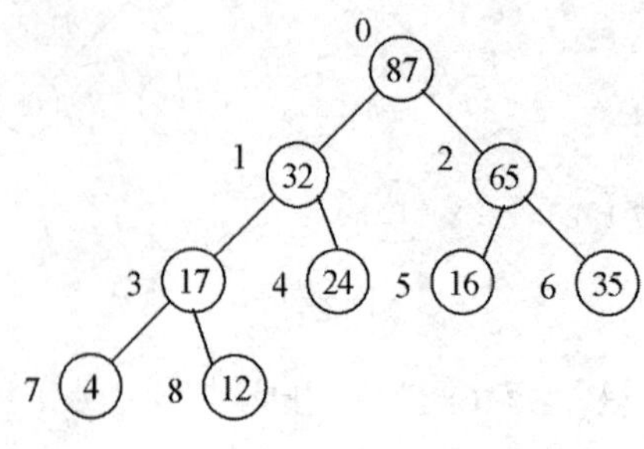

图 8-40

刚才示范从二叉树的树根开始自上往下逐一按堆积树的建立原则来改变各节点值，最终得到一棵最大堆积树。大家可能发现堆积树并非唯一，例如可以从数组最后一个元素（例如此例中的 A[8]）从下往上逐一比较来建立最大堆积树。如果想从小到大排序，就必须建立最小堆积树，方法和建立最大堆积树类似，在此就不再另外说明。

下面我们将利用堆积排序法对 34、19、40、14、57、17、4、43 进行排序，排序的过程示范如下：

步骤01 按下图数字顺序建立完全二叉树。

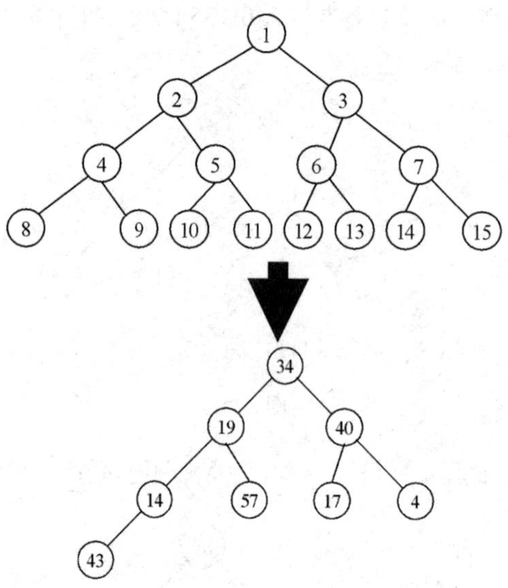

步骤02 建立堆积树。

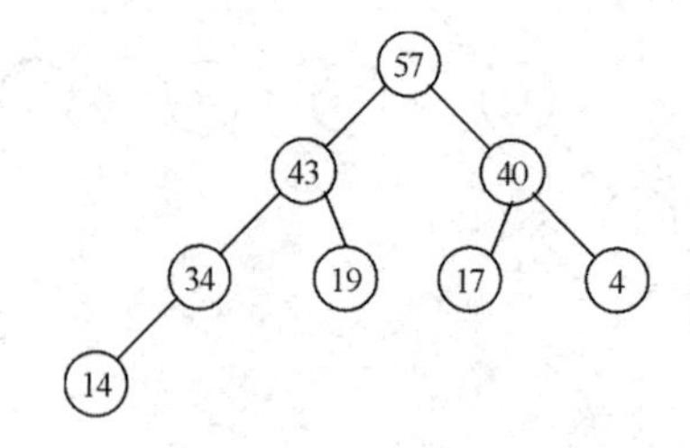

步骤03 将 57 从树根删除，重新建立堆积树。

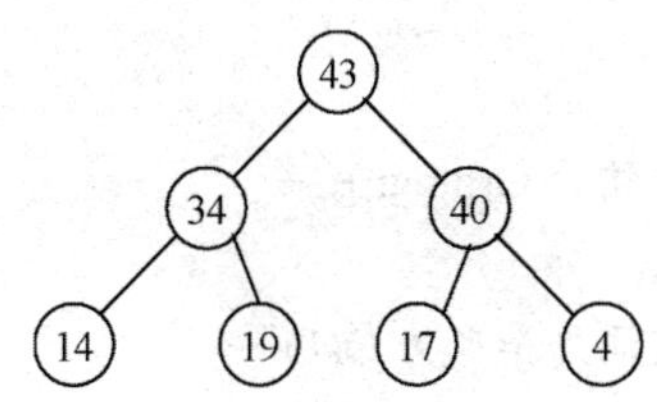

步骤04 将 43 从树根删除，重新建立堆积树。

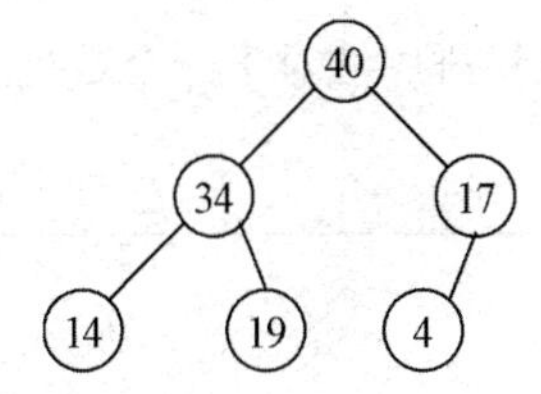

步骤05 将 40 从树根删除，重新建立堆积树。

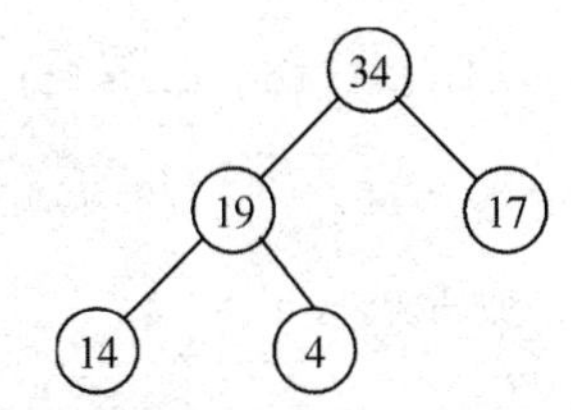

步骤06 将 34 从树根删除，重新建立堆积树。

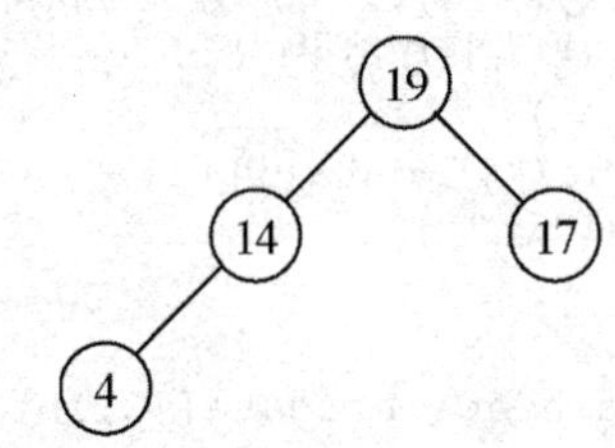

步骤07 将 19 从树根删除，重新建立堆积树。

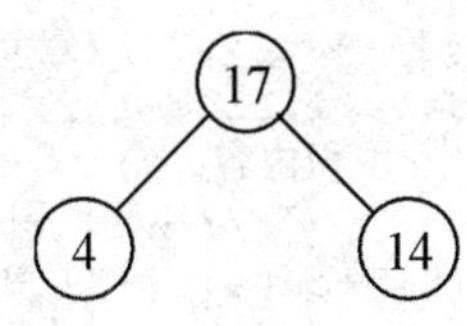

步骤08 将 17 从树根删除，重新建立堆积树。

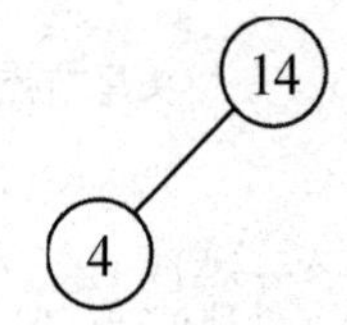

步骤09 将 14 从树根删除，重新建立堆积树。

步骤10 将 4 从树根删除，得到的排序结果为：

57、43、40、34、19、17、14、4

堆积排序法的分析如下所示：

- 在所有情况下，时间复杂度均为 O(nlogn)。
- 堆积排序法不是稳定排序法。
- 只需要一个额外的空间，空间复杂度为 O(1)。

【范例 8.2.7】

请设计一个 Java 程序，并使用堆积排序法对于一个数列进行排序。

【范例程序：ch08_07.java】

```
01   // 堆积排序法
02
03   import java.io.*;
04   public  class ch08_07
05   {
06     public static void main(String args[]) throws IOException
07     {
08       int i,size,data[]={0,5,6,4,8,3,2,7,1};  //原始数组内容
09       size=9;
10       System.out.print("原始数组：");
11       for(i=1;i<size;i++)
12         System.out.print("["+data[i]+"] ");
13       ch08_07.heap(data,size);     //建立堆积树
14       System.out.print("\n 排序结果：");
15       for(i=1;i<size;i++)
16         System.out.print("["+data[i]+"] ");
17       System.out.print("\n");
18     }
19
20     public static void heap(int data[] ,int size)
21     {
22       int i,j,tmp;
23       for(i=(size/2);i>0;i--)         //建立堆积树节点
24         ch08_07.ad_heap(data,i,size-1);
25       System.out.print("\n 堆积内容：");
26       for(i=1;i<size;i++)         //原始堆积树内容
27         System.out.print("["+data[i]+"] ");
28       System.out.print("\n");
29       for(i=size-2;i>0;i--)         //堆积排序
30       {
31         tmp=data[i+1];           //头尾节点交换
32         data[i+1]=data[1];
33         data[1]=tmp;
34         ch08_07.ad_heap(data,1,i);     //处理剩余节点
35         System.out.print("\n 处理过程：");
36         for(j=1;j<size;j++)
37           System.out.print("["+data[j]+"] ");
38       }
39     }
40
41     public static void ad_heap(int data[],int i,int size)
```

```
42     {
43       int j,tmp,post;
44       j=2*i;
45       tmp=data[i];
46       post=0;
47       while(j<=size && post==0)
48       {
49         if(j<size)
50         {
51           if(data[j]<data[j+1])    //找出最大节点
52           j++;
53         }
54         if(tmp>=data[j])      //若树根较大，结束比较过程
55           post=1;
56         else
57         {
58           data[j/2]=data[j];  //若树根较小，则继续比较
59           j=2*j;
60         }
61       }
62       data[j/2]=tmp;         //指定树根为父节点
63     }
64   }
```

【执行结果】参见图8-41。

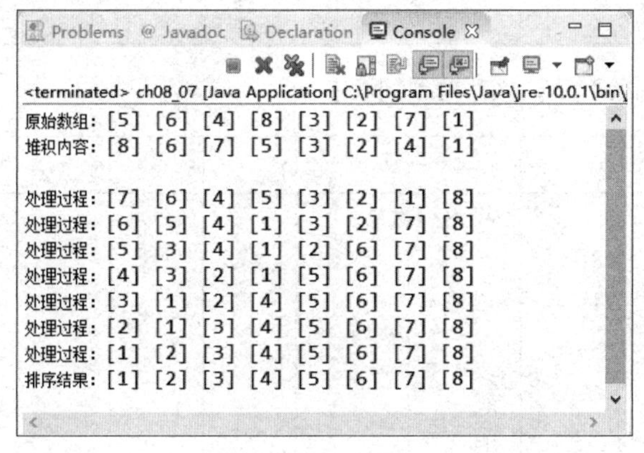

图8-41

8.2.8 基数排序法

基数排序法和我们之前所讨论过的排序法不太一样，它并不需要进行元素间的比较操作，而是属于一种分配模式排序方式。

基数排序法按比较的方向可分为最高位优先（Most Significant Digit First，MSD）和最低位优先（Least Significant Digit First，LSD）两种。MSD法是从最左边的位数开始比较，而LSD则是从最右边的位数开始比较。在下面的范例中，我们以LSD将三位数的整数数据来加以排序，它是按个位数、十位数、百位数来进行排序。请直接看以下最低位优先（LSD）例子的说明，便可清楚地知道它的工作原理。

原始数据如下：

59	95	7	34	60	168	171	259	372	45	88	133

步骤01 把每个整数按其个位数字放到列表中：

个位数字	0	1	2	3	4	5	6	7	8	9
数据	60	171	372	133	34	95 45		7	168 88	59 259

合并后成为：

60	171	372	133	34	95	45	7	168	88	59	259

步骤02 再按其十位数字，按序放到列表中：

十位数字	0	1	2	3	4	5	6	7	8	9
数据	7			133 34	45	59 259	60 168	171 372	88	95

合并后成为：

7	133	34	45	59	259	60	168	171	372	88	95

步骤03 再按其百位数字，按序放到列表中：

百位数字	0	1	2	3	4	5	6	7	8	9
数据	7 34 45 59 60 88 95	133 168 171	259	372						

最后合并即完成排序：

7	34	45	59	60	88	95	133	168	171	259	372

基数排序法的分析：

- 在所有情况下，时间复杂度均为 $O(n\log_p k)$，k 是原始数据的最大值。
- 基数排序法是稳定排序法。
- 基数排序法会使用到很大的额外空间来存放列表数据，其空间复杂度为 O(n*p)，n 是原始数据的个数，p 是数据字符数；如上例中，数据的个数 n=12，字符数 p=3。
- 若 n 很大，p 固定或很小，此排序法将很有效率。

【范例 8.2.8】

请设计一个 Java 程序，可自行输入数值数组的个数，再使用基数排序法对这组数列进行排序。

【范例程序：ch08_08.java】

```
01  // 基数排序法从小到大排序
02
03  import java.io.*;
04  import java.util.*;
05
06  public class ch08_08 extends Object
07  {
08    int size;
09    int data[]=new int[100];
10
11    public static void main(String args[])
12    {
13      ch08_08 test = new ch08_08();
14
15      System.out.print("请输入数组大小(100 以下): ");
16      try{
17      InputStreamReader isr = new InputStreamReader(System.in);
18        BufferedReader br = new BufferedReader(isr);
19        test.size=Integer.parseInt(br.readLine());
20      }catch(Exception e){}
21
22      test.inputarr ();
23      System.out.print("你输入的原始数据是: \n");
24      test.showdata ();
25      test.radix ();
26    }
27
28    void inputarr()
29    {
30      Random rand=new Random();
31      int i;
32      for (i=0;i<size;i++)
33        data[i]=(Math.abs(rand.nextInt(999)))+1;
       //设置 Data 值最大为 3 位数
34    }
35
36    void showdata()
37    {
38      int i;
39      for (i=0;i<size;i++)
40        System.out.print(data[i]+" ");
41      System.out.print("\n");
42    }
43
44    void radix()
45    {
46      int i,j,k,n,m;
47      for (n=1;n<=100;n=n*10)//n 为基数，从个位数开始排序
48      {
49        //设置暂存数组，[0~9 位数][数据个数]，所有内容均为 0
```

```
50          int tmp[][]=new int[10][100];
51          for (i=0;i<size;i++)  //对比所有数据
52          {
53            m=(data[i]/n)%10;  //m 为 n 位数的值，如 36 取十位数(36/10)%10=3
54            tmp[m][i]=data[i]; //把 data[i]的值暂存于 tmp 中
55          }
56
57          k=0;
58          for (i=0;i<10;i++)
59          {
60            for(j=0;j<size;j++)
61            {
62              if(tmp[i][j] != 0) //因为一开始设置 tmp={0}，所以不为 0 即为
63              {
64              //data 暂存在 tmp 中的值，把 tmp 中的值放回到 data[ ]中
65                data[k]=tmp[i][j];
66                k++;
67              }
68            }
69          }
70          System.out.print("经过"+n+"位数排序后：");
71          showdata();
72        }
73      }
74    }
```

【执行结果】参见图 8-42。

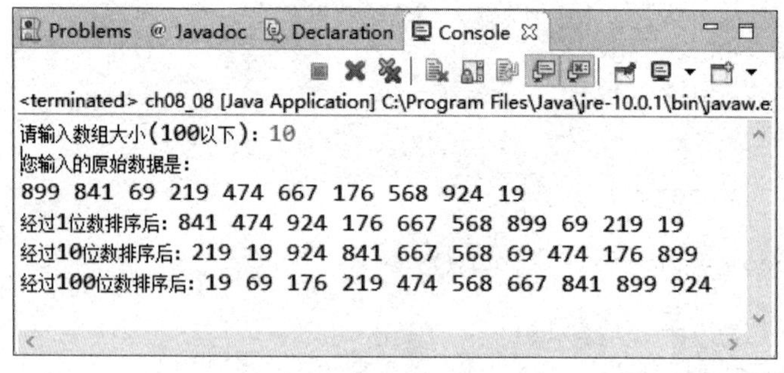

图 8-42

8.3 外部排序法

当我们所要排序的数据量太多或文件太大，无法直接在内存内排序，而需依赖外部存储设备时，我们就会使用到外部排序法。外部存储设备又可按照访问方式分为两种，即顺序访问（如磁带）和随机访问（如磁盘）。

要顺序访问的文件就像表一样，我们必须事先遍历整个表才有办法进行排序，而随机访问的文件就像是数组，数据访问很方便，所以相对的排序也会比顺序访问快一些。一般说来，外部排序法最常使用的就是合并排序法，它适用于顺序访问的文件。

8.3.1 直接合并排序法

直接合并排序法（Direct Merge Sort）是外部存储设备最常用的排序方法。它可以分为两个步骤：

步骤01 将要排序的文件分为几个大小可以加载到内存空间的小文件，再使用内部排序法将各文件内的数据排序。

步骤02 将第一步所建立的小文件每两个合并成一个文件。两两合并后，把所有文件合并成一个文件后就可以完成排序了。

例如，我们把一个文件分成6个小文件：

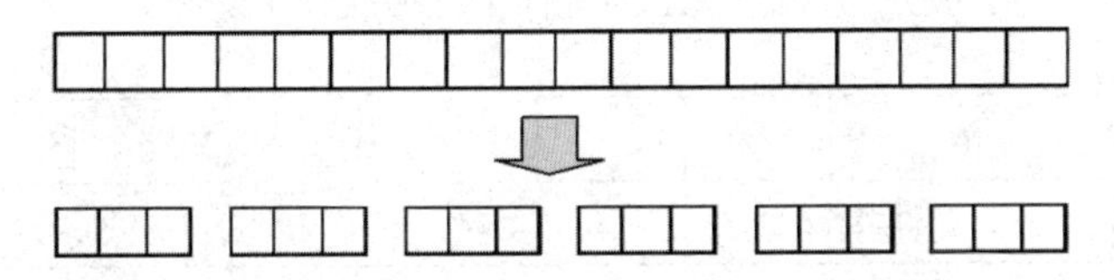

小文件都完成排序后，两两合并成一个较大的文件，最后再合并成一个文件即可完成。

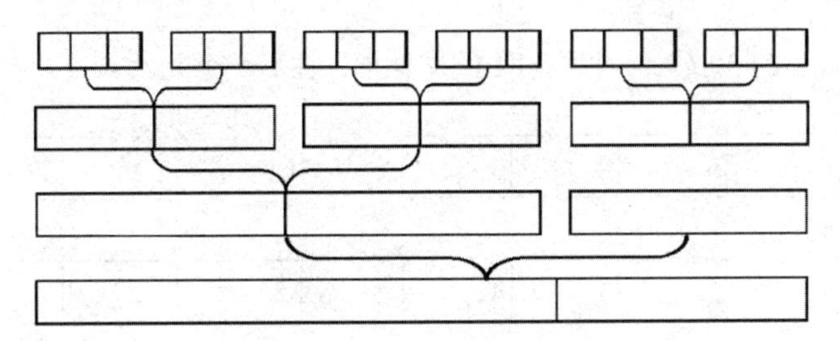

更实际点来说，如果要对文件test.txt进行排序，而test.txt里包含1500个数据，但内存最多一次可处理300个数据。

步骤01 将test.txt分成5个文件t1~t5，每个文件包含300个数据。

步骤02 以内部排序法对t1~t5进行排序。

步骤03 进行文件t1、t2合并，将内存分成三部分，每部分可存放100笔数据，先把t1及t2的前100个数据放到内存里，排序后放到合并完成缓冲区，等缓冲区满了之后写入磁盘。

t1	t2	合并完成区

步骤04 重复 **步骤03** 直到完成排序为止。

合并的方法如下：

假设我们有两个完成排序的文件要合并，排序从小到大为：

```
a1: 1,4,6,8,9
b1: 2,3,5,7
```

首先在两个文件中分别读出一个元素进行比较，比较后将较小的文件放入合并缓冲区内。

①a1:

1	4	6	8	9

b1:

2	3	5	7

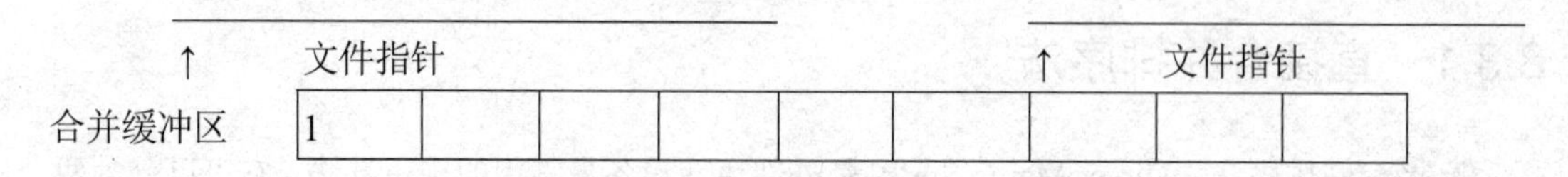

1 与 2 比较后将较小的 1 放入缓冲区，a1 的文件指针往后一个元素。

②a1:

1	4	6	8	9

↑ 文件指针（a1 指向 4）

b1:

2	3	5	7

↑ 文件指针（b1 指向 2）

合并缓冲区

1	2							

2 与 4 比较后将较小的 2 放入缓冲区，b1 的文件指针往后一个元素。

③a1:

1	4	6	8	9

↑ 文件指针（a1 指向 4）

b1:

2	3	5	7

↑ 文件指针（b1 指向 3）

合并缓冲区

1	2	3						

3 与 4 比较后将较小的 3 放入缓冲区，b1 的文件指针往后一个元素。

④a1:

1	4	6	8	9

↑（a1 指向 4）

b1:

2	3	5	7

↑（b1 指向 5）

合并缓冲区

1	2	3	4					

4 与 5 比较后将较小的 4 放入缓冲区，a1 的文件指针往后一个元素。

以此类推，等到缓冲区的数据满了就进行写入文件的动作；a1 或 b1 的文件指针到了最后一个数据就读取下面的数据来进行比较排序。

【范例 8.3.1】

请设计一个 Java 程序，直接把两个已经排序好的文件合并，同时排序成一个文件。例如：

```
data1.dat: 1 3 4 5   dara2.dat: 2 6 7 9
```

【范例程序：ch08_09.java】

```
01   // 直接合并排序法
02   // 数据文件名：data1.txt,data2.txt,
03   // 合并后的文件：data.txt
04
05   import java.io.*;
06   public class ch08_09
07   {
08     public static void main (String args[])throws Exception
09     {
10       String filep="data.txt";
11       String filep1="data1.txt";
12       String filep2="data2.txt";
```

```
13        File fp=new File(filep);  //声明新文件的主文件 fp
14        File fp1=new File(filep1);  //声明数据文件 1 的指针 fp1
15        File fp2=new File(filep2);  //声明数据文件 2 的指针 fp2
16        BufferedReader pfile=new BufferedReader(new FileReader(fp));
17        BufferedReader pfile1=new BufferedReader(new FileReader(fp1));
18        BufferedReader pfile2=new BufferedReader(new FileReader(fp2));
19
20        if(!fp.exists())
21          System.out.print("打开主文件失败\n");
22        else if(!fp1.exists())
23          System.out.print("打开数据文件 1 失败\n");
          //打开文件成功时，指针会返回 FILE 文件
24        else if(!fp2.exists())        //指针，打开失败则返回 null 值
25          System.out.print("打开数据文件 2 失败\n");
26        else
27        {
28          System.out.print("正在对数据进行排序......\n");
29          merge(fp,fp1,fp2);
30          System.out.print("数据处理完成！！！\n");
31        }
32
33        System.out.print("data1.txt 数据内容为：\n");
34        char str;
35        int str1;
36        while (true)
37        {
38          str1=pfile1.read();
39          str=(char)str1;
40          if(str1==-1)
41            break;
42          System.out.print("["+str+"]");
43        }
44        System.out.print("\n");
45        System.out.print("data2.txt 数据内容为：\n");
46        while (true)
47        {
48          str1=pfile2.read();
49          str=(char)str1;
50          if(str1==-1)
51            break;
52          System.out.print("["+str+"]");
53        }
54        System.out.print("\n");
55        System.out.print("排序后 data.txt 数据内容为：\n");
56        while (true)
57        {
58          str1=pfile.read();
59          str=(char)str1;
60          if(str1==-1)
61            break;
62          System.out.print("["+str+"]");
63        }
64        System.out.print("\n");
65        pfile.close();    //关闭文件
66        pfile1.close();
```

```
67        pfile2.close();
68      }
69
70      public static void merge(File p, File p1, File p2)throws Exception
71      {
72        char str1,str2;
73        int n1,n2;  //声明变量n1，n2，用于暂存数据文件data1和data2内的元素值
74        BufferedWriter pfile=new BufferedWriter(new FileWriter(p));
75        BufferedReader pfile1=new BufferedReader(new FileReader(p1));
76        BufferedReader pfile2=new BufferedReader(new FileReader(p2));
77        n1=pfile1.read();
78        n2=pfile2.read();
79        while(n1!=-1 && n2!=-1)  //判断是否已到文件尾
80        {
81          if (n1 <= n2)
82          {
83            str1=(char)n1;
84            pfile.write(str1); //如果n1比较小，则把n1存储到fp中
85            n1=pfile1.read();  //接着读下一项 n1 的数据
86          }
87          else
88          {
89            str2=(char)n2;
90            pfile.write(str2); //如果n2比较小，则把n2存储到fp中
91            n2=pfile2.read();//接着读下一项 n2 的数据
92          }
93        }
94        if(n2!=-1)
95        {
96          while (true)
97          {
98            if(n2==-1)
99              break;
100           str2=(char)n2;
101           pfile.write(str2);
102           n2=pfile2.read();
103         }
104       }
105       else if (n1!=-1)
106       {
107         while (true)
108         {
109           if(n1==-1)
110             break;
111           str1=(char)n1;
112           pfile.write(str1);
113           n1=pfile1.read();
114         }
115       }
116       pfile.close();
117       pfile1.close();
118       pfile2.close();
119     }
120   }
```

【执行结果】参见图8-43。

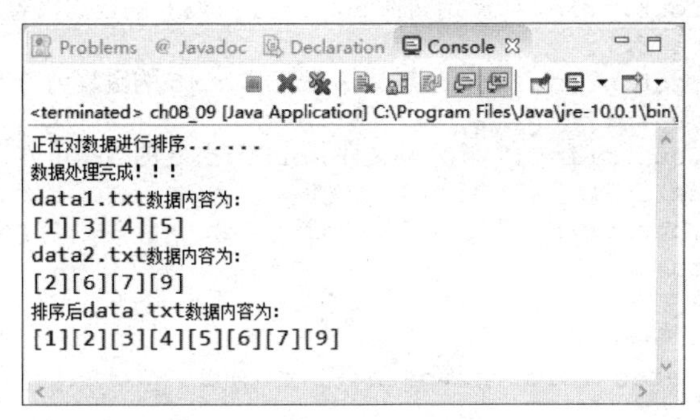

图 8-43

【范例 8.3.2】

请设计一个 Java 程序，使用合并排序法将一个文件拆成两个或两个以上的行程（Runs），再使用上一个范例程序所介绍的方法合并成一个文件。

【范例程序：ch08_10.java】

```
01  // =============== Program Description ===============
02  // 程序名称：ch08_10.java
03  // 程序目的：完整合并排序法
04  //           数据文件名：datafile.txt
05  //           合并后的文件：sortdata.txt
06  // ===================================================
07  import java.io.*;
08  public class ch08_10
09  {
10    public static void main (String args[])throws Exception
11    {
12      String filep="datafile.txt";
13      String filep1="sort1.txt";
14      String filep2="sort2.txt";
15      String filepa="sortdata.txt";
16      File fp=new File(filep);  //声明文件指针
17      File fp1=new File(filep1);
18      File fp2=new File(filep2);
19      File fpa=new File(filepa);
20      if(!fp.exists())    //文件是否打开成功
21        System.out.print("打开数据文件失败\n");
22      else if(!fp1.exists())
23        System.out.print("打开分割文件 1 失败\n");
24      else if(!fp2.exists())
25        System.out.print("打开分割文件 2 失败\n");
26      else if(!fpa.exists())
27        System.out.print("打开合并文件失败\n");
28      else
29      {
30        System.out.print("正在分割文件......\n");
31        me(fp,fp1,fp2,fpa);
32        System.out.print("正在对数据进行排序......\n");
33        System.out.print("数据处理完成！！！\n");
34      }
```

```
35
36      System.out.print("原始文件 datafile.txt 的数据内容为：\n");
37      showdata(fp);
38      System.out.print("\n 分割文件 sort1.txt 的数据内容为：\n");
39      showdata(fp1);
40      System.out.print("\n 分割文件 sort2.txt 的数据内容为：\n");
41      showdata(fp2);
42      System.out.print("\n 排序后 sortdata.txt 的数据内容为：\n");
43      showdata(fpa);
44    }
45
46    public static void showdata(File p)throws Exception
47    {
48      char str;
49      int str1;
50      BufferedReader pfile=new BufferedReader(new FileReader(p));
51      while (true)
52      {
53        str1=pfile.read();
54        str=(char)str1;
55        if(str1==-1)
56          break;
57        System.out.print("["+str+"]");
58      }
59      System.out.print("\n");
60    }
61
62    public static void me(File p, File p1, File p2, File pa)throws
   Exception
63    {
64      char str1,str2;
65      int n1=0,n2,n;
66      BufferedReader pfile3=new BufferedReader(new FileReader(p));
67      BufferedWriter pfile1=new BufferedWriter(new FileWriter(p1));
68      BufferedWriter pfile2=new BufferedWriter(new FileWriter(p2));
69      BufferedWriter pfilea=new BufferedWriter(new FileWriter(pa));
70      while(true)
71      {
72        n2=pfile3.read();
73        if(n2==-1)
74          break;
75        n1++;
76      }
77      pfile3.close();
78      BufferedReader pfile=new BufferedReader(new FileReader(p));
79      for(n2=0;n2<(n1/2);n2++)
80      {
81        str1=(char)pfile.read();
82        pfile1.write(str1);
83      }
84      pfile1.close();
85      bubble(p1,n2);
86      while(true)
87      {
88        n=pfile.read();
```

```
89        str2=(char)n;
90        if(n==-1)
91          break;
92        pfile2.write(str2);
93      }
94      pfile2.close();
95      bubble(p2,n1/2);
96      pfilea.close();
97      merge(pa,p1,p2);
98      pfile.close();  //关闭文件
99    }
100
101   public static void bubble(File p1, int size)throws Exception
102   {
103     char str1;
104     int data[]=new int[100];
105     int i,j,tmp,flag,ii;
106     BufferedReader pfile=new BufferedReader(new FileReader(p1));
107     for(i=0;i<size;i++)
108     {
109       ii=pfile.read();
110       if(ii==-1)
111         break;
112       data[i]=ii;
113     }
114     pfile.close();  //关闭文件
115     BufferedWriter pfile1=new BufferedWriter(new FileWriter(p1));
116     for(i=size;i>0;i--)
117     {
118       flag=0;
119       for(j=0;j<i;j++)
120       {
121         if(data[j+1]<data[j])
122         {
123           tmp=data[j];
124           data[j]=data[j+1];
125           data[j+1]=tmp;
126          flag++;
127         }
128       }
129       if(flag==0)
130         break;
131     }
132     for(i=1;i<=size;i++)
133     {
134       str1=(char)data[i];
135       pfile1.write(str1);
136     }
137     pfile1.close();  //关闭文件
138   }
139
140   public static void merge(File p, File p1, File p2)throws Exception
141   {
142     char str1,str2;
143     int n1,n2;  //声明变量n1, n2,用于暂存数据文件data1及data2内的元素值
```

```
144     BufferedWriter pfile=new BufferedWriter(new FileWriter(p));
145     BufferedReader pfile1=new BufferedReader(new FileReader(p1));
146     BufferedReader pfile2=new BufferedReader(new FileReader(p2));
147     n1=pfile1.read();
148     n2=pfile2.read();
149     while(n1!=-1 && n2!=-1)//判断是否已到文件尾
150     {
151       if (n1 <= n2)
152       {
153         str1=(char)n1;
154         pfile.write(str1);//如果 n1 比较小，则把 n1 存储到 fp 中
155         n1=pfile1.read();//接着读下一项 n1 的数据
156       }
157       else
158       {
159         str2=(char)n2;
160         pfile.write(str2);//如果 n1 比较小，则把 n1 存储到 fp 中
161         n2=pfile2.read();   //接着读下一项 n2 的数据
162       }
163     }
164     if(n2!=-1)  //如果其中一个数据文件已读取完毕，经判断后
165     {     //把另一个数据文件内的数据全部存储到 fp 中
166       while (true)
167       {
168         if(n2==-1)
169           break;
170         str2=(char)n2;
171         pfile.write(str2);
172         n2=pfile2.read();
173       }
174     }
175     else if (n1!=-1)
176     {
177       while (true)
178       {
179         if(n1==-1)
180           break;
181         str1=(char)n1;
182         pfile.write(str1);
183         n1=pfile1.read();
184       }
185     }
186     pfile.close();
187     pfile1.close();
188     pfile2.close();
189   }
190 }
```

【执行结果】参见图 8-44。

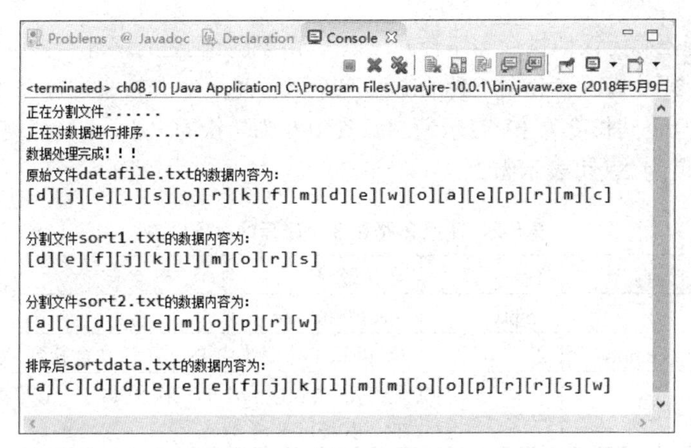

图 8-44

8.3.2 k 路合并法

上节所介绍的是使用 2-路（2-way）合并排序，如果合并前共有 n 个轮次，那么所需的处理时间约为 $\log_2 n$ 次。下面，我们来看看 k-路（k-way）合并（k>2）排序，它所需要的时间为 $\log_k n$，也就是处理输入/输出的时间减少了许多，排序的速度也因此可以加快。

首先来描述使用 3 路合并（3-way merge）来处理 27 个轮次（Runs）的示意图，如图 8-45 所示。

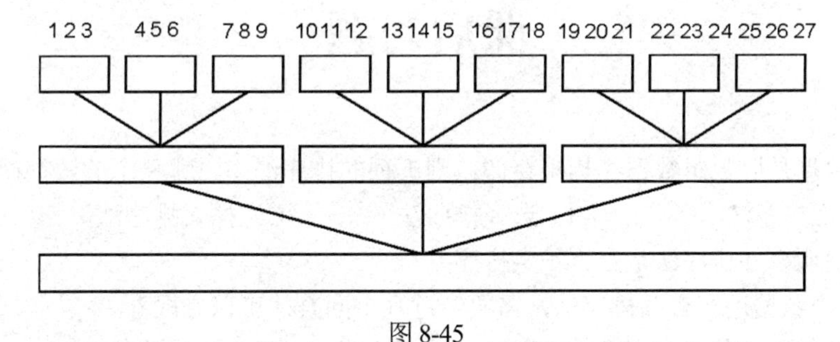

图 8-45

最后提醒读者一点，使用 k-路合并的原意是希望减少输入/输出的时间，但合并 k 个轮次前要决定下一项输出的排序数据，必须进行 k–1 次比较才可以得到答案，也就是说，虽然输入/输出的时间减少了，但进行 k-路 y 合并时，却增加了更多的比较时间，因此选择合适的 k 值，才能在这两者之间取得平衡。

8.3.3 多相合并法

处理 k-路合并时，通常会将要合并的轮次平均分配到 k 个磁带上，但为了避免下一次合并过程中被重新分布到磁带时，不小心覆盖掉数据，我们会采用 2k 个磁带（k 个当输入，k 个当输出），但是这样，也会造成磁带的浪费。

因此，为了避免不必要的浪费，我们可以利用多相合并（Polyphase Merge），它可以使用少于 2k 个磁盘，却能正确无误地执行 k-路合并。以下示范了如何进行多相合并。

表 8-2 中共有 21 个轮次，使用 2-路合并和 3 个磁带 T_1、T_2、T_3 来进行合并，假设这 21 个轮次（已排序完毕，且令其长度为 1）表示为 S^n，其中 S 为轮次的大小，n 为长度相同轮次的个数。例如 8 个轮次且长度为 2，可表示为 2^8。

表 8-2 使用 2-路和 3 个磁盘的多项合并

Phase	T_1	T_2	T_3	合并说明
1	1^{13}	1^8	empty	起始分布情况
2	1^5	empty	2^8	将 T_1 和 T_2 长度为 1 的 8 个轮次合并到 T_3，其长度变成 2
3	empty	3^5	2^3	将 T_1 5 个长度为 1 的轮次和 T_3 5 个长度为 2 的轮次，合并到 T_2，其长度变成 3
4	5^3	3^2	empty	将 T_2 3 个长度为 3 的轮次和 T_3 3 个长度为 2 的轮次，合并到 T_1，其长度变成 5
5	5^1	empty	8^2	将 T_1 2 个长度为 5 的轮次和 T_2 2 个长度为 3 的轮次，合并到 T_3，其长度变成 8
6	empty	13^1	8^1	将 T_1 1 个长度为 5 的轮次和 T_3 1 个长度为 8 的轮次，合并到 T_2，其长度变成 13
7	21^1	empty	empty	将 T_2 1 个长度为 13 的轮次和 T_3 1 个长度为 8 的轮次，合并到 T_1，其长度变成 21

课后习题

1. 排序的数据是以数组数据结构来存储，则下列的排序法中，哪一个的数据搬移量最大？
   （A）冒泡排序法　　（B）选择排序法　　（C）插入排序法
2. 请举例说明合并排序法是否为稳定排序？
3. 请问 12 个数据进行合并排序法，需要经过几个回合才可以完成？
4. 待排序的关键字其值如下，请使用选择排序法列出每回合排序的结果？
   26、5、37、1、61
5. 待排序的关键字其值如下，请使用冒泡排序法列出每个回合的结果？
   26、5、37、1、61。
6. 建立下列序列的堆积树：8、4、2、1、5、6、16、10、9、11。
7. 待排序关键字其值如下，请使用选择排序法列出每个回合排序的结果？
   8、7、2、4、6
8. 待排序关键字其值如下，请使用选择排序法列出每个回合排序的结果？
   26、5、37、1、61
9. 待排序关键字其值如下，请使用合并排序法列出每个回合排序的结果？
   11、8、14、7、6、8+、23、4
10. 在排序过程中，数据移动的方式可分为哪两种方式？两者间的优劣如何？

11. 排序如果按照执行时所使用的内存区分为哪两种方式？

12. 什么是稳定排序？请试着举出三种稳定排序？

13.

（1）什么是堆积树（Heap Tree）？

（2）为什么有 n 个元素的堆积树可完全存放在大小为 n 的数组中？

（3）将下图中的堆积树表示为数组。

（4）将 88 移去后，该堆积树如何变化？

（5）若将 100 插入步骤（3）的堆积树中，则该堆积树如何变化？

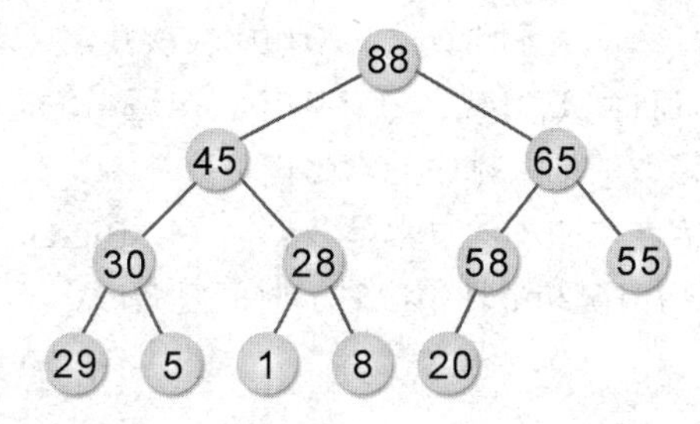

14. 请问最大堆积树必须满足哪三个条件？

15. 请回答下列问题：

（1）什么是最大堆积树（Max Heap Tree）？

（2）请问下面三棵树哪一个为堆积树（设 a<b<c<...<y<z）

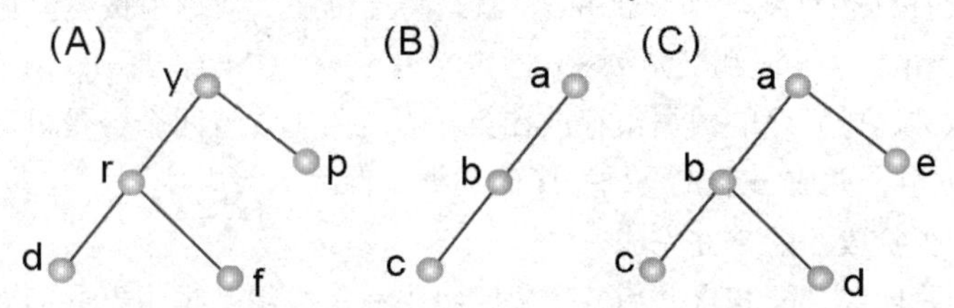

（3）利用堆积排序法（heap sort）把第（2）题中堆积树内的数据排成从小到大的顺序，请画出堆积树的每一次变化。

16. 请简述基数排序法的主要特点。

17. 按序输入以下数据：5、7、2、1、8、3、4。并完成以下问题：

（1）建立最大堆积树。

（2）将树根节点删除后，再建立最大堆积树。

（3）在插入 9 后的最大堆积树如何变化？

18. 若输入数据存储于双链表中（Doubly Linked List），则下列各种排序方法是否仍适用？说明理由是什么？

（1）快速排序（Quick Sort）

（2）插入排序（Insertion Sort）

（3）选择排序（Selection Sort）

（4）堆积排序（Heap Sort）

19. 如何改进快速排序（Quick Sort）的执行速度？

20. 下列叙述是否正确？请说明原因。

（1）无论输入数据多少，插入排序的元素比较总次数比冒泡排序的元素比较总次数要少。

（2）若输入数据已排序完成，再利用堆积排序，则只需 O(n)时间即可完成排序。n 为元素个数。

21. 我们在讨论一个排序法的复杂度时，对于那些以比较为主要排序手段的排序算法而言决策树是一个常用的方法。

（1）什么是决策树？

（2）请以插入排序法为例，将（a、b、c）三项元素排序，则其决策树有何变化？请画出。

（3）就此决策树而言，什么能表示此算法的最坏表现。

（4）就此决策树而言，什么能表示此算法的平均比较次数。

22. 使用二叉查找法，在 L[1]≤L[2]≤...≤L[i–1]中找出适当位置。

（1）在最坏情形下，此修改的插入排序元素比较总数是多少？（以 Big-Oh 符号表示）

（2）在最坏情形下，共需元素搬动的总数是多少？（以 Big-Oh 符号表示）

23. 讨论下列排序法的平均情况和最坏情况时的时间复杂度：

（1）冒泡排序法

（2）快速排序法

（3）堆积排序法

（4）合并排序法

24. 试以数列 26、73、15、42、39、7、92、84 来说明堆积排序的过程。

25. 多相合并排序法也称斐波那契合并法。就是将已排序的数据组按斐波那契数列分配到不同的磁带上，再加以合并。（斐波那契数列 Fi 的定义为 $F_0=0$，$F_1=1$，$F_n=F_{n-1}+F_{n-2}$，$n\geq 2$）。现有 355 组（RUN，轮次）已排好序的数据组存放在第一卷磁带上，若四个磁带机可用，按多相合并排序法将此 355 组数据组合并成一个完全排好序的数据文件。

（1）共需经多少阶段才能合并完成？

（2）画出每一阶段经分配和合并后各个磁带机上有多少组数据组？并简要说明其合并情况。

26. 请回答以下选择题：

（1）若以平均所花的时间考虑，使用插入排序法排序 n 项数据的时间复杂度为：

（A）O(n)　（B）$O(\log_2 n)$　（C）$O(n\log_2 n)$　（D）$O(n^2)$

（2）数据排序中常使用一种数据值的比较而得到排列好的数据结果。若现有 N 个数据，试问在各种排序方法中，最快的平均比较次数是多少？

（A）$\log_2 N$　（B）$N\log_2 N$　（C）N　（D）N^2

（3）在一个堆积树数据结构上搜索最大值的时间复杂度为：

（A）O(n)　（B）$O(\log_2 n)$　（C）O(1)　（D）$O(n^2)$

（4）关于额外的内存空间，哪一种排序法需要最多？

（A）选择排序法

（B）冒泡排序法

（C）插入排序法

（D）快速排序法

27. 请建立一个最小堆积树，必须写出建立此堆积树的每一个步骤。

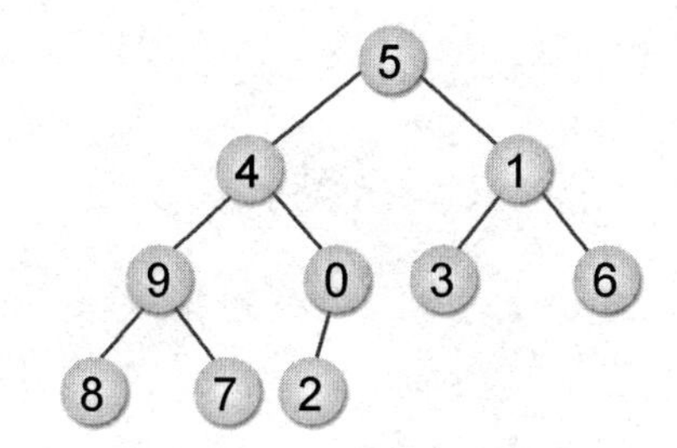

28. 请说明选择排序为何不是一种稳定的排序法？

第 9 章

查　找

在数据处理过程中，是否能在最短时间内查找到所需要的数据，是一个相当值得信息从业人员关心的问题。所谓查找（Search，或搜索）指的是从数据文件中找出满足某些条件的记录。用以查找的条件称为“键值”（Key），就如同排序所用的键值一样。注：在数据结构中描述算法的时候习惯会用“查找”这个专有名词，而在因特网上找信息或资料就习惯上用“搜索”这个词。在本书中，“查找”和“搜索”可以互换，意思一样。

例如我们在电话簿中找某人的电话号码，那么这个人的姓名就成为在电话簿中查找电话号码的键值。通常影响查找时间长短的主要因素包括算法的选择、数据存储的方式和结构。

或者像是“搜索引擎”（Searching Engine）就是一种自动从因特网的众多网站中搜集信息，经过一定整理后，提供给用户进行查询的系统，例如百度、谷歌（Google）、搜狗等等。搜索引擎的信息来源主要有两种，一种是用户或网站管理员主动登录，一种是编写程序主动搜索网络上的信息（例如百度或谷歌的“爬虫”程序，它会主动通过网站上的超链接爬行到另一个网站，并收集该网站上的信息），并收录到数据库中。我们每天都在查找或搜索许多目标物，如图 9-1 所示。当用户查找或搜索时，内部的程序设计就必须采用不同的查找或搜索算法找到用户所需的信息，而后信息会从上而下依次列出，如果信息项数过多，则要分数页显示出来，而具体显示的顺序和方式，则是由搜索引擎自行判断（根据用户搜索时最有可能想得到的结果）。

图 9-1

9.1 常见的查找方法

如果根据数据量的大小，我们可将常用的查找方法分为：

- 内部查找：数据量较小的文件，可以一次性全部加载到内存中进行查找。
- 外部查找：数据量大的文件，无法一次加载到内存中处理，而需使用辅助存储器来分次处理。

如果从另一个角度来看，查找的技巧又可分为"静态查找"和"动态查找"两种。定义如下：

- 静态查找：指的是在查找过程中，查找的表格或文件的内容不会被改动。例如符号表的查找就是一种静态查找。
- 动态查找：指的是在查找过程中，查找的表格或文件的内容可能会被改动，例如在树状结构中所谈的B-tree查找就属于一种动态查找，如图9-2所示的在百度中搜索信息也是一种动态查找。

图9-2

查找技巧中比较常见的方法有顺序查找法、二分查找法、斐波拉契法、插值法、哈希法等。为了让大家能确实掌握各种查找的技巧和基本原理，以便应用于日后的各种领域，下面分别介绍几个主要的查找方法。

9.1.1 顺序查找法

顺序查找法又称线性查找法，是一种最简单的查找法。它的方法是将数据一项一项地按顺序逐个查找，所以不管数据顺序如何，都得从头到尾遍历一次。此法的优点是文件在查找前不需要进行任何的处理与排序，缺点为查找速度较慢。如果数据没有重复，找到数据就可中止查找的话，在最差情况下是未找到数据，而需进行n次比较，最好情况下则是一次就找到数据，只需1次比较。

现在以一个例子来说明，假设已有数列74、53、61、28、99、46、88，若要查找28，则需要比较4次；要查找74仅需比较1次；要查找88则需查找7次，这表示当查找的数列长度n很大时，利用顺序查找是不太适合的，它是一种适用于小数据文件的查找方法。在日常生活中，我们经常会使用到这种查找法，例如我们想在衣柜中找衣服时，通常会从柜子最上方的抽屉逐层查找，如图

9-3 所示。

图 9-3

顺序查找法的分析如下所示：

- 时间复杂度：如果数据没有重复，找到数据就可中止查找的话，在最差情况下是未找到数据，而需进行 n 次比较，时间复杂度为 O(n)。
- 在平均情况下，假设数据出现的概率相等，则需进行(n+1)/2 次比较。
- 当数据量很大时，不适合使用顺序查找法。但如果预估所查找的数据在文件的前端，选择这种查找法则可以减少查找的时间。

【范例 9.1.1】

请设计一个 Java 程序，生成 1~150 之间的 80 个随机整数，然后实现顺序查找法的过程并显示具体的查找步骤。

【范例程序：ch09_01.java】

```
01  // 顺序查找法
02  
03  import java.io.*;
04  public   class ch09_01
05  {
06    public static void main(String args[]) throws IOException
07    {
08      String strM;
09      BufferedReader keyin=new BufferedReader(new InputStreamReader
    (System.in));
10      int data[] =new int[100];
11      int i,j,find,val=0;
12      for (i=0;i<80;i++)
13        data[i]=(((int)(Math.random()*150))%150+1);
14      while (val!=-1)
15      {
16        find=0;
17        System.out.print("请输入查找键值(1-150)，输入-1 离开：");
18        strM=keyin.readLine();
19        val=Integer.parseInt(strM);
20        for (i=0;i<80;i++)
```

```
21          {
22            if(data[i]==val)
23            {
24              System.out.print(" 在 第 "+(i+1)+" 个 位 置 找 到 键 值
      ["+data[i]+"]\n");
25              find++;
26            }
27          }
28          if(find==0 && val !=-1)
29            System.out.print("######没有找到 ["+val+"]######\n");
30        }
31        System.out.print("数据内容：\n");
32        for(i=0;i<10;i++)
33        {
34          for(j=0;j<8;j++)
35          System.out.print(i*8+j+1+"["+data[i*8+j]+"]  ");
36          System.out.print("\n");
37        }
38      }
39    }
```

【执行结果】参见图 9-4。

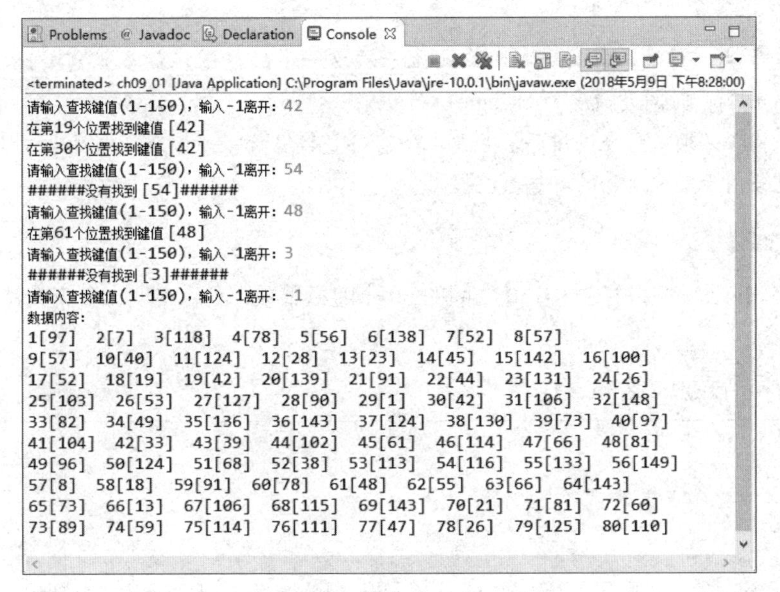

图 9-4

9.1.2 二分查找法

如果要查找的数据已经事先排好序了，则可以使用二分查找法来进行查找。二分查找法是将数据分割成两等份，再比较键值与中间值的大小，如果键值小于中间值，可确定要查找的数据在前半段，否则在后半部。如此分割数次直到找到或确定不存在为止。例如，以下为已排序的数列 2、3、5、8、9、11、12、16、18，而所要查找值为 11 时：

（1）首先和中值比较，第五个数值 9 比较，如图 9-5 所示。

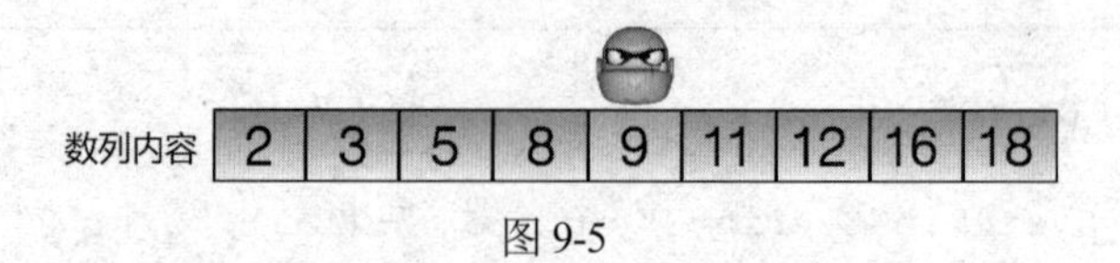

图 9-5

（2）因为 11>9，所以再和后半部的中间值 12 比较，如图 9-6 所示。

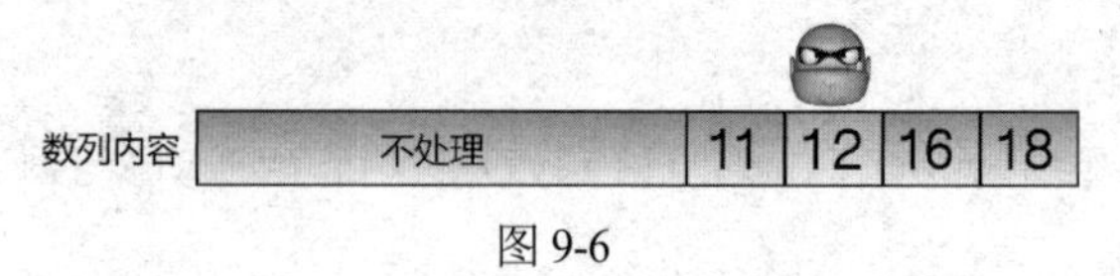

图 9-6

（3）因为 11<12，所以和前半部的中间值 11 比较，如图 9-7 所示。

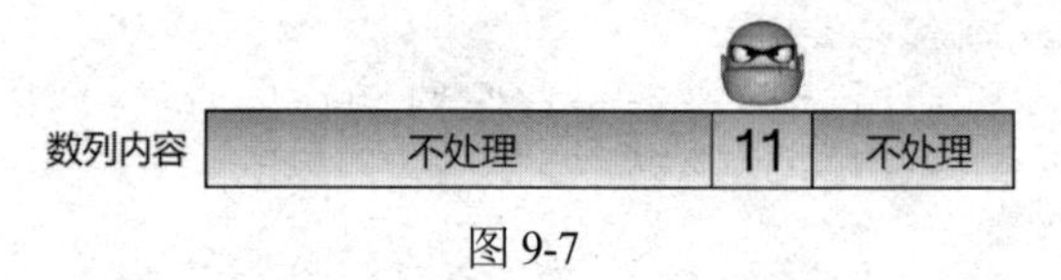

图 9-7

（4）因为 11=11，表示查找完成，如果不相等则表示找不到。

二分查找法的分析如下所示：

- 时间复杂度：因为每次的查找都会比上一次少一半的范围，最多只需要比较$\lceil \log_2 n \rceil+1$或$\lceil \log_2(n+1) \rceil$，时间复杂度为 O(log n)。
- 二分查找法必须事先经过排序，且要求所有备查数据都必须加载到内存中方能进行。
- 此法适合用于不需增删的静态数据。

【范例 9.1.2】

请设计一个 Java 程序，生成 1~150 之间的 50 个随机整数，然后实现二分查找法的过程并显示具体的查找步骤。

【范例程序：ch09_02.java】

```
01  // 二分查找法
02
03  import java.io.*;
04  public   class ch09_02
05  {
06    public static void main(String args[]) throws IOException
07    {
08      int i,j,val=1,num;
09      int data[] =new int[50];
10      String strM;
11      BufferedReader keyin=new BufferedReader(new InputStreamReader
    (System.in));
12      for (i=0;i<50;i++)
13      {
14        data[i]=val;
15        val+=((int)(Math.random()*100)%5+1);
16      }
17      while (true)
```

```
18      {
19        num=0;
20        System.out.print("请输入查找键值(1-150)，输入-1 结束：");
21        strM=keyin.readLine();
22        val=Integer.parseInt(strM);
23        if(val==-1)
24          break;
25        num=bin_search(data,val);
26        if(num==-1)
27          System.out.print("##### 没有找到["+val+"] #####\n");
28        else
29          System.out.print(" 在 第  "+(num+1)+" 个 位 置 找 到  ["+data[num]
    +"]\n");
30      }
31      System.out.print("数据内容：\n");
32      for(i=0;i<5;i++)
33      {
34        for(j=0;j<10;j++)
35          System.out.print((i*10+j+1)+"-"+data[i*10+j]+" ");
36        System.out.print("\n");
37      }
38      System.out.print("\n");
39    }
40
41    public static int bin_search(int data[],int val)
42    {
43      int low,mid,high;
44      low=0;
45      high=49;
46      System.out.print("正在查找......\n");
47      while(low <= high && val !=-1)
48      {
49        mid=(low+high)/2;
50        if(val<data[mid])
51        {
52          System.out.print(val+" 介于位置 "+(low+1)+"["+data[low]+"]及中
    间值 "+(mid+1)+"["+data[mid]+"]，找左半边\n");
53          high=mid-1;
54        }
55        else if(val>data[mid])
56        {
57          System.out.print(val+"  介 于 中 间 值 位 置   "+(mid+1)+"["+
    data[mid]+"]及 "+(high+1)+"["+data[high]+"]，找右半边\n");
58          low=mid+1;
59        }
60        else
61          return mid;
62      }
63      return -1;
64    }
65  }
```

【执行结果】参见图 9-8。

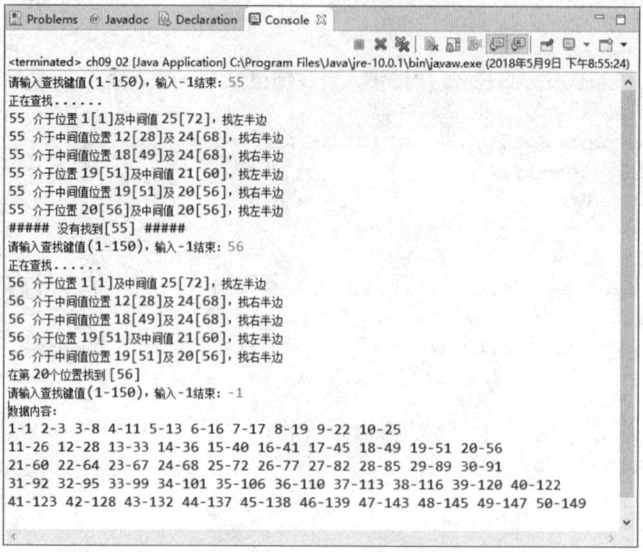

```
Problems  @ Javadoc  Declaration  Console
<terminated> ch09_02 [Java Application] C:\Program Files\Java\jre-10.0.1\bin\javaw.exe (2018年5月9日 下午8:55:24)
请输入查找键值(1-150)，输入-1结束: 55
正在查找......
55 介于位置 1[1]及中间值 25[72]，找左半边
55 介于中间值位置 12[28]及 24[68]，找右半边
55 介于中间值位置 18[49]及 24[68]，找右半边
55 介于位置 19[51]及中间值 21[60]，找左半边
55 介于中间值位置 19[51]及 20[56]，找右半边
55 介于位置 20[56]及中间值 20[56]，找左半边
##### 没有找到[55] #####
请输入查找键值(1-150)，输入-1结束: 56
正在查找......
56 介于位置 1[1]及中间值 25[72]，找左半边
56 介于中间值位置 12[28]及 24[68]，找右半边
56 介于中间值位置 18[49]及 24[68]，找右半边
56 介于位置 19[51]及中间值 21[60]，找左半边
56 介于中间值位置 19[51]及 20[56]，找右半边
在第 20个位置找到 [56]
请输入查找键值(1-150)，输入-1结束: -1
数据内容:
1-1 2-3 3-8 4-11 5-13 6-16 7-17 8-19 9-22 10-25
11-26 12-28 13-33 14-36 15-40 16-41 17-45 18-49 19-51 20-56
21-60 22-64 23-67 24-68 25-72 26-77 27-82 28-85 29-89 30-91
31-92 32-95 33-99 34-101 35-106 36-110 37-113 38-116 39-120 40-122
41-123 42-128 43-132 44-137 45-138 46-139 47-143 48-145 49-147 50-149
```

图 9-8

9.1.3 插值查找法

插值查找法（Interpolation Search），又称为插补查找法，是二分查找法的改进版。它是按照数据位置的分布，利用公式预测数据所在的位置，再以二分法的方式渐渐逼近。使用插值法是假设数据平均分布在数组中，而每一项数据的差距相当接近或有一定的距离比例。插值法的公式为：

$$Mid=low+\frac{key-data[low]}{data[high]-data[low]}*(high-low)$$

其中 key 是要查找的键，data[high]、data[low]是剩余待查找记录中的最大值和最小值，假设数据项数为 n，其插值查找法的步骤如下：

步骤01 将记录由小到大的顺序设置为 1, 2, 3,…,n 的编号。

步骤02 令 low=1，high=n。

步骤03 当 low<high 时，重复执行 **步骤04** 及 **步骤05**。

步骤04 令 $Mid=low+\frac{key-data[low]}{data[high]-data[low]}*(high-low)$。

步骤05 若 $key<key_{Mid}$ 且 high≠Mid–1，则令 high=Mid–1。

步骤06 若 $key=key_{Mid}$ 表示成功查找到键值的位置。

步骤07 若 $key>key_{Mid}$ 且 low≠Mid+1，则令 low=Mid+1。

插值查找法的分析如下所示：

- 一般而言，插值查找法优于顺序查找法，而如果数据的分布越平均，则查找速度越快，甚至可能第一次就找到数据。此法的时间复杂度取决于数据分布的情况而定，平均而言优于 O(log n)。

- 使用插值查找法，数据需先经过排序。

【范例 9.1.3】

请设计一个 Java 程序，生成 1~150 之间的 50 个随机整数，然后实现插值查找法的过程并显示出具体的查找步骤。

【范例程序：ch09_03.java】

```
01  // 插值查找法
02
03  import java.io.*;
04  public   class ch09_03
05  {
06    public static void main(String args[]) throws IOException
07    {
08      int i,j,val=1,num;
09      int data[]=new int[50];
10      String strM;
11      BufferedReader keyin=new BufferedReader(new InputStreamReader
    (System.in));
12      for (i=0;i<50;i++)
13      {
14        data[i]=val;
15        val+=((int)(Math.random()*100)%5+1);
16      }
17      while(true)
18      {
19        num=0;
20        System.out.print("请输入查找键值(1-"+data[49]+")，输入-1 结束：");
21        strM=keyin.readLine();
22        val=Integer.parseInt(strM);
23        if(val==-1)
24          break;
25        num=interpolation(data,val);
26        if(num==-1)
27          System.out.print("##### 没有找到["+val+"] #####\n");
28        else
29          System.out.print("在第 "+(num+1)+"个位置找到 ["+data[num]+"]
    \n");
30      }
31      System.out.print("数据内容：\n");
32      for(i=0;i<5;i++)
33      {
34        for(j=0;j<10;j++)
35        System.out.print((i*10+j+1)+"-"+data[i*10+j]+" ");
36        System.out.print("\n");
37      }
38    }
39
40    public static int interpolation(int data[],int val)
41    {
42      int low,mid,high;
43      low=0;
44      high=49;
```

```
45        int tmp;
46        System.out.print("正在查找......\n");
47        while(low<= high && val !=-1 )
48        {
49          tmp=(int)((float)(val-data[low])*(high-low)/(data[high]-
     data[low]));
50          mid=low+tmp;  //查找搜索法公式
51          if (mid>50 || mid<-1)
52            return -1;
53          if (val<data[low] && val<data[high])
54            return -1;
55          else if (val>data[low] && val>data[high])
56            return-1;
57          if (val==data[mid])
58            return mid;
59          else if (val < data[mid])
60          {
61            System.out.print(val+" 介于位置 "+(low+1)+"["+data[low]+"]及中间
     值 "+(mid+1)+"["+data[mid]+"]，找左半边\n");
62            high=mid-1;
63          }
64          else if(val > data[mid])
65          {
66            System.out.print(val+" 介于中间值位置 "+(mid+1)+"["+data[mid]+"]
     及 "+(high+1)+"["+data[high]+"]，找右半边\n");
67            low=mid+1;
68          }
69        }
70        return -1;
71      }
72    }
```

【执行结果】参见图 9-9。

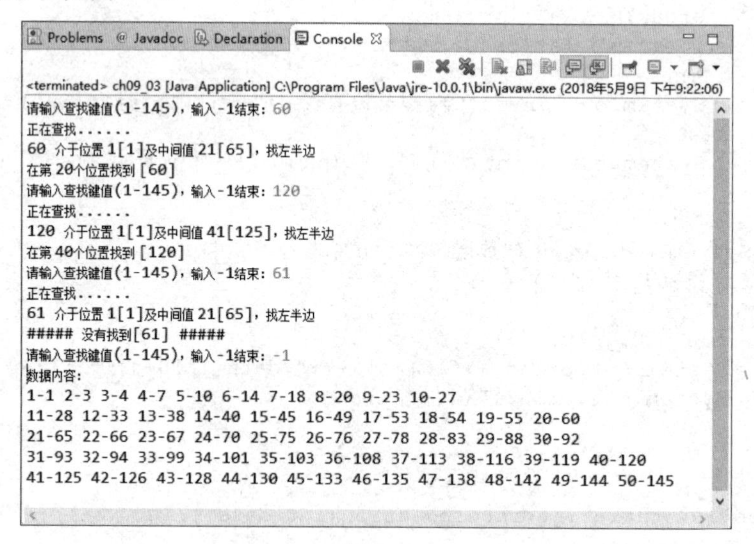

图 9-9

9.1.4 斐波拉契查找法

斐波拉契查找法（Fibonacci Search）又称为Fibonacci查找法，此法和二分法一样都是以分割范围来进行查找，不同的是斐波拉契查找法不以对半分割而是以斐波拉契级数的方式来分割。

斐波拉契级数 F(n)的定义如下：

$$\begin{cases} F_0=0,F_1=1 \\ F_i=F_{i-1}+F_{i-2}, & i\geqslant 2 \end{cases}$$

斐波拉契级数：0,1,1,2,3,5,8,13,21,34,55,89,…。也就是除了第0个和第1个元素外，级数中的每个值都是前两个值的和。

斐波拉契查找法的好处是只用到加减运算而不需用到乘除运算，这从计算机运算的过程来看效率会高于前两种查找法。在尚未介绍斐波拉契查找法之前，我们先来认识斐波拉契查找树。所谓斐波拉契查找树是以斐波拉契级数的特性来建立的二叉树，其建立的原则如下：

（1）斐波拉契树的左右子树均为斐波拉契树。

（2）当数据个数n确定，若想确定斐波拉契树的层数k值是多少，我们必须找到一个最小的k值，使得斐波拉契层数的Fib(k+1)≥n+1。

（3）斐波拉契树的树根一定是一个斐波拉契数，且子节点与父节点差值的绝对值为斐波拉契数。

（4）当 k≥2 时，斐波拉契树的树根为 Fib(k)，左子树为（k–1）层斐波拉契树（其树根为Fib(k–1)），右子树为（k–2）层斐波拉契树（其树根为Fib(k)+Fib(k–2)）。

（5）若 n+1 值不为斐波拉契数的值，则可以找出存在一个 m 使用 Fib(k+1)–m=n+1，m=Fib(k+1)–(n+1)，再按斐波拉契树的建立原则完成斐波拉契树的建立，最后斐波拉契树的各节点再减去差值m即可，并把小于1的节点去掉。

斐波拉契树建立过程的示意图如图9-10所示。

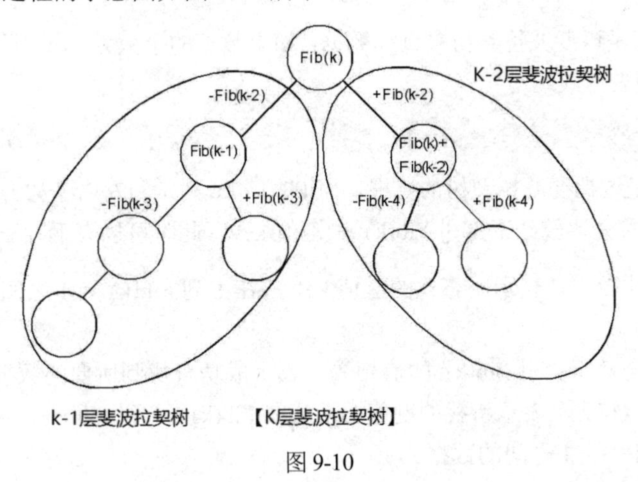

图9-10

也就是说当数据个数为n，且我们找到一个最小的斐波拉契数Fib(k+1)使得Fib(k+1)>n+1，则Fib(k) 就是这棵斐波拉契树的树根，而 Fib(k–2) 则是与左右子树开始的差值，左子树用减的；右子树用加的。例如我们来实际求取 n=33 的斐波拉契树。

由于 n = 33，且 n+1 = 34 为一个斐波拉契树，并我们知道斐波拉契数列的三项特性：

- Fib(0) = 0
- Fib(1) = 1
- Fib(k) = Fib(k−1) + Fib(k−2)

得知：Fib(0) = 0、Fib(1) = 1、Fib(2) = 1、Fib(3) = 2、Fib(4) = 3、Fib(5) = 5、Fib(6) = 8、Fib(7) = 13、Fib(8) = 21、Fib(9) = 34

从上式可得知：Fib(k+1) = 34 → k = 8，建立二叉树的树根为 Fib(8) = 21

左子树的树根为：Fib(8−1) = Fib(7) = 13

右子树的树根为：Fib(8) + Fib(8−2) = 21 + 8 = 29

按此原则我们可以建立如图 9-11 所示的斐波拉契树。

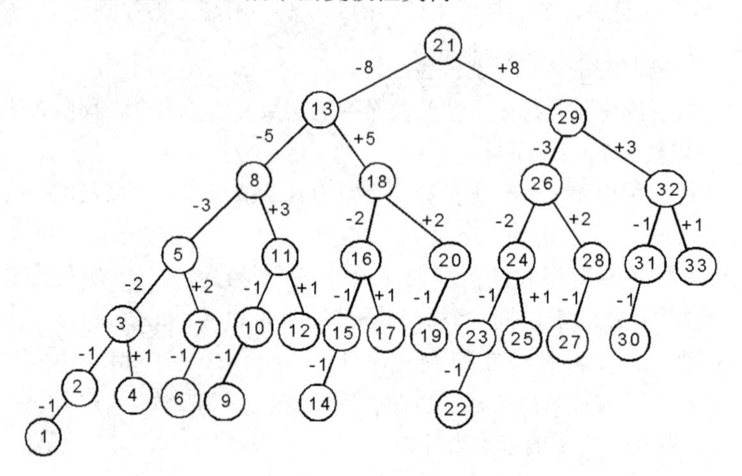

图 9-11

斐波拉契查找法是以斐波拉契树来查找数据，如果数据的个数为 n，而且 n 比某一个斐波拉契数小，且满足如下的表达式：

```
Fib(k+1) ≥ n+1
```

此时 Fib(k) 就是这棵斐波拉契树的树根，而 Fib(k−2) 则是与左右子树开始的差值，若我们要查找的键值为 key，首先比较数组索引 Fib(k) 和键值 key，此时可以有下列三种比较情况：

（1）当 key 值比较小，表示所查找的键值 key 落在 1 到 Fib(k) − 1 之间，因此继续查找 1 到 Fib(k) − 1 之间的数据。

（2）如果键值与数组索引 Fib(k) 的值相等，表示成功查找到所要的数据。

（3）当 key 值比较大，表示所找的键值 key 落在 Fib(k) + 1 到 Fib(k+1) − 1 之间，因此继续查找 Fib(k) + 1 到 Fib(k+1) − 1 之间的数据。

斐波拉契查找法的分析如下所示：

- 平均而言，斐波拉契查找法的比较次数会少于二元查找法，但在最坏的情况下，二元查找法较快。其平均时间复杂度为 $O(\log_2 N)$。

- 斐波拉契查找算法较为复杂，需额外产生斐波拉契树。

9.1.5 哈希查找法

哈希法（或称散列法）这个主题通常和查找法一起讨论，主要原因是哈希法不仅被用于数据的查找，在数据结构的领域中，还能将它应用在数据的建立、插入、删除与更新中。

例如符号表在计算机上的应用领域很广泛，包含汇编程序、编译程序、数据库使用的数据字典等，都是利用提供的名称来找到对应的属性。符号表按其特性可分为两类：静态表（Static Table）和动态表（Dynamic Table）。而“哈希表”（Hash Table）则是属于静态表中的一种，我们将相关的数据和键值存储在一个固定大小的表格中。

所谓哈希法（Hashing）就是将本身的键值，通过特定的数学函数运算或使用其他的方法，转换成相对应的数据存储地址。哈希法所使用的数学函数就称为“哈希函数”（Hashing function）。现在我们先来介绍有关哈希函数的相关名词：

- Bucket（桶）：哈希表中存储数据的位置，每一个位置对应到唯一的一个地址（Bucket Address）。桶就好比一个记录。
- Slot（槽）：每一个记录中可能包含好几个字段，而 slot 指的就是“桶”中的字段。
- Collision（碰撞）：若两项不同的数据，经过哈希函数运算后，对应到相同的地址时，就称为碰撞。
- 溢出：如果数据经过哈希函数运算后，所对应到的 bucket 已满，则会使 bucket 发生溢出。
- 哈希表：存储记录的连续内存。哈希表是一种类似数据表的索引表格，其中可分为 n 个 bucket，每个 bucket 又可分为 m 个 slot，如下表所示：

	索引	姓名	电话
Bucket→	0001	Allen	07-772-1234
	0002	Jacky	07-772-5525
	0003	May	07-772-6604
		↑slot	↑slot

- 同义词（Synonym）：当两个标识符 I_1 和 I_2，经哈希函数运算后所得的数值相同，即 f(I1) = f(I2)，则称 I_1 与 I_2 对于 f 这个哈希函数是同义词。
- 加载密度（Loading Factor）：所谓加载密度是指标识符的使用数目除以哈希表内槽的总数：

$$\alpha\text{（加载密度）} = \frac{n\text{(标识符的使用数目)}}{S\text{（每一个桶内的槽数）}*b\text{（桶数目）}}$$

如果 α 值越大则表示哈希空间的使用率越高，碰撞或溢出的概率也会越高。

- 完美哈希（Perfect Hashing）：指没有碰撞也没有溢出的哈希函数。

在此建议大家，通常在设计哈希函数应该遵循以下几个原则：

（1）降低碰撞和溢出的产生。

（2）哈希函数不宜过于复杂，越容易计算越佳。

（3）尽量把文字的键值转换成数字的键值，以利于哈希函数的运算。

（4）所设计的哈希函数计算得到的值，尽量能均匀地分布在每一桶中，不要太过于集中在某些桶内，这样就可以降低碰撞，并减少溢出的处理。

9.1.6 常见的哈希函数

常见的哈希法有除留余数法、平方取中法、折叠法和数字分析法。下面分别介绍如下。

1. 除留余数法

最简单的哈希函数是将数据除以某一个常数后，取余数来当索引。例如在一个有 13 个位置的数组中，只使用到 7 个地址，值分别是 12、65、70、99、33、67、48。我们可以把数组内的值除以 13，并以其余数来当数组的下标（即作为索引），可以用以下这个式子来表示：

```
h(key)=key mod B
```

在这个例子中，我们所使用的 B = 13。一般而言，建议大家在选择 B 时，B 最好是质数。而上例所建立出来的哈希表为：

索引	数据
0	65
1	
2	67
3	
4	
5	70
6	
7	33
8	99
9	48
10	
11	
12	12

下面我们将用除留余数法作为哈希函数，将下列数字存储在 11 个空间：323，458，25，340，28，969，77，请问其哈希表外观如何？

令哈希函数为 h(key)=key mod B，其中 B=11 为一个质数，这个函数的计算结果介于 0~10 之间（包括 0 和 10 这两个数），则 h(323)=4、h(458)=7、h(25)=3、h(340)=10、h(28)=6、h(969)=1、h(77)=0。所建立的哈希表为：

索引	数据
0	77
1	969
2	
3	25
4	323
5	
6	28
7	458
8	
9	
10	340

2. 平方取中法

平方取中法和除留余数法相当类似，就是先计算数据的平方，之后再取中间的某段数字作为索引。在下例中，我们用平方取中法，并将数据存放在100个地址空间中，其操作步骤如下：

将12、65、70、99、33、67、51平方后如下：

144、4225、4900、9801、1089、4489、2601

再取百位数和十位数作为键值，分别为：

14、22、90、80、08、48、60

上述这7个数字的数列就对应于原先的7个数12、65、70、99、33、67、51存放在100个地址空间的索引键值，即

f(14) = 12
f(22) = 65
f(90) = 70
f(80) = 99
f(8) =33
f(48) = 67
f(60) = 51

若实际空间介于0~9（即10个空间），但取百位数和十位数的值介于0～99（共有100个空间），所以我们必须将平方取中法第一次所求得的键值，再压缩1/10才可以将100个可能产生的值对应到10个空间，即将每一个键值除以10取整数（下例我们以DIV运算符作为取整数的除法），我们可以得到下列的对应关系：

f(14 DIV 10)=12　　f(1)=12
f(22 DIV 10)=65　　f(2)=65
f(90 DIV 10)=70　　f(9)=70
f(80 DIV 10)=99　→　f(8)=99

f(8 DIV 10) =33　　　　　　f(0)=33

f(48 DIV 10)=67　　　　　　f(4)=67

f(60 DIV 10)=51　　　　　　f(6)=51

3. 折叠法

折叠法是将数据转换成一串数字后，先将这串数字拆成几个部分，最后再把它们加起来，就可以计算出这个键值的桶地址(Bucket Address)。例如有一个数据，转换成数字后为2365479125443，若以每 4 个数字为一个部分则可拆为：2365、4791、2544、3。将这四组数字加起来后即为索引值：

```
  2365
  4791
  2544
+    3
  9703 →桶地址（Bucket Address）
```

在折叠法中有两种做法，如上例直接将每一部分相加所得的值作为其桶地址，这种方法我们称为“移动折叠法”。但哈希法的设计原则之一就是降低碰撞，如果希望降低碰撞的机会，就可以将上述每一部分的数字中的奇数或偶数反转，再相加来取得其桶地址，这种改进式的方法我们称为“边界折叠法”（Folding at the Boundaries）。

请看下列的说明：

①情况一：将偶数反转

```
 2365（第 1 个是奇数，故不反转）
 4791（第 2 个是奇数，故不反转）
 4452（第 3 个是偶数，则要反转）
+   3（第 4 个是奇数，故不反转）
11611 →Bucket Address
```

②情况二：将奇数反转

```
 5632（第 1 个是奇数，则要反转）
 1974（第 2 个是奇数，则要反转）
 2544（第 3 个是偶数，故不反转）
+   3（第 4 个是奇数，则要反转）
10153 →Bucket Address
```

4. 数字分析法

数字分析法适用于数据不会更改，且为数字类型的静态表。在决定哈希函数时先逐一检查数据的相对位置和分布情况，将重复性高的部分删除。例如下面这个电话号码表，它是相当有规则性的，除了区号全部是 080 外（注意：此区号仅用于举例，表中的电话号码也不是真实的），中间三个数字的变化不大，假设地址空间的大小 m=999，我们必须从下列数字提取适当的数字，即数字不要太集中，分布范围较为平均（或称随机度高），最后决定提取最后那 4 个数字的末尾 3 个数字。最后可得哈希表为：

电话
080-×××-2234
080-×××-4525
080-×××-2604
080-×××-4651
080-×××-2285
080-×××-2101
080-×××-2699
080-×××-2694

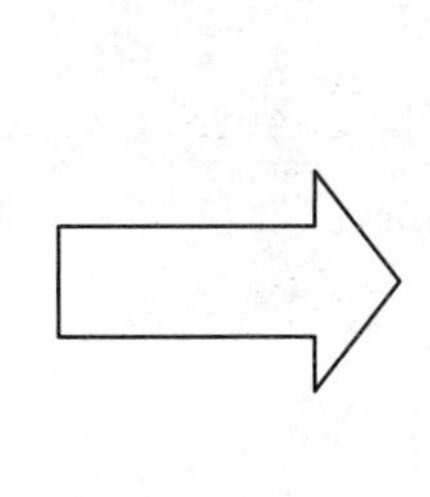

索引	电话
234	080-×××-2234
525	080-×××-4525
604	080-×××-2604
651	080-×××-4651
285	080-×××-2285
101	080-×××-2101
699	080-×××-2699
694	080-×××-2694

看完上面几种哈希函数之后，相信大家可以发现哈希函数并没有一定的规则可循，可能是其中的某一种方法，也可能同时使用好几种方法，所以哈希法常常被用来处理数据的加密和压缩。但是，哈希法常会遇到“碰撞”和“溢出”的情况。我们接下来要介绍这两种情况的解决方法。

9.2 碰撞与溢出问题的处理

没有一种哈希函数能够确保数据经过处理后所得到的索引值都是唯一的，当索引值重复时就会产生碰撞的问题，而碰撞的情形在数据量大的时候特别容易发生。因此，如何在碰撞后处理溢出的问题就显得相当重要。下面将讲解常见的溢出处理方法。

9.2.1 线性探测法

线性探测法是当发生碰撞情况时，若该索引对应的存储位置已有数据，则以线性的方式往后查找空的存储位置，一旦找到位置就把数据放进去。线性探测法通常把哈希的位置视为环形结构，如此一来若后面的位置已被填满而前面还有位置时，可以将数据放到前面。

Java 的线性探测算法：

```
public static void creat_table(int num,int index[])  //创建哈希表子程序
{
    int tmp;
    tmp=num%INDEXBOX;     //哈希函数=数据%INDEXBOX
    while(true)
    {
       if(index[tmp]==-1)       //如果数据对应的位置是空的
        {
            index[tmp]=num;      //则直接存入数据
            break;
        }
        else
            tmp=(tmp+1)%INDEXBOX;     //否则往后找位置存放
    }
}
```

【范例 9.4.1】

请设计一个 Java 程序，以除留余数法的哈希函数取得索引值，再以线性探测法来存储数据。

【范例程序：ch09_04.java】

```
01   // 线性探测法
02
03   import java.io.*;
04   import java.util.*;
05   public   class ch09_04 extends Object
06   {
07     final static int INDEXBOX=10;   //哈希表最大元素
08     final static int MAXNUM=7;      //最大的数据个数
09
10     public static void main(String args[]) throws IOException
11     {
12       int i;
13       int index[]=new int[INDEXBOX];
14       int data[]=new int[MAXNUM];
15       Random rand=new Random();
16       System.out.print("原始数组值：\n");
17       for(i=0;i<MAXNUM;i++)        //起始数据值
18         data[i]=(Math.abs(rand.nextInt(20)))+1;
19       for(i=0;i<INDEXBOX;i++)      //清除哈希表
20         index[i]=-1;
21       print_data(data,MAXNUM);     //打印输出起始数据
22       System.out.print("哈希表内容：\n");
23       for(i=0;i<MAXNUM;i++)        //建立哈希表
24       {
25         creat_table(data[i],index);
26         System.out.print("  "+data[i]+" =>");//打印单个元素的哈希表位置
27         print_data(index,INDEXBOX);
28       }
29       System.out.print("完成的哈希表：\n");
30       print_data(index,INDEXBOX);  //打印输出最后完成的结果
31     }
32
33     public static void print_data(int data[],int max)  //打印输出数组子程
      序
34     {
35       int i;
36       System.out.print("\t");
37       for(i=0;i<max;i++)
38         System.out.print("["+data[i]+"] ");
39       System.out.print("\n");
40     }
41     public static void creat_table(int num,int index[]) //创建哈希表子程
      序
42     {
43       int tmp;
44       tmp=num%INDEXBOX;    //哈希函数=数据%INDEXBOX
45       while(true)
46       {
47         if(index[tmp]==-1)       //如果数据对应的位置是空的
48         {
```

```
49            index[tmp]=num;       //则直接存入数据
50            break;
51          }
52          else
53            tmp=(tmp+1)%INDEXBOX;     //否则往后找位置存放
54        }
55      }
56    }
```

【执行结果】参见图 9-12。

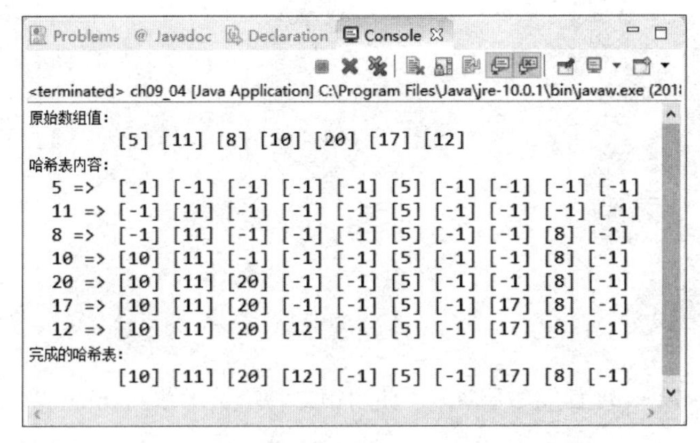

图 9-12

上面的程序中以除留余数法的哈希函数取得索引值并以线性探测法来存储数据。

9.2.2 平方探测法

线性探测法有一个缺点，就是相当类似的键值经常会聚集在一起，因此可以考虑使用平方探测法来加以改善。在平方探测中，当溢出发生时，下一次查找的地址是$(f(x)+i^2) \bmod B$与$(f(x)-i^2) \bmod B$，即让数据值加或减 i 的平方，例如数据值 key，哈希函数 f：

第一次查找：f(key)

第二次查找：$(f(key)+1^2)\%B$

第三次查找：$(f(key)-1^2)\%B$

第四次查找：$(f(key)+2^2)\%B$

第五次查找：$(f(key)-2^2)\%B$

……

第 n 次查找：$(f(key)\pm((B-1)/2)^2)\%B$，其中，B 必须为 4j+3 型的质数，且 $1 \leqslant i \leqslant (B-1)/2$。

9.2.3 再哈希法

再哈希法是一开始就先设置一系列的哈希函数，当使用第一种哈希函数出现溢出时，那么就改用第二种，如果第二种也出现溢出则改用第三种，一直到没有发生溢出为止。例如 h1 为 key%11，h2 为 key*key，h3 为 key*key%11，h4……。接着请使用再哈希法处理下列数据碰撞的问题：

```
681, 467, 633, 511, 100, 164, 472, 438, 445, 366, 118;
```

其中哈希函数为（此处的 m=13）：

```
f1 = h(key)=key MOD m
f2 =h(key) = (key+2) MOD m
f3 =h(key) = (key+4) MOD m
```

说明如下：

（1）使用第一种哈希函数 h (key)= key MOD 13，所得的哈希地址如下：

```
681 -> 5
467 -> 12
633 -> 9
511 -> 4
100 -> 9
164 -> 8
472 -> 4
438 -> 9
445 -> 3
366 -> 2
118 -> 1
```

（2）其中 100，472，438 都发生碰撞，再使用第二种哈希函数 h(value+2) = (value+2) MOD 13，进行数据的地址安排：

```
100 ->h(100+2)=102 mod 13=11
472-> h(472+2)=474 mod 13=6
438 -> h(438+2)=440 mod 13=11
```

（3）438 仍发生碰撞问题，故接着使用第三种哈希函数 h(value+4)= (438+4) MOD 13，重新进行 438 地址的安排：

```
438 -> h(438+4)=442 mod 13=0
```

=>经过三次再哈希法后，数据的地址安排如下：

位置	数据
0	438
1	118
2	366
3	445
4	511
5	681
6	472
7	null
8	164
9	633
10	null
11	100
12	467

9.2.4 链表法

将哈希表的所有空间建立 n 个链表，最初的默认值只有 n 个链表头。如果发生溢出就把相同地址的键值连接在链表头的后面，形成一个键表，直到所有的可用空间全部用完为止，如图 9-13 所示。

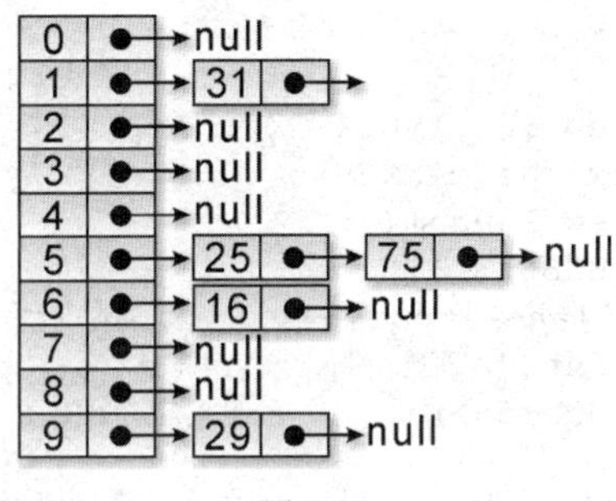

图 9-13

以 Java 语言描述的再哈希（使用链表）算法如下：

```
public static void creat_table(int val)  //创建哈希表子程序
{
    Node newnode=new Node(val);
    int hash;
    hash=val%7;                      //哈希函数除以 7 取余数
    Node current=indextable[hash];
    if  (current.next==null)
        indextable[hash].next=newnode;
    else
        while(current.next!=null)  current=current.next;
    current.next=newnode;   //将节点加入链表
}
```

【范例 9.4.2】

请设计一个 Java 程序，使用链表来进行再哈希处理。

【范例程序：ch09_05.java】

```
01   //  再哈希（使用链表）
02
03   import java.io.*;
04   import java.util.*;
05
06   class Node
07   {
08    int val;
09     Node next;
10     public Node(int val)
11     {
12       this.val=val;
13       this.next=null;
14     }
```

```
15    }
16
17    public   class ch09_05 extends Object
18    {
19      final static int INDEXBOX=7;   //哈希表最大元素
20      final static int MAXNUM=13;    //最大的数据个数
21      static Node indextable[]=new Node[INDEXBOX]; //声明动态数组
22
23      public static void main(String args[]) throws IOException
24      {
25        int i;
26        int index[]=new int[INDEXBOX];
27        int data[]=new int[MAXNUM];
28        Random rand=new Random();
29        for(i=0;i<INDEXBOX;i++)
30          indextable[i]=new Node(-1);   //清除哈希表
31        System.out.print("原始资料: \n\t");
32        for(i=0;i<MAXNUM;i++)       //起始数据值
33        {
34          data[i]=(Math.abs(rand.nextInt(30)))+1;
35          System.out.print("["+data[i]+"]");
36          if(i%8==7)
37            System.out.print("\n\t");
38        }
39        System.out.print("\n 哈希表: \n");
40        for(i=0;i<MAXNUM;i++)
41          ch09_05.creat_table(data[i]);        //建立哈希表
42        for(i=0;i<INDEXBOX;i++)
43          ch09_05.print_data(i);               //打印输出哈希表
44        System.out.print("\n");
45      }
46
47      public static void creat_table(int val)   //建立哈希表子程序
48      {
49        Node newnode=new Node(val);
50        int hash;
51        hash=val%7;                       //哈希函数除以 7 取余数
52        Node current=indextable[hash];
53        if(current.next==null) indextable[hash].next=newnode;
54        else
55          while(current.next!=null)  current=current.next;
56        current.next=newnode;  //将节点加入链表
57      }
58
59      public static void print_data(int val)    //打印输出哈希表子程序
60      {
61        Node head;
62        int i=0;
63        head=indextable[val].next;  //起始指针
64        System.out.print("   "+val+": \t");   //索引地址
65        while(head!=null)
66        {
67          System.out.print("["+head.val+"]-");
68          i++;
69          if(i%8==7)              //控制长度
```

```
70          System.out.print("\n\t");
71        head=head.next;
72      }
73      System.out.print("\n");  //清除最后一个"-"符号
74    }
75  }
```

【执行结果】参见图9-14。

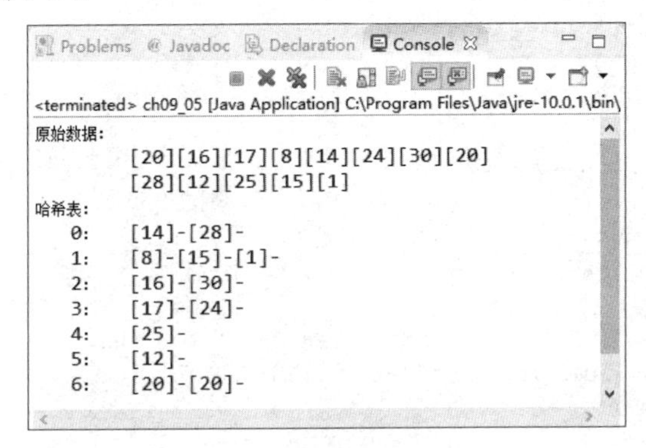

图9-14

9.2.5 哈希法综合范例

在本章的最前面，我们曾说过使用哈希法有许多好处，如快速查找等。在讲解完哈希函数及溢出处理后，来看看如何使用哈希法快速地建立和查找数据。在上例中我们直接把原始数据值存入哈希表中，如果现在要查找一个数据，只需将它先经过哈希函数的处理后，直接到对应的索引值列表中查找即可，如果没找到表示数据不存在。这样可大幅减少读取数据和比较数据的次数，甚至可能一次读取和比较就找到想找的数据。下面修改上一节的范例程序，加入查找的功能，打印并比对次数。

【范例程序：ch09_06.java】

```
01  // 使用哈希法快速地建立哈希表和查找数据
02
03  import java.io.*;
04  import java.util.*;
05
06  class Node
07  {
08    int val;
09    Node next;
10    public Node(int val)
11    {
12      this.val=val;
13      this.next=null;
14    }
15  }
16
17  public class ch09_06 extends Object
18  {
```

```
19     final static int INDEXBOX=7;   //哈希表最大元素
20     final static int MAXNUM=13;    //最大的数据个数
21     static Node indextable[]=new Node[INDEXBOX]; //声明动态数组
22 
23     public static void main(String args[]) throws IOException
24     {
25       int i,num;
26       int index[]=new int[INDEXBOX];
27       int data[]=new int[MAXNUM];
28       Random rand=new Random();
29       BufferedReader keyin=new BufferedReader(new InputStreamReader
    (System.in));
30       for(i=0;i<INDEXBOX;i++)
31       indextable[i]=new Node(-1);   //清除哈希表
32       System.out.print("原始数据：\n\t");
33       for(i=0;i<MAXNUM;i++)        //起始数据值
34       {
35         data[i]=(Math.abs(rand.nextInt(30)))+1;
36         System.out.print("["+data[i]+"]");
37         if(i%8==7)
38           System.out.print("\n\t");
39       }
40       for(i=0;i<MAXNUM;i++)
41       ch09_06.creat_table(data[i]);    //建立哈希表
42       System.out.println();
43       while(true)
44       {
45         System.out.print("请输入查找数据(1-30)，结束请输入-1：");
46         num=Integer.parseInt(keyin.readLine());
47         if(num==-1)
48           break;
49         i=ch09_06.findnum(num);
50         if(i==0)
51           System.out.print("#####没有找到 "+num+" #####\n");
52         else
53           System.out.print("找到 "+num+"，共找了 "+i+" 次!\n");
54       }
55       System.out.print("\n 哈希表：\n");
56       for(i=0;i<INDEXBOX;i++)
57         ch09_06.print_data(i);              //打印输出哈希表
58       System.out.print("\n");
59     }
60 
61     public static void creat_table(int val)     //建立哈希表子程序
62     {
63       Node newnode=new Node(val);
64       int hash;
65       hash=val%7;                         //哈希函数除以 7 取余数
66       Node current=indextable[hash];
67       if(current.next==null)indextable[hash].next=newnode;
68       else
69       while(current.next!=null)  current=current.next;
70       current.next=newnode;  //将节点加入链表
71     }
72 
```

```
73     public static void print_data(int val)     //打印输出哈希表子程序
74     {
75       Node head;
76       int i=0;
77       head=indextable[val].next;  //起始指针
78       System.out.print("   "+val+": \t");   //索引地址
79       while(head!=null)
80       {
81         System.out.print("["+head.val+"]-");
82         i++;
83         if(i%8==7)              //控制长度
84           System.out.print("\n\t");
85         head=head.next;
86       }
87       System.out.print(" \n");             //清除最后一个"-"符号
88     }
89
90     public static int findnum(int num)     //哈希查找子程序
91     {
92       Node ptr;
93       int i=0,hash;
94       hash=num%7;
95       ptr=indextable[hash].next;
96       while(ptr!=null)
97       {
98         i++;
99         if(ptr.val==num)
100          return i;
101        else
102          ptr=ptr.next;
103      }
104      return 0;
105    }
106  }
```

【执行结果】参见图 9-15。

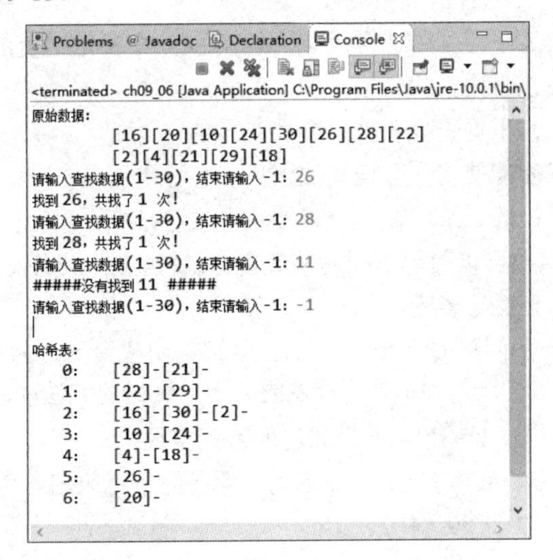

图 9-15

关于程序，其中基本上只是链表的操作，相信读者读懂这个程序并不困难。

课后习题

1. 若有 n 项数据已排序完成，请问用二分查找法查找其中某一项数据，其查找时间约为：
   （A）$O(\log^2 n)$　　（B）$O(n)$　　（C）$O(n^2)$　　（D）$O(\log_2 n)$
2. 请问使用二分查找法（Binary Search）的前提条件是什么？
3. 有关二分查找法，下列叙述哪一个正确？
   （A）文件必须事先排序
   （B）当排序数据非常小时，其时间会比顺序查找法慢
   （C）排序的复杂度比顺序查找法要高
   （D）以上都正确

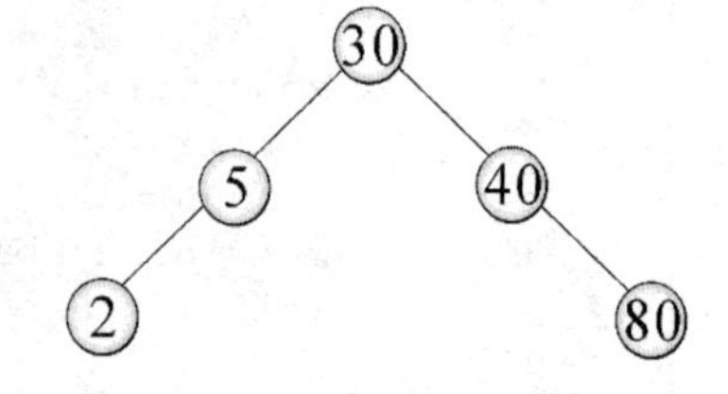

4. 右图为二叉查找树，试绘出当插入键值为 42 后的新二叉树。注意，插入这个键值后仍需保持高度为 3 的二叉查找树。
5. 用二叉查找树去表示 n 个元素时，最小高度和最大高度的二叉查找树其值分别是什么？
6. 斐波那契查找法查找的过程中算术运算比二分查找法简单，请问上述说明是否正确？
7. 假设 $A[i] = 2i$，$1 \leqslant i \leqslant n$。若要查找键值为 $2k-1$，请以插值查找法进行查找，试求需要比较几次才能确定此为一次失败的查找？
8. 用哈希法将下列 7 个数字存在 0、1、2、3、4、5、…、6 的 7 个位置：101、186、16、315、202、572、463。若要存入 1000 开始的 11 个位置，应该如何存放？
9. 什么是哈希函数？尝试以除留余数法和折叠法，并以 7 位电话号码作为数据进行说明。
10. 试述哈希查找与一般查找技巧有什么不同？
11. 什么是完美哈希？在哪种情况下可以使用？
12. 假设有 n 个数据记录，我们要在这个记录中查找一个特定键值的记录。
    （1）若用顺序查找，平均查找长度是多少？
    （2）若用二分查找，平均查找长度是多少？
    （3）在什么情况下才能使用二分查找法查找一个特定记录？
    （4）若找不到要查找的记录，在二分查找法中要进行多少次比较？
13. 采用哪一种哈希函数可以使用下列的整数集合：{74, 53, 66, 12, 90, 31, 18, 77, 85, 29}存入数组空间为 10 的哈希表不会发生碰撞？
14. 解决哈希碰撞有一种叫作 Quadratic 的方法，请证明碰撞函数为 h(k)，其中 k 为 key，当哈希碰撞发生时 $h(k)\pm i^2$，$1\leqslant i\leqslant \frac{M-1}{2}$，M 为哈希表的大小，这样的方法能涵盖哈希表的每一个位置，即证明该碰撞函数 h(k) 将产生 $0 \sim (M-1)$ 之间的所有正整数。
15. 当哈希函数 $f(x) = 5x+4$，请分别计算下列 7 项键值所对应的哈希值。
    87、65、54、76、21、39、103
16. 请解释下列哈希函数的相关名词。

（1）Bucket（桶）

（2）同义词

（3）完美哈希

（4）碰撞

17. 有一个二叉查找树：

（1）键值 key 平均分配在[1, 100]之间，求在该查找树查找平均要比较几次。

（2）假设 k = 1 时，其概率为 0.5，k = 4 时，其概率为 0.3，k = 9 时，其概率为 0.103，其余 97 个数，概率为 0.001。

（3）假设各 key 的概率如（2），是否能将此查找树重新安排？

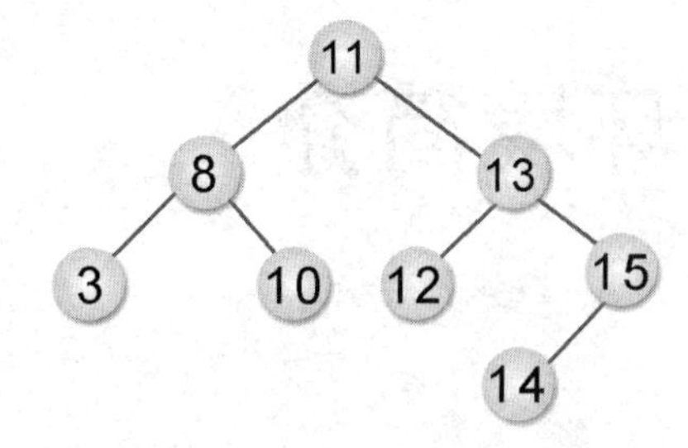

（4）以得到的最小平均比较次数，绘出重新调整后的查找树。

18. 一组数据（1, 2, 3, 6, 9, 11, 17, 28, 29, 30, 41, 47, 53, 55, 67, 78），请以插值查找法找到 9 的过程。

附录 A

Java 10 开发环境简介

Java 的版本在不断更新，目前最新版本为 Java SE Development Kit 10 (JDK 10)。Java 的开发工具分为“IDE”和“JDK”两种：

（1）Java 开发工具（Java Development Kit，JDK）：是一种“简易”的程序开发工具，仅提供编译（Compile）、执行（Run）及调试（Debug）功能。

（2）集成开发环境（Integrated Development Environment，IDE）：是集成了编辑、编译、执行、测试及调试功能，例如常见的 Borland Jbuilder、NetBeans IDE、Eclipse、Jcreator 等。

本书的 Java 程序设计语言使用的运行环境采用的是“Eclipse”软件，此软件集成了编译、执行、测试及调试功能。

1. JDK 的下载与安装

目前大部分的开发环境，必须另外自行安装 JDK，不过也有部分集成开发环境在安装时也会同时安装 JDK。本附录以 Windows 10 / 7 系统为平台，来示范 JDK 10（Java SE Development Kit 10）的安装过程，请先打开 Java 的官方网站 http://www.oracle.com/technetwork/java/index.html 下载最新版本的 JDK，如图 A-1 所示。

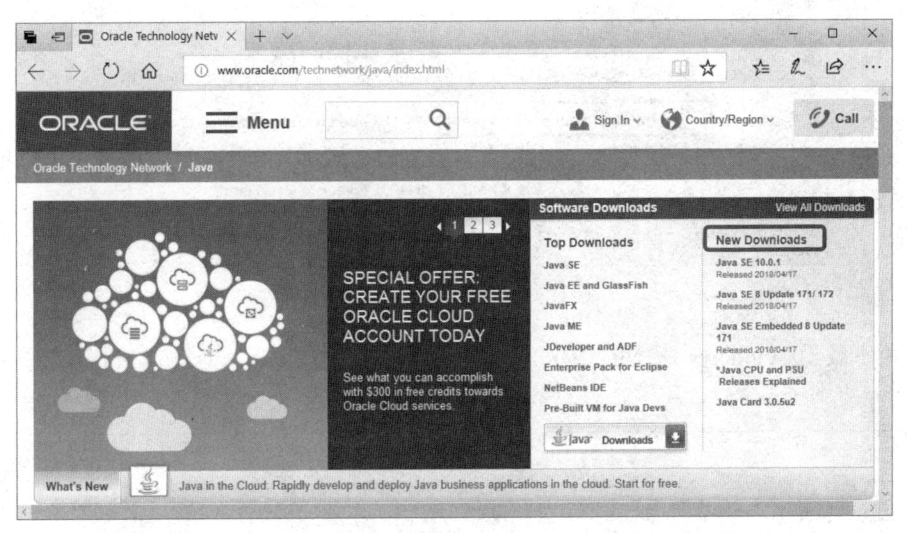

图 A-1

在图 A-1 所示的官方网站中，请用鼠标单击右侧的“Java SE 10.0.1”（因为版本会持续更新，所以读者安装时的版本或许会与本书不同），接着会进入如图 A-2 所示的界面。

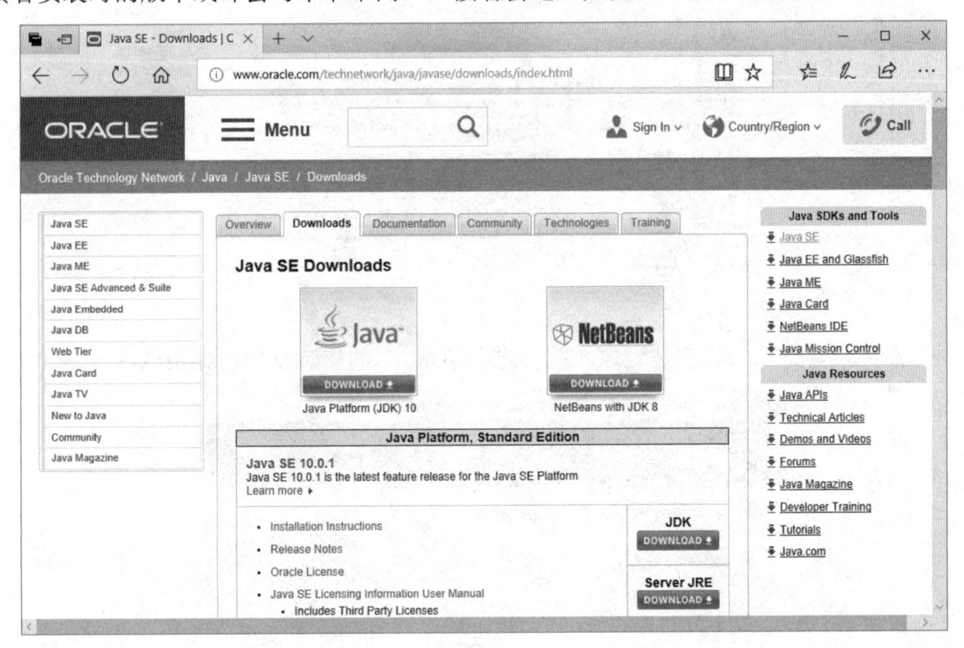

图 A-2

在图 A-2 所示的界画面中单击“Java SE Downloads”下方的“DOWNLOAD”按钮，在开始下载前，请记得在如图 A-3 所示中选中 Accept License Agreement 单选按钮，表示接受软件授权协议。

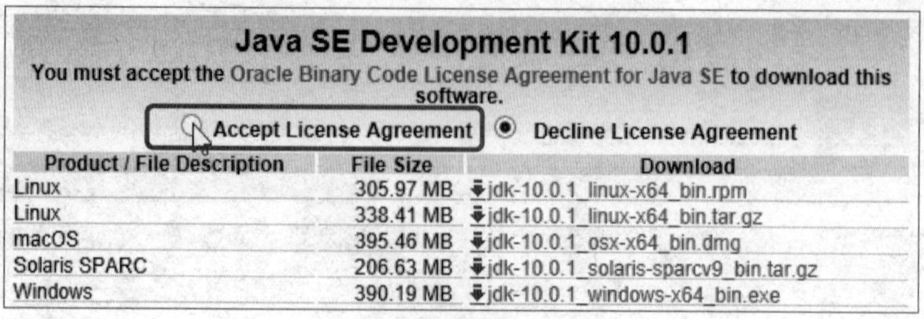

Java SE Development Kit 10.0.1

You must accept the Oracle Binary Code License Agreement for Java SE to download this software.

○ Accept License Agreement ◉ Decline License Agreement

Product / File Description	File Size	Download
Linux	305.97 MB	jdk-10.0.1_linux-x64_bin.rpm
Linux	338.41 MB	jdk-10.0.1_linux-x64_bin.tar.gz
macOS	395.46 MB	jdk-10.0.1_osx-x64_bin.dmg
Solaris SPARC	206.63 MB	jdk-10.0.1_solaris-sparcv9_bin.tar.gz
Windows	390.19 MB	jdk-10.0.1_windows-x64_bin.exe

图 A-3

笔者所下载的 Windows 版本的 JDK 文件名为“jdk-10.0.1-windows-x64-bin.exe”，如图 A-4 所示。

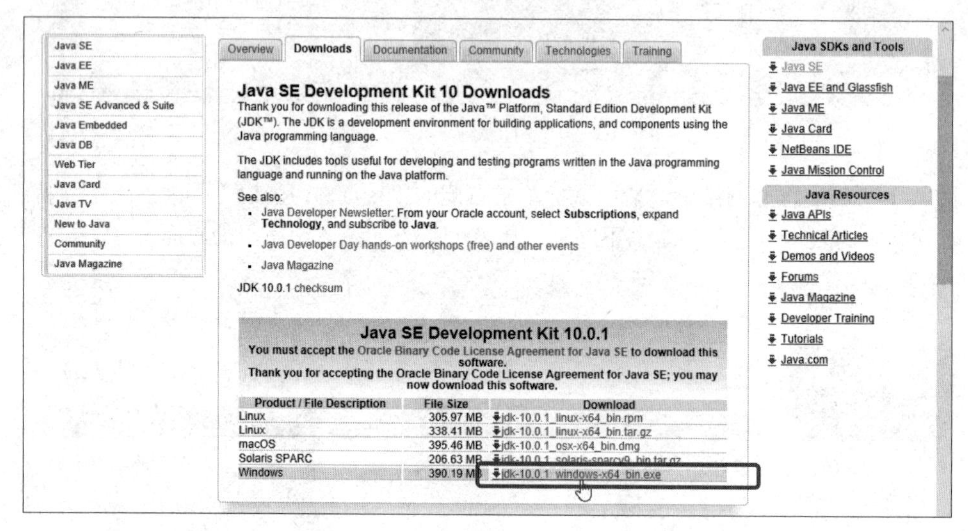

图 A-4

文件下载完后，请执行该安装程序，就会进入 JDK 10 的安装过程，如图 A-5 所示。

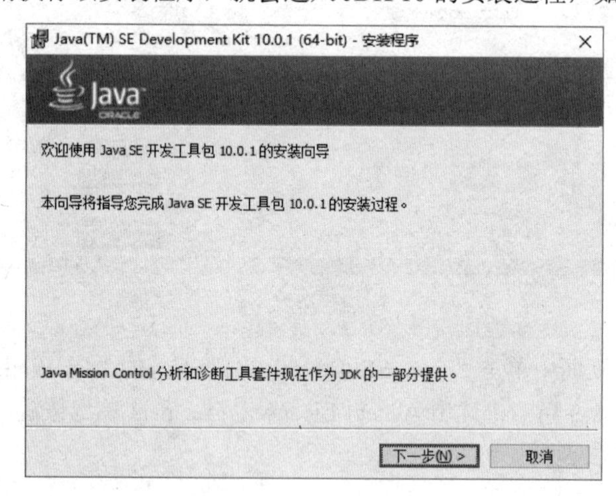

图 A-5

请读者根据安装程序的指示，完成 Java SE Development Kit 10 的安装即可。

2. 设置JDK搜索路径的环境变量

安装完成后，为了能在“命令提示符”窗口中使用JDK的各项工具程序，例如编译程序（javac.exe）、执行程序（java.exe），必须设置或修改系统内相关路径的环境变量，即添加PATH环境变量设置值“C:\Program Files\Java\jdk-10.0.1”，方法如下：

步骤01 单击电脑任务栏的“搜索”按钮，输入“控制面板”，单击“控制面板”以开启“控制面板”窗口，如图A-6所示。

图A-6

步骤02 接着在打开的“控制面板”窗口中单击“系统和安全”，如图A-7所示。

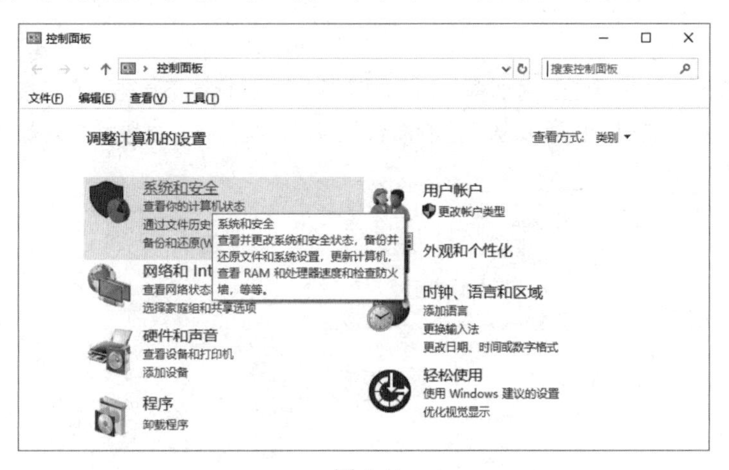

图A-7

步骤03 单击“系统”，如图A-8所示。

步骤04 再单击“高级系统设置”，如图A-9所示。

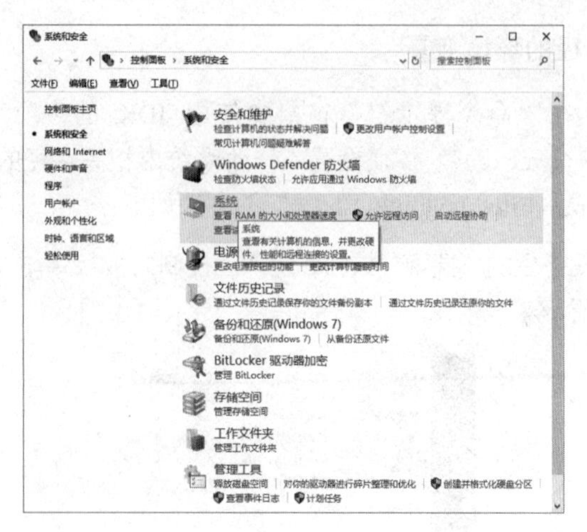

图 A-8

图 A-9

步骤05 弹出“系统属性”对话框，请在“高级”索引标签下单击“环境变量”按钮，如图 A-10 所示。Windows 7 的用户则可以从“控制面板”→“系统”→“高级系统设置”进入如图 A-10 所示的“系统属性”窗口。

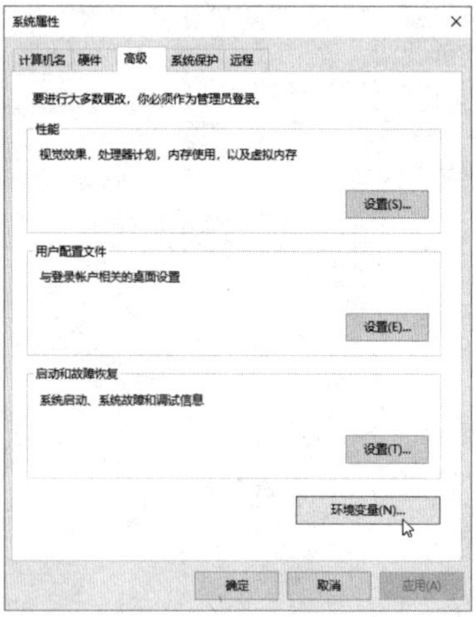

图 A-10

步骤06 在“环境变量”对话框下方的“系统变量”列表框中选择“Path”系统变量，再单击“编辑”按钮，如图 A-11 所示。

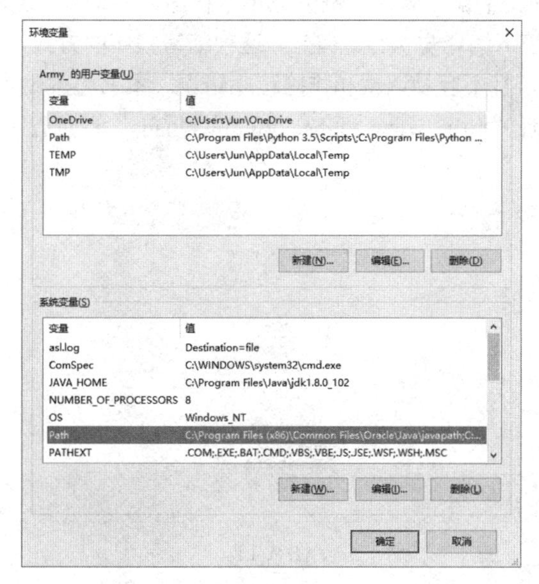

图 A-11

步骤07 此时弹出“编辑环境变量”对话框，单击“新建”按钮，并在最后输入“C:\Program Files\Java\jdk-10.0.1\bin”路径，如图 A-12 所示。

图 A-12

如果是 Windows 7 的用户，则要先找到系统变量 Path 的部分，单击“编辑”按钮，在“变量值”字段的最后面，先加上“;”，再加上“C:\Program Files\Java\jdk-10.0.1\bin”，然后再依次单击三次“确定”按钮，就可以完成 JDK 的环境设置。

此处设置 Path 的路径要特别小心，不能多一个空格或者少一个空格，而且大小写也要一一对应，所加入的路径就是 Java 安装的位置，编辑完成后，重新启动系统。

- Eclipse 的简介

传统 Java 程序必须在文字编辑软件（例如记事本程序）中编写，并将其保存为文本文件，再到“命令提示符”窗口环境下编译与执行。但是，这种编写程序的方式，容易在输入过程中发生错误，执行过程也较为烦琐，且不容易调试和排除程序错误。本书将采用集成开发环境的“Eclipse”软件。首先，请连接到网址“http://www.eclipse.org/downloads”，进行 Eclipse IDE 的下载，如图 A-13 所示。

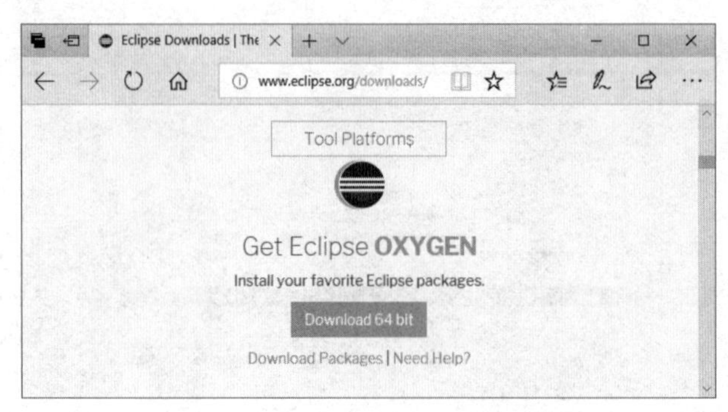

图 A-13

Java Eclipse IDE 有两种版本可供下载，其中 Eclipse IDE for Java Developers 是给一般用户使用的，读者只要下载这个版本即可，如图 A-14 所示。

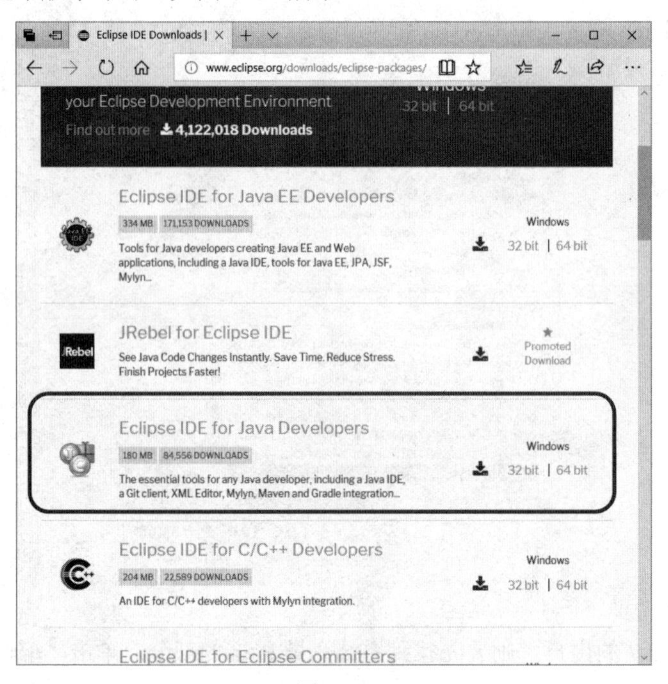

图 A-14

请在如图 A-14 所示的网页中选择下载“Eclipse IDE for Java Developers”的“Windows 64 Bit”版本。

出现如图 A-15 所示的网页后，单击“DOWNLOAD”按钮开始下载。

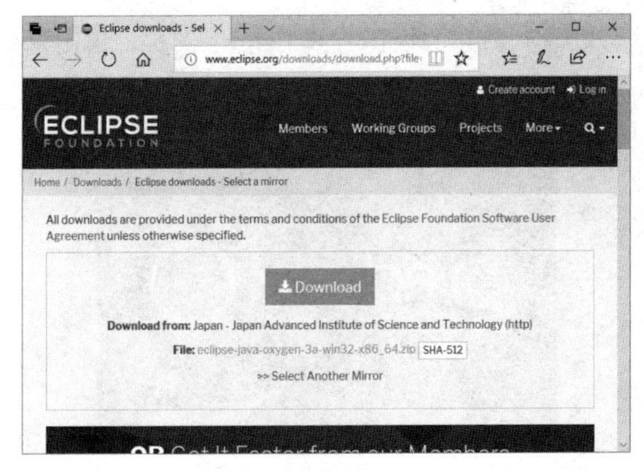

图 A-15

当文件下载完后，请先进行解压缩，完成解压的操作后，就可以在所产生的文件夹中看到 Eclipse 执行文件，如图 A-16 所示。

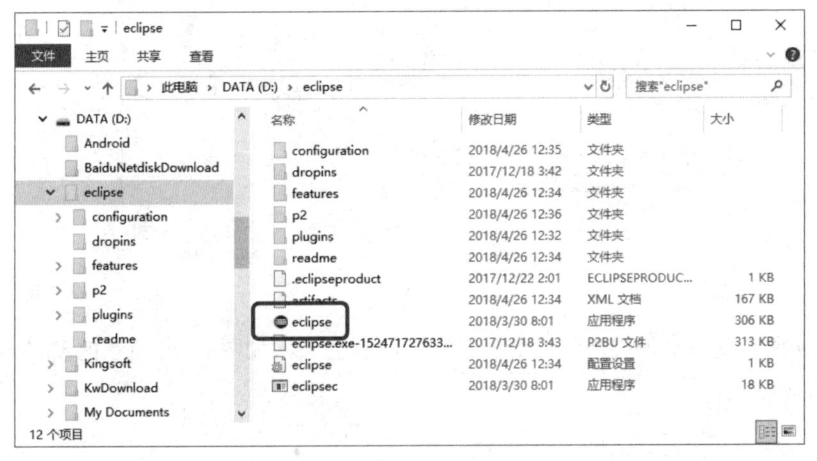

图 A-16

为了便于以后程序的执行，可以在桌面上创建快捷方式。创建快捷方式为在该程序上单击鼠标右键，如图 A-17 所示点击“桌面快捷方式”即可。

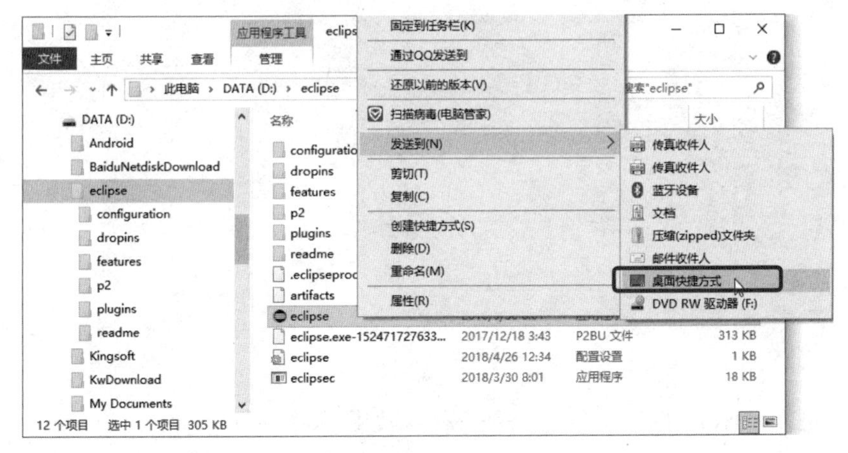

图 A-17

接着在系统桌面上就可以看到新建的快捷方式 Eclipse 图标，请用鼠标双击该图标，就会出现如图 A-18 所示的界面。

图 A-18

接着选择存储目录，用户可以根据自己的工作需求选择存储目录的路径，如图 A-19 所示。

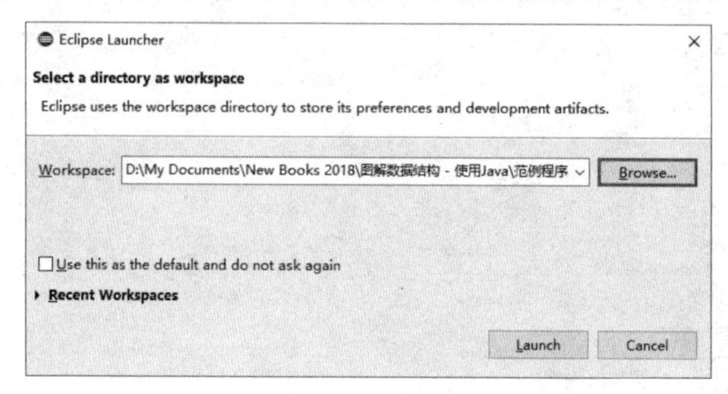

图 A-19

在图 A-19 所示的对话框中单击“Launch”按钮，就会进入如图 A-20 所示的窗口，接着单击按钮，如图 A-20 所示。

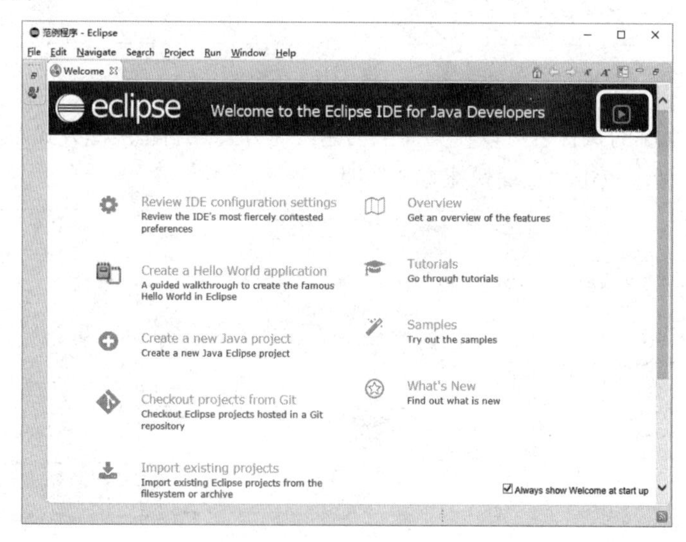

图 A-20

而后就会进入“Java – Eclipse”的主程序窗口，如图 A-21 所示。

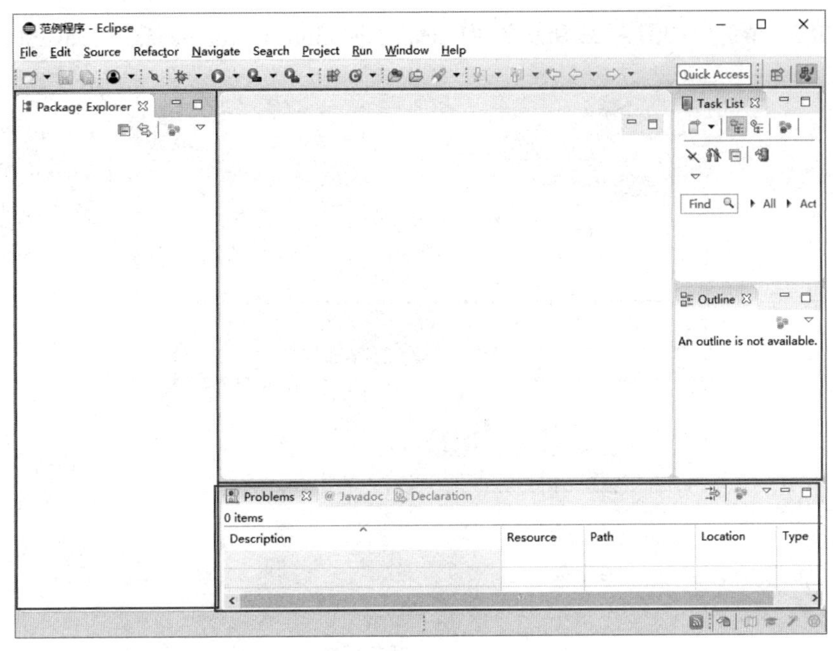

图 A-21

在窗口的左侧是各种程序包和项目的列表，中间的区域为编写程序的地方，关于程序的执行结果、编译信息或警告信息则会出现在各种索引面板中。

3．使用 Eclipse 创建第一个程序

首先我们来创建第一个程序，请依次选择“File→New→Java Project”菜单选项，如图 A-22 所示。

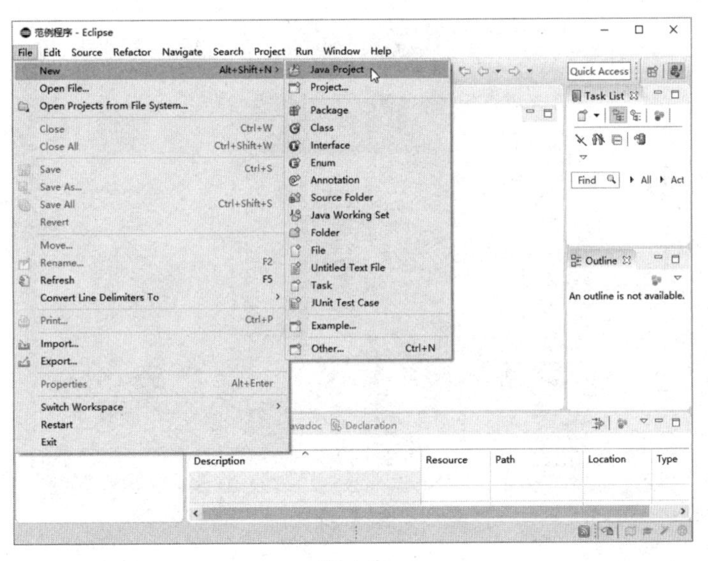

图 A-22

接着设置项目名称，例如，此处输入“ch01_01”，因为我们要将这个项目文件夹放在第 1 章中，事先创建 ch01 的文件夹作为新建“ch01_01”项目文件夹的存储位置。请注意，本书创建的项

目使用的是 JRE，请选用如图 A-23 所示的“Use an execution environment JRE: JavaSE-10”选项。

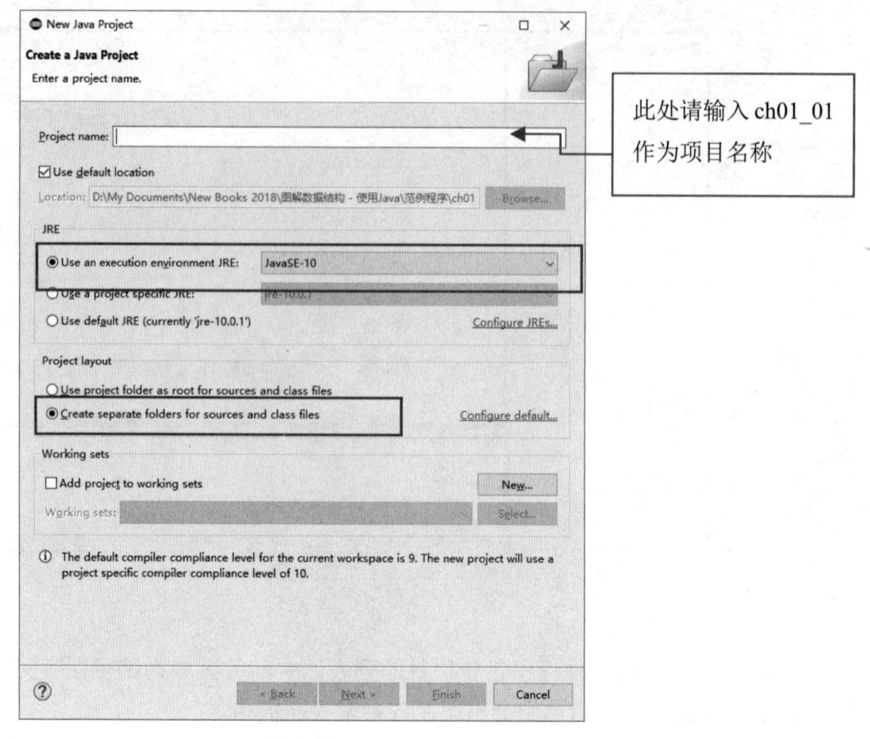

图 A-23

再来加入一个 Class，我们可以用鼠标右键单击“ch01_01”目录，出现快捷菜单后，再依次选择“New→Class”菜单选项，如图 A-24 所示。

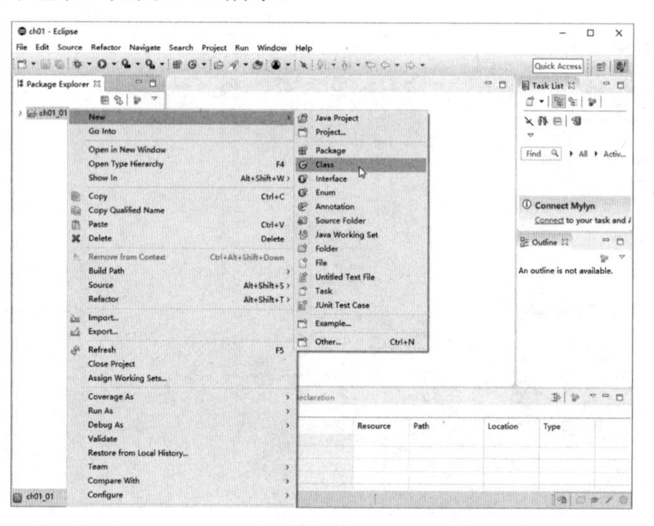

图 A-24

填入 Class Name 名称，在这个范例中，请在 Name 字段填入“ch01_01”，这个 Class Name 是需要执行的 Class 名称，最后单击“Finish”按钮，如图 A-25 所示。

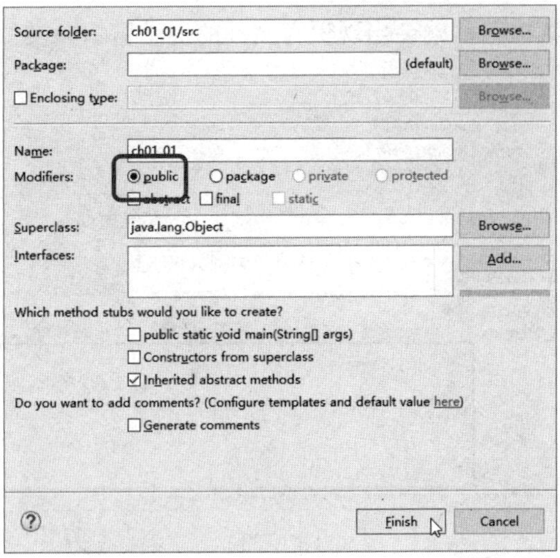

Source folder:
ch01_01/src
Browse...
Package:
(default)
Browse...
Enclosing type:
Browse...
Name:
ch01_01
Modifiers:
public
package
private
protected
abstract
final
static
Superclass:
java.lang.Object
Browse...
Interfaces:
Add...
Which method stubs would you like to create?
public static void main(String[] args)
Constructors from superclass
Inherited abstract methods
Do you want to add comments? (Configure templates and default value here)
Generate comments
Finish
Cancel

图 A-25

可以看到项目的文件夹下多了一个“ch01_01”子文件夹，该子文件夹中有“ch01_01.java”，输入程序语句后就可以看到 Eclipse 的完整编辑画面，如图 A-26 所示。

范例程序 - ch01_01/src/ch01_01.java - Eclipse
File Edit Source Refactor Navigate Search Project Run Window Help
Quick Access
Package Explorer
ch01_01
JRE System Library [JavaS
src
(default package)
ch01_01.java
ch01_01.java
//递归程序的使用
public class ch01_01 //创建类
{
public static void main(String args[])
{
System.out.println("5!="+fac(5));
}
public static int fac(int n)
{
Task List
Outline
Problems
Javadoc
Declaration
0 items
Writable
Smart Insert
2 : 28

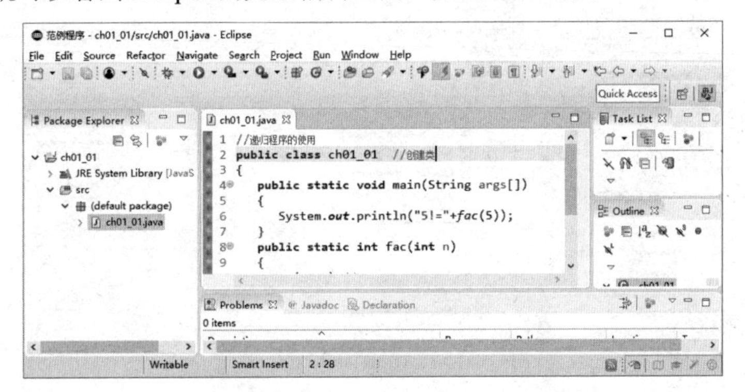

图 A-26

想要执行程序，可以依次选择“Run→Run As→Java Application”菜单选项，如图 A-27 所示。

范例程序 - ch01_01/src/ch01_01.java - Eclipse
File Edit Source Refactor Navigate Search Project Run Window Help
Run Ctrl+F11
Debug F11
Coverage Ctrl+Shift+F11
Run History
Run As
Run Configurations...
Debug History
Debug As
Debug Configurations...
Coverage History
Coverage As
Coverage Configurations...
Toggle Breakpoint Ctrl+Shift+B
Toggle Tracepoint
Toggle Line Breakpoint
Toggle Watchpoint
Toggle Method Breakpoint
Skip All Breakpoints Ctrl+Alt+B
Remove All Breakpoints
Add Java Exception Breakpoint...
Add Class Load Breakpoint...
All References...
All Instances... Ctrl+Shift+N
Instance Count...
Watch
1 Java Application Alt+Shift+X, J
Quick Access
Package Explorer
ch01_01
JRE System Library [JavaSE-9]
src
(default package)
ch01_01.java
Task List
Find
All
Activate...
Outline
ch01_01
main(String[]) : void
fac(int) : int
Problems
0 items
Description
Location
Type
Writable

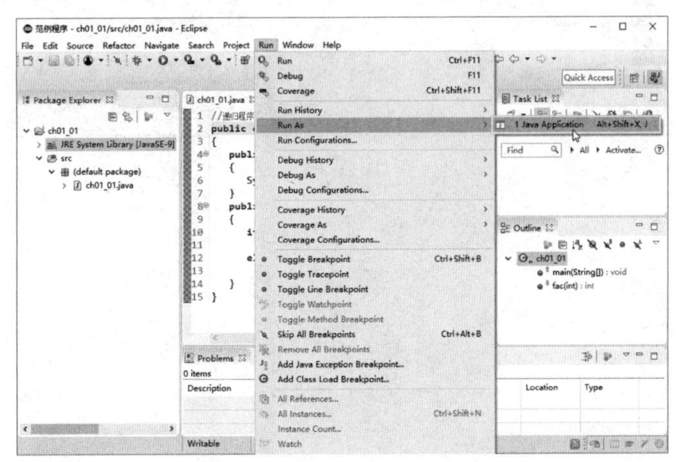

图 A-27

如果程序还没有保存就执行，就会出现保存文件的提示窗口，文件保存完成后，就可以看到执行的结果，如图 A-28 所示。

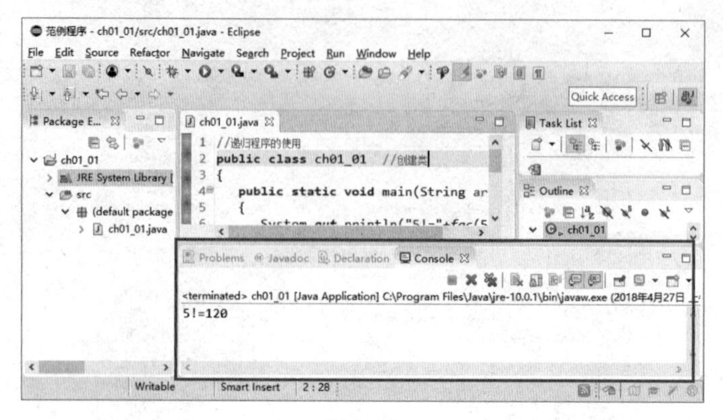

图 A-28

如果对输出的字体大小不满意，可以依次选择“Windows→Preference→Colors and Fonts→Basic→Text font”选项，单击如图 A-29 所示的“Edit”按钮进行修改。

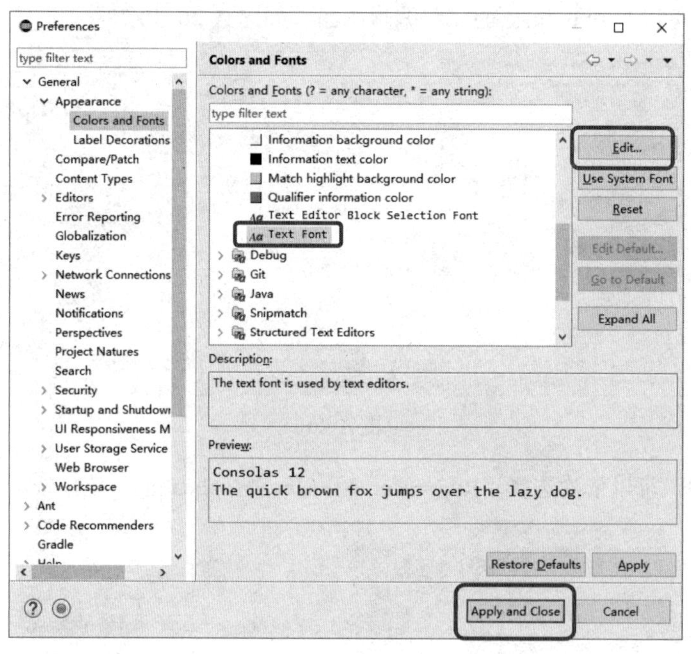

图 A-29

附录B

课后习题与解答

第 1 章课后习题与解答

1. 请问以下 Java 程序中是否相当严谨地表达出算法的含义？

```
count=0;
while(count < > 3)
```

答：不够严谨，因为会造成无限循环，与算法有限性的特性相抵触。

2. 请问下列程序中的循环部分，实际执行的次数与时间复杂度。

```
    for i=1 to n
        for j=i to n
            for k =j to n
            { end of k Loop }
        { end of j Loop }
    { end of i Loop }
```

答：我们可使用数学算式来计算，公式如下：

$$\sum_{i=1}^{n}\sum_{j=i}^{n}\sum_{k=j}^{n}1=\sum_{i=1}^{n}\sum_{j=i}^{n}(n-j+1)$$
$$=\sum_{i=1}^{n}(\sum_{j=i}^{n}n-\sum_{j=i}^{n}j+\sum_{j=i}^{n}1)$$
$$=\sum_{i=1}^{n}(\frac{2n(n-i+1)}{2}-\frac{(n+i)(n-i+1)}{2})+(n-i+1)$$
$$=\sum_{i=1}^{n}(\frac{(n-i+1)}{2})(n-i+2)$$
$$=\frac{1}{2}\sum_{i=1}^{n}(n^2+3n+2+i^2-2ni-3i)$$
$$=\frac{1}{2}(n^3+3n^2+2n+\frac{n(n+1)(2n+1)}{6}-n^3-n^2-\frac{3n^2+3n}{2})$$
$$=\frac{1}{2}(\frac{n(n+1)(2n+1)}{6}+\frac{n(n+1)}{2})$$
$$=\frac{n(n+1)(n+2)}{6}$$

这个 $\frac{n(n+1)(n+2)}{6}$ 就是实际循环执行的次数，且我们知道必定存在 c，使得 $\frac{n(n+1)(n+2)}{6}n_0\leqslant cn^3$，因而当 $n\geqslant n_0$ 时，时间复杂度为 $0(n^3)$。

3. 试证明 $f(n)=a_mn^m+...+a_1n+a_0$，则 $f(n)=O(n^m)$。

答：

$$f(n)\leqslant\sum_{i=1}^{n}|a_i|n^i$$
$$\leqslant n^m\sum_{0}^{m}|a_i|n^{i-m}$$
$$\leqslant n^m\sum_{0}^{m}|a_i|,\text{for}\geq n$$

另外我们可以把 $\sum_{0}^{m}|a_i|$ 视为常数 $C\Rightarrow f(n)=0(n^m)$

4. 求下列程序中，函数 F(i,j,k)的执行次数：

```
for k=1 to n
    for i=0 to k-1
        for j=0 to k-1
            if i<>j then F(i,j,k)
        end
    end
end
```

答：$n*(n+1)*(2n+1)/6 - n*(n+1)/2 = n^2(n+1)/3$。

5. 请问以下程序的 Big-O 是多少？

```
Total=0;
```

```
for(i=1; i<=n ; i++)
   total=total+i*i;
```

答：循环执行 n 次，所以是 O(n)。

6. 试述非多项式问题的意义。

答：

当解决某问题的算法的时间复杂度为 $O(2^n)$（指数时间），我们就称此问题为非多项式问题（Nonpolynomial Problem），简称 NP 问题。

7. 解释下列名词：

（1）O(n)(Big-Oh of n)

（2）抽象数据型（Abstract Data Type）

答：

（1）定义一个 T(n)来表示程序执行所要花费的时间，其中 n 代表数据输入量，分析算法在所有可能的输入组合下，最多所需要的时间，也就是程序最高的时间复杂度，称为 Big-Oh（念成“big-o”），或可看成是程序执行的最坏情况。

（2）抽象数据类型（Abstract Data Type，ADT），是指一个数学模型以及定义在此数学模型上的一组数学运算或操作。也就是说，ADT 在计算机中是表示一种“信息隐藏”（Information Hiding）的程序设计思想以及信息之间的某一种特定的关系模式。例如堆栈（Stack）就是一种典型数据抽象类型，它具有后进先出（Last In，First Out）的数据操作方式。

8. 试述结构化程序设计与面向对象程序设计的特性是什么？

答：结构化程序设计的核心精神就是“由上而下设计”与“模块化设计”。至于“面向对象程序设计”（Object-Oriented Programming，OOP）则是近年来相当流行的一种新兴程序设计思想。它主要让我们在程序设计时，能以一种更生活化、可读性更高的设计思路来进行程序的开发和设计，并且所开发出来的程序也更容易扩充、修改及维护。

9. 请编写一个算法来求函数 f(n)，f(n)的定义如下：

$$f(n): \begin{cases} n^n & \text{如果 } n \geqslant 1 \\ 1 & \text{其他} \end{cases}$$

答：

```
int aaa(n)
{
    int p,q;
    if(n<=0) return 0;
        p=n;
    q=n-1;
    while (q>0)
    {
        p=q*n;
        q=q-1;
    }
    return p;
}
```

10. 算法必须符合哪五项条件？

答：

算法的特性	内容与说明
输入（Input）	0 个或多个输入数据，这些输入必须有清楚的描述或定义
输出（Output）	至少会有一个输出结果，不可以没有输出结果
明确性（Definiteness）	每一个指令或步骤必须是简洁明确的
有限性（Finiteness）	在有限步骤后一定会结束，不会产生无限循环
有效性（Effectiveness）	步骤清楚且可行，能让用户用纸笔计算而求出答案

11. 请问评估程序设计语言好坏的要素是什么？

答：评估程序设计语言好坏的要素：可读性（Readability）高、平均成本低、可靠度高、可编写性高。

12. 试简述分治法的核心思想。

答：分治法（Divide and Conquer）的核心思想在于将一个难以直接解决的大问题按照不同的分类，分割成两个或更多的子问题，以便各个击破，分而治之。

13. 递归至少要定义哪两种条件？

答：递归（Recursion）至少要定义 2 个条件：①可以反复执行的递归过程；②跳出递归执行过程的出口。

14. 试简述贪心法的主要核心概念。

答：贪心法（Greed Method）又称为贪婪算法，方法是从某一起点开始，在每一个解决问题步骤中使用贪心原则，即采取在当前状态下最有利或最优化的选择，不断地改进该解答，持续在每一步骤中选择最佳的方法，并且逐步逼近给定的目标，当达到某一步骤不能再继续前进时，算法就停止，就是尽可能快地求得更好的解。

15. 简述动态规划法与分治法的差异。

答：动态规划法主要的做法是：如果一个问题答案与子问题相关的话，就能将大问题拆解成各个小问题，其中与分治法最大不同的地方是可以让每一个子问题的答案被存储起来，以供下次求解时直接取用。这样的做法不但能减少再次计算的时间，并可将这些解组合成大问题的解答，故而使用动态规划可以解决重复计算的问题。

16. 什么是迭代法，请简述说明。

答：迭代法（Iterative Method）是指无法使用公式一次求解，而需要使用迭代，例如用循环去重复执行程序代码的某些部分来得到答案。

17. 枚举法的核心概念是什么？试简述说明。

答：枚举法的核心思想就是：列举所有的可能。根据问题要求，逐一列举问题的解答，或者为了便于解决问题，把问题分为不重复、不遗漏的有限种情况，逐一列举各种情况，并加以解决，最终达到解决整个问题的目的。

18. 回溯法的核心概念是什么？试简述说明。

答：回溯法（Backtracking）也算是枚举法中的一种，对于某些问题而言，回溯法是一种可以找出所有（或一部分）解的一般性算法，同时避免枚举不正确的数值。一旦发现不正确的数值，就不再递归到下一层，而是回溯到上一层，以节省时间，是一种走不通就退回再走的方式。

第 2 章课后习题与解答

1. 试举出 8 种线性表常见的运算方式。

答：

（1）计算线性表的长度 n。

（2）取出线性表中的第 i 项元素来加以修正，1≤i≤n。

（3）插入一个新元素到第 i 项，1≤i≤n，并使得原来的第 i，i+1…，n 项，后移变成 i+1，i+2…，n+1 项。

（4）删除第 i 项的元素，1≤i≤n，并使得第 i+1，i+2，…n 项前移而变成第 i，i+1…，n–1 项。

（5）从右到左或从左到右读取线性表中各个元素的值。

（6）在第 i 项存入新值，并取代旧值。1≤i≤n。

（7）复制线性表。

（8）合并线性表。

2. 如果 Loc(A(1,1))=2，Loc(A(2,3))=18，Loc(A(3,2))=28，试求 Loc(A(4,5))=?

答： 由 Loc(A(3, 2))大于 Loc(A(2, 3))，得知 A 数组的存储分配方式为以行为主，而且 α = Loc(A(1,1)) = 2，令单位空间为 d，

另外，可由公式 Loc(A(i, j)) = α + (i–1)*n*d + (j–1)*d

=> 2 + nd + 2d = 18……①

2 + 2nd + d = 28……②

从①，②可得 d=2，n=6

因此 Loc(A(4, 5)) = 2 + 3*6*2 + 4*2 = 46。

3. 若 A(3, 3)在位置 121，A(6, 4)在位置 159，则 A(4, 5)的位置在哪里？（单位空间 d = 1）

答： 由 Loc(A(3, 3)) = 121，Loc(A(6, 4)) = 159，得知数组 A 的存储分配是以“以列为主”的方式，所以起始地址为 α，单位空间为 1，则数组 A(1:m, 1:n)

=> α + (3–1)*1 + m*(3–1)*1

= α + 2*(1+m) = 121 => α+2+2m=121……①

A + (6–1)*1 + (4–1)*m

= α + 3m + 5 = 159 => α + 3m + 5 = 159……②

由①，②式可得 α ＝ 49，m = 35

=> Loc(A(4, 5)) = 49 + 4*35 + 3 = 192。

4. A(–3:5, –4:2)数组的起始地址 A(–3,–4) = 100，以行存储为主，请问 Loc(A(1,1)) = ？

答： Loc(A(1, 1)) = 133

5. 请说明稀疏矩阵的定义，并举例。

答： 稀疏矩阵最简单的定义就是一个矩阵中大部分的元素为 0，即可称为“稀疏矩阵”（Sparse Matrix）。例如下图的矩阵就是典型的稀疏矩阵。

$$\begin{bmatrix} 25 & 0 & 0 & 32 & 0 & -25 \\ 0 & 33 & 77 & 0 & 0 & 0 \\ 0 & 0 & 0 & 55 & 0 & 0 \\ 0 & 0 & 0 & 0 & 0 & 0 \\ 101 & 0 & 0 & 0 & 0 & 0 \\ 0 & 0 & 38 & 0 & 0 & 0 \end{bmatrix}_{6 \times 6}$$

6. 假设数组 A[−1:3, 2:4, 1:4, −2:1] 是以行为主排列，起始地址 a = 200，每个数组元素内存空间为 5，请问 A [−1, 2, 1, −2]、A [3, 4, 4, 1]、A [3, 2, 1, 0]的位置。

答： Loc(A[−1, 2, 1, −2]) = 200、Loc(A[3, 4, 4, 1]) = 1395、Loc(A [3, 2, 1, 0]) = 1170

7. 求下图稀疏矩阵的压缩数组表示法。

$$\begin{bmatrix} 0 & 0 & 0 & 0 & 3 \\ 1 & 0 & 0 & 0 & 0 \\ 0 & 0 & 0 & 4 & 0 \\ 6 & 0 & 0 & 0 & 7 \\ 0 & 5 & 0 & 0 & 0 \end{bmatrix}$$

答： 我们声明一个数组 A[0:6, 1:3]

A	1	2	3
0	5	5	6
1	1	5	3
2	2	1	1
3	3	4	4
4	4	1	6
5	4	5	7
6	5	2	5

8. 什么是带状矩阵？请举例说明。

答： 所谓带状矩阵（Band Matrix），是一种在应用上较为特殊且稀少的矩阵，就是在上三角形矩阵中，右上方的元素都为零，在下三角形矩阵中，左下方的元素也都为零，即除了第一行与第 n 行有两个元素外，其余每行都具有三个元素，使得中间主轴附近的值形成类似带状的矩阵。如下图所示：

$$\begin{bmatrix} a_{11} & a_{21} & 0 & 0 & 0 \\ a_{12} & a_{22} & a_{32} & 0 & 0 \\ 0 & a_{23} & a_{33} & a_{43} & 0 \\ 0 & 0 & a_{34} & a_{44} & a_{54} \\ 0 & 0 & 0 & a_{45} & a_{55} \end{bmatrix}_{5 \times 5}$$

$a_{ij}=0$，如果 | i-j | > |

9. 解释下列名词：

（1）转置矩阵　　（2）稀疏矩阵

（3）左下三角形矩阵　　（4）有序表

答：请参考本章内容。

10. 数组结构类型通常包含哪几个属性？

答：数组结构类型通常包含五个属性：起始地址、维数（Dimension）、索引上下限、数组元素个数、数组类型。

11. 数组是以 PASCAL 语言来声明的，每个数组元素占用 4 个单位的内存空间。若起始地址是 255，在下列声明中，所列元素存储位置分别是多少？

（1）VarA=array[–55…1, 1…55]，求 A[1,12]的地址。

（2）VarA=array[5…20, –10…40]，求 A[5,–5]的地址。

答：

（1）先求得数组中的实际行数和列数。1 – (–55) + 1 = 57…行数，

55 – 1 + 1 = 55...列数

由于 PASCAL 语言是以行为主的语言，可代入以下计算公式中：

255 + 55*4*(1 – (–55)) + (12–1)*4 = 12619

（2）同样是先求得数组中的实际行数和列数。20 – 5 + 1 = 16…行数，

40 – (–10) + 1 = 51...列数

255 + 4*51*((5–5) + 4*(–5 – (–10)) = 275

12. 假设我们以 FORTRAN 语言来声明浮点数的数组 A[8][10]，且每个数组元素占用 4 个单位的内存空间，如果 A[0][0] 的起始地址是 200，那么元素 A[5][6] 的地址是多少？

答：FORTRAN 语言是以列为主排列，所以，

Loc(A[5][6]) = 200 + 5*4 + 8*4*4 = 348

13. 假设有一个三维数组声明为 A(1:3,1:4,1:5)，A(1,1,1)=300，且 d=1，试问以列为主的排列方式下，求出 A(2,2,3)的所在地址。

答：Loc(A(1,2,3))=300+(3–1)*3*4*1+(2–1)*3*1+(2–1)=328

14. 有一个三维数组 A(–3:2, –2:3, 0:4)，以行为主方式排列，数组的起始地址是 1118，试求 Loc(A(1,3,3)) =？（d=1）

答：假设 A 为 $u_1*u_2*u_3$ 数组，且是以行为主（Row-major）方式排列：

m = 2 – (–3) + 1 = 6

n = 3 – (–2) + 1 = 6

o = 4 – 0 + 1 = 5

公式如下：

Loc(A(1,3,3)) =1118 + (1–(–3))*6*5 + (3–(–2))*5 + (3–0) = 1118 + 120 + 25 + 3 = 1266

15. 假设有一个三维数组声明为 A(–3:2, –2:3, 0:4)，A(1,1,1) = 300，且 d = 2，试问以列为主的排列方式下，求出 A(2,2,3)所在的地址。

答：m = 2 – (–3) + 1 = 6 n = 3 – (–2) + 1 = 6 o = 4 – 0 + 1 = 5

Loc(A(2,2,3)) = 300 + (3–0)*6*6*1 + (2–(–2))*6*1 + (2–(–3))*1 = 437

16. 一个下三角数组，B 是一个 n×n 的数组，其中 B[i, j]=0，i<j。

（1）求 B 数组中不为 0 的最大个数。

（2）如何将 B 数组以最经济的方式存储在内存中。

（3）写出在（2）的存储方式中，如何求得 B[i, j]，i≥j。

答：

（1）由题意得知 B 为左下三角形矩阵，因此不为 0 的个数为$\frac{n*(n+1)}{2}$。

（2）可将 B 数组非零项的值以行为主（Row-major）映射到一维数组 A 中，且如下图所示。

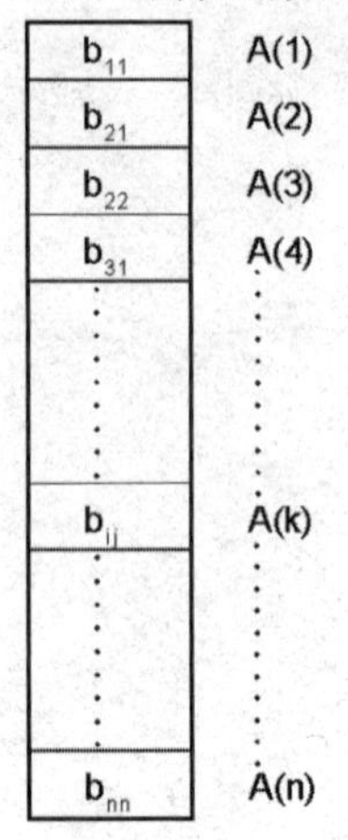

（3）以行为主的映射方式，b_{ij} = A(k)

$$k = \frac{i*(i-1)}{2} + j$$

17. 请使用多项式的两种数组表示法来存储 $P(x) = 8x^5 + 7x^4 + 5x^2 + 12$。

答：① P = (5, 8, 7, 0, 5, 0, 12)　　② P = (5, 8, 5, 7, 4, 5, 2, 12, 0)

18. 如何使用数组来表示与存储多项式 $P(x, y) = 9x^5 + 4x^4y^3 + 14x^2y^2 + 13xy^2 + 15$？试说明。

答：假如 m, n 分别为多项式 x, y 的最大指数幂的系数，对于多项式 P(x) 而言，我们可用一个 (m+1)*(n+1) 的二维数组来存储它。例如本题 P(x, y) 可用 (5+1)*(3+1) 的二维数组表示如下：

	y^0	y^1	y^2	y^3
x^0	15	0	0	0
x^1	0	0	13	0
x^2	0	0	14	0
x^3	0	0	0	0
x^4	0	0	0	4
x^5	9	0	0	0

6 × 4

第 3 章课后习题与解答

1. 在 Java 语言中要模拟链表中的节点，该如何声明？

答：

```
class Node
{
    int data;
    Node next;
    public Node(int data) //节点声明的构造函数
    {
```

```
            this.data=data;
            this.next=null;
        }
    }
```

2. 如果链表中的节点不只记录单一数值，例如每一个节点除了有指向下一个节点的指针字段外，还包括记录一位学生的姓名、学号、成绩，请问在 Java 中要模拟链表中的此类节点，该如何声明？

答：

```
    class Node
    {
        String  name;
        int     no;
        int     score;
        Node    next;
        public Node(String name,int no,int score)
        {
            this.name=name;
            this.no=no;
            this.score=score;
            this.next=null;
        }
    }
```

3. 请以 Java 程序代码及图示来说明如何删除链表内的中间节点？

答：

只要将删除节点的前一个节点的指针，指向欲删除节点的下一个节点即可，如下段程序代码所示：

```
    newNode=first;
    tmp=first;
    while(newNode.data!=delNode.data)
    {
        tmp=newNode;
        newNode=newNode.next;
    }
    tmp.next=delNode.next;
```

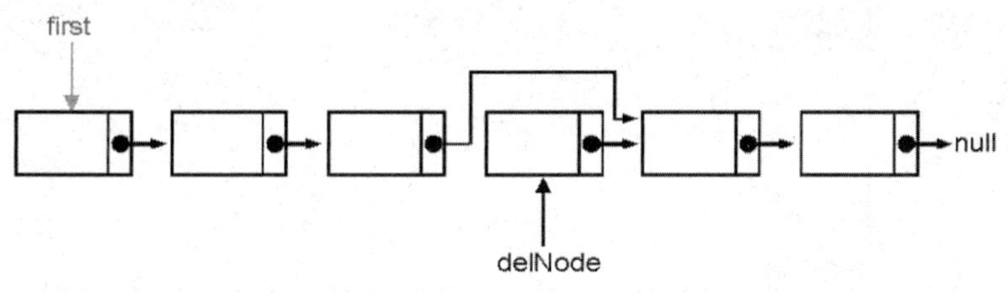

4. 请以 Java 语言实现单向链表插入节点的算法？

答：

```
    /*插入节点*/
        public void insert(Node ptr)
        {
            Node tmp;
```

```
        Node newNode;
        if(this.isEmpty())
        {
            first=ptr;
            last=ptr;
        }
        else
        {
            if(ptr.next==first)         /*插入到链表的第一个节点*/
            {
                ptr.next =first;
                first=ptr;
            }
            else
            {
                if(ptr.next==null) /*插入到链表的最后一个节点*/
                {
                    last.next=ptr;
                    last=ptr;
                }
                else             /*插入到链表的中间节点*/
                {
                    newNode=first;
                    tmp=first;
                    while(ptr.next!=newNode.next)
                    {
                        tmp=newNode;
                        newNode=newNode.next;
                    }
                    tmp.next=ptr;
                    ptr.next=newNode;
                }
            }
        }
    }
```

5. 稀疏矩阵可以用链表来表示，请用链表表示下列矩阵：

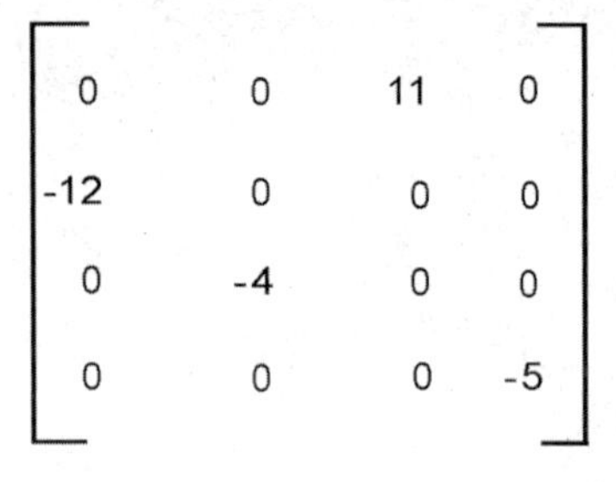

答：

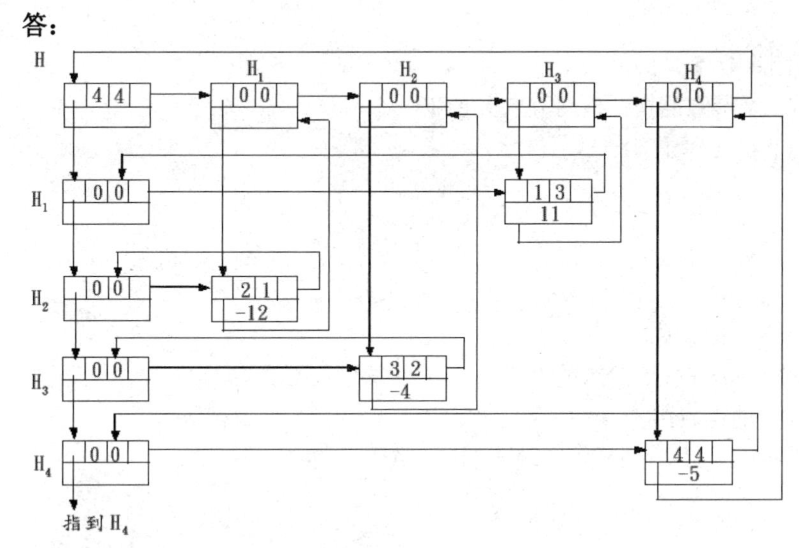

6. 以链接方式表示一串数据有何好处？

答：链表的优点：

（1）可共享某些空间或子表，避免空间浪费。

（2）加入或删除点节点十分容易，只需改变指针即可。

（3）不用事先预留大的连续内存空间，可以动态链接节点。

（4）合并或分裂链表，十分简单。

7. 试说明使用循环链表的优缺点。

答：优点：

（1）循环链表在回收到可用内存空间序列及进行多项式相加运算时，较快且有效。

（2）加入或删除节点的运算也优于一般环形链表。

缺点：

（1）循环链表必须花费额外的空间来存储链接，在读取或查找列表中任一节点的时间与程序都比环形链表逊色。

（2）删除节点时，须花费额外的时间（约 0(n)）找到最后一个节点，才可链接新表的第一个节点。

8. 在 n 个数据的链表中查找一个数据，若以平均所需要用的时间来考虑，其时间复杂度为多少？

答：O(n)。

9. 要删除环形链表的中间节点，该如何进行，请说明。

答：删除环形链表的中间节点。图示如下：

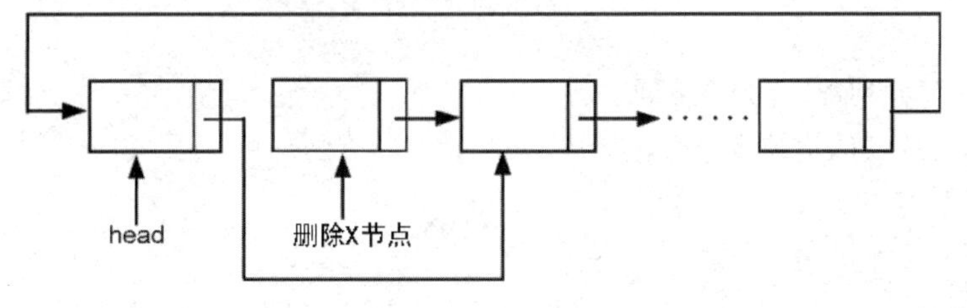

步骤：

（1）请先找到所要删除节点 X 的前一个节点。

（2）将 X 节点的前一个节点的指针指向节点 X 的下一个节点。

10. 假设一个链表的节点结构如下：

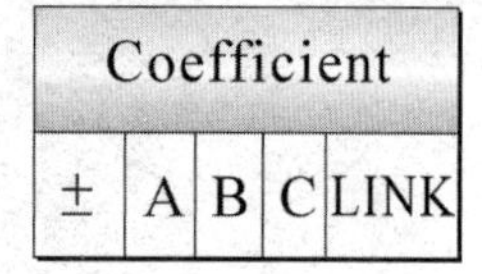

用来表示多项式 $X^AY^BZ^C$ 的各项。

（1）请绘出多项式 $X^6-6XY^5+5Y^6$ 的链表图。

（2）绘出多项式“0”的链表图。

（3）绘出多项式 $X^6-3X^5-4X^4+2X^3+3X+5$ 的链表图。

答：

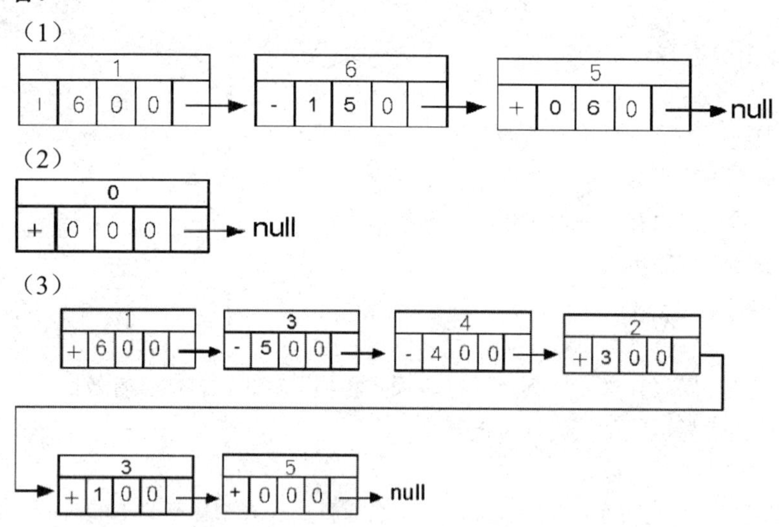

11. 用数组法和链表法表示稀疏矩阵有何优缺点，如果用链表表示时，回收到 AVL 列表（可用内存空间列表），时间复杂度为多少？

答：

（1）数组法：

优点：省空间。

缺点：非零项改动时要大量移动。

链表法：

优点：改动时，不须大量移动。

缺点：较浪费空间。

（2）O(m+n+j)，m、n 为行、列数，j 为非零项。

12. 试比较双向链表与单向链表的优缺点。

答：

（1）优点

因为双向链表有两个指针分别指向节点本身的前后两个节点，所以能够很轻松地找到它前后节点，同时从列表中的任一节点也可以找到其他节点而不需经过反转或比较节点等处理，执行速度较快。另外如果有任一节点的链接断裂，可轻易地经由反方向遍历列表，快速完整重建链接。

（2）缺点

由于它有两个链接，所以在加入节点或删除节点时都得花更多的时间移动指针，且双向链表较为浪费空间。另外在双向链表与单向链表的算法中，我们知道双向列表在加入一个节点时需改变 4 个指针，而删除一个节点也要改变两个指针。不过在单向链表中加入节点，要改变两个指针，而删除节点只要改变一个指针即可。

第 4 章课后习题与解答

1．常见堆栈的基本运算有哪几种？

答：常见的堆栈基本运算有：CREATE、PUSH、POP、EMPTY、FULL。

2．请比较以数组结构来制作堆栈和以链表来制作堆栈两者之间的优缺点。

答：以数组来制作堆栈的好处是算法简单，但往往必须考虑使用最大可能性的数组空间，会造成内存空间的浪费。而链表来制作堆栈的优点是可以动态改变表的长度，不过算法较为复杂。

3．请举出至少三种常见的堆栈应用。

答：

（1）二叉树及森林的遍历运算，例如中序遍历（Inorder）、前序遍历（Preorder）等。

（2）计算机中央处理单元（CPU）的中断处理（Interrupt Handling）。

（3）图形的深度优先（DFS）遍历法。

4．下式为一般的数学表达式，其中“*”表示乘法，“/”表示除法。

A*B+(C/D)

请回答下列问题：

（1）写出上式的前序表达式。

（2）若改变各运算符号的计算优先次序为：

① 优先次序完全一样，且为左结合运算。

② 括号“()”内的符号最先计算。

则上式的前序表达式是什么？

（3）要写一段程序完成（2）的转换，下列数据结构哪个合适？

① 队列　　② 堆栈

③ 表　　④ 环

答：

（1）前序表达式为+*AB/CD。

（2）前序表达式为+*AB/CD。

（3）堆栈（Stack），答案为（b）。

5．试写出利用两个堆栈执行下列表达式的每一个步骤。

a+b*(c−1)+5

答：

（1）将中序表达式 a+b(c−1)+5 转换成后序表达式 abc1−*+5+如下：

NextToken	Stack	Output
-	empty	-
a	empty	a
+	+	a
b	+	ab
*	+*	ab
(	+*	ab
c	+*(	abc
-	+*(-	abc
1	+*(-	abc1
)	+*	abc1-
+	+	abc1*+
5	+	abc1*+5
-	-	abc-*+5+

（2）再将后序表达式 abc1−*5+利用 Stack 得出最后值。

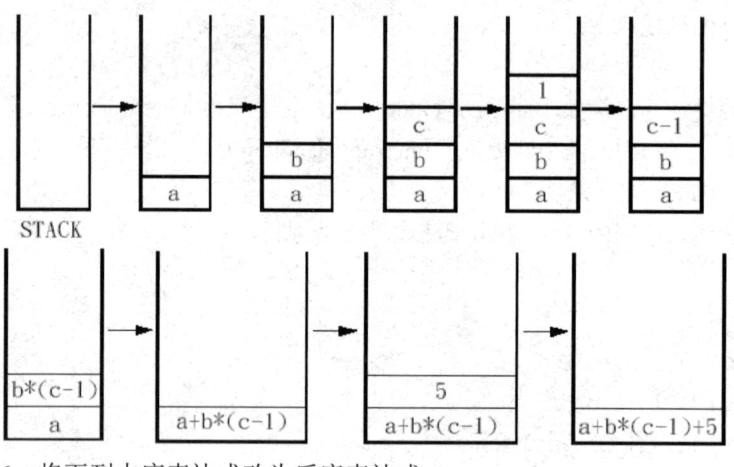

6．将下列中序表达式改为后序表达式。

（1）A**−B+C

（2）┐(A&┐(B<C or C>D)) or C<E

答：

（1）AB−※※C+

（2）ABC＜CP＞or┐ 8┐ CE<or

7．解释下列名词：

（1）堆栈

（2）TOP(PUSH(i,s))的结果

（3）POP(PUSH(i,s))的结果

答：

（1）堆栈（Stack）是一组相同数据类型的组合，所有的动作均在堆栈顶端进行，具“后进先出”（Last In First Out，LIFO）的特性。堆栈结构在计算机中的应用相当广泛，时常被用来解计算

机的问题，例如前面所谈到的递归调用，子程序的调用。堆栈的应用在日常生活中也随处可以看到，例如大楼电梯、货架的货品等，都是类似堆栈的数据结构原理。

（2）结果是堆栈内含增加一个元素，因为该操作是将元素 i 加入堆栈 S 中，再返回堆栈顶端的元素。

（3）堆栈内的元素保持不变，因为该操作是将元素 i 加入堆栈 S 中，再将堆栈 S 中最顶端的 i 元素删除。

8．试将中序表达式 X=((A+B)CD+E−F)/G 转换为前序及后序表达式（“$”代表乘号）。

答：

前序表达式：X/+1$+AB$CDEFG

后序表达式：XAB+CD$$E−F+G/=

9．若 A=1,B=2,C=3，则求出下面后序表达式之值。

ABC+*CBA−+*

AB+C−AB+*

答：

ABC+*CBA−+*＝5*4=20

AB+C−AB+*=(1+2+3)*(1+2)=0

10．求 A−B*(C+D)/E 的前序表达式式和后序表达式。

答：

（1）中序转前序

(A - ((B * (C + D)) / E))

−A/*B+CDE

（2）中序转后序

(A - ((B * (C + D)) / E))

ABCD+*E/−

11．将下列中序表达式转换为前序与后序表达式：

（1）A/B↑C+D*E−A*C

（2）(A+B)*D+E/(F+A*D)+C

（3）A↑B↑C

（4）A↑−B+C

答：

（1）

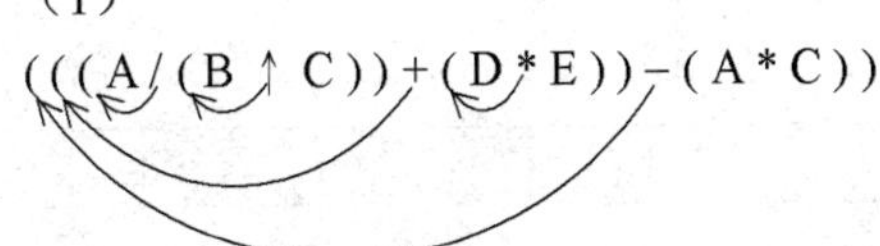

前序=−+/A↑BC*DE*AC

(((A/(B↑C))+(D*E))-(A*C))

后序=ABC↑/DE*+AC*–

（2）

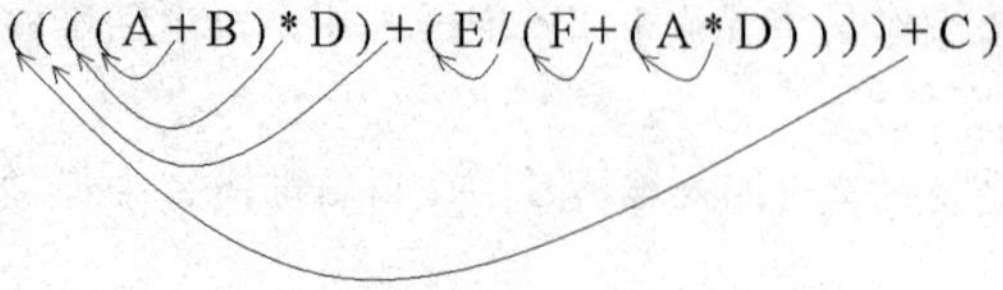

((((A+B)*D)+(E/(F+(A*D))))+C)

前序=++*+ABD/E+F*ADC

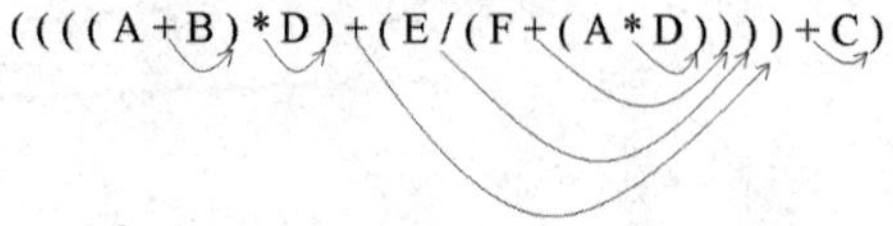

((((A+B)*D)+(E/(F+(A*D))))+C)

后序=AB+D*EFAD*+/+C+

（3）

(A↑(B↑C))

前序=↑A↑BC

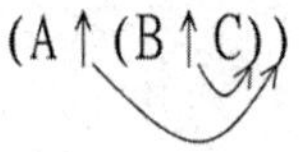

(A↑(B↑C))

后序=ABC↑↑

（4）

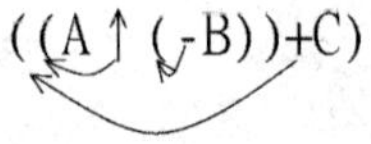

((A↑(-B))+C)

前序=+↑A–BC

((A↑(-B))+C)

后序=AB–↑C+

12．将下列中序表达式转换为前序与后序表达式：

（1）(A/B*C–D)+E/F/(G+H)

（2）(A+B)*C–(D–E)*(F+G)

答：

（1）前序=+–*/ABCD//EF+GH

后序=AB/C*D–EF/GH+/+

（2）前序=–*+ABC*–DE+FG

后序=AB+C*DE–FG+*–

13．求下列中序表达式(A+B)*D–E/(F+C)+G 的后序表达式。

答：

我们使用堆栈法来解决。

读入字符	堆栈内容	输出
None	Empty	None
(	(	
A	(	A
+	(+	A

（续表）

读入字符	堆栈内容	输出
B	(+	AB
)	Empty	AB+
*	*	AB+
D	*	AB+D
–	–	AB+D*
E	–	AB+D*E
/	–/	AB+D*E
(	–/(	AB+D*E
F	–/(	AB+D*EF
+	–/(+	AB+D*EF
C	–/(+	AB+D*EFC
)	–/	AB+D*EFC+
+	+	AB+D*EFC+/–
G	+	AB+D*EFC+/–G
None	Empty	AB+D*EFC+/–G+

14．将下面的中序法转成前序与后序表达式（以下皆用堆栈法）。

A/B↑C+D*E–A*C

答：

中序转前序

读入字符	堆栈内容	输出
C	Empty	C
*	*	C
A	*	AC
–	–	*AC
E	–	E*AC
*	*–	E*AC
D	*–	DE*AC
+	+–	* DE*AC（不要 pop＋号，请注意）
C	+–	C* DE*AC
↑	↑+–	C* DE*AC
B	↑+–	B C* DE*AC
/	/+–	↑ B C* DE*AC
A	/+–	A↑ B C* DE*AC
None	Empty	–+/ A↑ B C* DE*AC

中序转后序

读入字符	堆栈内容	输出
None	Empty	None
A	Empty	A
/	/	A
B	/	AB
↑	↑/	AB
C	↑/	ABC
+	+	ABC↑/
D	+	ABC↑/D
*	*+	ABC↑/D
E	*+	ABC↑/DE
–	–	ABC↑/DE*+
A	–	ABC↑/DE*+A
*	*–	ABC↑/DE*+A
C	*–	ABC↑/DE*+AC
None		ABC↑/DE*+AC*

15. 请以堆栈法将下列两种表示法转为中序法。

（1）–+/A**BC*DE*AC

（2）AB*CD+–A/

答：

（1）步骤如下：（–+/A**BC*DE*AC）

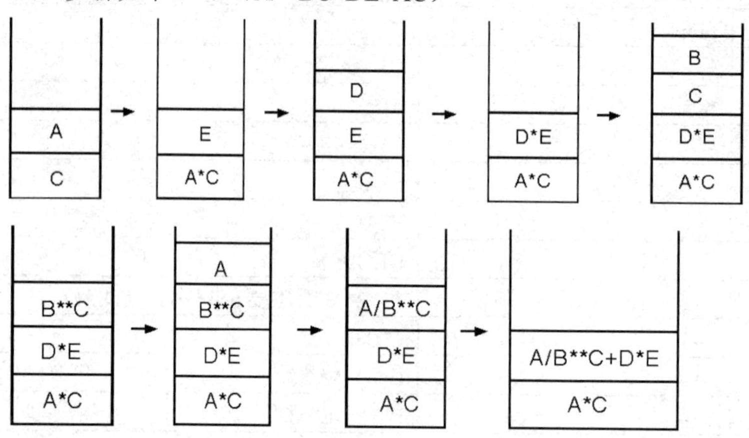

结果是 A/B**C+D*E–A*C(#)。

（2）步骤如下：AB*CD+–A/()

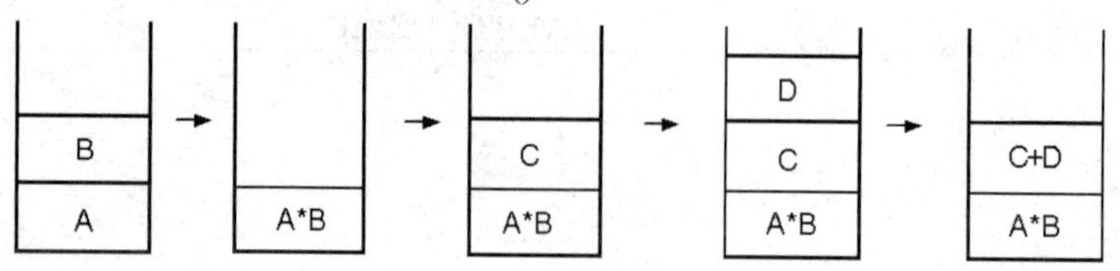

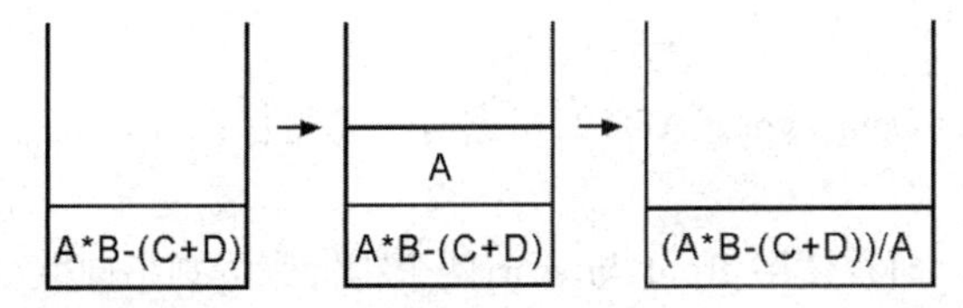

结果是(A*B–(C+D))/A。

16．请计算下列后序表达式 abc–d+/ea–*c*的值（a=2，b=3，c=4，d=5，e=6）。

答：将 abc–d+/ea–*c*转为中序表达式 a/(b–c+d)*(e–a)*c，再代入求值可得答案为 8。

第 5 章本章习题与解答

1. 设计一个队列存储于全长为 N 的密集表 Q 内，HEAD、TAIL 分别为其开始和结尾指针，均以 null 表示为空。现欲加入一项新数据，其处理为以下步骤，请按顺序回答数字标号①②③④⑤的空缺部分。

（1）按序按条件做下列选择：

a：若<u>①</u>，则表示 Q 已存满，无法进行插入操作。

b：若 HEAD 为 null，则表示 Q 内为空，可取 HEAD = 1，TAIL =<u>②</u>。

c：若 TAIL = N，则表示<u>③</u>须将 Q 内从 HEAD 到 TAIL 位置的数据，从 1 移到<u>④</u>的位置，并取 TAIL =<u>⑤</u>，HEAD = 1。

（2）TAIL = TAIL+1。

（3）New Entry 移入 Q 内的 TAIL 处。

（4）结束插入操作。

答：把数据加入到 TAIL 指针指向的位置，删除 HEAD 指针指向位置的数据。这样的方法当 TAIL = N 时，必须检查前面是否有空间。检查 Q 是否已满，我们可查看 TAIL-HEAD 的差。

① TAIL – HEAD + 1 = N　　② 0

③ 已到密集表最右边，无法加入　　④ TAIL – HEAD + 1

⑤ N – HEAD + 1

2. 什么是多重队列？请说明其定义与目的。

答：双向队列（Deque）就是一种二重队列，只是队列的首端可在队列的左右两端。多重队列的原则是只要遵循数据插入在 rear 端，删除在 front 端的原则，并将多重堆栈的 T(i)改成 rear(i)、B(i)改成 front(i)即可。多重队列也可以改成多重环形队列。其实无论是多重堆、多重队列与环形队列，主要目的都是为了让数组的有效使用率提高，因为数组的大小必须事先声明，声明太大或太小都可能造成空间的浪费或不足。

3. 请列出队列常见的基本运算。

答：

CREATE	创建空队列
ADD	将新数据加入队列的尾端，返回新队列
Delete	删除队列前端的数据，返回新队列
Front	返回队列前端的值
Empty	若队列为空集合，返回真，否则返回假

4. 请说明队列应具备的基本特性。

答： 队列是一种抽象型数据结构（Abstract Data Type，ADT），它有下列特性：

（1）具有先进先出（FIFO）的特性。

（2）拥有两种基本动作，即加入与删除，而且使用 front 与 rear 两个指针来分别指向队列的前端与尾端。

5. 如果用链表来实现队列，其 Java 的类声明如何定义？

答：

```
01  class QueueNode              // 队列节点类
02  {
03    int data;                   // 节点数据
04    QueueNode next;             // 指向下一个节点
05    //构造函数
06    public QueueNode(int data) {
07      this.data=data;
08      next=null;
09    }
10  };
11
12  class Linked_List_Queue {  //队列类
13     public QueueNode front; //队列的前端指针
14     public QueueNode rear;  //队列的尾端指针
15  .........// 构造函数及方法的程序代码实现
16  }
```

6. 请举出至少三种队列常见的应用。

答： 队列的应用：图形的遍历的广度优先查找法（BFS）、计算机的模拟（Simulation）、CPU 的工作调度、外设脱机批处理系统。

7. 说明环形队列的基本概念。

答： 环形队列就是一种环形结构的队列，它是 Q(0:n–1)的一维数组，同时 Q(0)为 Q(n–1)的下一个元素。

8. 什么是优先队列？请说明。

答： 优先队列（Priority Queue）为一种不必遵守队列特性——FIFO（先进先出）的有序表，其中的每一个元素都赋予一个优先权（Priority），加入元素时可任意加入，但有最高优先权者（Highest Priority Out First，HPOF）则最先输出。例如：在计算机中 CPU 的工作调度，优先权调度（Priority Scheduling, PS）就是一种来挑选任务的“调度算法”（Scheduling Algorithm），也会使用到优先队列，好比级别高的用户，就比一般用户拥有较高的权利。

第 6 章课后习题与解答

1. 一般树结构在计算机内存中的存储方式是以链表为主，对于 n 叉树（n-way 树）来说，我们必须取 n 为链接个数的最大固定长度，请说明为了改进存储空间浪费的缺点，我们最常使用二叉树（Binary Tree）结构来取代树结构。

答： 假设此 n 叉树有 m 个节点，那么此树共用了 n*m 个链接字段。另外因为除了树根外，每一个非空链接都指向一个节点，所以得知空链接个数为 n*m – (m–1) = m*(n–1) + 1，而 n 叉树的链接浪费率为 $\frac{m*(n-1)+1}{m*n}$。因此我们可以得到以下结论：

n=2 时，2 叉树的链接浪费率约为 1/2

n=3 时，3 叉树的链接浪费率约为 2/3

n=4 时，4 叉树的链接浪费率约为 3/4

……

故而当 n=2 时，它的链接浪费率最低。

2. 下列哪一种不是树（Tree）？

（A）一个节点

（B）环形链表

（C）一个没有回路的连通图（Connected Graph）

（D）一个边数比点数少 1 的连通图

答：（B）因为环形链表会造成回路现象，不符合树的定义。

3. 请问以下二叉树的中序法、后序法以及前序法表达式分别是什么？

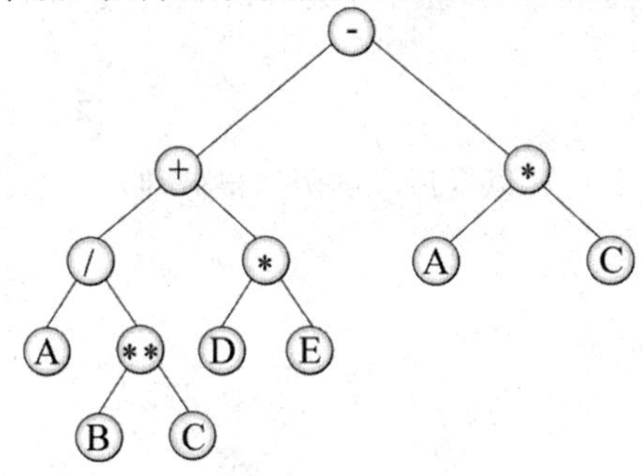

答：中序：A/B**C+D*E–A*C

后序：ABC**/DE*+AC*–

前序：–+/A**BC*DE*AC

4. 请问以下二叉树的中序法、前序法以及后序法表达式分别是什么？

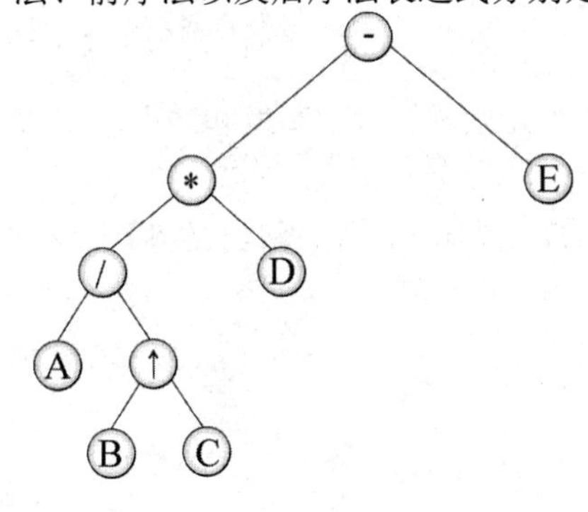

答：中序：A/B↑C*D–E

前序：–*/A↑BCDE

后序：ABC↑/D*E–

5. 试以链表来描述以下树结构的数据结构。

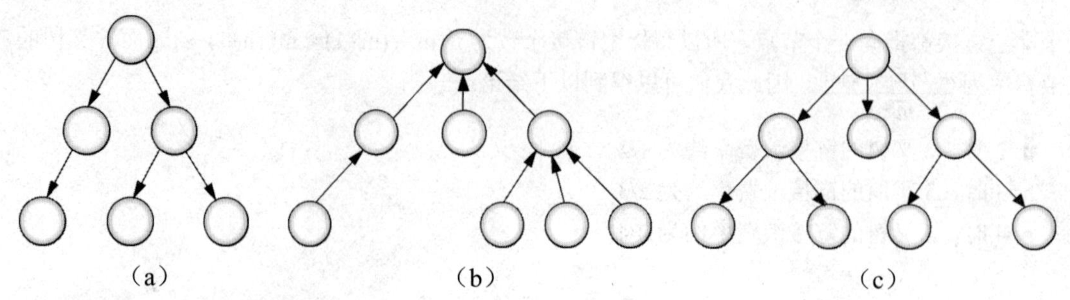

（a）　（b）　（c）

答：（a）每个节点的数据结构：

Llink	Data	Rlink

（b）因为子节点都指向父节点，所以结构可以设计如下：

Data	link

（c）每个节点的数据结构：

Data		
Link1	Link2	Link3

6. 假如有一个非空树，其度数为 5，已知度数为 i 的节点数有 i 个，其中 $1 \leqslant i \leqslant 5$，请问终端节点数总数是多少？

答：41 个。

7. 请问以下二叉树的中序、前序以及后序遍历结果分别是什么？

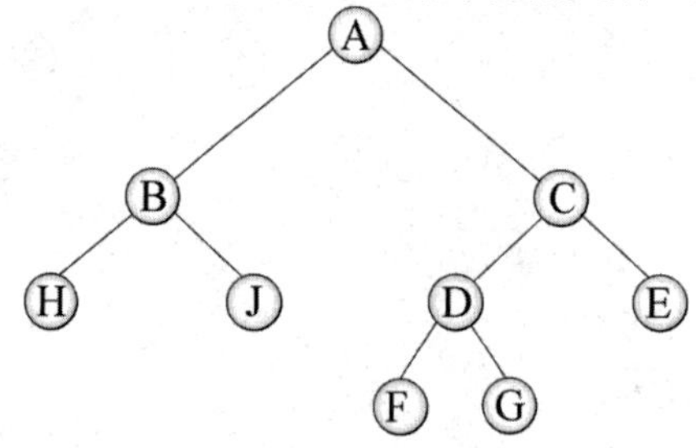

答：中序：HBJAFDGCE

前序：ABHJCDFGE

后序：HJBFGDECA

8. 用二叉查找树去表示 n 个元素时，最小高度和最大高度的二叉查找树（Height of Binary Search Tree）其值分别是什么？

答：最大高度的二叉查找树高度为 n（例如，斜二叉树），而最小高度的二叉查找树为完全二叉树，高度为“$\log_2(n+1)$”。

9. 请问以下运算二叉树的中序法、后序法与前序法表示法分别是多少？

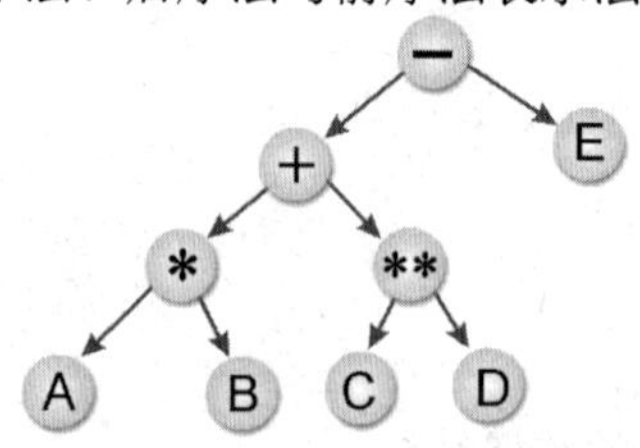

答：中序：A*B+C**D−E

前序：–+*AB**CDE

后序：AB*CD**+E–

10. 下图为一个二叉树：

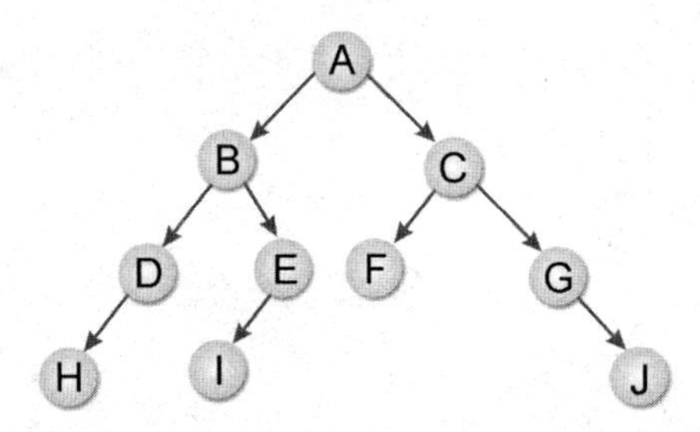

（1）请问此二叉树的前序遍历、中序遍历与后序遍历结果是什么？

（2）空的线索二叉树是什么？

（3）以线索二叉树表示其存储情况。

答：

（1）前序：ABDHEICFGJ　　　中序：HDBIEAFCGJ　　　后序：HDIEBFJGCA

（2）

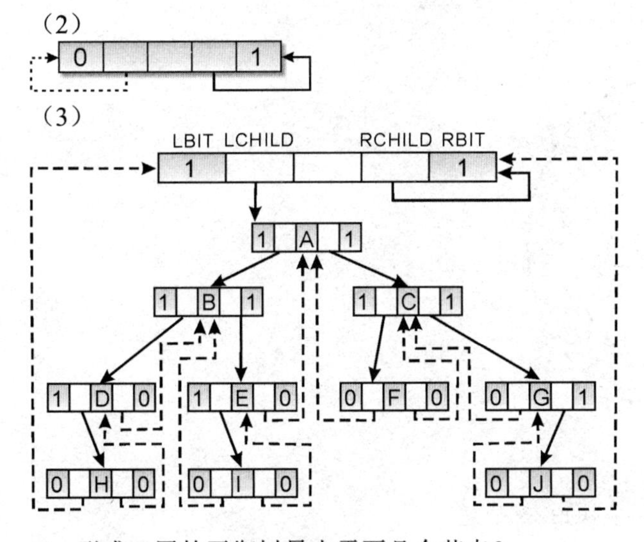

11. 形成 8 层的平衡树最少需要几个节点？

答：因为条件是形成最少节点的平衡树，不但要最少，而且要符合平衡树的定义。在此我们逐一讨论：

（1）一层的最少节点的平衡树：

（2）二层的最少节点的平衡树：

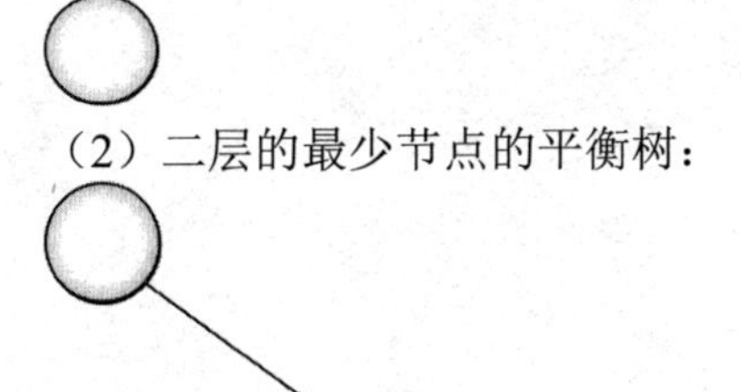

（3）三层的最少节点的平衡树：

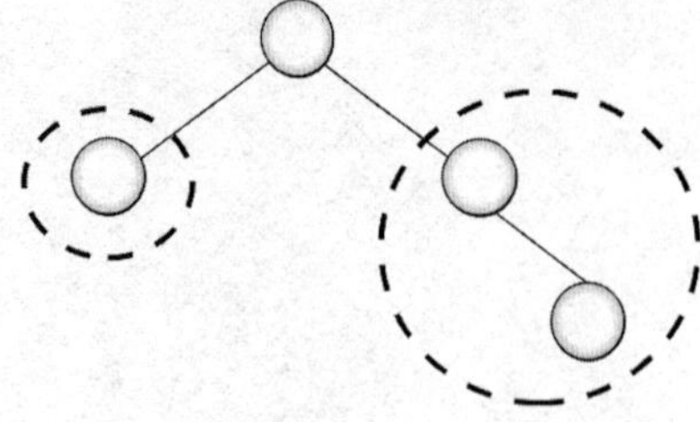

（4）四层的最少节点的平衡树：

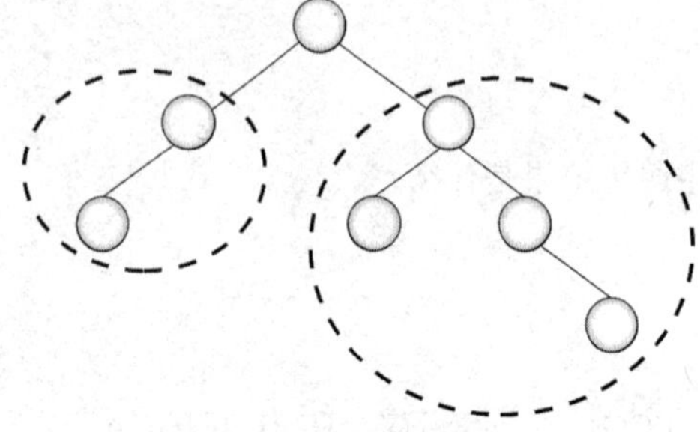

（5）五层的最少节点平衡树：

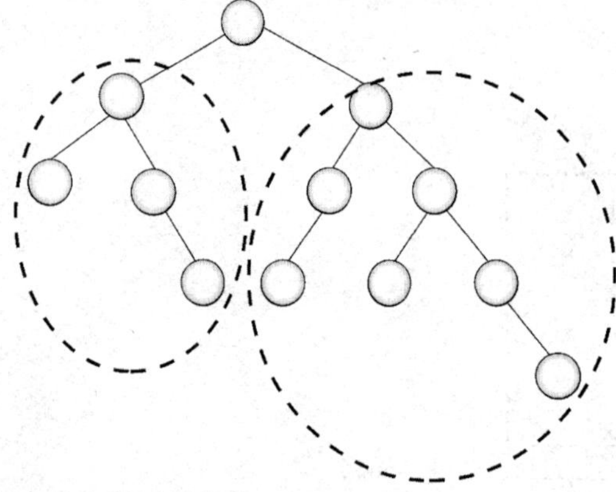

由以上的讨论得知：

$N_n=N_{n-1}+N_{n-2}+1$

且 $N_0=0$，$N_1=1$ ← 树根

→0，1，2，4，7，12，20，33，54，88…

所以第 8 层最少节点的平衡树有 54 个节点。

12. 在下图平衡二叉树中，加入节点 11 后，重新调整后的平衡树是什么？

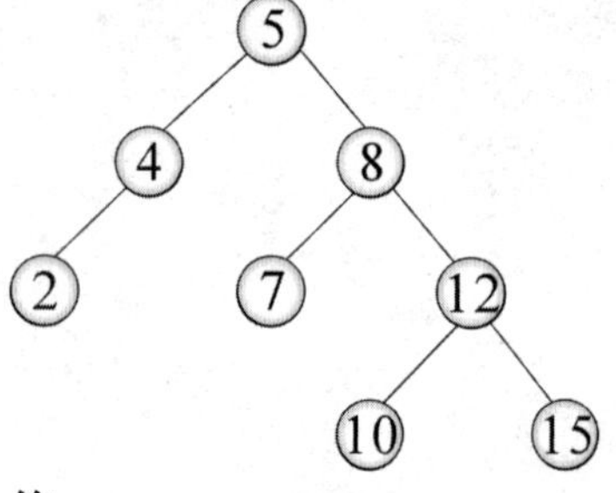

答：

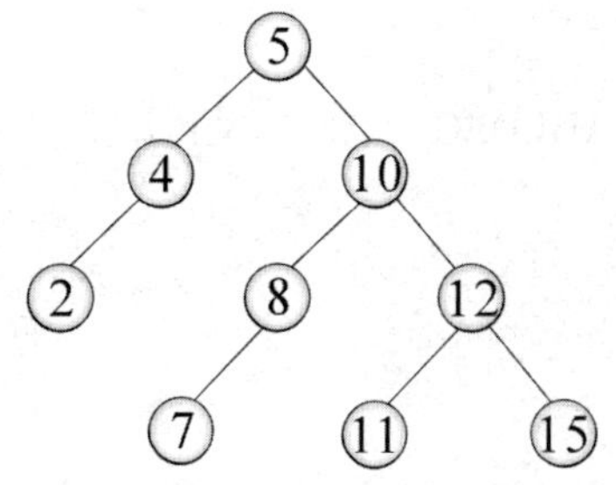

13. 请说明二叉搜索树的特点。

答：二叉搜索树 T 具有以下特点：

（1）可以是空集合，但若不是空集合则节点上一定要有一个键值。

（2）每一个树根的值需大于左子树的值。

（3）每一个树根的值需小于右子树的值。

（4）左右子树也是二叉搜索树。

（5）树的每个节点值都不相同。

14. 试写出一个伪码 SWAPTREE(T) 将二叉树 T 的所有节点的左右子节点对换，并说明。

答：

```
Procedure SWAPTREE(T)
    i←0
    while T<>nil do
        p←Lchild(T);q←Rchild(T)
        Lchild(T)←q;Rchild(T)←q
        if Rchild(T)<>nil then
        [
            i←i+1
            S(i)←Rchild(T)
        ]
        else
            T←Lchild(T)
    end
    if i≠0 then [T←S(i);i←i-1]
end
```

15.

（1）用一维数组 A[1:10] 来表示下图的两棵树。

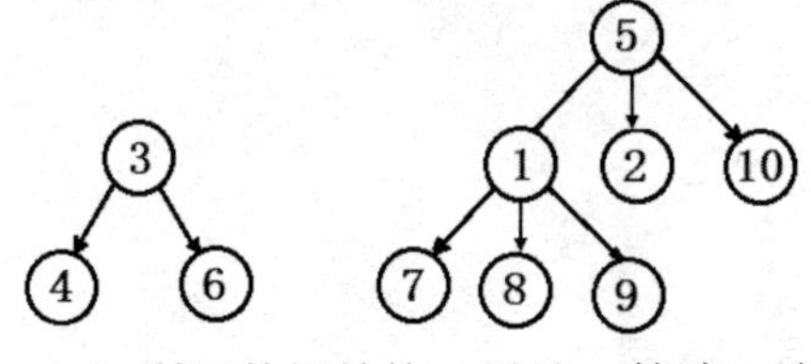

（2）利用数据结构，设计一算法，该算法将两棵树合并（union）成为一棵树。

答：

（1）

节点值	1	2	3	4	5	6	7	8	9	10
父节点	5	5	-1	3	-1	3	1	1	1	5

（2）提示：i≠jParent(i)←j

16. 假设一棵二叉树其中序遍历为 BAEDGF，前序遍历为 ABEDFG，求此二叉树。

答：

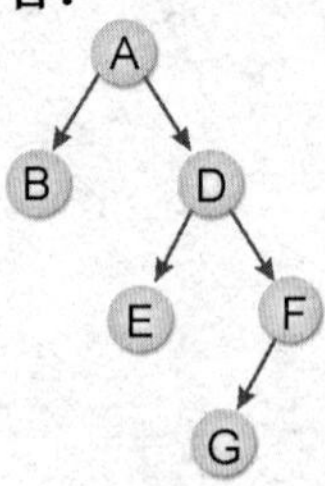

17. 试述如何对一个二叉树进行中序遍历不用堆栈或递归？

答：使用线索二叉树（Thread Binary Tree）即可不必使用堆栈或递归来进行中序遍历。因为右线索可以指向中序遍历的下一个节点，而左线索可指向中序遍历的前一个节点。

18. 将下图的树转化为二叉树。

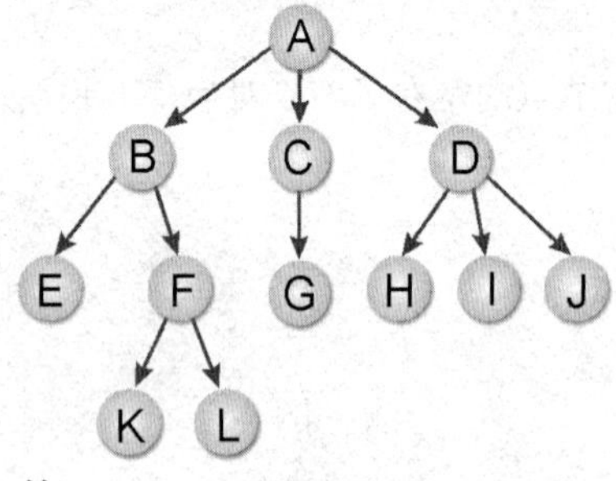

答：

（1）将树的各层兄弟用平行线连接起来。

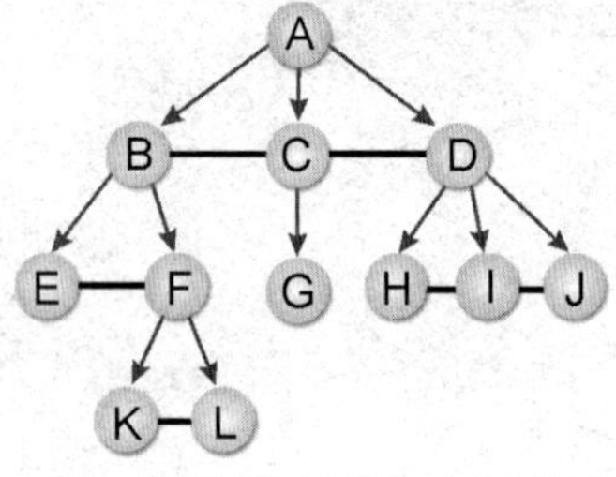

（2）删除所有子节点间的连接，只保留最左边的子节点。

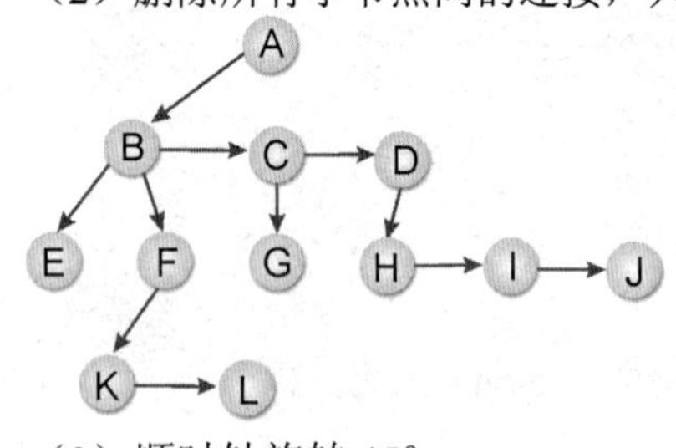

（3）顺时针旋转 45°。

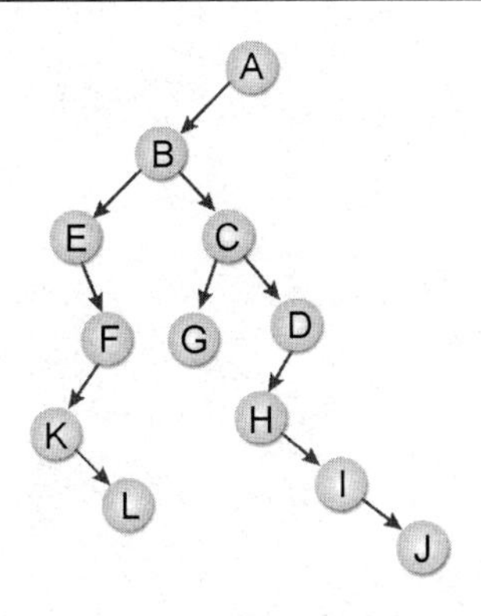

第 7 章课后习题与解答

1. 请问以下哪些是图的应用？

（1）作业调度　　（2）递归程序　　（3）电路分析　　（4）排序

（5）最短路径搜索　　（6）仿真　　（7）子程序调用　　（8）都市计划

答：（3），（5），（8）。

2. 什么是欧拉链理论？请绘图说明。

答：如果“欧拉七桥问题”的条件改成从某顶点出发，经过每边一次，不一定要回到起点，即只允许其中两个顶点的度数是奇数，其余则必须全部为偶数，符合这样的结果就被称为“欧拉链”（Eulerian Chain）。

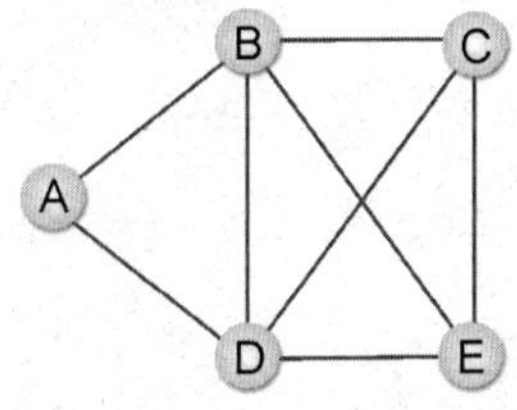

3. 求出下图的 DFS 与 BFS 结果。

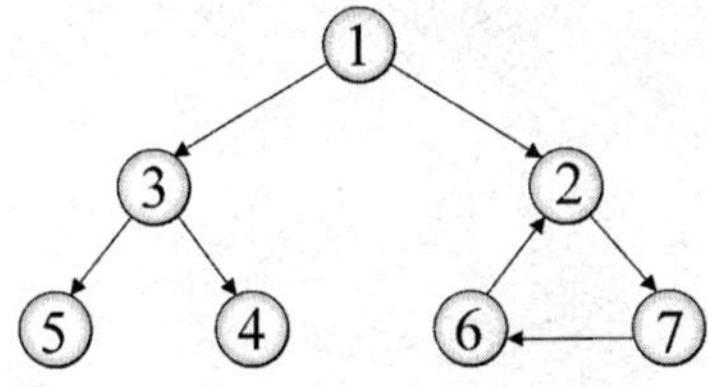

答：DFS：1–2–7–6–3–4–5　　BFS：1–2–3–7–4–5–6

4. 什么是多重图？请绘图说明。

答：图中任意两顶点只能有一条边，如果两顶点间相同的边有 2 条以上（含 2 条），则称这样的图为多重图（Multigraph）。以图论严格的定义来说，多重图应该不能称为一种图。请看下图就是一个多重图：

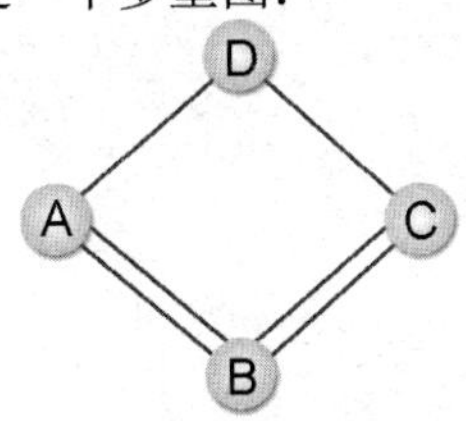

5. 请以 K 氏法求取下图中的最小成本生成树。

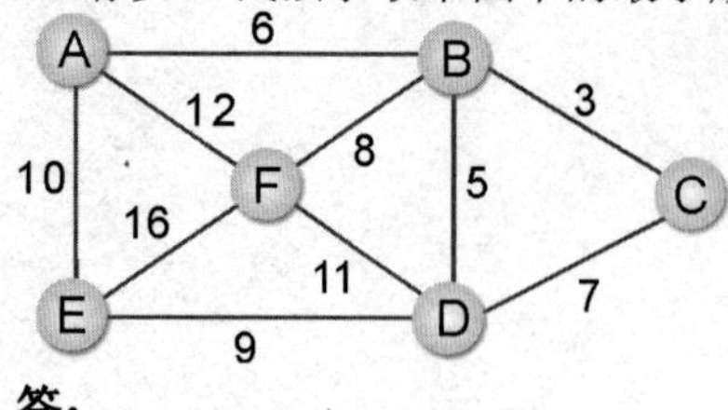

答：

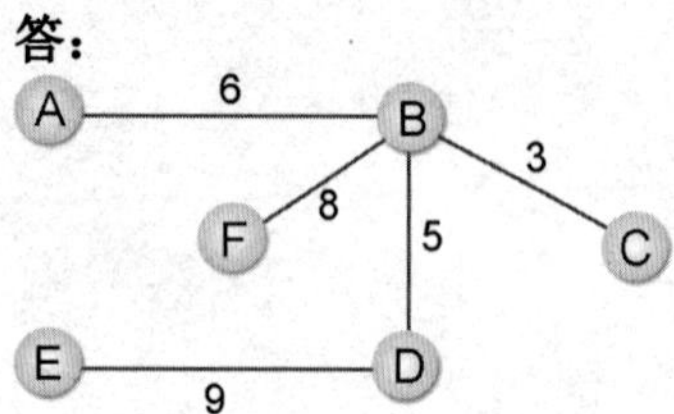

6. 请写出下图的邻接矩阵表示法和各个顶点之间最短距离的表示矩阵。

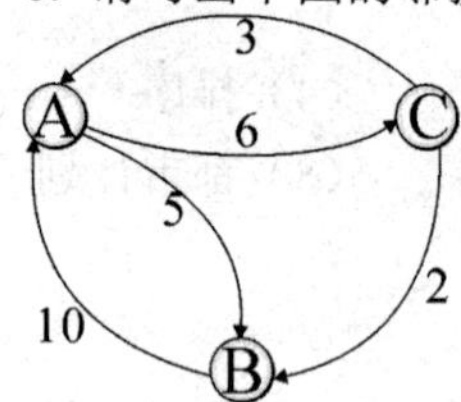

答：

$$A^0 = \begin{array}{c} \\ A \\ B \\ C \end{array}\begin{array}{c} \begin{array}{ccc} A & B & C \end{array} \\ \begin{bmatrix} 0 & 5 & 6 \\ 10 & 0 & \infty \\ 3 & 2 & 0 \end{bmatrix} \end{array} \qquad A^3 = \begin{array}{c} \\ A \\ B \\ C \end{array}\begin{array}{c} \begin{array}{ccc} A & B & C \end{array} \\ \begin{bmatrix} 0 & 5 & 6 \\ 10 & 0 & 16 \\ 3 & 2 & 0 \end{bmatrix} \end{array}$$

7. 求下图的拓扑排序。

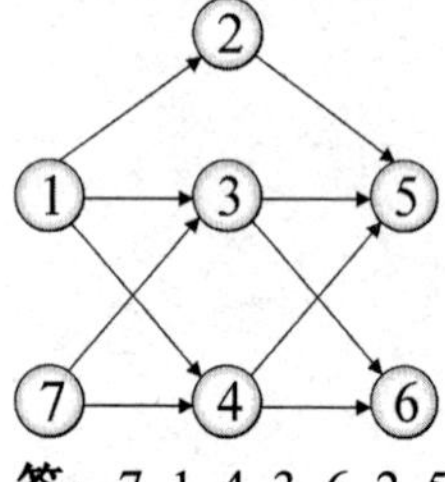

答：7, 1, 4, 3, 6, 2, 5

8. 求下图的拓扑排序。

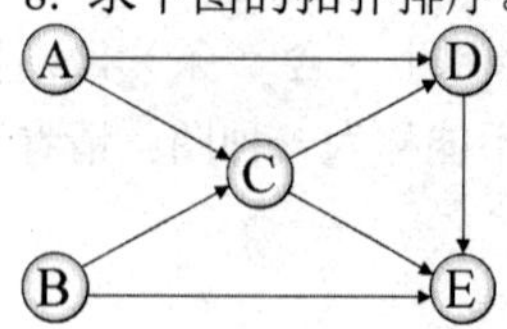

答：拓扑排序为 A→B→C→D→E 或 B→A→C→D→E

9. 下图是否为双连通图？有哪些连通分支？试说明。

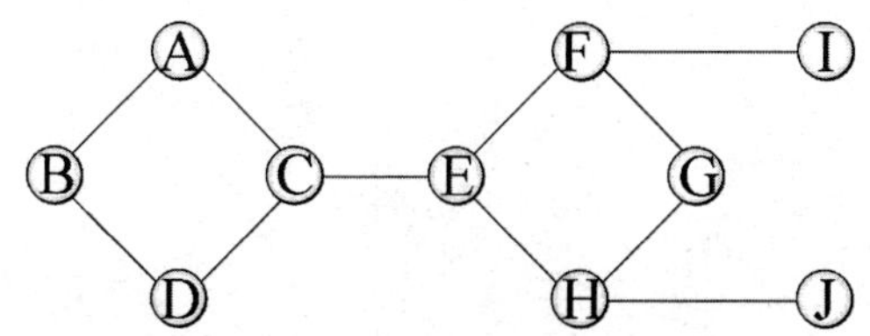

答：对于一个顶点 V，如果将 V 上所连接的边都去掉所生成的 G'，如果 G'最少有两个连通分支，则称此顶点 V 为的“割点”（Articulation Point）。而一个没有割点的图，就是“双连通图”（Biconnected Graph）。而这个图有 4 个割点 C、E、F、H，因此并不是“双连通图”。而此图的连通分支，有下列五种：

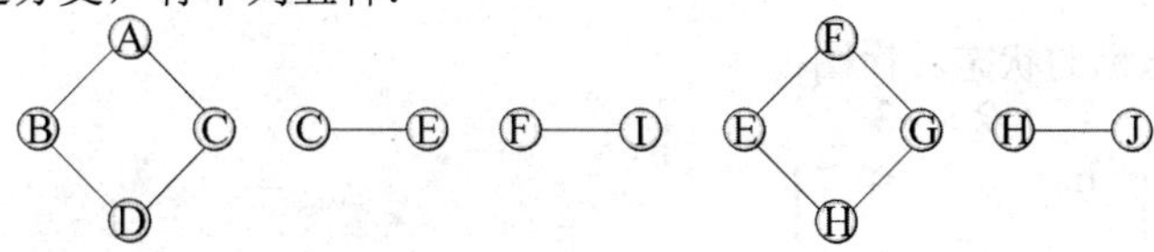

10. 请问图有哪四种常见的表示法？

答：邻接矩阵法、邻接表法、邻接多叉链表法（或邻接复合链表法）、索引表格法。

11. 请以邻接矩阵表示下面的有向图。

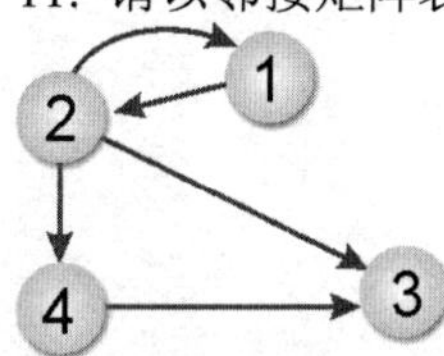

答：和无向图形的方法一样，找出相邻的点并把边连接的两个顶点编码作为坐标值，在矩阵中对应位置的值设为 1。不同的是横坐标为出发点，纵坐标为终点。如下表所示：

	1	2	3	4
1	0	1	0	0
2	1	0	1	1
3	0	0	0	0
4	0	0	1	0

12. 试简述图的遍历之定义。

答：一个图 G = (V, E)，存在某一顶点 $v \in V$，从 v 开始，经过此顶点相邻的顶点而去访问 G 中其他顶点，这就称为“图的遍历”。

13. 请简述拓扑排序的步骤。

答：拓扑排序的步骤如下：

步骤01 查找图形中任何一个没有先行者的顶点。

步骤02 输出此顶点，并将此顶点的所有边删除。

步骤03 重复上面两个步骤以处理所有顶点。

14. 以下为一个有限状态机的状态转换图，试列举两种图的数据结构来表示它，其中：

- S 代表状态 S
- 射线(→)表示转换方式
- 射线上方 A/B ： A 代表输入信号；B 代表输出信号

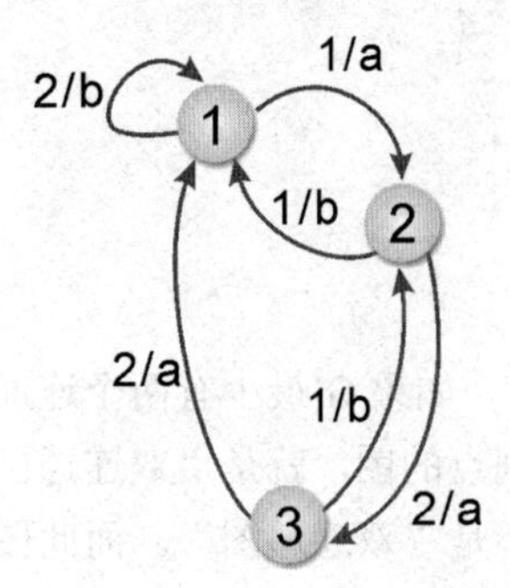

答：

（1）以邻接矩阵来表示有限状态机的状态转换图：

$$
\begin{array}{c} \\ 1 \\ 2 \\ 3 \end{array}
\begin{array}{c} \begin{array}{ccc} 1 & 2 & 3 \end{array} \\ \begin{bmatrix} 2 & 1 & \infty \\ 1 & \infty & 2 \\ 2 & 1 & \infty \end{bmatrix} \end{array}
\qquad
\begin{array}{c} \\ 1 \\ 2 \\ 3 \end{array}
\begin{array}{c} \begin{array}{ccc} 1 & 2 & 3 \end{array} \\ \begin{bmatrix} b & a & \infty \\ 1 & \infty & a \\ 2 & b & \infty \end{bmatrix} \end{array}
$$

（2）以邻接链表来表示有限状态机的状态转换图：

1 → [1 | 2 | b |] → [2 | 1 | a |] → NIL

2 → [1 | 1 | b |] → [3 | 2 | a |] → NIL

3 → [1 | 3 | a |] → [2 | 1 | b |] → NIL

15. 什么是完全图，请说明。

答：在“无向图”中，N 个顶点正好有 N(N−1)/2 条边，就称为“完全图”。但在“有向图”中，若要称为“完全图”，则必须有 N(N−1)个边。

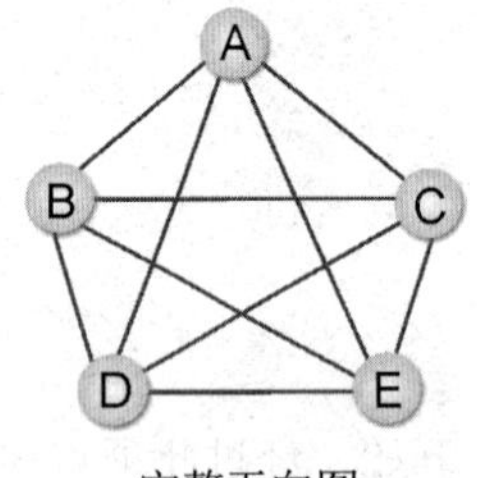

完整无向图

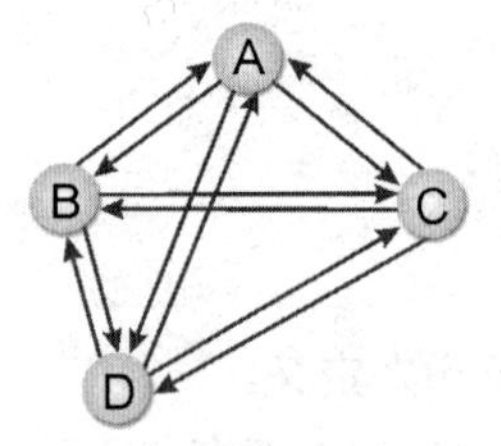

完整有向图

16. 下图为图 G。

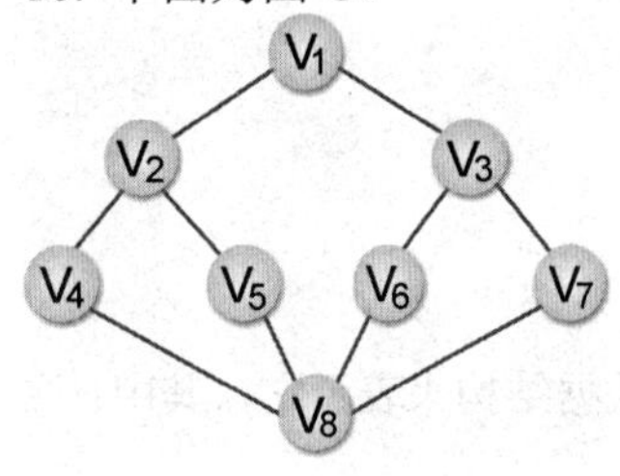

（1）请以①邻接表和②邻接数组表示 G。

（2）使用下面的遍历法（或搜索法）求出生成树。

①深度优先（Depth First）

②广度优先（Breadth First）

答：

（1）

（a）以邻接表来表示图形 G：

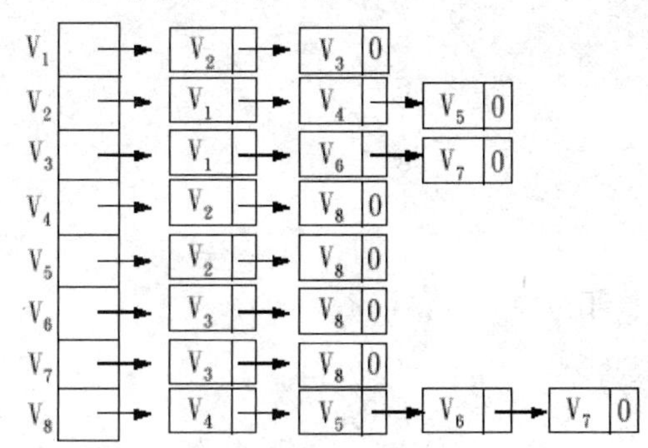

（b）以邻接数组来表示图形 G：

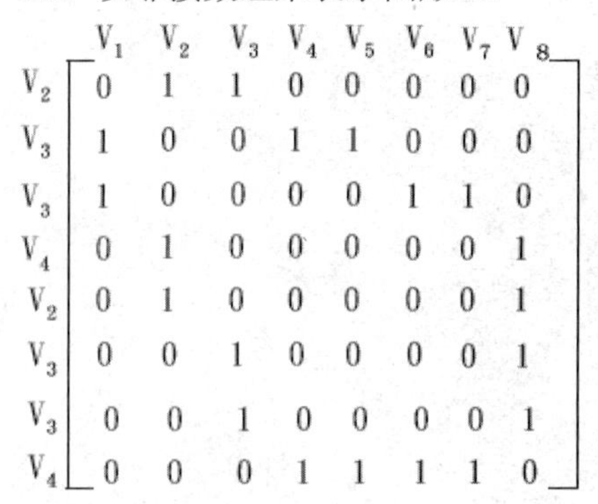

	V_1	V_2	V_3	V_4	V_5	V_6	V_7	V_8
V_2	0	1	1	0	0	0	0	0
V_3	1	0	0	1	1	0	0	0
V_3	1	0	0	0	0	1	1	0
V_4	0	1	0	0	0	0	0	1
V_2	0	1	0	0	0	0	0	1
V_3	0	0	1	0	0	0	0	1
V_3	0	0	1	0	0	0	0	1
V_4	0	0	0	1	1	1	1	0

（2）

（a）深度优先（DFS）

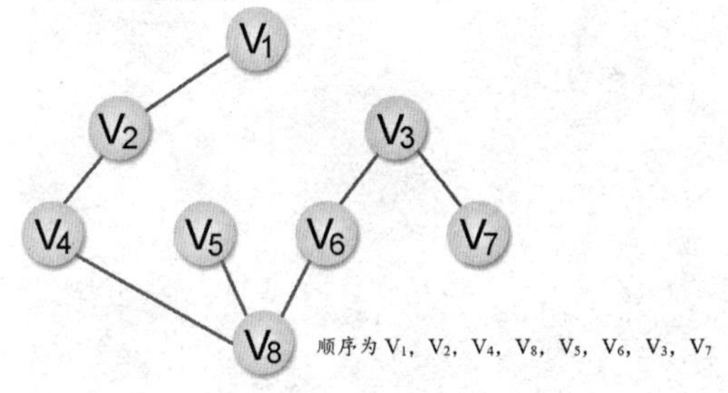

顺序为 V_1，V_2，V_4，V_8，V_5，V_6，V_3，V_7

（b）广度优先（BFS）

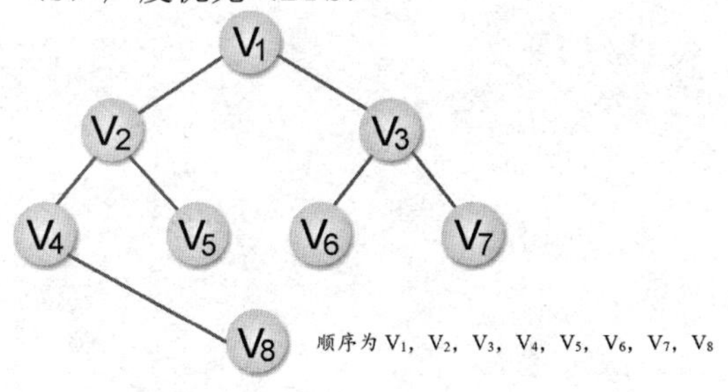

顺序为 V_1，V_2，V_3，V_4，V_5，V_6，V_7，V_8

17. 以下所列的各个树都是关于图 G 的搜索树。假设所有的搜索都始于节点 1。试判定每棵树是深度优先搜索树，还是广度优先搜索树，或二者都不是。

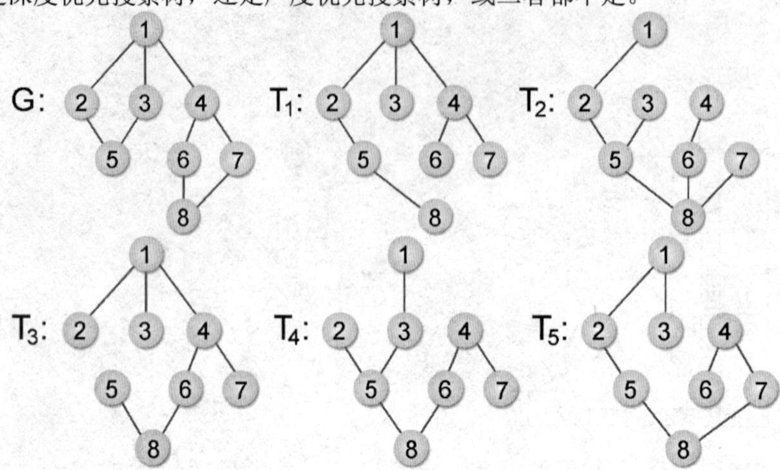

答：

① T_1 为广度优先搜索树　　② T_2 二者都不是

③ T_3 二者都不是　　④ T_4 为深度优先搜索树

⑤ T_5 二者都不是

18. 求 V_1、V_2、V_3 任意两顶点的最短距离，并描述其过程。

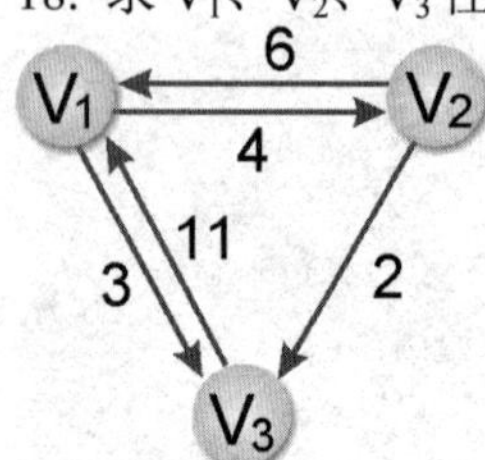

答：

$$A^0 = \begin{bmatrix} 0 & 4 & 11 \\ 6 & 0 & 2 \\ 3 & \infty & 0 \end{bmatrix} \qquad A^1 = \begin{bmatrix} 0 & 4 & 11 \\ 6 & 0 & 2 \\ 3 & 7 & 0 \end{bmatrix}$$

$$A^2 = \begin{bmatrix} 0 & 4 & 6 \\ 6 & 0 & 2 \\ 3 & 7 & 0 \end{bmatrix} \qquad A^3 = \begin{array}{c} \\ V_1 \\ V_2 \\ V_3 \end{array} \begin{array}{c} \begin{array}{ccc} V_1 & V_2 & V_3 \end{array} \\ \begin{bmatrix} 0 & 4 & 6 \\ 6 & 0 & 2 \\ 3 & 7 & 0 \end{bmatrix} \end{array}$$

19. 求下图的邻接矩阵。

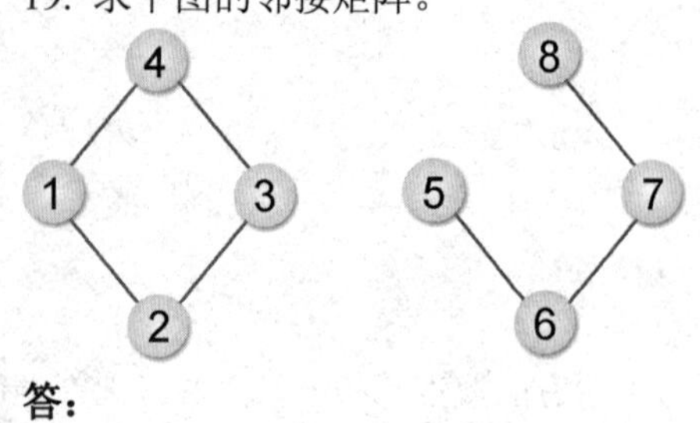

答：

	1	2	3	4	5	6	7	8
0	0	1	1	0	0	0	0	0
1	1	0	0	1	0	0	0	0
2	1	0	0	1	0	0	0	0
3	0	1	1	0	0	0	0	0
4	0	0	0	0	0	1	0	0
5	0	0	0	0	0	1	0	0
6	0	0	0	0	1	0	1	0
7	0	0	0	0	0	1	0	1
8	0	0	0	0	0	0	1	0

20. 什么是生成树？生成树应该包含哪些特点？

答：一个图的生成树是以最少的边来连接图中所有的顶点，且不造成回路（Cycle）的树状结构。由于生成树是由所有顶点和访问过程经过的边所组成的，令 S = (V, T)为图 G 中的生成树（Spanning Tree），该生成树具有下面的几个特点：

① E = T + B

② 将集合 B 中的任意一边加入集合 T 中，就会造成回路。

③ V 中任意两个顶点 Vi 和 Vj，在生成树 S 中存在唯一的一条简单路径

21. 在求解一个无向连通图的最小生成树，Prim 算法的主要方法是什么？请简述。

答：Prim 算法又称 P 氏法，对一个加权图 G = (V, E)，设 V={1, 2, …, n}，假设 U={1}，也就是说，U 和 V 是两个顶点的集合。然后从 V-U 差集所产生的集合中找出一个顶点 x，该顶点 x 能与 U 集合中的某个顶点形成最小成本的边，且不会造成回路。然后将顶点 x 加入 U 集合中，反复执行同样的步骤，一直到 U 集合等于 V 集合（即 U=V）为止。

22. 在求解一个无向连通图的最小生成树，Kruskal 算法的主要方法是什么？请简述。

答：Kruskal 算法是将各边按权值大小从小到大排列，接着从权值最低的边开始建立最小成本生成树，如果加入的边会造成回路则舍弃不用，直到加入了 n–1 条边为止。

第 8 章课后习题与解答

1. 排序的数据是以数组数据结构来存储，则下列的排序法中，哪一个的数据搬移量最大？

（A）冒泡排序法　　　（B）选择排序法　　　（C）插入排序法

答：（C）

2. 请举例说明合并排序法是否为稳定排序？

答：合并排序法是一种稳定排定，例如 11、8、14、7、6、8+、23、4 在经过合并排序法的结果为 4、6、7、8、8+、11、14、23，这种排序不会更改到键值相同的数据的原有顺序，例如上例中 8+在 8 的右侧，经排序后，8+仍在 8 的右侧，并没有改动键值相同的数据的原有顺序。

3. 请问 12 个数据进行合并排序法，需要经过几个回合才可以完成？

答：4 回合。

4. 待排序的关键字其值如下，请使用选择排序法列出每回合排序的结果？

26、5、37、1、61

答：

26　5　37　1　61

→　(1)　5　37　26　61

→　(1)　(5)　37　26　61

→　(1)　(5)　(26)　37　61

→　(1)　(5)　(26)　(37)　61

5. 待排序的关键字其值如下，请使用冒泡排序法列出每个回合的结果？

26、5、37、1、61。

答：

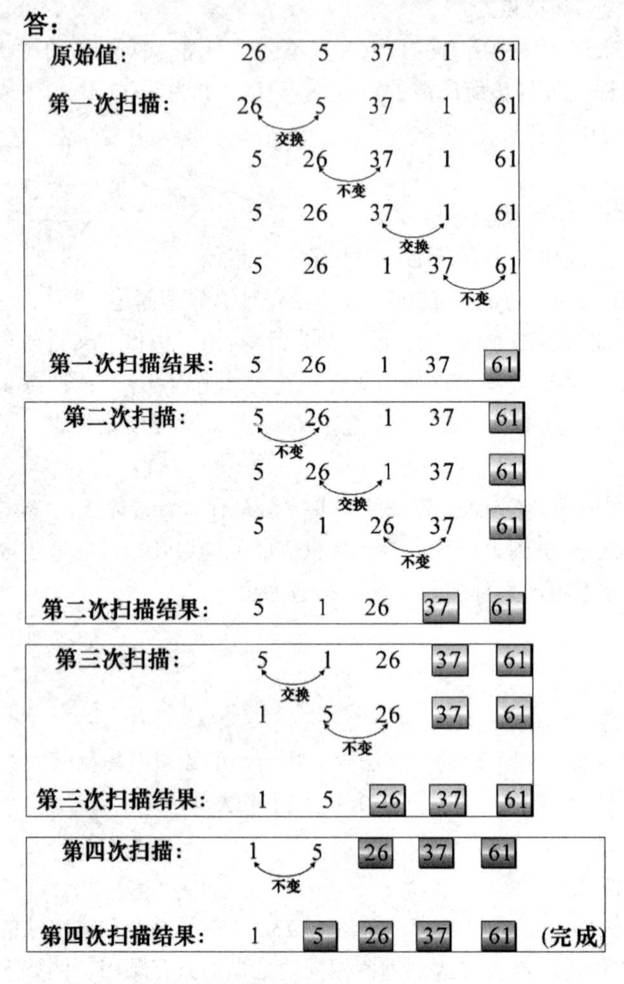

6. 建立下列序列的堆积树：8、4、2、1、5、6、16、10、9、11。

答：

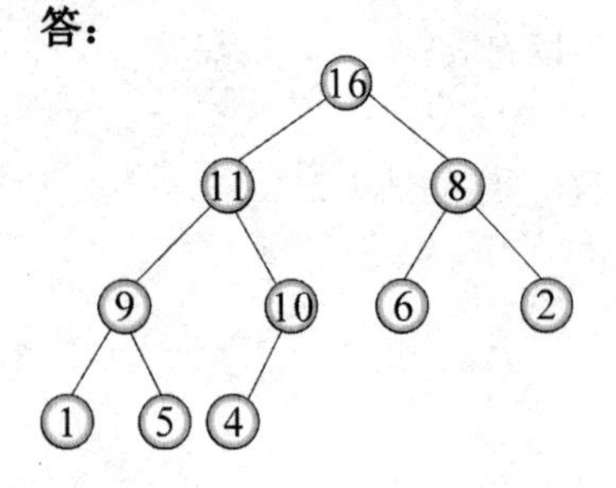

7. 待排序关键字其值如下，请使用选择排序法列出每个回合排序的结果？

8、7、2、4、6

答：

1	X_0	X_1	X_2	X_3	X_4	X_5
2	-∞	8	7	2	4	6
3	-∞	7	8	2	4	6
4	-∞	2	7	8	4	6
5	-∞	2	4	7	8	6
	-∞	2	4	6	7	8

8. 待排序关键字其值如下，请使用选择排序法列出每个回合排序的结果？

26、5、37、1、61

答：

26	5	37	1	61	
→	(1)	5	37	26	61
→	(1)	(5)	37	26	61
→	(1)	(5)	(26)	37	61
→	(1)	(5)	(26)	(37)	61

9. 待排序关键字其值如下，请使用合并排序法列出每个回合排序的结果？

11、8、14、7、6、8+、23、4

答：

11 、8 、14 、7 、6 、8+ 、23 、4

8、11　　7、14　　6 、8+　　4、23

7 、8 、11、14　　4 、6 、8+、23

4 、6 、 7、 8 、8+、11 、14 、23

10. 在排序过程中，数据移动的方式可分为哪两种方式？两者间的优劣如何？

答：在排序的过程中，数据的移动方式可分为“直接移动”和“逻辑移动”两种。“直接移动”是直接交换存储数据的位置，而“逻辑移动”并不会移动数据存储的位置，仅改变指向这些数据的辅助指针的值。两者间的优劣在于直接移动会浪费许多时间进行数据的移动，而逻辑移动只要改变辅助指针指向的位置就能轻易达到排序的目的。

11. 排序如果按照执行时所使用的内存区分为哪两种方式？

答：排序可以按照执行时所使用的内存区分为以下两种方式：

（1）内部排序：排序的数据量小，可以全部加载到内存中进行排序。

（2）外部排序：排序的数据量大，无法全部一次性加载到内存中进行排序，而必须借助辅助存储器（如硬盘）进行排序。

12. 什么是稳定排序？请试着举出三种稳定排序？

答： 稳定排序是指数据在经过排序后，两个相同键值的记录仍然保持原来的顺序。冒泡排序法、插入排序法、基数排序法都属于稳定的排序。

13.

（1）什么是堆积树（Heap Tree）？

（2）为什么有 n 个元素的堆积树可完全存放在大小为 n 的数组中？

（3）将下图中的堆积树表示为数组。

（4）将 88 移去后，该堆积树如何变化？

（5）若将 100 插入步骤（3）的堆积树中，则该堆积树如何变化？

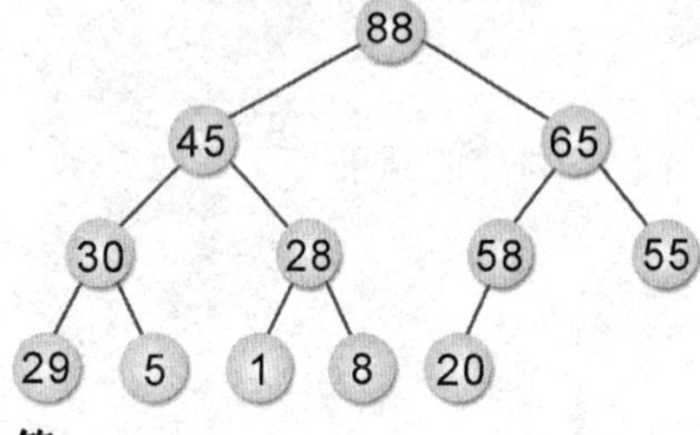

答：

（1）堆积树的特性（最大堆积树）：

- 为完全二叉树。
- 每个节点的键值都大于或等于其键值。
- 树根的键值为各堆积树的最大值。

（2）因为堆积树为一个完全二叉树，按其定义可完全存于大小为 n 个的数组，且有下列规则：

- 节点 i 的父节点为“i/2”。
- 节点 i 的右子节点为 2i+1。
- 节点 i 的左子节点为 2i。

（3）存于一维数组中，如下图所示：

1	2	3	4	5	6	7	8	9	10	11	12
88	45	65	30	28	58	55	29	5	1	8	20

（4）

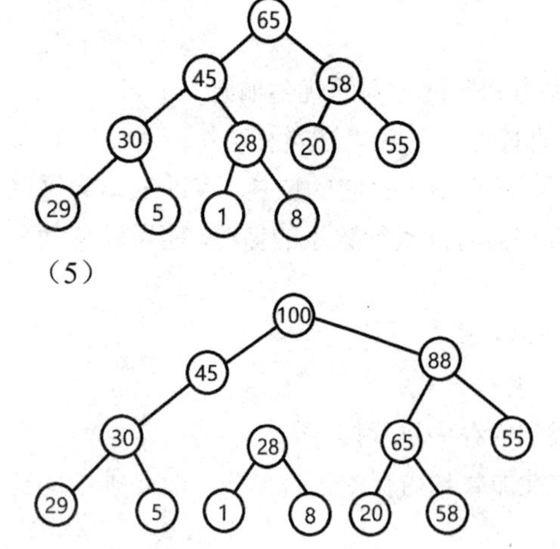

14. 请问最大堆积树必须满足哪三个条件？

答：最大堆积树要满足以下 3 个条件：

（1）它是一个完全二叉树。

（2）所有节点的值都大于或等于它左右子节点的值。

（3）树根是堆积树中最大的。

15. 请回答下列问题：

（1）什么是最大堆积树（Max Heap Tree）？

（2）请问下面三棵树哪一个为堆积树（设 a<b<c<...<y<z）

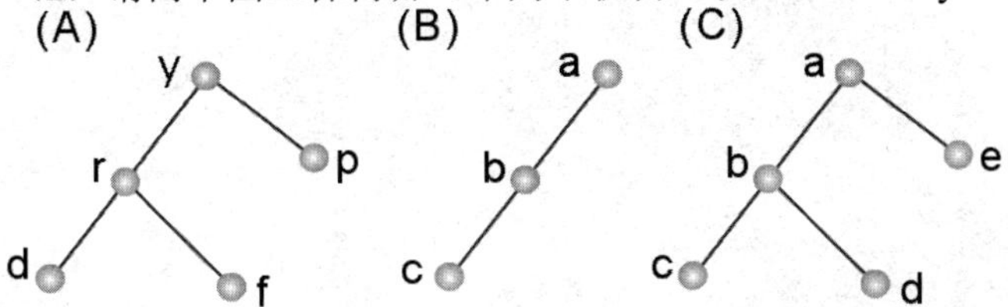

（3）利用堆积排序法（Heap Sort）把第（2）题中堆积树内的数据排成从小到大的顺序，请画出堆积树的每一次变化。

答：

（1）最大堆积树的定义：

（a）是一个完全二叉树。

（b）每一个节点的值大于或等于其子节点的值。

（c）堆积树中具备最大键值的必定是树根。

（2）图（A）为堆积树。

（3）

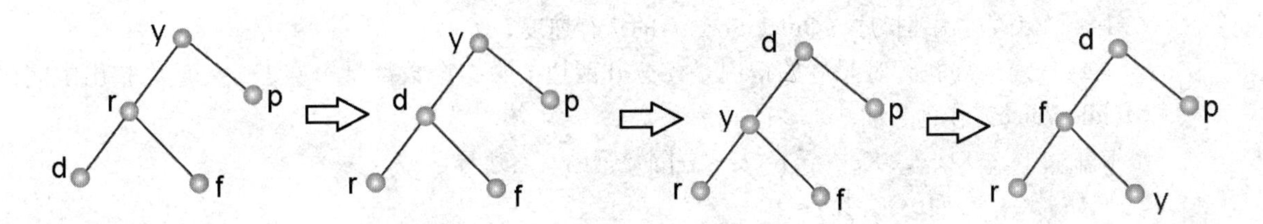

16. 请简述基数排序法的主要特点。

答：基数排序法并不需要进行元素之间的直接比较操作，它是属于一种分配模式排序方式。基数排序法按比较的方向可分为最高位优先（Most Significant Digit First，MSD）和最低位优先（Least Significant Digit First，LSD）两种。MSD 法是从最左边的位数开始比较，而 LSD 则是从最右边的位数开始比较。

17. 按序输入以下数据：5、7、2、1、8、3、4。并完成以下问题：

（1）建立最大堆积树。

（2）将树根节点删除后，再建立最大堆积树。

（3）在插入 9 后的最大堆积树如何变化？

答：

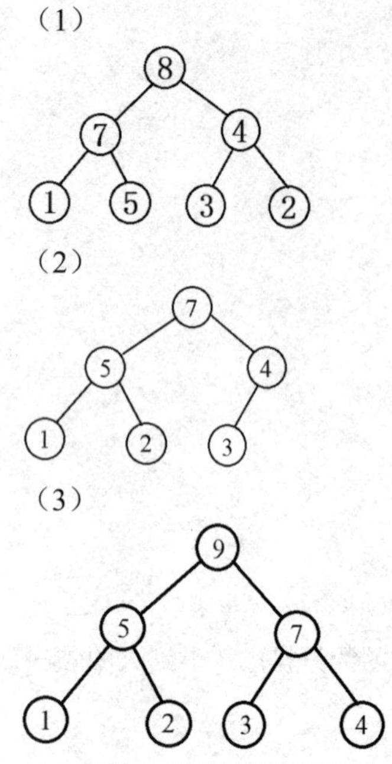

18. 若输入数据存储于双链表中（Doubly Linked List），则下列各种排序方法是否仍适用？说明理由是什么？

（1）快速排序（Quick Sort）

（2）插入排序（Insertion Sort）

（3）选择排序（Selection Sort）

（4）堆积排序（Heap Sort）

答：除了堆积排序（Heap Sort）法之外，其他三种都可适用。

19. 如何改进快速排序（Quick Sort ）的执行速度？

答：快速排序执行时最好的情况是使分开两边的数据个数尽量一样，故一般先找出中间值（Middle Value）作为基准：

K_{middle}: {K_m, $K_{(m+n)/2}$, K_n} (m, n 表示分隔数据的左右边界)

例如：K_{middle}: {10, 13, 12} = 12

此法会使在快速排序的最坏情况时，时间复杂度仍然只有 $O(nlog_2n)$。

20. 下列叙述是否正确？请说明原因。

（1）无论输入数据多少，插入排序的元素比较总次数比冒泡排序的元素比较总次数要少。

（2）若输入数据已排序完成，再利用堆积排序，则只需 O(n)时间即可完成排序。n 为元素个数。

答：

（1）错。当 n 个已排好序的输入数据，两种方法比较次数都相同。

（2）错。在输入数据已排好序的情况下，需要 O(nlogn)。

21. 我们在讨论一个排序法的复杂度时，对于那些以比较为主要排序手段的排序算法而言决策树是一个常用的方法。

（1）什么是决策树？

（2）请以插入排序法为例，将（a、b、c）三项元素排序，则其决策树有何变化？请画出。

（3）就此决策树而言，什么能表示此算法的最坏表现。

（4）就此决策树而言，什么能表示此算法的平均比较次数。

答：

（1）对数据结构而言，决策树本身是人工智能（AI）中一个重要概念，在信息管理系统（MIS）中也是决策支持系统（Decision Support System，DSS）执行的基础。也就是说决策树就是一种利用树状结构的方法来讨论一个问题的各种情况分布的可能性。

（2）

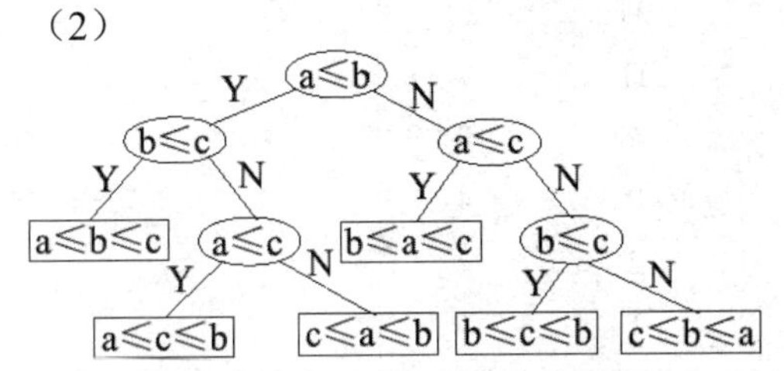

（3）所谓最坏表现，可以看成树根（Root）到叶节点的最远距离，本题是 3。

（4）平均比较次数则是树根到每一树叶节点的平均距离，本题则是(2+3+3+2+3+ 3)/6=8/3。

22. 使用二叉查找法，在 L[1]≤L[2]≤...≤L[i−1]中找出适当位置。

（1）在最坏情形下，此修改的插入排序元素比较总数是多少？（以 Big-Oh 符号表示）

（2）在最坏情形下，共需元素搬动的总数是多少？（以 Big-Oh 符号表示）

答：（1）O(nlogn)；（2）$O(n^2)$

23. 讨论下列排序法的平均情况和最坏情况时的时间复杂度：

（1）冒泡排序法

（2）快速排序法

（3）堆积排序法

（4）合并排序法

答：

排序法	**平均情况的时间复杂度**	**最坏情况的时间复杂度**
bubble	$0(n^2)$	$0(n^2)$
quick	0(nlogn)	$0(n^2)$
heap	0(nlogn)	0(nlogn)
merge	0(nlogn)	0(nlogn)

24. 试以数列 26、73、15、42、39、7、92、84 来说明堆积排序的过程。

答：请参考本章的方法，输出顺序为 7、15、26、39、42、73、84、92。

25. 多相合并排序法也称斐波那契合并法。就是将已排序的数据组按斐波那契数列分配到不同的磁带上，再加以合并。（斐波那契数列 Fi 的定义为 $F_0=0$，$F_1=1$，$F_n=F_{n-1}+F_{n-2}$，n≥2）。现有 355 组（Runs，轮次）已排好序的数据组存放在第一卷磁带上，若四个磁带机可用，按多相合并排序法将此 355 组数据组合并成一个完全排好序的数据文件。

（1）共需经多少阶段才能合并完成？

（2）画出每一阶段经分配和合并后各个磁带机上有多少组数据组？并简要说明其合并情况。

答：

（1）需经十“相”才能完成合并。

（2）

Phase	T_1	T_2	T_3	T_4
1	0	149	125	81
2	81	68	44	0
3	37	24	0	44
4	13	0	24	20
5	0	13	11	7
6	7	6	4	0
7	3	2	0	4
8	1	0	2	2
9	0	1	1	1
10	1	0	0	0

26. 请回答以下选择题：

（1）若以平均所花的时间考虑，使用插入排序法排序 n 项数据的时间复杂度为：

（A）$O(n)$　（B）$O(\log_2 n)$　（C）$O(n\log_2 n)$　（D）$O(n^2)$

（2）数据排序中常使用一种数据值的比较而得到排列好的数据结果。若现有 N 个数据，试问在各种排序方法中，最快的平均比较次数是多少？

（A）$\log_2 N$　（B）$N\log_2 N$　（C）N　（D）N^2

（3）在一个堆积树数据结构上搜索最大值的时间复杂度为：

（A）$O(n)$　（B）$O(\log_2 n)$　（C）$O(1)$　（D）$O(n^2)$

（4）关于额外的内存空间，哪一种排序法需要最多？

（A）选择排序法

（B）冒泡排序法

（C）插入排序法

（D）快速排序法

答：（1）D　（2）B　（3）C　（4）D

27. 请建立一个最小堆积树，必须写出建立此堆积树的每一个步骤。

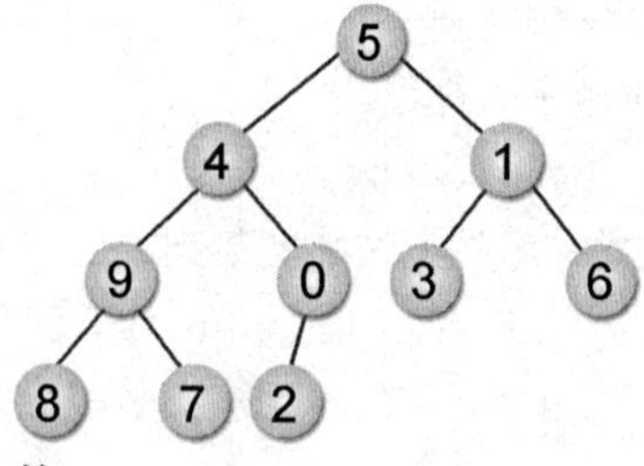

答：

根据最小堆积树的定义：

（1）是一个完全二叉树。

（2）每一个节点的键值都小于其子节点的值。

（3）树根的键值是此堆积树中最小的。

建立好的最小堆积树为：

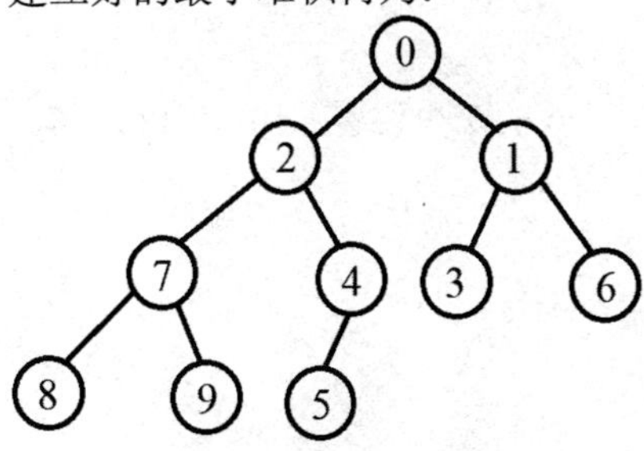

28. 请说明选择排序为何不是一种稳定的排序法？

答：由于选择排序是以最大或最小值直接与最前方未排序的键值互换，数据排列的顺序很有可能被改变，故不是稳定排序法。

第 9 章课后习题与解答

1. 若有 n 项数据已排序完成，请问用二分查找法查找其中某一项数据，其查找时间约为：

（A）$O(\log^2 n)$　　（B）$O(n)$　　（C）$O(n^2)$　　（D）$O(\log_2 n)$

答：（D）

2. 请问使用二分查找法（Binary Search）的前提条件是什么？

答：必须存放在可以直接存取且已排好序的文件中。

3. 有关二分查找法，下列叙述哪一个正确？

（A）文件必须事先排序

（B）当排序数据非常小时，其时间会比顺序查找法慢

（C）排序的复杂度比顺序查找法要高

（D）以上都正确

答：（D）

4. 右图为二叉查找树，试绘出当插入键值为 42 后的新二叉树。注意，插入这个键值后仍需保持高度为 3 的二叉查找树。

答：

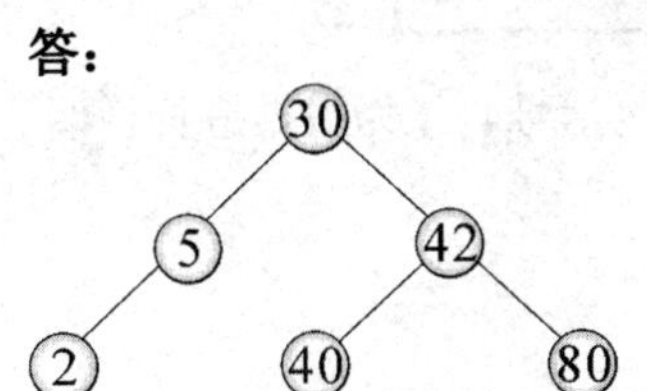

5. 用二叉查找树去表示 n 个元素时，最小高度和最大高度的二叉查找树其值分别是什么？

答：

① 最大高度二叉查找树的高度为 n（例如：斜二叉树）。

② 最小高度的二叉查找树为完全二叉树，高度为 $\lceil \log_2(n+1) \rceil$。

6. 斐波那契查找法查找的过程中算术运算比二分查找法简单，请问上述说明是否正确？

答：正确。因为它只会用到加减运算而不像二分法有除法运算。

7. 假设 A[i] = 2i，1≤ i ≤ n。若要查找键值为 2k−1，请以插值查找法进行查找，试求需要比较几次才能确定此为一次失败的查找？

答：2 次。

8. 用哈希法将下列 7 个数字存在 0、1、2、3、4、5、…、6 的 7 个位置：101、186、16、315、202、572、463。若要存入 1000 开始的 11 个位置，应该如何存放？

答：

f(X) = X mod 7

f(101) = 3

f(186) = 4

f(16) = 2

f(315) = 0

f(202) = 6

f(572) = 5

f(463) = 1

位置	0	1	2	3	4	5	6
数字	315	463	16	101	186	572	202

同理取：

f(X) = (X mod 11) + 1000

f(101) = 1002

f(186) = 1010

f(16) = 1005

f(315) = 1007

f(202) = 1004

f(572) = 1000

f(463) = 1001

位置	1000	1001	1002	1003	1004	1005	1006	1007	1008	1009	1010
数字	572	463	101		202	16		315			186

9. 什么是哈希函数？尝试以除留余数法和折叠法，并以 7 位电话号码作为数据进行说明。

答：以下列 6 组电话号码为例：

（1）9847585

（2）9315776

（3）3635251

（4）2860322

（5）2621780

（6）8921644

- 除留余数法：

利用 $f_D(X) = X \bmod M$，假设 M = 10

$f_D(9847585) = 9847585 \bmod 10 = 5$

$f_D(9315776) = 9315776 \bmod 10 = 6$

$f_D(3635251) = 3635251 \bmod 10 = 1$

$f_D(2860322) = 2830322 \bmod 10 = 2$

$f_D(2621780) = 2621780 \bmod 10 = 0$

$f_D(8921644) = 8921644 \bmod 10 = 4$

- 折叠法:

将数据分成几段，除最后一段外，每段长度都相同，再把每段值相加。

f(9847585) = 984+758+5 = 1747

f(9315776) = 931+577+6 = 1514

f(3635251) = 363+525+1 = 889

f(2860322) = 286+032+2 = 320

f(2621780) = 262+178+0 = 440

f(8921644) = 892+164+4 = 1060

10. 试述哈希查找与一般查找技巧有什么不同?

答: 一般而言，判断一个查找法的好坏主要由其比较次数和查找时间来决定，一般的查找技巧主要是通过各种不同的比较方式来查找所要的数据项,反观哈希则直接通过数学函数来取得对应的地址，因此可以快速找到所要的数据。也就是说，在没有发生任何碰撞的情况下，其比较时间只需 O(1)的时间复杂度。除此之外，它不仅可以用来进行查找的工作，还可以很方便地使用哈希函数来进行创建、插入、删除与更新等操作。重要的是，通过哈希函数来进行查找的文件，事先不需要排序，这也是它和一般的查找有较大的差异之处。

11. 什么是完美哈希? 在哪种情况下可以使用?

答: 所谓完美哈希是指该哈希函数在存入与读取的过程中，不会发生碰撞或溢出，一般而言，只有在静态表的情况下才可以使用。

12. 假设有 n 个数据记录，我们要在这个记录中查找一个特定键值的记录。

（1）若用顺序查找，平均查找长度是多少?

（2）若用二分查找，平均查找长度是多少?

（3）在什么情况下才能使用二分查找法查找一个特定记录?

（4）若找不到要查找的记录，在二分查找法中要进行多少次比较?

答:

（1）$\frac{n+1}{2}$次。

（2）$\sum_{i=1}^{n}\frac{\log_2(i+1)}{n}$次。

（3）已排序完成的文件。

（4）$O(\log_2 n)$。

13. 采用哪一种哈希函数可以使用下列的整数集合：{74, 53, 66, 12, 90, 31, 18, 77, 85, 29}存入数组空间为 10 的哈希表不会发生碰撞？

答：采用数字分析法，并取出键值的个位数作为其存放地址。

14. 解决哈希碰撞有一种叫作 Quadratic 的方法，请证明碰撞函数为 h(k)，其中 k 为 key，当哈希碰撞发生时 $h(k) \pm i^2$，$1 \leqslant i \leqslant \frac{M-1}{2}$，M 为哈希表的大小，这样的方法能涵盖哈希表的每一个位置，即证明该碰撞函数 h(k) 将产生 0 ~ (M–1) 之间的所有正整数。

答：可以导出，h(i)为一个哈希函数值，

A= { j²+h(I),〔mod M〕| j=1,2...(M-1)/2}

B= {(M+2h(I)-(j²+h(I))〔mod M〕)〔mod M〕| j=1,2...(M-1)/2}

=>A ∪ B= { j=0,1,2...M-1)} - {h(I)}

15. 当哈希函数 f(x) = 5x+4，请分别计算下列 7 项键值所对应的哈希值。

87、65、54、76、21、39、103

答：

（1）f(87) = 5*87+4 = 439

（2）f(65) = 5*65+4 = 329

（3）f(54) = 5*54+4 = 274

（4）f(76) = 5*76+4 = 384

（5）f(21) = 5*21+4 = 109

（6）f(39) = 5*39+4 = 199

（7）f(103) = 5*103+4 = 519

16. 请解释下列哈希函数的相关名词。

（1）Bucket（桶）

（2）同义词

（3）完美哈希

（4）碰撞

答：

（1）Bucket（桶）：

哈希表中存储数据的位置，每一个位置对应到唯一的一个地址（bucket address）。桶就好比存在一个记录的位置。

（2）同义词：

当两个标识符 I_1 和 I_2，经哈希函数运算后所得的数值相同，即 $f(I_1) = f(I_2)$，则称 I_1 与 I_2 对于 f 这个哈希函数是同义词。

（3）完美哈希（Perfect Hashing）：

指没有碰撞又没有溢出的哈希函数。

（4）碰撞：

若两项不同的数据，经过哈希函数运算后，对应到相同的地址时，就称为碰撞。

17. 有一个二叉查找树：

（1）键值 key 平均分配在[1, 100]之间，求在该查找树查找平均要比较几次。

（2）假设 k = 1 时，其概率为 0.5，k = 4 时，其概率为 0.3，k = 9 时，其概率为 0.103，其余 97 个数，概率为 0.001。

（3）假设各 key 的概率如（2），是否能将此查找树重新安排？

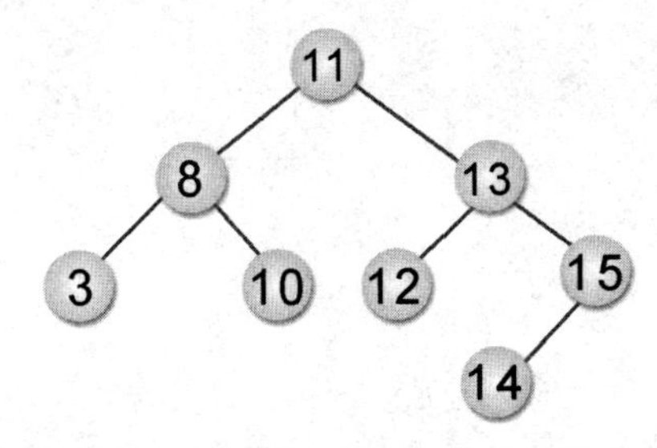

（4）以得到的最小平均比较次数，绘出重新调整后的查找树。

答：

（1）2.97 次

（2）2.997 次

（3）可以重新安排此查找树

（4）

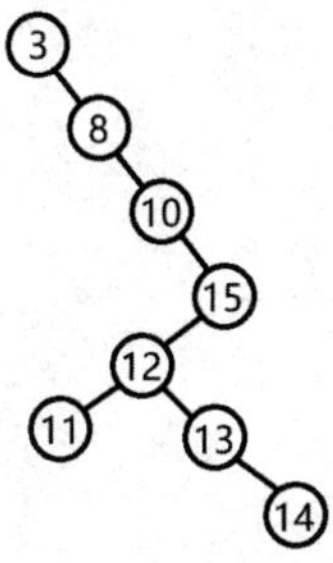

18.一组数据（1, 2, 3, 6, 9, 11, 17, 28, 29, 30, 41, 47, 53, 55, 67, 78），请以插值查找法找到 9 的过程。

答：

（1）先找到 m=2，键值为 2

（2）再找到 m=4，键值为 6

（3）最后找到 m=5，键值为 9